1000
Lokomotiven

Geschichte • Klassiker • Technik

© Naumann & Göbel Verlagsgesellschaft mbH
in der VEMAG Verlags- und Medien Aktiengesellschaft, Köln

Autoren: Klaus Eckert und Torsten Berndt

Gesamtherstellung: Naumann & Göbel Verlagsgesellschaft mbH, Köln
Alle Rechte vorbehalten
ISBN 3- 625-10541-1
www.naumann-goebel.de

1000 Lokomotiven

Geschichte • Klassiker • Technik

NAUMANN & GÖBEL

Inhalt

Die Kunst, die Technik sind keine unabhängigen Kräfte, sie sind nur die Anwendung der Kräfte der Natur zu einem bestimmten Zweck …

(John Stuart Mill)

Liebe Leserinnen, liebe Leser,

es kommt vor, dass man an einem fremden Ort – vielleicht während des Urlaubs – ein Eisenbahnfahrzeug erblickt und sich fragt, um welche Art von Lokomotive es sich dabei wohl handeln mag. In solchen Fällen erweisen sich Bücher wie das vorliegende, mit seinen Bildern, technischen Infos und Kurzporträts, als nützlich, auch wenn es natürlich nicht die ganze Welt und alles, was auf den Schienen fährt oder jemals gefahren ist, komplett abdecken kann.

Dieses Buch enthält auch historische Fotos und einleitende Kapitel zu den wichtigsten Eisenbahnländern. Sie zeigen die unterschiedlichen nationalen Entwicklungen des Schienenverkehrs auf. Der Schwerpunkt unserer internationalen Zusammenstellung von Eisenbahntriebfahrzeugen und der dazugehörigen technischen Daten und Steckbriefe liegt auf Europa. Diese Gewichtung hat sich naturgemäß aus der eindeutigeren Quellenlage zu den europäischen Bahnen, ihrer Geschichte und Technik ergeben.

Die einzelnen Triebfahrzeuge sind in Länderkapiteln nach Baureihen in nummerischer beziehungsweise alphabetischer Reihenfolge aufgeführt. Manch interessante Bahnstrecke und ihre typischen Fahrzeuge werden insgesamt in einem Kasten oder eigenen Kapitel kurz vorgestellt.

Am Buchende finden sich ein Register sowie ein Glossar, das die wichtigsten Fachbegriffe zur Eisenbahntechnik erläutert.

Wir wünschen Ihnen viel Vergnügen beim Eintauchen in die faszinierende und bunte Vielfalt der Lokomotiven und Triebzüge!

Europa

Großbritannien

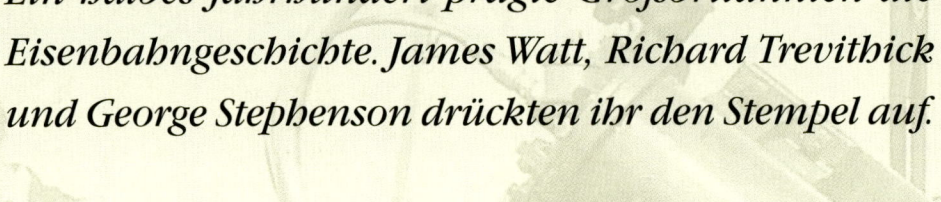

Wie in vielen anderen Ländern auch musste sich das neue Verkehrsmittel zunächst einmal auf Relationen bewähren, die heute ziemlich unbedeutend sind. Der Plan einer Eisenbahn Liverpool – Manchester scheiterte zunächst am Widerstand der Kanallobby. Man schrieb das Jahr 1830, als erstmals ein Dampfzug die beiden Industriestädte miteinander verband.

Ein halbes Jahrhundert prägte Großbritannien die Eisenbahngeschichte. James Watt, Richard Trevithick und George Stephenson drückten ihr den Stempel auf.

Die Erfindung der Dampfmaschine durch James Watt läutete nicht nur die industrielle Revolution ein. Sie schuf auch das Bedürfnis, die neue Kraftmaschine für die Fortbewegung der Menschen zu nutzen. Allerdings eigneten sich die ersten Dampfmaschinen kaum für Fahrzeuge. Der Dampf drückte den Kolben zwar in eine Richtung. In die Ausgangsstellung gelangte er aber durch Gegengewichte. Watt entwickelte daher eine doppelt wirkende Maschine, deren Kolben zunächst in die eine Richtung und danach in die Gegenrichtung geschoben wurde. Das Zweitaktprinzip reichte aber für den Einsatz in Fahrzeugen noch nicht aus, da der Dampfdruck anfangs relativ niedrig war.

Richard Trevithick schuf Abhilfe, indem er eine Dampfmaschine mit 5 bar Dampfdruck entwickelte. Von einer Hochdruckmaschine sollte man besser nicht sprechen – später galten zwölf bis 15 bar Dampfdruck als Normal- und 20 bis 25 bar als Mitteldruck. Nach einem Dampfwagen, der 1802 als eines der ersten Autos auf der Straße fuhr, stellte Trevithick 1804 die erste Dampflokomotive auf Räder und Schienen. Die „Pennydarren" schleppte in einem Hüttenwerk Güterzüge. Vier Jahre später präsentierte Trevithick die Dampflok einem größeren Publikum. In einer Art Freizeitpark ließ er die „Catch me who can" kreisen. Für einen Schilling konnten Neugierige und Mutige mitfahren. Das Abenteuer endete leider tragisch. Die Schienen hielten dem Gewicht der Maschine nicht stand, die eines Tages entgleiste. Mit dem Fangen spielen war es vorerst zu Ende.

George Stephenson erkannte, dass Rad und Schiene zusammenpassen müssen „wie Mann und Weib". Im zweiten Jahrzehnt des 19. Jahrhunderts hatte er mit der „Mylord" sein Gesellenstück gefertigt. Damit wäre er aber nur einer von vielen Fabrikanten geworden, die sich in jenen Tagen dem Dampfross zuwandten. Stephenson brachte den Systemgedanken in die Entwicklerstuben. Er arbeitete nicht nur an der Verbesserung der Fahrzeugtechnik, sondern wandte sich intensiv dem Streckenbau zu. Zu seinem Glück konnte die Eisenindustrie zwischenzeitlich sehr viel tragfähigere, gewalzte statt der bislang gusseisernen Schienen anbieten. Stephenson wandte seine Erkenntnisse erstmals praktisch beim Bau der Eisenbahn Stockton – Darlington an. Dort setzte er nicht nur den Dampfbetrieb vom ersten Tage an durch, sondern sich selbst auch mit der Überwindung des berüchtigten Katzenmoors selbst ein Denkmal. Dieses stand in dem Ruf, Pferd und Reiter zu verschlingen. Vor der Dampflok hatte es aber Respekt. Stephenson gelang es sogar, mit 50 Prozent der veranschlagten Baukosten auszukommen.

Des Guten zu viel

Dass private Unternehmen wirtschaftlicher arbeiten als staatliche, ist eine Erkenntnis, die inzwischen zum Allgemeingut geworden sein dürfte. Zwar hatte schon der Vater der Marktwirtschaft, Adam Smith, das eindrucksvoll bewiesen, doch bedurfte es zunächst kostspieliger Experimente, ehe alle Politiker und Beamten die Realität anerkannten. Aber auch die Privatisierung kann man übertreiben. Dafür legt die britische Bahnreform ein beredtes Zeugnis ab.

Der Zerschlagung der maroden British Rail und der Vergabe der Verkehrsdienstleistungen an Private folgte die Abgabe staatlicher Verantwortung für die Infrastruktur. Damit begann der Niedergang des britischen Bahnsystems. Die privaten Betreiber investierten nur in die nötigsten Instandhaltungs- und Erweiterungsmaßnahmen. Solange der Verkehr halbwegs rollte, zeigten sie kaum Interesse, die Schienenwege des Landes auf einen modernen Stand zu bringen. Zudem zeichneten für die Arbeiten an Unter- und Oberbau, Strecken- und Sicherungstechnik zahllose, ebenfalls private Unternehmen verantwortlich, die das System Eisenbahn nicht mehr als Ganzes, sondern nur noch ihr kleines Wirkungsfeld

Im Bahnhof von Newcastle

betrachteten. In der Folge nahm zunächst die Pünktlichkeit der Züge drastisch ab. Auch passierten einige Unfälle, deren Ursachen eindeutig im maroden Zustand der Strecken lagen. Als dann auch noch der private Betreiber Railtrack, der zuvor in erster Linie mit guten Dividenden Schlagzeilen schrieb, Bankrott machte, griff die Labour-Regierung ein und verstaatlichte das Netz wieder. Der neue Betreiber ist zwar genauso privatrechtlich organisiert, untersteht aber direkt der Regierung. Diese legt die Grundsätze der Bahn- und Verkehrspolitik fest, nicht einige Aktionäre in einer Hauptversammlung. Die Arbeiten an den Strecken sollen fortan ebenfalls wieder unter direkter Regie der Infrastrukturgesellschaft stattfinden.

Noch keine Entscheidungen sind zum Bahnbetrieb selbst gefallen. Allerdings hat sich das britische System, große Netze an private Monopolisten zu vergeben, nicht bewährt. Diese legen in der Regel die gleichen Verhaltensweisen an den Tag wie der frühere Staatsbetrieb. Von einem echten Wettbewerb mit regelmäßigen Ausschreibungen unter Aufsicht von Parlament und Regierung kann in Großbritannien bislang leider noch keine Rede sein.

Der „Golden Arrow", als es in England noch legendäre Expresszüge gab...

Stephensons „Rocket"

Bauart: A1'n2
Baujahr: 1829
Dienstmasse: 4,32 t
Stückzahl: 1

Die „Rocket" aus dem Hause Stephenson ging als Siegerin des Zeitfahrens von Rainhill in die Geschichte ein. 1829, beim Bau der zweiten englischen Eisenbahnstrecke Manchester – Liverpool, hatten George und Robert Stephenson diesen Wettbewerb angeregt, bei dem die leistungsfähigste und zuverlässigste Dampflok gewinnen sollte. Die „Rocket" erreichte damals eine für jene Zeit atemberaubende Geschwindigkeit von 50 km/h.

„Sir Nigel Gresley"/ LNER Class A4 (BR No. 60007)

Bauart: 2'C1'h3
Baujahre: 1935 – 1938
Länge über Kupplung: 21.650 mm
Dienstmasse: 102,2 t
Stückzahl: 35

Als vergrößerte, stromlinienverkleidete Version der berühmten Class A3 wurde ab 1935 die Class A4 gefertigt. Die eleganten Schnellzugloks fuhren als Paradepferde der LNER auf den Linien London/King´s Cross – Newcastle, Edingburgh, Aberdeen. 1967, ein Jahr nach der Ausmusterung, ließen Dampflokfreunde, die sich zu einem Verein formiert hatten, „Sir Nigel Gresley" generalüberholen und wieder ins LNER-Design zurückversetzen.

„Blue Peter"/LNER Class A2
(BR No. 60532)

Bauart: 2'C1'h3
Baujahr: 1948
Länge über Kupplung: 18.288 mm
Dienstmasse: 161 t
Stückzahl: 15

Oftmals benannte die LNER ihre Dampflokomotiven nach berühmten Rennpferden. „Blue Peter" hat-te 1939 viele Rennen gewonnen. Die gleichnamige Lok war in Schottland eingesetzt und bespannte dort Schnellzüge. 1966 erfolgte die Ausmusterung. Im Jahr 1968 kaufte ein Privatmann die Lok mit dem einprägsamen Namen und ließ sie mit Hilfe der gleichnamigen BBC-Kindersendung, die einen Spendenaufruf sendete, wieder instand gesetzt.

„Hartland"/West Country Class
(BR-No. 34101)

Bauart: 2C1
Baujahre: ab 1950
Dienstmasse: 86 t
Stückzahl: 40

Die 1950 gebaute Lokomotive hört auf den Namen „Hartland" und gehört zur BR-Serie 34071 – 34110 der West Country Class.

Nach ihrer Ausmusterung im Jahr 1966 wurde sie durch einen Verein von Eisenbahnfreunden vor dem Schrottplatz gerettet und 1976 wieder aufgebaut. Heute ist diese Lokomotive vor Nostalgiezügen der North Yorkshire Moors Railway, einer privaten Museumsbahn, regelmäßig im Einsatz.

Class 4MT
(BR No. 80135)

Bauart: 1'C2'h2
Baujahre: 1951 – 1957
Dienstmasse: 87 t
Stückzahl: 155

Als eine von zwölf Einheitsbaureihen der British Railways entstand die Class 4MT. Die recht schmucklos und schlicht gestalteten Tenderlokomotiven waren brave, universell einsetzbare Arbeitstiere, die zuverlässig ihren Dienst auf nahezu allen Strecken des Landes versahen. Nach 1963 wurden sie durch Dieselloks und -triebwagen auch aus ihren letzten Einsatzgebieten in Westengland verdrängt.

Class 37

Bauart: Co'Co'
Baujahre: 1960 – 1965
Leistung: 922 kW
Länge über Kupplung: 18.750 mm
Dienstmasse: 103 – 120 t
Stückzahl: 309

Die BR beschafften zwischen 1960 und 1965 insgesamt 309 Loks mittlerer Leistung für den schweren Güter- und Reisezugdienst: die Class 37. Bei Hauptuntersuchungen durchgeführte Anpassungsarbeiten an den Reiseverkehr einerseits und den Güterverkehr andererseits, entstanden später mehrere Unterbaureihen, die sich z. B. in puncto Getriebeübersetzung und Dienstgewicht unterscheiden.

Class 56

Obwohl die Class 56 heute von der Class 60 aus ihren angestammten Einsatzgebieten verdrängt wird, spielt sie im englischen Eisenbahnverkehr immer noch eine wichtige Rolle. Die Loks entstanden teils in England, teils in Rumänien als schwere Güterzuglokomotiven. Die rumänischen Dieselmaschinen wurden in den letzten Jahren alle abgestellt, da sie vermehrt Schäden aufwiesen.

Bauart: Co'Co'
Baujahre: 1976/1977
Leistung: 2420 kW
Dienstmasse: 125 t
Stückzahl: 135

Class 60

Bauart: Co'Co'
Baujahre: 1989 – 1993
Leistung: 2279 kW
Dienstmasse: 129 t
Stückzahl: 100

Die technische Ausrüstung der Class 60 entspricht dem modernen Standard und umfasst unter anderem ein System zur Traktionskontrolle. Aus Gründen der Gewichtseinsparung wurde das Äußere der Güterzuglokomotiven glatt und schnörkellos gestaltet. Leider sind die Class-60-Loks relativ störanfällig, sodass sie häufig wegen Reparaturarbeiten im Depot weilen müssen.

Class 91

Bauart: Bo'Bo'
Baujahre: ab 1988
Leistung: 4549 kW
Länge über Kupplung: 19.400 mm
Dienstmasse: 84 t
Stückzahl: 31

Auf der Magistrale London – Glasgow, die über Peterborough, York, Newcastle-upon-Tyne und Edinburgh führt, gehören die Elektroloks der Baureihe 91 zum alltäglichen Erscheinungsbild. Sie schleppen die Reisezüge der Eisenbahngesellschaft GNER und können maximal auf 225 km/h beschleunigen. Allerdings erlaubt die Strecke, insbesondere nördlich von York, meist nur Tempo 200.

Class 156 (Supersprinter)

Bauart: B'2 + B'2
Baujahre: 1987 – 1989
Leistung: 419 kW
Länge über Kupplung: 23.030 mm
Dienstmasse: 78 t
Stückzahl: 114

Für den Regionalverkehr in Schottland beschafften die British Railways ab 1987 zweiteilige Triebzüge, die mit einer Höchstgeschwindigkeit von 120 km/h unterwegs sein können. Die Motorleistung überträgt ein hydromechanisches Voith-Getriebe. Die Class 156 ersetzte die lokbespannten Züge auf der West-Highland-Strecke und der Linie Glasgow – Stranraer/Carlisle via Dumfries.

Class Eurostar

Bauart:
Bo'Bo'+Bo'2'2'2'2'2'2'2'2'2'2'2'2'2'2'2'Bo'+Bo'Bo'
Baujahre: 1993 – 1995
Leistung: 12.200 kW
Länge über Kupplung: 394.000 mm
Dienstmasse: 752 t
Stückzahl: 31

11 Einheiten der britisch-französischen Gemeinschaftsproduktion Eurostar gehören der britischen Betreiberfirma, 16 der SNCF und vier der SNCB. Neben dem britischen Zugleitsystem verfügt der Eurostar auch über das französische und belgische. Darüber hinaus ist er in der Lage, vier Signalsysteme zu verarbeiten. Auf den französischen Strecken erreicht der Zug maximal 300 km/h.

Belgien

Belgien gehört zu den Pionierländern der Eisenbahn. Die erste Eisenbahn auf dem europäischen Festland führte von Mecheln nach Brüssel. Am 5. Mai 1835 dampfte der Eröffnungszug. Im Gegensatz zu anderen setzte Belgien von Beginn an auf Staatsbahnen und baute sein Netz systematisch auf.

Bahntechnisch betrachtet, liegt Belgien recht ungünstig zwischen Deutschland, Frankreich und den Niederlanden. Beide Staaten hatten ihre eigenen Vorstellungen, wie der Verkehr abzuwickeln sei, beispielsweise in Bezug auf die Elektrifizierung.

In Deutschland und Frankreich fahren die Züge mit Wechselstrom. Dummerweise unterscheiden sich aber Spannung und Frequenz. In den Niederlanden dominiert der Gleichstrom. Häufige Lokwechsel wären die Folge. Daher verwundert es nicht, dass die Belgischen Eisenbahnen frühzeitig auf die Entwicklung von Mehrsystemlokomotiven setzten. Heute werden mehr als 70 Prozent der Zugleistung mit der elektrischen Traktion erbracht. Das ausschließlich regelspurige Netz ist sehr dicht geknüpft. Drei von vier Strecken sind zwei- oder mehrgleisig ausgebaut.

Serie 13

Bauart: Bo'Bo'
Baujahre: 1998 – 2000
Leistung: 5000 kW
Dienstmasse: 85 t
Stückzahl: 60

Für den Einsatz sowohl unter 3 KV Gleichstrom, als auch unter 25 kV/50 Hz Wechselstrom bestellte die SNCB gemeinsam mit der CFL 80 Zweisystemsloks, von denen sie 60 Exemplare als Serie 13 in ihren Bestand übernahm. Das Aufgabengebiet der inzwischen zuverlässigen Maschinen reicht von Intercityzügen auf den belgischen Hauptstrecken bis zum Güterzugdienst von den Seehäfen über die Athus-Meuse-Linie weit nach Frankreich hinein.

Reihe 15

Bauart: Bo'Bo'
Baujahr: 1962
Leistung: 3780 kW
Länge über Puffer: 17.750 mm
Dienstmasse: 77,7 t
Stückzahl 5

Hauptaufgabengebiet der Reihe 15 der SNCB war der internationale, hochwertige Reisezugverkehr. Dabei wurden die für 25 kV und 50 Hz Wechselstrom konstruierten Maschinen vor allem auf der Linie Paris – Brüssel – Amsterdam eingesetzt. Mit nur fünf Maschinen bildete die 15 eine Splittergattung. Trotzdem stehen noch immer drei Exemplare der 160 km/h schnellen Loks im Dienst. Jetzt schleppen sie allerdings Nahverkehrszüge. Die internationalen Züge bedient der Thalys.

Serie 16

Bauart: Bo'Bo'
Baujahr: 1966
Leistung: 2780 kW
Länge über Puffer: 16.650 mm
Dienstmasse: 83 t
Stückzahl: 8

Das mit 3 kV Gleichstrom elektrifizierte Streckennetz Belgiens ist umgeben von drei anderen Stromsystemen: 1,5 kV Gleichstrom bei den NS, 15 kV/16,7 Hz bei der DB und 25 kV/50 Hz bei der CFL und SNCF. Für den internationalen Schnellverkehr beschaffte die SNCB deshalb die 160 km/h schnellen Viersystemloks der Serie 16. Haupteinsatzgebiet der ersten Loks der SNCB war der Schnellzugdienst Oostende – Köln bis zu seiner Einstellung Ende 2002, wobei sie gelegentlich mit dem EC „Memling" sogar in Dortmund übernachteten.

Serie 52 – 54

Bauart: (A1A)'(A1A)'
Baujahre: 1963 – 1964
Leistung: 1264/1397 kW
Länge über Puffer: 18.900 mm
Dienstmasse: 113 t
Stückzahl: 40

In drei Varianten stellte die Belgische Staatsbahn die bei AFB in Lizenz gebauten „Rundnasen" in Dienst. Sie unterschieden sich geringfügig in technischen Details. Die ersten beiden Serien erhielten elektrische Bremsen. Eine Variante verfügte über die Dampfheizung, während die andere nur Güterzüge schleppen sollte. Die letzte Serie erreichte 140 statt 120 km/h Höchstgeschwindigkeit. Ab 1978 baute die SNCB einige Loks um, sodass die charakteristische Nase verloren ging. Die letzten Loks rollten kürzlich auf das Abstellgleis.

Serie 18

Bauart: C'C'
Baujahre: 1973 – 1973
Leistung: 4450 kW
Länge über Puffer: 22.080 mm
Dienstmasse: 113 t
Stückzahl: 6

Die extrem langen, 180 km/h schnellen Viersystemloks mit nur einem Motor pro Drehgestell waren eine stärkere Variante der französischen CC 40100. Hauptsächlich fuhren sie auf der Linie Paris – Brüssel – Köln/Amsterdam. Bis 1998 schleppten sie den EC „Memling" von Oostende bis Dortmund.

Serie 20

Bauart: Co'Co'
Baujahre: 1975 – 1977
Leistung: 5150 kW
Länge über Puffer: 19.500 mm
Dienstmasse: 110 t
Stückzahl: 25

Die 160 km/h schnellen Lokomotiven der Serie 20 konnten in ihrer Zuverlässigkeit leider nie so richtig überzeugen. Haupteinsatzgebiet war die Gleichstromstrecke durch die Ardennen (Namur – Arlon – Luxemburg), wo sie insbesondere die schweren Schnellzüge und zahlreiche Güterzüge zog. Durch die Verlagerung des Güterverkehrs auf die Athus-Meuse-Linie und die Einstellung einiger internationaler Reisezüge können sie inzwischen auch auf der Hauptstrecke von Montzen nach Antwerpen beobachtet werden.

Serie 21/27

Bauart: Bo'Bo'
Baujahre: 1981 – 1987
Leistung: 3310 kW (21), 4380 (27)
Länge über Puffer: 18.650 mm
Dienstmasse: 85 t
Stückzahl: je 60 = 120

Mit den aus den Problemen der 20 gewonnenen Erkenntnissen beschaffte die SNCB in den achtziger Jahren die choppergesteuerte, 160 km/h schnelle Serie 21 und die stärkere Variante Serie 27. Diese Allzweckloks sind heute sowohl in Reise- als auch in Güterdiensten im ganzen Land zu finden. Mit verminderter Leistung können sie sogar in dem 1500-V-Gleichstromnetz der Niederlande eingesetzt werden.

Serie 22/23

Bauart: Bo'Bo'
Baujahre: 1953 – 1957
Leistung: 1880 kW
Länge über Puffer: 18.000 mm
Dienstmasse: 87 t (22), 93 t (23)
Stückzahl: 50 + 83 = 133

Für den Einsatz in allen Diensten lieferten Nivelles und SEMG 130 km/h schnelle Loks an die SNCB. Die Serie 23 stellt dabei eine Weiterentwicklung der Serie 22 dar und unterscheidet sich von ihr durch ihr sehr hohes Dienstgewicht und die Ausrüstung mit einer zur Serie 26 kompatiblen Vielfachsteuerung. Sie ist noch heute im ganzen Lande vor schweren Güterzügen häufig in Doppeltraktion anzutreffen. Die Serie 22 zieht heute dagegen fast nur noch Personenzüge.

Serie 25/25.5

Die 25 unterscheidet sich äußerlich von den 22/23 nur geringfügig. Sie ist mit einer Wendezugsteuerung ausgerüstet und bediente mit M2-Garnituren den Nah- und Regionalverkehr rund um Antwerpen. Die 25.5 stellt die Zweisystemvariante dar und verdaut auch niederländischen Gleichstrom. Die Loks sind heute im grenzüberschreitenden Güterverkehr tätig und erreichen planmäßig Kijfhoek und Sittard.

Bauart: Bo'Bo'
Baujahre: 1960 – 1961
Leistung: 1880 kW
Länge über Puffer: 18.000 mm
Dienstmasse: 84 t (25), 85 t (25.5)
Stückzahl: 14 + 8 = 22

Serie 52/53/54

Zur großen Familie der „Kartoffel-käfer" gehören die GM-Lokomotiven der Serien 52, 53 und 54. Ihre markanten „Rundnasen" verloren fast alle belgischen Loks bei einer Modernisierung der Führerstände in den neunziger Jahren. Die Elektrifizierung der Athus-Meuse-Linie machte sie nun im schweren Güterzugdienst in den Ardennen überflüssig, sodass die vollständige Ausmusterung noch im Jahre 2004 anstehen dürfte.

Bauart: Co'Co'
Baujahre: 1955 – 1957
Leistung: 1265 kW
Länge über Puffer: 18.850 mm
Dienstmasse: 108 t
Stückzahl: 11 + 20 + 4 = 35

Reihe 51

Bauart: Co'Co'de
Baujahre: 1961 – 1963
Leistung: 1285/1569 kW
Länge über Puffer: 20.160 mm
Dienstmasse: 117/113,2 t
Stückzahl: 93

Zu Beginn der sechziger Jahre lösten die 51 zahlreiche Dampfloks ab. Im Inneren der vor Züge jedweder Gattung gespannten Maschinen arbeitete der Cockerill-Baldwin 10-608A. Aufgrund des harten Alltagseinsatzes zeigten sich mit der Zeit Verschleißerscheinungen, weshalb sich die SNCB dazu entschloss, 2003 die zuletzt noch immer im schweren Güterzugdienst eingesetzten 51 abzustellen. Wenige Loks verdienen sich aber im Bauzugeinsatz weiterhin ihr Gnadenbrot.

Reihe 55

Bauart: Co'Co'de
Baujahre: 1961 – 1962
Leistung: 1164/1423 kW
Länge über Puffer: 19.500 mm
Dienstmasse: 110 t
Stückzahl: 41

Noch nicht aus dem Einsatzbestand wegzudenken, ist die Reihe 55. Sie fährt vorwiegend im schweren Güterverkehr, dabei oft in Doppeltraktion. Im Regelfall präsentieren sie sich im gelb/grünen Lack. Die Loks 5505, 5510, 5515, 5523, 5529, 5540 und 5542 wurden mit elektrischer Energieversorgung ausgerüstet, um im Fernverkehr Verwendung zu finden. Sie unterscheiden sich durch ihr attraktives blau/gelbes Äußeres von den Schwestermaschinen. Heute schleppen sie ebenfalls fast nur noch Güterzüge, weshalb manche umlackiert wurden.

Serie 62/63

Als Ersatz für die letzten Dampfloks beschaffte die SNCB zu Beginn der sechziger Jahre die Serie 212 (später 62/63) für den gemischten Verkehr. Bis zur Inbetriebnahme der 41 beherrschten die 120 km/h schnellen Loks gemeinsam mit den M2-Wagengarnituren den Reisezugverkehr auf fahrdrahtlosen Strecken rund um Antwerpen, Gent und Charleroi. Heute haben die mit einem GM-Motor 12-567C ausgerüsteten Maschinen die 51 verdrängt und schleppen auf nahezu allen Strecken Belgiens Güterzüge.

Bauart: Bo'Bo'
Baujahre: 1961 – 1966
Leistung: 1050 kW
Länge über Puffer: 16.790 mm
Dienstmasse: 79 t
Stückzahl: 136

Serie 73

Bauart: C
Baujahre: 1965 – 1967
Leistung: 550 kW
Länge über Puffer: 11.170 mm
Dienstmasse: 56 t
Stückzahl: 95

Für den schweren Rangierdienst beschaffte die SNCB Mitte der sechziger Jahre die mit hydrodynamischer Kraftübertragung ausgestattete Serie 73. Infolge der guten Laufeigenschaften bei ihrer zulässigen Höchstgeschwindigkeit von 60 km/h setzte man die kleinen Maschinen gern auch im Streckendienst vor Übergaben ein. Einige Exemplare sind mit einer Vielfachsteuerung ausgerüstet und fördern als Pärchen unter anderem schwere Ölzüge im Hafen von Antwerpen.

Serie 77

Bauart: B'B'dh
Baujahre: ab 1999
Leistung: 1150 kW
Länge über Puffer: 15.590 mm
Dienstmasse: 87 t
Stückzahl: 170

Zur Modernisierung des stark überalterten Diesellokbestandes erhält die SNCB derzeit von Vossloh Lokomotiven mit hydraulischer Kraftübertragung und Mittelführerstand. Die Motoren entstehen in Belgien. Eingesetzt wurden die Maschinen am Anfang ihrer Karriere im schweren Rangierdienst im Hafen von Antwerpen, zum Teil im Tandembetrieb. Inzwischen haben sie sich auch als Streckendieselloks etabliert und schickten bereits die Serien 51 und 75 in den Ruhestand.

Reihe 80

Eng mit der westdeutschen V 60 ist die Reihe 80 verwandt, von der 70 Maschinen in Lizenz gebaut wurden. Ausgestattet mit dem Motor 6 TO 6R von Maybach, standen überwiegend Rangierdienst und kurze Güterzüge auf dem Arbeitsprogramm. 60 km/h Höchstgeschwindigkeit genügten für die Aufgabe vollends. Ihre Weiterentwicklung, die Reihe 82, war von der V 60 kaum unterscheiden.

Bauart: Cdh
Baujahre: 1960 – 1963
Leistung: 391/474 kW
Länge über Puffer: 10.300 mm
Dienstmasse: 52 t
Stückzahl: 70

Serie AM 54

Sowohl in optischer als auch in technischer Hinsicht kann die Serie AM 54 als Vorläufer der Serien AM 62 – 79 gelten. 15 Exemplare der 130 km/h schnellen Triebwagen wurden 1987/88 zu Posttriebwagen (AM 54 P) umgebaut und dienten zur schnellen Beförderung von Postcontainern. Die restlichen „Tweedjes" waren bis 1996 in L-Diensten (Nahverkehr) eingesetzt und wurden zum Teil nach Italien an die privaten Gesellschaften ATCM in Modena und SATTI in Turin verkauft.

Bauart: A1'1A' + A1'1A'
Baujahre: 1954 – 1956
Leistung: 620 kW
Länge über Puffer: 22.640 + 22.640 mm
Dienstmasse: 43 + 42 t
Stückzahl: 79

Serie AM 56

Bauart: A1'1A' + A1'1A'
Baujahre: 1956 – 1957
Leistung: 620 kW
Länge über Puffer: 22.985 + 22.985 mm
Dienstmasse: 40 + 39 t
Stückzahl: 21

Unter amerikanischem Einfluss wählte man für einige der in den fünfziger Jahren gebauten zweiteiligen Triebwagen eine Ausführung in Edelstahl, die ihnen wegen der fehlenden Lackierung bis zum Ende ihrer Einsatzzeit im Jahre 1998 ein unverändert markantes Aussehen verlieh. Eingesetzt wurden die im Vergleich zu den späteren Serien AM 62 – 79 deutlich leichteren INOX-„Tweetjes" im ganzen Land als Nah- und Regionalzüge.

Serie AM 62 – 79

Allgegenwärtig auf dem belgischen Streckennetz sind die 140 km/h schnellen, zweiteiligen Triebwagen im Nah- und Regionalverkehr anzutreffen. Mit Stirntüren ausgerüstet werden sie häufig auf Hauptbahnen zu langen Triebwagenzügen zusammengekuppelt, wobei sie auch mit der Serie AM 75/76/77 freizügig kombinierbar sind. Seit der Abschaffung der Schnellzüge Köln – Oostende sind die als „Tweedjes" bezeichneten Züge sogar im grenzüberschreitenden Interregioverkehr zwischen Liége und Aachen anzutreffen.

Bauart: A1'1A' + A1'1A'
Baujahre: 1962 – 1980
Leistung: 620 kW (AM 62/63/65), 680 kW (AM 66/70/73/74/78/79)
Länge über Puffer: 23.592 + 23.713 mm
Dienstmasse: 49 + 50 t (AM 62/63/65), 52 + 56 t (AM 66/70/73/74/78/79)
Stückzahl: 304

Serie AM 75/76/77

Bauart: 2'2' + Bo'Bo'+ Bo'Bo' + 2'2'
Baujahre: 1975 – 1979
Leistung: 1360 kW
Länge über Puffer: 25.112 +
24.402 + 24.402 + 25.112 mm
Dienstmasse: 51 + 60 + 60 + 49 t
Stückzahl: 44

Aus zwei angetriebenen Mittelwagen und zwei antriebslosen Steuerwagen bestehen die 140 km/h schnellen Züge. Die von La Brugeoise et Nivelles gelieferten Fahrzeuge sind vorwiegend als Interregio und Nahverkehrszüge unterwegs und zu langen Triebwagenzügen auch in Kombination mit den äußerlich sehr unterschiedlichen Serien AM 62 – 79 einsetzbar.

Serie AM 80

Bauart: Bo'Bo' + 2'2' + 2'2'
Baujahre: 1980 – 1985
Leistung: 1240 kW
Länge über Puffer: 25.425 + 24.960 + 25.425 mm
Dienstmasse: 60 + 44 + 47 t
Stückzahl: 140

Die als „Break" bezeichneten, 160 km/h schnellen Triebzüge der Serie AM 80 wurden in roter Farbgebung mit Trieb- und Steuerwagen geliefert. Wegen zusätzlichen Platzbedarfs und ausreichender Leistungsfähigkeit wurden alle Einheiten zu Beginn der neunziger Jahre um einen Mittelwagen ergänzt, der im Vergleich zu den Köpfen eine erheblich bessere Innenausstattung erhielt. Eingesetzt werden die Triebwagen als Intercity- und Interregiozüge.

Serie AM 86/89

Bauart: Bo'Bo' + 2'2'
Baujahre: 1988 – 1991
Leistung: 4 x 172 kW = 688 kW
Länge über Puffer: 2 x 26.400 = 52.800 mm
Dienstmasse: 59 + 47 t
Stückzahl: 52

Die Zweiwagenzüge führten im Nahverkehr die Sitzanordnung 2 + 2 statt 2 + 3 in der Zweiten Klasse ein. Innovativ waren die Fahrzeuge durch die Stirnfront aus Polyester, die ihnen den Spitznamen „Duikbril" (Taucherbrille) einbrachte. Die für den Einmannbetrieb vorbereiteten, 120 km/h schnellen Züge fahren im Kurzstreckenverkehr insbesondere im Raum Brüssel.

Serie AM 96

50 der 160 km/h schnellen Dreiwagenzüge, die liebevoll „Gumminasen" oder abwertend „Klobrillen" genannt werden, können auch den französischen Wechselstrom verarbeiten und erreichen planmäßig auf zwei IC-Linien Lille/Flandern. Die sehr komfortablen Fahrzeuge sind mit zur Seite wegklappbaren Führerständen ausgestattet, sodass sich insbesondere bei der planmäßigen Flügelzugbildung eine bequeme Durchgangsmöglichkeit zwischen den Einheiten ergibt.

Bauart: Bo'Bo' + 2'2' + 2'2'
Baujahre: 1996 – 1999
Leistung: 1400 kW
Länge über Puffer: 3 x 26.400 mm
Stückzahl: 120

Serie 41

Bauart: 2'Bo'dh + Bo'2'dh
Baujahre: 1999 – 2004
Leistung: 970 kW
Länge über Puffer: 2 x 24.800 mm
Dienstmasse: 95,7 t
Stückzahl: 96

Die bei Alstom in Spanien hergestellten, mit hydraulischer Kraftübertragung ausgestatteten Zweiwagenzüge haben den gesamten Reisezugverkehr auf den nicht elektrifizierten Strecken übernommen. Mit 120 km/h Höchstgeschwindigkeit ersetzten die komfortablen Fahrzeuge die Triebwagen der Serien 44/45 und 62 im Nahverkehr rund um Gent sowie, in langen Verbänden, die Interregio von Antwerpen nach Neerpelt.

Serie 45

Bauart: 1A'A1'dh
Baujahre: 1954 – 1955
Leistung: 2 x 118 kW = 236 kW
Länge über Puffer: 23.800 mm
Dienstmasse: 54 t
Stückzahl: 10

Für den Nebenbahndienst in den Ardennen baute Germain die Serien 44 und 45 mit je zwei GM-Motoren 6V71N und hydraulischer Kraftübertragung (Voith). Die Serien unterschieden sich nur in der Achsfolge. Bei der Serie 44 waren beide Achsen eines Drehgestells angetrieben, bei der Serie 45 die inneren. Die 100 km/h schnellen Triebwagen waren trotz ihres recht bescheidenen Fahrkomforts noch bis 2001 auf der Athus-Meuse-Linie im Planeinsatz.

Reihe 46

Bauart: 1A'A1'dm
Baujahr: 1952
Leistung: 99/120 kW
Länge über Puffer: 16.200 mm
Dienstmasse: 32,6 t
Stückzahl: 20

Auch die SNCB hatte ihren Schienenbus. Die 80 km/h schnellen Triebwagen waren allerdings nicht auf jeder belgischen Nebenbahn zu Hause. Bei dem mit 71 Sitzplätzen versehenen Fahrzeug handelt es sich übrigens um den kleinsten Nachkriegstriebwagen der SNCB; alle Nachfolgemodelle waren mindestens vierachsig ausgeführt. Über mehrere Jahre absolvierten die 46 noch bahninterne Dienstfahrten, bevor sie zu Beginn der neunziger Jahre aus dem aktiven Dienst ausschieden.

Dänemark

In Schweden, Norwegen und Deutschland führen die Fahrleitungen Wechselstrom mit 15 KV Spannung. Es lag nahe, dass Dänemark das gleiche System verwendet. Doch die Dänen entschieden sich für Wechselstrom mit 25 KV Spannung. Dies soll auf Interventionen französischer EU-Kreise zurückzuführen sein.

Die erste dänische Eisenbahn fuhr 1844. Die nach König Christian benannte Strecke führte von Altona nach Kiel. Beide Städte sind seit 1864 nicht mehr dänisch. Somit gilt die Strecke Kopenhagen – Roskilde (1847) als Geburtsstätte der dänischen Eisenbahn.

Die Entwicklung des Eisenbahnnetzes in Dänemark litt stark unter der Landesstruktur. Lange Jahre ließen sich die vielen Inseln nur durch Fähren verbinden. Erst zur Jahrtausendwende ging die letzte große Bahnbrücke des Landes in Betrieb, die Querung des Großen Belts. Mancher Däne beklagt nun allerdings den Verlust „einer halben Stunde Pause".

Reihe Cs

Bauart: B1'n2
Baujahre: 1875 – 1877
Länge über Puffer: 11.950 mm
Dienstmasse: 29,3 t
Stückzahl: 12

In den siebziger Jahren des 19. Jahrhunderts gelangten die ersten Schnellzuglok nach Dänemark, zunächst ein 1'B-Typ, die spätere Reihe C, dann ein B1'-Typ, die Reihe Cs. Die bei der ME gebauten, 90 km/h schnellen Loks fuhren zunächst auf der Nordwest- und der Südbahn Seelands, gelangten später aber auch nah Jütland und Falster. Die letzte Maschine, die CS 246, schied 1932 in Skanderborg aus dem Bestand und gehört heute nicht betriebsfähig dem Museum Randers.

Reihe E

Nachdem die SJ ihre Hauptstrecken elektrifiziert hatten, schickte sie die leistungsstarken Maschinen der Reihe F nicht auf das Abstellgleis, sondern verkauften sie an die DSB. Diese zeigten sich von der Konstruktion so angetan, dass sie bei Frichs Nachbauten orderten, um die nach der deutschen Invasion abgestellten Dieselfahrzeuge zu ersetzen. Bis 1976 standen die für den Schnellzugverkehr gedachten, 110 km/h schnellen Loks im Einsatz, die auch vor Güterzügen eine gute Figur machten.

Bauart: 2'C1'h4v
Baujahre: 1914 – 1950
Länge über Puffer: 21.265 mm
Dienstmasse: 85,5 t
Stückzahl: 10 +25

Reihe F

Bauart: C
Baujahre: 1898 – 1949
Leistung: 300 kW
Länge über Puffer: 9170 mm
Dienstmasse: 37 – 39 t
Stückzahl: 120

Als Rekordlok kann man die kleine Dampflok bezeichnen. Kaum eine andere Maschine kann auf eine derart lange Bau- und Einsatzzeit zurückblicken. In Dänemark, Belgien, Deutschland und Italien entstanden, gibt es wohl kein Gleis, das nicht wenigstens einmal unter eine F gekommen ist. Die Lokomotiven bewährten sich in allen Diensten, weshalb es kaum verwundert, dass sie lange unverzichtbar waren. Die F 500 brachte es dabei auf 76 Plandienstjahre. Eine Reihe Maschinen blieb bei Museumsbahnvereinen der Nachwelt erhalten.

Reihe Ea

Erst in den achtziger Jahren begann die Elektrifizierung in Dänemark. Als erste Elektrolok stellten die DSB die von Henschel gebaute Ea in Dienst, über lange Jahre die einzige E-Lok-Baureihe der DSB. Zunächst auf der Küstenbahn Kopenhagen – Helsingborg, dann auf weiteren Strecken schleppte die universell verwendbare Maschine Reise- und Güterzüge. Das tut sie auch heute noch, weshalb einige Loks den DSB, andere Railion gehören. Sämtliche Loks tragen Namen von Persönlichkeiten aus Forschung, Technik und Eisenbahnwesen.

Bauart: Bo'Bo'
Baujahre: 1984 – 1986
Leistung: 4000 kW
Länge über Puffer: 19.380 mm
Dienstmasse: 80 t
Stückzahl: 21

Reihe Me

Vom Güterzug bis hin zum TEE – so lautete das Einsatzprofil der von Henschel in Zusammenarbeit mit Scandia Randers gebauten und mit GM-Traktionsdieseln ausgerüsteten Maschinen, die anfangs nur auf Seeland, Lolland und Falster fuhren. Auch auf der Vogelfluglinie traf man die bulligen Loks an. Nach der Eröffnung der Großen-Belt-Querung stießen sie auch nach Jütland vor. Bis heute schleppen die immer noch modernen Drehstromloks hochrangige Züge.

Bauart: Co'Co'de
Baujahre: 1981 – 1985
Leistung: 2200 kW
Länge über Puffer: 21.000 mm
Dienstmasse: 115 t
Stückzahl: 36

Reihe Mx/My

Bauart: (A1A)(A1A)de
Baujahre: 1954 – 1965
Leistung: 1047 – 1433 kW
Länge über Puffer: 18.900 mm
Dienstmasse: 90 – 113 t
Stückzahl: 58

Zu den Loklegenden schlechthin zählen die Rundnasen, die der schwedische Hersteller Nohab in Lizenz nach dem Muster von GM-EMD-Maschinen fertigte. Nicht nur in Dänemark trugen sie maßgeblich zum Ende der Dampftraktion bei. Über Jahre trugen die Mehrzwecklokomotiven die Hauptlast im Fernverkehr der DSB. Diese musterten die robusten und leistungsstarken Maschinen inzwischen aus. Eine Reihe Privatbahnen nennt aber noch Rundnasen ihr eigen, beispielsweise die Arriva Tog, die sie im Westen Jütlands einsetzt.

Reihe Mz

Als Weiterentwicklung der Mx und My lieferten Nohab und Frichs die seinerzeit leistungsstärksten dieselelektrischen Lokomotiven in Europa. Mit Zweitaktmotoren von GM ausgestattet, konnten sie alle Zuggattungen schleppen. Ihr Einsatzgebiet schrumpfte mit fortschreitender Elektrifizierung. Der Rückgang im Güterverkehr trug das seine dazu bei, dass die Loks der ersten drei Serien inzwischen ausgemustert sind. Einige Loks fahren noch für Railion. Daneben setzen Privatbahnen in Dänemark und Schweden Mz ein.

Bauart: Co'Co'
Baujahre: 1967 – 1978
Leistung: 2410 – 2850 kW
Länge über Puffer: 20.800 – 21.000 mm
Dienstmasse: 116,5 – 121 t

Reihe Ma

Für den Schnellzugdienst zwischen den Inseln beschafften die DSB Dieseltriebzüge, welche technisch dem deutschen 601 ähnelten. Statt eines zweiten Motorwagens erhielten die Züge einen Steuerwagen, der eine Übergangsmöglichkeit bot. Die vierteilige Komposition passte mühelos auf die Fährschiffe über den Großen Belt. Zwei gekuppelte Züge ergaben einen Vollzug. Streckenweise fuhren die Züge planmäßig vereint, um dann ihre Ziele geflügelt zu erreichen. Bis 1990 setzten die DSB die Ma als „Blitzzüge" und Intercity ein.

Bauart: B'2' + 2'2' + 2'2' + 2'2'dh
Baujahre: 1963 – 1966
Leistung: 801 kW
Länge über Puffer: 75.280 mm
Dienstmasse: 76 t
Stückzahl: 14

Reihe MI/Y

Bauart: (1A)(A1)dh
Baujahre: 1965 – 1984
Leistung: 265 kW
Länge über Puffer: 18.200 –
18.625 mm
Dienstmasse: 26 – 27 t
Stückzahl: 7 + 65

Mitunter abschätzig „Blitzzüglein" genannt, gehören die bei den DSB MI, bei Privatbahnen Y genannten Triebzüge zum festen Inventar des Nahverkehrs Sie entstanden bei der Waggonfabrik Uerdingen, die sie als Nachfolger des DB-Schienenbusses konzipiert hatte und nicht weniger als acht Serien in das Inselreich lieferte. Von einteiligen bis zum fünfteiligen Zug war darunter alles vertreten. Manche verfügten über Mittelpufferkupplungen, andere über herkömmliche Zug- und Stoßvorrichtungen.

Reihe Mo

Ab 1935 wollten die DSB keine Dampfloks mehr beschaffen. Stattdessen setzten sie im Reisezugverkehr auf leistungsfähige Dieseltriebwagen. Die für Tempo 120 zugelassenen Züge waren dank Vielfachsteuerung flexibel einsetzbar. Sogar kurze Güterzüge mit 185 t Gewicht schleppten sie. Innerhalb Dänemarks fuhren sie Ersatzleistungen für die „Blitzzüge" der Reihe Ma. Im Auslandsverkehr gelangten sie bis an die Alster. Die „Hamburg vogn" erhielten eigens für diesen Einsatz das dritte Spitzenlicht.

Bauart: 3'B
Baujahre: 1935 – 1958
Leistung: 365 kW
Länge über Puffer: 20.938 mm
Dienstmasse: 30 t
Stückzahl: 128

Reihe Mr/Mrd

Bauart: B'2' + 2'B'dh
Baujahre: 1978 – 1985
Leistung: 475 – 600 kW
Länge über Puffer: 44.800 mm
Dienstmasse: 69 t
Stückzahl: 99

Vielfältig setzten die Dänen einen vom deutschen 628 abgeleiteten Triebzug ein. Seine Hauptaufgabe lag natürlich im Nahverkehrsdienst, doch bediente der Mr/Mrd auch internationale Züge. Gemeinsam mit dem IC/3 bewältigt er heute fast den gesamten Reisezugverkehr der DSB, doch steht bereits die Ablösung durch Triebzüge der „Desiro"-Familie bevor. Die private Arriva Tog setzt ihn an der jütländischen Westküste ein. Der Mr verfügt nur über Fahrgasträume, der Mrd besitzt auch einen Gepäckraum. Mitunter schleppen die Triebzüge auch Post- und Güterwagen.

Desiro

Schon immer gab es in Dänemark eine große Zahl privater Bahnbetreiber mit eigenen Fahrzeugen. Nach der konsequenten Liberalisierung des europäischen Schienenverkehrs wächst die Vielfalt. So gelangte auch der in Deutschland als Baureihe 642 bekannte Desiro von Siemens in das Königreich. Der Zug bewährte sich zwischen den Meeren bei allen Wetterlagen.

Bauart: B'(2)B'
Baujahre: ab 1999
Leistung: 550 kW
Länge: 41.700 mm
Dienstmasse: 86 t

Deutschland

Als das Eisenbahnzeitalter begann, gab es Deutschland noch nicht. Das spätere Reichsgebiet gliederte sich in viele kleine, aber souveräne Staaten. In den meisten Staaten entstanden eigene Bahnen, mal privatwirtschaftlicher Natur, mal als Staatsbetriebe. Auch nach der Reichsgründung 1871 blieben die Länderbahnen erhalten. Erst 1920 übernahm das Reich die inzwischen weitgehend verstaatlichten Schienenwege und gründete die Deutsche Reichsbahn.

Seit bald 170 Jahren fahren in Deutschland Eisenbahnen. Das Zeitalter des Schienenverkehrs begann zwischen Nürnberg und Fürth.

In den zwanziger und dreißiger Jahren des 19. Jahrhunderts entstanden vielerorts Komitees zum Bau einer Dampfeisenbahn. Am schnellsten waren die Franken. Bereits im Dezember 1835 konnten sie die nach dem bayerischen König benannte Ludwigsbahn zwischen Nürnberg und Fürth in Betrieb nehmen. Anfangs fuhren auf den sechs Kilometern Dampfzüge und Pferdewagen im Mischbetrieb. Die Dampftraktion setzte sich schließlich durch.

Anderswo dachte man weiträumiger. In Sachsen beispielsweise machten sich Gewerbetreibende daran, die Messestadt Leipzig mit der Hauptstadt Dresden zu verbinden. Die Leipzig-Dresdener Eisenbahn wurde zur ersten Fernbahn Deutschlands. Nach und nach entstanden in allen deutschen Staaten Eisenbahnlinien. Während einige, beispielsweise Preußen und Württemberg, vorausschauend handelten und von Beginn an den Verkehr in die Nachbarländer berücksichtigten, zeigten sich Bayern und Baden äußerst engstirnig.

Die Bayern bauten die Strecke München – Lindau so, dass sie stets haarscharf an der Grenze zu Württemberg entlang führte. Bis heute gehört die kurvenreiche Strecke zu den langsamsten Hauptbahnen Deutschlands. In Baden verlegte man die Gleise anfangs mit 1600 statt 1435 Millimetern Abstand zwischen den Schieneninnenkanten. Niemals werde ein württembergischer Zug nach Baden kommen, prophezeite der König. Wenig später musste das Land seine Schienenwege umnageln.

Unter Dampf

Die erste in Deutschland eingesetzte Dampflok, der „Adler" der Nürnberg-Fürther Ludwigsbahn, war ein Importmodell. Doch schon bald entstanden die ersten deutschen Dampflokomotiven.

Als Pioniere des deutschen Dampflokbaus kann man mit Fug und Recht den Sachsen Johann Andreas Schubert und den Berliner August Borsig bezeichnen. Schubert konstruierte 1839 die „Saxonia", eine noch weitgehend an das britische Vorbild angelehnte Dampflokomotive. August Borsig schaute dagegen über den großen Teich und orientierte sich an den US-amerikanischen Typen. Seine erste Lok, die er in aller Bescheidenheit „Borsig" nannte, entstand 1841. Bei einem Wettstreit mit Konkurrenzmodellen auf der Berlin-Anhalter Eisenbahn zeigte die Maschine, dass die US-amerikanischen Bauarten den Lokomotiven aus dem Mutterland der Eisenbahn damals überlegen waren.

Langsam, aber sicher entstanden nunmehr in allen deutschen Staaten eigenständige Lokomotivfabriken. Das größte Land, Preußen, verfügte bald über ein halbes Dutzend Lokhersteller. Namen wie Ferdinand Schichau, Georg Egestorff, Louis Schwartzkopff, Carl Anton Henschel, Friedrich Krupp und natürlich Borsig stehen noch heute für ein großes Kapitel deutscher Industriegeschichte. Auch in den anderen Ländern trugen sich geniale Unternehmer in die Annalen ein. Richard Hartmann in Sachsen, Emil Kessler in Baden, Georg Krauss und Joseph Anton Maffei in Bayern sollen hier stellvertretend für die große Zahl kreativer Lokbauer genannt werden. Schon zu Zeiten der Länderbahnen entstanden hervorragende Entwicklungen. Technisch hochgradig anspruchsvolle Maschinen wie die bayerische S 3/6, die badische IV h oder die nahezu unverwüstlichen württemberger K fanden ebenso Beachtung wie die einfach konstruierten, robusten und überaus wirtschaftlichen Maschinen preußischer Herkunft.

Eine gute Lok müsse man in einem Kuhstall im hintersten Winkel Ostpreußens reparieren können, soll der langjährige preußische Lokdezernent Robert Garbe gesagt haben. Die Deutsche Reichsbahn schloss sich weitgehend der preußischen Lokschule an. Die Einheitsbaureihen waren so anspruchslos wie erfolgreich und überdauerten ihre Nachfolger.

Nach dem Zweiten Weltkrieg entstanden trotz des anlaufenden Traktionswechsels in beiden deutschen Staaten Neubaulokomotiven. Diese nahmen zwar eine Reihe technischer Verbesserungen auf, die in den Einheitslokomotiven noch nicht verwirklicht worden waren. Vom Grundkonzept her aber ähnelten die Neubauten von Bundes- und Reichsbahn den Einheitsbaureihen.

Mit dem Adler fing das Zeitalter der Eisenbahn in Deutschland an

Preußischer Herkunft: die Baureihe 39 (P 10)

Baureihe 99.00 (pfälz. L 2)

Bauart: Bn2t
Baujahre: 1903 – 1905
Länge über Puffer: 6030 mm
Dienstmasse: 15 t
Stückzahl: 5

Für die Meterspurstrecken in der Pfalz fertigte Krauss zweiachsige Tenderloks. Außerordentlich zuverlässig waren sie zeitlebens auf der Strecke Neustadt – Speyer im Einsatz. Zumindest eine Maschine, die XXIII „Klingbach" fuhr zeitweise auch zwischen Alsenz und Obermoschel. Die Reichsbahn übernahm alle Maschinen, die in den dreißiger Jahren der leistungsstärkeren preußischen T 33 weichen mussten.

99 021 (old. B)

Um 1920 herum hatten die auf der Wangerooger Inselbahn eingesetzten Loks 1 und 2 die Grenzen ihrer Leistungsfähigkeit erreicht. Als Ersatz erwarb die Oldenburgische Staatsbahn eine 1904 bei Freudenstein & Co. in Berlin-Tempelhof gebaute Maschine, die mit 1300 mm Achsstand zu den kleinsten in Deutschland fahrenden Loks zählen dürfte. 1942 musste die Reichsbahn die Lok an die Ostfront abgeben, wo sich ihre Spuren verlieren.

Bauart: Bn2t
Baujahr: 1904
Länge über Puffer: 4958 mm
Dienstmasse: 9,4 t
Stückzahl: 1

99 022 (old. B)

Bauart: Bn2t
Baujahr: 1910
Leistung: 73,6 kW
Länge über Puffer: 5350 mm
Dienstmasse: 12,2 t
Stückzahl: 2

Hanomag lieferte der Oldenburgischen Staatsbahn zwei B-Kuppler für die Wangerooger Inselbahn. Die Loks waren etwas größer und leistungsstärker als ihre Vorgänger. Obwohl sich die Überlegenheit des Heißdampfes längst erwiesen hatte, entstanden sie in Nassdampfausführung. Die 99 022 hatte eine außenliegende Heusinger-Steuerung. 1942 musste sie die Reise an die Ostfront antreten und kehrte nicht mehr zurück.

99 023 (old. B)

Bauart: Bn2t
Baujahr: 1910
Leistung: 73,6 kW
Länge über Puffer: 5350 mm
Dienstmasse: 12,2 t
Stückzahl: 1

Die zweite Hanomag-Lok für die Inselbahn Wangerooge wies eine innenliegende Allan-Steuerung auf. Ansonsten unterschied sie sich nur in Details von der Schwester, musste allerdings nicht deren Schicksal teilen. Sie überstand sogar die verheerenden Luftangriffe auf die Insel und erhielt noch 1955 in Bremen eine Hauptuntersuchung. Drei Jahre darauf wurde sie ausgemustert und leider verschrottet.

99 031 – 032 (pr. T 33)

Bauart: Cn2t
Baujahr: 1909
Länge über Puffer: 7000 mm
Dienstmasse: 24,8 t
Stückzahl: 2

Die preußischen Staatsbahnen betrieben in Thüringen vier Meterspurstrecken, die sie von Privatbahnen übernommen hatten: Salzungen – Vacha, Dorndorf – Kaltennordheim, Hildburghausen – Lindenau und Eisfeld – Schönbrunn. Auf allen drei Strecken fuhren die beiden ersten Maschinen der Gattung T 33, die bei Hagans in Erfurt entstanden. Beide gelangten zur Reichsbahn. Wann sie ausgemustert wurden, ist unbekannt.

Baureihe 99.04 (pr. T 33)

Unter den Fabriknummern 689 bis 693 fertigte Hagans weitere Loks der Gattung T 33 für das thüringische Meterspurnetz. Sie fuhren unter den Nummern Erfurt 53 bis 57 zunächst vornehmlich auf den Feldbahnlinien Salzungen – Vacha und Dorndorf – Kaltennordheim. Die 99 041, 044 und 045 gelangten nach der Umspurung der Strecken 1935 in die Pfalz und waren in Neustadt stationiert. Bis 1957 waren sie im Einsatz. Die 99 044 war nach dem zweiten Weltkrieg kurze Zeit auf der württembergischen Strecke Nagold – Altensteig unterwegs.

Bauart: Cn2t
Baujahr: 1912
Länge über Puffer: 7000 mm
Dienstmasse: 29,7 t
Stückzahl: 5

99 051 – 052 (pr. T 33)

Bauart: Cn2t
Baujahr: 1912
Länge über Puffer: 7000 mm
Dienstmasse: 29,7 t
Stückzahl: 2

Als Erfurt 58 und 59 gruppierten die preußischen Staatsbahnen weitere zwei T 33 von Hagans ein. Vermutlich fuhren sie ebenfalls auf den Strecken der Feldabahn. Wie schon bei den 99 041 bis 045 war der zweite Sandkasten zwischen Schornstein und Dampfdom entfallen. Die Reichsbahn musterte die beiden Maschinen bis 1935 aus.

99 061 – 063 (pr. T 33)

Bauart: Cn2t
Baujahr: 1914
Länge über Puffer: 7000 mm
Dienstmasse: 29,8 t
Stückzahl: 4

Die letzten T 33 für die thüringischen Meterspurstrecken entstanden bei Hagans unter den Fabriknummern 766 bis 769 und erhielten bei den Staatsbahnen die Nummern Erfurt 60 bis 63. Letztere wurde noch vor der Umzeichnung durch die Reichsbahn verkauft. Die übrigen rollten bis spätestens 1935 auf das Abstellgleis.

Baureihe 99.07 (bay. LE)

Bauart: Cn2t
Baujahre: 1885 – 1900
Leistung: 73,6 kW
Länge über Puffer: 6100 mm
Dienstmasse: 18,5 t
Stückzahl: 5

Für die Meterspurstrecke Eichstädt Bahnhof – Eichstädt Stadt entwickelte Krauss gedrungen wirkende, dreifach gekuppelte

Loks mit 1800 mm Achsstand und 800 mm Raddurchmesser. Der hochgezogene Rahmen war als Wasserkasten ausgeführt. Zwei kleine Behälter vor dem Führerhaus nahmen den Kohlevorrat auf. Anfangs war das Triebwerk verkleidet. Wegen Wartungsproblemen entfernte man die Schale. Alle Loks gelangten zur Reichsbahn, welche die letzten 1935 ausmusterte.

Baureihe 99.08
(pfälz. L 1, pfälz-. Pts 3/3 N)

Trambahnloks lieferte Krauss der Pfalzbahn für die meterspurigen Strecken im Raum Ludwigshafen/Neustadt/Speyer. Anfangs wurden sie als Gattung L bezeichnet, nach der Übernahme der Pfalzbahn durch die Staatsbahnen als Pts 3/3. Später kam das „N" für Nassdampf hinzu. Die Kohlevorräte lagerten hinter dem Stehkessel, was das Bekohlen erschwerte. Eine Lok ging im Ersten

Weltkrieg verloren. Die übrigen gelangten zur Reichsbahn. Erst 1954 rollte die letzte auf das Abstellgleis.

Bauart: Cn2t
Baujahre: 1889 – 1911
Länge über Puffer: 6000 mm
Dienstmasse: 22,7/23,4 t
Stückzahl: 13

99 101 – 103 (pfälz. Pts 3/3 H)

Die mit Nassdampf arbeitenden Trambahnloks von Krauss hatten sich auf den Meterspurstrecken der Pfalz bewährt. Als das wachsende Verkehrsaufkommen neue Fahrzeuge erforderte, beschafften die Bayerischen Staatsbahnen bauartähnliche Loks in Heißdampfausführung. Eine Heusinger-Steuerung ersetzte die bislang verwandte Allan-Steuerung. Alle Loks gelangten zur Reichs-

bahn. 1957 musterte die Bundesbahn die letzte nach Stilllegung der Strecke Mundenheim – Meckenheim aus.

Bauart: Cnh2t
Baujahr: 1923
Länge über Puffer: 5945 mm
Dienstmasse: 24,2 t
Stückzahl: 3

99 131 – 133 (bay. Pts 3/4)

Bauart: 1'Ch2t
Baujahre: 1906 – 1922
Länge über Puffer: 7470 mm
Dienstmasse: 27,7 t
Stückzahl: 3

Für die als Dampfstraßenbahn konzipierte Linie Neuötting – Altötting lieferte Krauss kurze Heißdampflokomotiven mit sehr hoch liegendem Kessel. Die anfangs vorhandene Triebwerkverkleidung wurde wegen Wartungsschwierigkeiten entfernt. Als einzige Schmalspurlok der Bayerischen Staatsbahnen erhielt die Pts 3/4 einen Vorlaufradsatz. Drei Loks gelangten zur Reichsbahn, die sie 1931 ausmusterte. Die 99 133 wurde an die Waldbahn Wallersdorf verkauft.

99 151 (bay. Gts 4/4)

Bauart: Dn2t
Baujahr: 1909
Länge über Puffer: 8447 mm
Dienstmasse: 26 t
Stückzahl: 1

Für den Güterzugverkehr auf der Eichstädter Meterspurbahn beschafften die Bayerischen Staatsbahnen eine vierfach gekuppelte Tenderlok. Sie schleppte vornehmlich Rollbockzüge. Ihr Gesamtachsstand betrug nur 2600 mm. Die Überhänge führten zu einem unruhigen Lauf. Die Reichsbahn setzte sie bis zur Umspurung der Strecke 1935 ein.

99 161 – 163 (sä. I M)

Um die schweren Rollbockzüge auf der Strecke Reichenbach – Oberheinsdorf bewältigen zu können, bestellten die Sächsischen Staatsbahnen bei Hartmann Fairlie-Lokomotiven. Die Strecke wies Radien von 30 m auf, die Anschlussgleise hatten sogar 15 m Halbmesser. Die Drehgestelle mit 1100 mm Achsstand wurden von je einem Hoch- und Niederdruckzylinder angetrieben. Der Lokführer stand an der Stirnseite, während der Heizer in der Mitte der Lok arbeitete. Die letzte Lok wurde 1963 abgestellt. Eine steht heute im Dresdener Verkehrsmuseum.

Bauart: B'B'n4vt
Baujahr: 1902
Länge über Puffer: 10.480 mm
Dienstmasse: 41,8 t
Stückzahl: 3

99 181 – 183 (pr. T 40)

Schon zu Reichsbahnzeiten entstand die leistungsfähige Lok für die Feldabahn. Die drei mittleren Kuppelachsen waren über Stangen angetrieben, die Endachsen über Zahnräder. Dies war wegen der engen Bögen nötig. Nach der Umspurung der Strecke Dorndorf – Kaltennordheim gelangten die Loks zur ebenfalls meterspurigen Hildburghausen-Heldburg-Lindenauer Eisenbahn. Zwei mussten nach 1945 an die Sowjetunion abgegeben werden. Die letzte blieb bis 1969 in Betrieb.

Bauart: Eh2t
Baujahr: 1923
Länge über Puffer: 8926 mm
Dienstmasse: 37,3 t
Stückzahl: 3

99 191 – 194 (wü. Ts 5)

Schon vor dem Ersten Weltkrieg wollten die Württembergischen Staatsbahnen auf der Strecke Nagold – Altensteig die Loks mit Klose-Triebwerk durch Steifrahmenmaschinen ersetzen. Doch erst die Reichsbahn konnte die Projekte verwirklichen. Sie setzte dabei Pläne der Länderbahn um. Die Loks waren die leistungsstärksten Maschinen im württembergischen Schmalspurnetz. Eine Lok gelangte im Zweiten Weltkrieg nach Thü-

ringen und wurde erst 1975 ausgemustert. Die Bundesbahn trennte sich 1967 von ihrer letzten Lok. Eine Lok fuhr bis Ende der sechziger Jahre in Jugoslawien.

Bauart: Eh2t
Baujahr: 1927
Länge über Puffer: 8436 mm
Dienstmasse: 43,5 t
Stückzahl: 4

99 201 (bay. Gts 2 x 3/3)

Eine Schmalspurlok der Bauart Mallet hatte Henschel für die Heeresfeldbahnen gebaut. Der Hochdruckzylinder trieb die hintere, der Niederdruckzylinder die vordere Radgruppe an. Nach dem Ersten Weltkrieg gelangte die Lok, Teil einer Serie von 20 ansonsten in das Ausland gelieferten Maschinen, zur Eichstädter Meterspurstrecke. Vorzugsweise schleppte sie Rollbock-

züge. Nach der Umspurung der Bahn rollte die ungewöhnliche Lok auf das Abstellgleis.

Bauart: C'Ch4vt
Baujahr: 1917
Länge über Puffer: 11.832 mm
Dienstmasse: 54 t
Stückzahl: 1

99 211

Bauart: Cn2t
Baujahr: 1929
Leistung: 102 kW
Länge über Puffer: 6400 mm
Dienstmasse: 18,3 t
Stückzahl: 1

Nach dem Ersten Weltkrieg nahm der Bäderverkehr auf Wangerooge stetig zu. Deswegen beschaffte die Reichsbahn eine Maschine, die zur

selben Zeit wie die Einheitsloks entstand, aber mit diesen keinerlei Verwandtschaft aufwies. Robust und einfach konstruiert, erwies sich die Lok im rauen Inselbetrieb als äußerst zuverlässig. Ihre Leistungen übertrafen die der 99 022 und 023 deutlich. Bis 1958 gehörte sie, zuletzt als Reserve, zum Bestand der Inselbahn und erinnert seit 1968 am Leuchtturm als Denkmal an die Dampfzeit auf Wangerooge.

99 221 – 223

Bauart: 1'E1'h2t
Baujahr: 1930
Leistung: 511 kW
Länge über Puffer: 11.636 mm
Dienstmasse: 65,8 t
Stückzahl: 3

Für den Einsatz auf Meterspurstrecken entwickelte die Reichsbahn Neubauloks mit dem Kessel der 81. Die Loks sollten zunächst

auf den preußischen Strecken fahren, später auch in Baden, Bayern und Württemberg. Letzten Endes entstanden aber nur Maschinen für die Strecke Eisfeld – Schönbrunn. Zwei Loks gelangten 1944 nach Norwegen und verblieben dort. Nach der Stilllegung ihrer Strecke 1966 gelangte die dritte Lok in den Harz. 1994 wurde sie bei einem Unfall schwer beschädigt.

Baureihe 99.23

Nach der Enteignung der NWE ließ die Reichsbahn bei LOB eine Neu-baulok für Meterspur entwickeln, um den überalterten, uneinheit-lichen Fahrzeugpark zu moderni-sieren. Aufbauend auf den Einheits-loks der Baureihe 99.22 entwickel-te LOB eine moderne Tenderlok mit vollständig geschweißtem Kessel und Mischvorwärmern. Zwischen 1976 und 1980 baute die DR die Loks auf Ölhauptfeuerung um und

1981/82, nach der Erhöhung der Ölpreise, auf Rostfeuerung zurück. Sie gehören heute den Harzer Schmalspurbahnen.

Bauart: 1'E1'h2t
Baujahre: 1954 – 1956
Leistung: 427 kW
Länge über Puffer: 11.730 mm
Dienstmasse: 64,5 t
Stückzahl: 17

99 291

Woher die Lok kommt, ist nicht ge-nau bekannt. Vermutlich fuhr sie zu-nächst bei der Tram d'Ardèche in Südostfrankreich. Im Zweiten Welt-krieg gelangte sie in den Bestand der Heeresfeldbahnen, die sie auf Wangerooge einsetzten. Dort blieb sie bis 1948 und wechselte dann zur badischen Meterspurstrecke Mosbach – Mudau. 1955 musterte die Bundesbahn den Einzelgänger aus, der einen Achsstand von nur 1790 mm aufwies.

Bauart: Cn2t
Baujahr: 1911
Länge über Puffer: 6090 mm
Dienstmasse: 19,5 t
Stückzahl: 1

99 301 – 303 (meck. T 7)

Bauart: Cn2t
Baujahre: 1910 – 1914
Länge über Puffer: 5650 mm
Dienstmasse: 16,2 t
Stückzahl: 3

Für den „Molli" Bad Doberan – Küh-lungsborn beschaffte die meck-lenburgische Friedrich-Franz Ei-senbahn als T 7 eingestufte C-Kuppler, welche zwei Maschinen gleicher Bauart ersetzten. Ihre Leistungen dürften in etwa gleich hoch gewesen sein. Nach In-dienststellung der 99 311 bis 313 wechselten die 301 und 303 zur Nubuckower Rübenbahn, einer nur mit Güterzügen bedienten Neben-linie der Bäderbahn. 1948 gingen sie als Reparation an die Sowjet-union. Die 99 302 wurde bereits 1932 ausgemustert.

99 311 – 313 (meck. T 42)

Bauart: Dn2t
Baujahre: 1923 – 1924
Länge über Puffer: 7900 mm
Dienstmasse: 31,9 t
Stückzahl: 3

Zur Ablösung der dreifach gekup-pelten 99 301 bis 303 beschaffte die Reichsbahn für den „Molli" Bad Doberan – Kühlungsborn vierach-sige Loks bei Henschel. Ihre Leis-tungen übertrafen die der Vorgän-gerinnen fast um das Doppelte. Der Kobelschornstein sollte den Funkenflug während der Stadtpas-sage vermeiden. Anstelle von Handglocken erhielten die Loks Dampfläutwerke. Die 99 311 ge-langte 1042 nach Dänemark und verblieb dort. Die beiden anderen Maschinen fuhren bis 1961 auf der Stammstrecke.

Baureihe 99 321 – 323

Bauart: 1'D1'h2t
Baujahr: 1932
Länge über Puffer: 10.595 mm
Dienstmasse: 43,68 t
Stückzahl: 3

In den dreißiger Jahren wollte die Reichsbahn den Reisezugverkehr auf der Bad Doberaner Bäderbahn beschleunigen und beschaffte für 50 km/h zugelassene Maschinen. Das im oberen Teil zwecks Einhaltung des Lichtraumprofils stark abgeschrägte Führerhaus gab den Maschinen ein eigenwilliges Aussehen. Um ein Qualmen in der Stadt zu vermeiden, erhielt der Schlot eine seilzugbetätigte Klappe. Bis heute fahren die Loks auf der inzwischen privatisierten 900-mm-Bahn.

Baureihe 99.43, 99.44 (pr. T 39)

Bauart: En2t
Baujahre: 1919 – 1926
Länge über Puffer: 9304 mm
Dienstmasse: 40/44 t
Stückzahl: 7 + 6

In Oberschlesien betrieben die preußischen Staatsbahnen Strecken mit der ungewöhnlichen Spurweite von 785 mm. Dafür beschafften sie fünffach gekuppelte Loks mit zahnradgetriebenen Endradsätzen Bauart Luttermöller. Die Reichsbahn orderte zwei weitere Serien mit von 800 auf 850 mm erhöhtem Raddurchmesser. Die Preußinnen erhielten die Bezeichnung 99.43, die Nachbauten die 99.44. Nach 1945 verblieben die Loks in Polen und fuhren bis 1960 als Baureihe Tw-3.

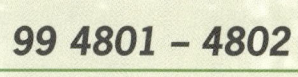

99 4801 – 4802

Bauart: 1'Dh2t
Baujahr: 1938
Leistung: 235 kW
Länge über Puffer: 9440 mm
Dienstmasse: 29,7 t
Stückzahl: 2

Die Kleinbahnen des Kreises Jerichow bestellten bei Henschel keine Loks von der Stange, sondern speziell auf ihr Netz angepasste Fahrzeuge. Sie erreichten 45 km/h Höchstgeschwindigkeit und sollten damit die Attraktivität des Bahnverkehrs steigern. Beide Maschinen gelangten nach 1945 zur Reichsbahn. Die 4802 war zu dem Zeitpunkt ein reiner D-Kuppler, erhielt aber 1964 ihre Vorlaufachse zurück. Die robusten Maschinen mit dem großzügig bemessenen Rauchrohrüberhitzer der Bauart Schmidt sind noch heute zwischen Bad Doberan und Kühlungsborn im Einsatz.

Baureihe 99.51 12 bar (sä. IV K)

Bauart: B'B'n4vt
Baujahre: 1892 – 1914
Leistung: 241 kW
Länge über Puffer: 9000 mm
Dienstmasse: 26,6 – 29,6 t
Stückzahl: 96

Für das ständig wachsende Verkehrsaufkommen im 750-mm-Netz entwickelte die SMF Lokomotiven mit zwei Triebdrehgestellen der Bauart Günther-Meyer. Die hinteren Radsätze wurden von den Hoch-, die vorderen von den Niederdruckzylindern angetrieben. Die IV K wurde zur Standardlok der sächsischen Schmalspurbahnen. Die verschiedenen Serien wurden mit 12, 14 und 15 bar Kesseldruck betrieben.

Baureihe 99.51 Reko DR (sä IV K)

Da sie auf die bewährten Maschinen der sächsischen IV K im Schmalspurnetz nicht verzichten konnte, genehmigte die Reichsbahn eine Generalreparatur der Lok. Dabei erhielten die Maschinen einen Nachbaukessel in geschweißter Ausführung. Bei einigen Loks wurde auch der Rahmen teilweise erneuert. Der kleine Sandkasten hinter dem Dampfdom entfiel. Äußerlich unterschieden sich die Reko-IV-K deutlich von den Schwestern.

Bauart: B'B'n4vt
Baujahre: ab 1962
Leistung: 241 kW
Länge über Puffer: 9000 mm
Dienstmasse: 26,6 – 29,6 t

99 5621 – 5622

Bauart: B'Bn4vt
Baujahre: 1902 – 1910
Leistung: 106 kW
Länge über Puffer: 7164 mm
Dienstmasse: 20,6 t
Stückzahl: 2

Für die Franzburger Kreisbahn Nord entwickelte Vulcan zwei Loks der Bauart Mallet, welche die schweren Zuckerrübenzüge schleppen sollten. Die Hochdruckzylinder wirkten auf die hintere, die Niederdruckzylinder auf die vordere Radgruppe. Innerhalb jeder Triebwerksgruppe lag der Achsstand bei 1200, der Gesamtachsstand bei 4154 mm. Die Reichsbahn setzte nach der Enteignung der Kreisbahn die Lokomotiven bis 1969 ein.

Baureihe 99.570

Von Hohenzollern in Düsseldorf erhielt die meterspurige Spreewaldbahn für 35 km/h zugelassene Loks, deren Kessel für 14 bar Druck ausgelegt war. Mit dem Gesamtradstand von 2200 mm konnten Bögen von 50 m problemlos durchfahren werden. Anfangs hatten die Loks die Wurfhebelhand- und die Herberlein-Seilbremse. 1951 bis 1953 rüstete die Reichsbahn die Loks auf die

Druckluftbremse um. Mit der Stilllegung der Spreewaldbahn 1970 rollten die Loks auf das Abstellgleis.

Bauart: Cn2t
Baujahre: 1897 – 1903
Länge über Puffer: 6600 mm
Dienstmasse: 21 t
Stückzahl: 7

Baureihe 99.61 (sä. V K)

Bauart: Dn2vt
Baujahre: 1901 – 1907
Länge über Puffer: 8950 mm
Dienstmasse: 28,8 t
Stückzahl: 9

Speziell für die Müglitztalbahn Heidenau – Altenberg bestellten die Sächsischen Staatsbahnen bei Hartmann eine Einrahmenlok, welche den Kessel der IV K erhielt. So konnte man den exzel-

lenten Dampfspender ohne das wartungsaufwändige Meyer-Triebwerk nutzen. Um in Anschlussgleisen 40-m-Radien problemlos zu durchfahren, erhielten die Loks Klien-Lindner-Hohlachsen. Günstiger in der Unterhaltung als die IV K war die V K aber nicht, weshalb nur wenige Loks entstanden. Sämtliche Loks gelangten zur Reichsbahn, die sie bis 1942 einsetzte.

Baureihe 99.63 (wü. Tssd)

Kurz vor der Jahrhundertwende stellten die Württembergischen Staatsbahnen für die Strecke Warthausen – Ochsenhausen eine vierachsige Lok der Bauart Mallet in Dienst. Die Hochdruckzylinder wirkten auf die hintere, die Niederdruckzylinder auf die vordere Triebwerksgruppe. Die von der ME gebauten Loks erwiesen sich als robust und äußerst zuverlässig. Alle Maschinen ge-

langten in den Bestand der Reichsbahn. Vier Loks erbte die Bundesbahn, welche die letzte 1969 ausmusterte.

Bauart: B'Bn4vt
Baujahre: 1899 – 1913
Länge über Puffer: 8226 mm
Dienstmasse: 28,7 t
Stückzahl: 9

Baureihe 99.64, 99.67 (sä. VI K)

Für die Heeresfeldbahnen hatte Henschel Loks mit 750 mm Spurweite gebaut. 1919 griffen die Sächsischen Staatsbahnen zu und übernahmen die mit seitenverschiebbaren Kuppelachsen und Rauchrohrüberhitzer der Bauart Schmidt ausgerüsteten Maschinen als Gattung VI K. Da sie sich bewährten, ließ die Reichsbahn sie nachbauen. Die Nachzügler erhielten eine eigene, höhere Baureihenbezeichnung. Die Bundesbahn setzte die 10 übernommenen Loks bis Ende der sechziger, die Reichsbahn ihre 27 Exemplare bis in die siebziger Jahre ein.

Bauart: Eh2t
Baujahre: 1918 – 1927
Länge über Puffer: 8660/8990 mm
Dienstmasse: 40,4/42,25 t
Stückzahl: 62

99 7201 – 7204 (bad. C)

Bauart: Cn2t
Baujahre: 1904
Länge über Puffer: 7060 mm
Dienstmasse: 23 t
Stückzahl: 4

Zwischen Mosbach und Mudau betrieben auch die Badischen Staatsbahnen eine Meterspurstrecke. Für diese beschafften sie C-Kuppler, die beim ersten Hinschauen recht beladen erscheinen. Sie zeigten typisch preußische Baumerkmale und ähnelten ein wenig der T 3. Der Rahmen diente als Wasserkasten, die Kohle lag in Behältern vor dem Führerhaus. Erst 1965 quittierten die letzten Loks den Staatsbahndienst. Bis 1970 war die an die Albtalbahn verkaufte 99 7203 im Einsatz.

Baureihe 99.73

Da die sächsischen Maschinen der Gattungen IV und VI K nicht mehr alle Verkehrsbedürfnisse erfüllen konnten, entwickelte die Reichsbahn eine Lok, die auf den Grundsätzen der Einheitsbaureihen basierten, auch wenn sich aus Massegründen keiner der Kessel verwenden ließ. Die Druckluftausrüstung musste eingebaut werden, um unter anderem Sandstreuer und Läutewerk betreiben zu können. Statt mit Druckluft bremste man auf sächsischen Schmalspurbahnen aber mit Saugluft. Zahlreiche Loks sind noch heute unterwegs, beispielsweise bei der ZOJE.

Bauart: 1'E1'h2t
Baujahre: 1928 – 1933
Länge über Puffer: 10.540 mm
Dienstmasse: 56,7 t
Stückzahl: 32

Baureihe 99.750 (sä I K)

Bauart: Cn2t
Baujahre: 1881 – 1891
Länge über Puffer: 5630/5740 mm
Dienstmasse: 15,45 – 16,8 t
Stückzahl: 44

Gedrungen wirkten die 750-mm-Lokomotiven, die auf den krümmungsreichen Schmalspurbahnen Sachsens fuhren. Die Kesselaufbauten waren bei den einzelnen Lieferungen für die Staatsbahnen und die ZOJE unterschiedlich ausgeführt. 1913 kuppelten die Staatsbahnen vier Loks zu zwei Doppelloks führerhausseitig zusammen. Ein Pärchen wurde 1916, das andere 1923 getrennt. Die Reichsbahn musterte die Loks bis 1928 aus. Im Zweiten Weltkrieg kamen zwei 1919 an Polen abgetretene Loks zurück und erhielten die Nummern 99 2504 und 2505.

Baureihe 99.77

Bauart: 1'E1'h2t
Baujahre: 1952 – 1957
Leistung: 365 kW
Länge über Puffer: 10.000 mm
Dienstmasse: 55 t
Stückzahl: 24

Anfang der fünfziger Jahre dachte die Reichsbahn auch an die Erneuerung des Lokbestandes der Schmalspurstrecken. Bei LOB entstanden daher in Anlehnung an die Baureihe 99.73 leistungsstarke Maschinen, welche die modernen Baugrundsätze verkörperten. Probleme bereitete vor allem der anstelle des Barrenrahmens installierte Blechrahmen, der zu Verbiegungen neigte. Doch erst ab 1991 fertigte das Raw neue Rahmen, zudem Ersatzkessel. Zahlreiche Loks sind noch heute im Einsatz.

Am Anfang war die 01 – könnte man meinen. Kurioserweise stand aber zunächst die 02 auf den Rädern.

Gleich zwei Schnellzuglokomotiven gab die Reichsbahn in den zwanziger Jahren in Auftrag. Die Ende 1925 vorgestellte 02 war eine Verbundlok, die 01, die Anfang 1926 die Werkshallen verließ, eine Maschine mit einfacher Dampfdehnung. In den Versuchsreihen erwiesen sich beide als von den Leistungen sowie vom Kohle- und Wasserverbrauch her gleichwertig. Die einfacher gebaute 01 machte aus wirtschaftlichen Gründen das Rennen.

Mit den Schnellzugmaschinen begann der Reigen der Einheitslokomotiven. Diese sollten, so schwebte es der Reichsbahn anfangs vor, nach und nach die vielen verschiedenen Länderbahn-Bauarten ersetzen, deren

Unterhalt allein schon wegen der zahlreichen Ersatzteile, die vorgehalten werden mussten, sehr kostspielig war.

Der chronische Geldmangel des Reiches und seiner Bahn verhinderte die Umsetzung des Programmes. Trotzdem kann das Einheitslokprogramm als Erfolg gewertet werden, da es zahlreiche Baureihen hervorbrachte, die über Jahre hinweg das Rückgrat des Bahnbetriebes in beiden deutschen Staaten bildeten.

Baureihe 01 mit Altbaukessel

Die 01 verkörpert die Einheitslok schlechthin. Sie war zwar weder die leistungsfähigste noch die schnellste Maschine ihrer Familie. Mit ihr und der Schwester 02, die später in die 01 umgebaut wurde, begann aber das neue Zeitalter des Bahnverkehrs in Deutschland. Erst sehr spät konnte die Bahn auf sie verzichten. Die Bundesbahn musterte sie 1973 aus, die Reichsbahn 1982.

Bauart: 2'C1'h2
Baujahre: 1926 – 1938
Leistung: 1635 kW
Länge über Puffer: 23.940 mm
Dienstmasse: 108,9 t
Stückzahl: 231

Baureihe 01 mit DB-Neubaukessel

Bauart: 2'C1'h2
Baujahre: 1958 – 1966
Leistung: 1788 kW
Länge über Puffer: 23.940 mm
Dienstmasse: 108,3 t
Stückzahl: 51

Noch in der zweiten Hälfte der fünfziger Jahre schleppten Dampflokomotiven das Gros der Züge. Deshalb modernisierte die Bundesbahn gut vier Dutzend 01 durch Einbau eines Hochleistungskessels. Anfang der siebziger Jahre schieden sie aus dem Dienst.

Baureihe 01.10

So leistungsfähig die Baureihe 01 auch war, den stetig wachsenden Ansprüchen konnten die Maschinen nicht immer genügen. Mitte der dreißiger Jahre arbeitete die Reichsbahn an Lokomotiven, die deutlich höhere Geschwindigkeiten erzielen sollten. Getreu dem Grundsatz „Evolution vor Revolution" legte das Konstruktionsbüro den Entwurf für eine Drillings-01 vor. Das Dreizylindertriebwerk bescherte der Lok eine gute Anfahrbeschleunigung. Zudem wuchs die Höchstgeschwindigkeit von 120 auf 140 km/h. Die Reichsbahn errechnete einen Bedarf von 400 Lokomotiven. Nachdem Deutschland aber den Zweiten Weltkrieg entfesselt hatte, standen andere Beschaffungen in den Plänen, sodass nur 55 Lokomotiven die Werkshallen verließen. Sie gelangten samt und sonders zur Deutschen Bundesbahn, die sie bis 1975 einsetzte.

Bauart: 2'C1'h3
Baujahre: 1939 – 1940
Leistung: 1715 kW
Länge über Puffer: 24.130 mm
Dienstmasse: 114,3 t
Stückzahl: 55

Baureihe 01.5 der Reichsbahn

Auch die DDR-Reichsbahn modernisierte einige Maschinen der Baureihe 01. Unter anderem erhielten sie neue Kessel. Anfangs mit Kohle befeuert, wurden sie später auf Ölfeuerung umgebaut. Die letzten 01.5 mussten 1981 den Dienst quittieren.

Bauart: 2'C1'h2
Baujahre: 1962 – 1966
Leistung: 1825 kW
Länge über Puffer: 24.350 mm
Dienstmasse: 111,0 t
Stückzahl: 35

Bay. S 2/6

Bauart: 2'B2'h4v
Baujahr: 1906
Länge über Puffer: 21.182 mm
Dienstmasse: 83,4 t
Stückzahl: 1

Anfang des 20. Jahrhunderts schwelgten die Techniker im Geschwindigkeitsrausch. Bei Berlin erreichte ein elektrischer Triebwagen 210,2 km/h Spitzentempo. Auch Dampfloks stießen in neue Geschwindigkeitsregionen vor. Da wollten die Bayerischen Staatsbahnen nicht außen vor bleiben und orderten bei Maffei eine hochgezüchtete Lok, die 150 km/h erreichen sollte. Wegen der geringen Reibungsmasse, die knapp 40 % der Dienstmasse ausmachte, eignete sich die Lok kaum für den Plandienst. Das Bw München gab sie 1910 in die Pfalz ab. Zuletzt wieder in Bayern stationiert, wechselte sie 1925 in das Nürnberger Verkehrsmuseum.

Baureihe 02

Als Zugeständnis an die Verfechter des Verbundprinzips entstanden neben der Baureihe 01 gleichartige Maschinen mit doppelter Dampfdehnung. Diesen spendierte Bauartdezernent Wagner sein Lieblingsprojekt, den Langrohrkessel, womit bewiesen ist, dass die Loks nicht nur als Alibi dienen sollten. Wegen konstruktiver Mängel konnten sie die grundsätzlichen Vorteile der Bauart nicht ausspielen. Wichtiger war aber, dass der Wartungsaufwand in keinem wirtschaftlichen Verhältnis zu den etwas höheren Leistungen der Maschinen stand. Bis 1942 baute die DR die 02 in 01 um.

Bauart: 2'C1'h4v
Baujahre: 1925 – 1926
Leistung: 1680 kW
Länge über Puffer: 23.750 mm
Dienstmasse: 113,5 t
Stückzahl: 10

Baureihe 03

Bauart: 2'C1'h2
Baujahre: 1930 – 1938
Leistung: 1445 kW
Länge über Puffer: 23.205 mm
Dienstmasse: 99,6 t
Stückzahl: 298

Obwohl die Baureihe 01 von den Leistungen her überzeugen konnte, bereitete sie dem Betriebsdienst ein Problem: Mit 20 t Achslast war sie für viele Strecken schlichtweg zu schwer. Deswegen gab die Reichsbahn eine Schnellzuglok mit 17,5 t Achslast in Auftrag. Kessel, Zylinder und Rahmen mussten abspecken. Interessanterweise entstanden von ihr dann mehr Maschinen als von der 01. Einige erhielten anfangs eine stromlinienförmige Verkleidung. Die Bundesbahn schickte 1968, die Reichsbahn 1982 ihre letzte 03 in den Hochofen.

Baureihe 03 Reko DR

Bauart: 2'C1'h2
Baujahre: 1969 – 1975
Leistung: 1550 kW
Länge über Puffer: 23.905 mm
Dienstmasse: 101,4 t
Stückzahl: 52

Der für die Rekonstruktion der 39.0 verwandte Hochleistungskessel mit Verbrennungskammer passte von seinen Abmessungen her auch auf die 03. Dennoch verzichtete die DR anfangs auf die Rekonstruktion der 03 und überholte die Loks nur gründlich. Als Ende der sechziger Jahre die Reko-39.0 ausgemustert wurden, wechselten die Kessel die Lok. Die Reko-03 überzeugte in allen Einsatzbereichen. Als die frisch gelieferten 232 Leistungen von der 228 übernahmen, waren die 03 dem Verdrängungswettbewerb nicht gewachsen. Mitte der siebziger Jahre quittierten sie den Dienst.

Baureihe 03.10

Nach dem erfolgreichen Einsatz der 01.10, der Dreizylindervariante der 01, lag es nahe, auch von der 03 eine Maschine mit drei Triebwerken abzuleiten. Schon kurz nach Lieferung der letzten Lok begann die Reichsbahn mit der teilweisen Entfernung der Verkleidungen, um die Arbeiten am Triebwerk zu erleichtern. Nach 1945 schleppten die laufruhigen Loks in beiden Teilen Deutschlands Schnellzüge. Beide Bahnen mussten die Kessel tauschen, da deren Stahl nicht alterungsbeständig war. 1982 rollte die letzte 03.10 bei der DR auf das Abstellgleis.

Bauart: 2'C1'h3
Baujahre: 1939 – 1940
Leistung: 1314 kW
Länge über Puffer: 23.905 mm
Dienstmasse: 103 t
Stückzahl: 60

Baureihe 03.10 Reko DR

Bauart: 2'C1'h3
Baujahr: 1959
Leistung: 1500 kW
Länge über Puffer: 23.905 mm
Dienstmasse: 104 t
Stückzahl: 16

Ein Teil der in der DDR verbliebenen 03.10 erhielt statt eines Neubaukessels alter Bauart einen vollständig geschweißten Hochleistungskessel mit Verbrennungskammer. Vom Bw Stralsund aus schleppten sie Schnellzüge nach Berlin sowie die internationalen Reisezüge zur Fährlinie Sassnitz – Trelleborg. Ab 1965 rüstete das Raw Meiningen 15 Maschinen auf die Ölhauptfeuerung um. Sie gehörten zu den leistungsfähigsten Schnellzuglokomotiven der DR. 1980 stellte die Reichsbahn ihre letzte Reko-03.10 ab.

Baureihe 03.10 mit DB-Neubaukessel

Bauart: 2'C1'h3
Baujahre: 1957 – 1961
Leistung: 1365 kW
Länge über Puffer: 23.905 mm
Dienstmasse: 104,2 t
Stückzahl: 26

Da die 03.10 einen Kessel aus nicht alterungsbeständigem Stahl erhalten hatten, musste die DB bei sämtlichen Lokomotiven den Dampfspender tauschen. Ein Versuch, gefährdete Stellen zu flicken, war gescheitert. Der vollständig geschweißte Neubaukessel hatte eine Verbrennungskammer. Somit wuchsen die Leistungen der Loks deutlich. Zudem installierte die DB Mischvorwärmer anstelle der Oberflächenvorwärmer. Die 03.10 bewältigten einen ansehnlichen Teil des Schnellzugdienstes. Gegen die elektrische Traktion waren sie aber chancenlos. 1966 musterte die DB die letzte 03.10 aus.

Baureihe 04

Bauart: 2'C1'h4v
Baujahr: 1932
Länge über Puffer: 23.905 mm
Dienstmasse: 106,5/109,5 t
Stückzahl: 2

Für Versuchszwecke beschaffte die Reichsbahn zwei Verbundlokomotiven, deren Kessel 25 bar Druck zuließen. Beide Maschinen zeigten zwar gute Leistungen, erwiesen sich aber als sehr störanfällig. Als der Dampfdruck auf 16 bis 17 bar gesenkt wurde, sanken die Leistungen nur geringfügig. Zuletzt als 02 101 und 102 bezeichnet, liefen sie in Plänen der 01 und 02. Dabei verbrauchten sie deutlich weniger Kohle als die 02. Nach der Kesselexplosion der 02 102 wegen eines Bedienfehlers stellte die Reichsbahn Mitte 1939 sicherheitshalber auch die Schwesterlok ab.

05 001/002

In den dreißiger Jahren musste sich die Dampflok wachsender Konkurrenz schneller Dieseltriebzüge erwehren. Die Industrie wollte daher eine Schnellfahrlok entwickeln. Für Versuchsfahrten vor neuen Reisezugwagen übernahm die Reichsbahn zwei Loks in Stromlinienform. Mit 200,4 km/h erzielte die 05 002 am 11. Mai 1936 einen Weltrekord für Dampfloks. Ab Mai gleichen Jahres fuhren beide Loks im Fernschnellverkehr. Ihrer Verkleidung beraubt, arbeiteten sie nach 1945 in gleichen Diensten. 1958 musterte die Bundesbahn die Maschinen aus.

Bauart: 2'C2'h3
Baujahr: 1935
Leistung: 1725 kW
Länge über Puffer: 26.265 mm
Dienstmasse: 129,9 t
Stückzahl: 2

05 003

Neben den beiden rostgefeuerten 05 stellte die Reichsbahn eine Versuchslok mit Kohlenstaubfeuerung in Dienst. Das Prinzip funktionierte jedoch nicht, da in den langen Leistungen ein zu starker Druckabfall herrschte. Bis 1945 wurde die Lok daher in eine rostgefeuerte Maschine umgebaut. Dabei verlor sie auch ihre Stromschale. Die Bundesbahn setzte die Maschine gemeinsam mit den Schwestern im Fernschnellzugdienst ein. Am 14. Juli 1958 musterte die DB sie aus.

Bauart: 2'C2'h3
Baujahr: 1937/1945
Leistung: 1752 kW
Länge über Puffer: 27.000 mm
Dienstmasse: 129,5/124 t
Stückzahl: 1

06 001/002

Bereits 1934 gab die Reichsbahn bei Krupp die Baumuster einer vierfach gekuppelten Schnellzuglok in Auftrag. Als Krupp endlich lieferte, hatte die Bahn bereits das Interesse an der Maschine verloren. Sie erhielten den Kessel der 45, der auch in der Schnellzuglok nicht überzeugen konnte. Während des Krieges schleppten die Loks vornehmlich D-Züge von Frankfurt nach Erfurt und Würzburg, fielen aber häufig wegen Kesselschäden aus. Die Bundesbahn arbeitete die Loks nicht auf, sondern musterte sie 1951 aus.

Bauart: 2'D2'h3
Baujahr: 1939
Leistung: 2043 kW
Länge über Puffer: 26.520 mm
Dienstmasse: 141,8 t
Stückzahl: 2

10 001

Im ursprünglichen Plan sollte die Baureihe 10 die 01.10 und 03.10 ersetzen und beispielsweise 300 t schwere Züge in der Ebene mit 140 km/h befördern. Als die Baumuster bereitstanden, hatte der Traktionswandel längst eingesetzt. Die 10 001 besaß eine Rostfeuerung mit Ölzusatzfeuerung zur Entlastung des Heizers bei Höchstbeanspruchung. 1959 baute die DB sie auf Ölhauptfeuerung um. Vergleichsweise störanfällig und von der DB gering geschätzt, war der Lok kein langes Leben beschert. 1968 musterte die Bundesbahn sie aus. 1976 gelangte sie zum Museum in Neuenmarkt-Wirsberg.

Bauart: 2'C1'h3
Baujahr: 1956
Leistung: 1825 kW
Länge über Puffer: 26.503 mm
Dienstmasse: 118,9 t
Stückzahl: 1

10 002

Bauart: 2'C1'h3
Baujahr: 1956
Leistung: 1825 kW
Länge über Puffer: 26.503 mm
Dienstmasse: 118,9 t
Stückzahl: 1

Die zweite Vorserienlok der geplanten Baureihe 10 verfügte von Beginn an über eine Ölhauptfeuerung. Ansonsten unterschied sie sich kaum von der Schwester. Für beide Loks galt, dass die hohe Achslast von 22 t ihren Einsatz auf zahlreichen Strecken ausschloss. Ihre Höchstgeschwindigkeit von 140 km/h fiel kaum ins Gewicht, gab es doch gleichermaßen schnelle Dampfloks und zwischenzeitlich auch Dieselloks. Bereits 1967 stellte die DB die Maschine ab und schickte sie als Heizlok nach Ludwigshafen.

Baureihe 13.0 (pr. S 3)

Bauart: 2'Bn2v
Baujahre: 1893 – 1904
Länge über Puffer: 17.561 mm
Dienstmasse: 50,5 t
Stückzahl: 1068

Um 1900 bewältigten die Maschinen der Baureihe 13.0 den Großteil des Schnellzugdienstes in Preußen. Ihre Konstruktion basierte auf einer von August von Borries entwickelten Versuchslokomotive der Direktion Hannover. Im Laufe der Jahre mussten die Maschinen nur jene Bauartänderungen über sich ergehen lassen, die auch für andere Baureihen angeordnet wurden. Dies spricht, ebenso wie die große Verbreitung, für die Güte dieser Konstruktion. Mit dem Aufkommen der Heißdampflokomotiven sank jedoch der Stern der 13.0.

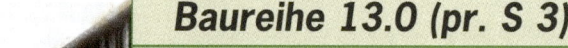

Baureihe 13.5 (pr. S 4)

Bauart: 2'Bh2
Baujahre: 1902 – 1909
Länge über Puffer: 18.210 mm
Dienstmasse: 55,2 t
Stückzahl: 104

Nachdem Anfang des 20. Jahrhunderts der Schmidt'sche Überhitzer serienreif war, begannen die preußischen Staatsbahnen mit der Beschaffung von Schnellzugloks mit zwei gekuppelten Achsen. Sie überboten die Verbundloks der Baureihe 13.0 in der Leistung um 30 bis 40 %. Anfangs arbeitete in ihnen der Rauchkammerüberhitzer. 1905 setzte sich der Rauchrohrüberhitzer durch, der zum Standardüberhitzer der preußischen Staatsbahnen wurde. Die Reichsbahn übernahm vier Lokomotiven, die sie bis 1927 ausmusterte. Neben den Serienmaschinen trugen vier Versuchslokomotiven die Bezeichnung S 4.

Baureihe 13.6 (pr. S 5.2)

Bauart: 2B'n2v
Baujahre: 1905 – 1911
Leistung: 570 kW
Länge über Puffer: 17.761 mm
Dienstmasse: 53,6 t
Stückzahl: 367

Obwohl sich deutlich abzeichnete, dass dem Heißdampf die Zukunft gehört, beschafften die preußischen Staatsbahnen noch nach 1900 Nassdampfloks, darunter die S 5.2, die zunächst als verstärkte S 3 bezeichnet wurde. Der Kessel wies eine gegenüber der S 3 um 10 % größere Rohrheizfläche und eine um 17 % größere Feuerbüchsheizfläche auf. Folglich lagen die Leistungen um etwa 10 bis 15 % höher. Die Reichsbahn stellte die letzte der rund 200 übernommenen Maschinen 1930 auf das Abstellgleis. Bauartgleiche oldenburgische Loks fuhren unter der Bezeichnung 13.18.

Baureihe 13.10 (pr. S 6)

Als letzte und größte zweifach gekuppelte deutsche Schnellzuglok stand ab 1906 die preußische 13.10 auf den Gleisen. Anfangs war sie die wirtschaftlichste Maschine der preußischen Staatsbahnen, doch krankte die Konstruktion an mangelnder Laufruhe, die dem schlechten Massenausgleich, aber auch dem Zwang, eine möglichst leichte Lok zu bauen, geschuldet war. Nach Ertüchtigung der Strecken für 17 t Achslast konnten die Maschinen ausreichend verstärkt werden. Die Reichsbahn erhielt noch 286 Loks, die sie bis 1931 ausmusterte.

Bauart: 2'Bh2
Baujahre: 1906 – 1913
Leistung: 675 kW
Länge über Puffer: 18.350 mm
Dienstmasse: 60,6 t
Stückzahl: 584

Baureihe 13.15 (sä. VIII V 1)

Nach den positiven Ergebnissen der Versuche mit der Verbundlokomotive (pr. S 2) von Borries beschlossen die Sächsischen Staatsbahnen, weitere B-Kuppler mit doppelter Dampfdehnung zu beschaffen. Bis etwa 1900 arbeiteten die Loks im Schnellzugdienst, bekamen aber bald mit den Steigungsstrecken Probleme. Die letzte Serie von 1900 war die leistungsfähigste und bewältigte 210 t in der Ebene mit 90 km/h. Von dieser Lieferung gelangten noch elf Lokomotiven in den Bestand der Reichsbahn.

Bauart: 2'Bn2v
Baujahre: 1896 – 1900
Länge über Puffer: 16.765 mm
Dienstmasse: 56,8 t
Stückzahl: 32

Baureihe 13.16 (wü AD)

Gleich auf allen Strecken des Landes sollten die württembergischen Maschinen der Baureihe 13.16 Schnellzüge schleppen. Sie erhielten ein damals modernes Zwillingstriebwerk mit doppelter Dampfdehnung. In der Ebene schleppten sie 150 t mit 100 km/h, auf 10 ‰ Neigung sogar 180 t mit 50 km/h. Mit dem Aufkommen des Heißdampfes endete ihre Beschaffung. Zwei Maschinen waren 1907 versuchsweise umgebaut worden und hatten sich bewährt. 24 Loks erbte die Reichsbahn, die sie bis 1928 in den Hochofen schickte.

Bauart: 2'Bn2v
Baujahre: 1899 – 1907
Länge über Puffer: 15.427 mm
Dienstmasse: 50,2 t
Stückzahl: 98

Baureihe 13.17 (wü. ADh)

Nicht nur in Preußen setzte man auf den Heißdampf, als leistungsfähige Überhitzer serienreif waren. Auch die Württembergischen Staatsbahnen gaben der wartungsärmeren Bauart den Vorzug vor dem technisch komplizierten Verbundprinzip. Die Heißdampfschwestern der Baureihe 13.16 erbrachten um etwa 20 % höhere Leistungen ohne nennenswert größeren Instandhaltungsaufwand, ein überzeugender Wert. 14 Loks gelangten in den Bestand der Reichsbahn. Bis 1932 rollten sie auf das Abstellgleis.

Bauart: 2'Bh2
Baujahre: 1907 – 1909
Länge über Puffer: 15.427 mm
Dienstmasse: 51,4 t
Stückzahl: 17

Baureihe 13.18 (old. S 3, old. S 5.2)

Bauart: 2'Bn2v
Baujahre: 1903 – 1904/09 – 13
Leistung: 570 kW
Länge über Puffer: 17.461 mm
Dienstmasse: 52,2/53,4 t
Stückzahl: 6/11

Die Großherzoglich Oldenburgischen Eisenbahnen beschafften in den ersten Jahren des 20. Jahrhunderts Loks, deren Konstruktionen auf den preußischen Bauarten S 3 und S 5.2 basierten. Technisch unterschieden sie sich nur geringfügig von den Preußinnen. So verfügten die S 3 über einen Verbinderdampftrockner der Bauart Ranafier und die S 5.2 über eine Lentz-Ventilsteuerung. Die Reichsbahn gruppierte die Loks in eine eigene Unterbaureihe ein.

Baureihe 13.70 (sä. VIII 2)

1891 beschafften die Sächsischen Staatsbahnen die ersten im eigenen Lande gefertigten 2'B-Maschinen. Sie fuhren bis zur Lieferung der mit Verbundtriebwerk ausgestatteten 13.15 im Schnellzugdienst. Dank der längeren Drehscheiben in Sachsen konnte Hartmann etwas gestrecktere Lokomotiven liefern als die Kollegen in den preußischen Werken. Da die Treibstange zwischen Radstern und Kuppelstange gelagert war, konnte der Zylinder dichter am Rahmen liegen. Die Reichsbahn setzte die 12 übernommenen Loks in untergeordneten Diensten ein, die letzte 1928.

Bauart: 2'Bn2
Baujahre: 1891 – 1894
Länge über Puffer: 16.482/17.957 mm
Dienstmasse: 49,4/48,2 t
Stückzahl: 20

Baureihe 14.0 (pr. S 9)

Bauart: 2'B1'n4v/2'B1'h4v
Baujahre: 1908 – 1910
Länge über Puffer: 21.860 mm
Dienstmasse: 79 t
Stückzahl: 99

Obwohl etwa zeitgleich die ersten Heißdampfloks in Dienst gestellt wurden, beschafften die preußischen Staatsbahnen ab 1907 eine weitere Nassdampfmaschine. Hanomag entwickelte eine Maschine mit der größten Rostfläche aller preußischen Bauarten. Ab 1913/14 bauten die Staatsbahnen zwei Lokomotiven auf Heißdampf um. Technisch überzeugten sie. Die Reichsbahn übernahm die beiden Heiß- und einen Nassdampfer, musterte sie aber 1926 aus.

Baureihe 14.1 (pfälz. P 3.I)

Um der Konkurrenz auf der Rheinstrecke gewachsen zu sein, beschaffte die Pfalzbahn Loks, die in der Ebene 220 t mit 90 km/h schleppen konnten. Das innenliegende Zwillingstriebwerk bescherte ihnen eine hohe Laufkultur. Wirtschaftlich befriedigten die Maschinen, nachdem sie außenliegende Niederdruckzylinder erhielten. Die Zugkraft wuchs, der Kohleverbrauch sank. Die Reichsbahn musterte die Loks 1926 aus.

Bauart: 2'B1'n2/2'B1'n4v
Baujahre: 1898 – 1899
Länge über Puffer: 18.425 mm
Dienstmasse: 59,6 t
Stückzahl: 12

Baureihe 14.1 (bay. S 2/5)

Bauart: 2'B1n4v
Baujahr: 1904
Länge über Puffer: 19.275 mm
Dienstmasse: 68,6 t
Stückzahl: 10

Unter der gleichen Bezeichnung wie die pfälzische P 3.I gruppierte die Reichsbahn eine bayerische Bauart ein. Die zweifach gekuppelten Maschinen waren für den Schnellzugverkehr auf Flachlandstrecken konzipiert. Ihnen zur Seite standen die C-Kuppler der Bauart S 3/5. Deswegen bestellten die Bayerischen Staatsbahnen keine Loks nach.

Baureihe 14.2 (sä. X V)

Bauart: 2'B1'n4v
Baujahre: 1900 – 1903
Länge über Puffer: 19.565 mm
Dienstmasse: 69,4 t
Stückzahl: 15

Die erste fünfachsige Sächsin überzeugte zunächst die Fachbesucher der Pariser Weltausstellung, ehe sich die Staatsbahnen zur Bestellung durchrangen. Sie sollten den Schnellzugverkehr zwischen Leipzig und Dresden bewältigen, erbrachten aber nicht die geforderten Leistungen. Dies lag der allseits gelobten Wirtschaftlichkeit zum Trotz auch an der schlechten Massenverteilung, diente doch nicht einmal die Hälfte der Dienstmasse als Reibungsmasse. Die Reichsbahn führte zwar noch alle Loks im Bestand, schickte sie aber bis 1926 in den Ruhestand.

Baureihe 14.3 (sä. X H 1)

Eine der leistungsstärksten deutschen Atlantiks kam aus Chemnitz. Hartmann übernahm für die 14.3 das Triebwerk der 14.2 und setzte den Kessel der 17.8 darauf. Doch schon bald stellte sich heraus, dass eine B-gekuppelte Maschine selbst im Flachland nicht mehr genügte. Zuletzt fuhren die Schnellzuglokomotiven daher auf Nebenbahnen und waren teilweise in Döbeln beheimatet.

Dennoch führte die Reichsbahn noch 17 Loks in den Büchern. Erst 1932 quittierte die letzte den Dienst.

Bauart: 2'B1h2
Baujahre: 1909 – 1913
Länge über Puffer: 19.695 mm
Dienstmasse: 70,1 t
Stückzahl: 18

Baureihe 16 (old. S 10)

Bauart: 1'C1'h2
Baujahr: 1917
Leistung: 825 kW
Länge über Puffer: 20.610 mm
Dienstmasse: 73,9 t
Stückzahl: 3

1914 kaufte das Großherzogtum Oldenburg die Strecke Oldenburg – Wilhelmshaven von Preußen. Mit dem Kriegsausbruch wuchs die Bedeutung der Linie zum wichtigsten deutschen Marinehafen. Die oldenburgischen Maschinen konnten die schwerer werdenden Züge nicht mehr schleppen, die preußischen waren für die Zufahrtsstrecke Bremen – Oldenburg zu schwer. Die als Ersatz beschafften Loks befriedigten nicht, da der Kessel wegen der Achslastbegrenzung zu klein geraten war. 1926 verzichtete die Reichsbahn auf die Fehlkonstruktion.

Baureihe 17.0 (pr. S 10)

Bauart: 2'Ch4
Baujahre: 1910 – 1914
Leistung: 854 kW
Länge über Puffer: 20.750 mm
Dienstmasse: 77,2 t
Stückzahl: 202

Mit dem Kessel der 38.10 stand den preußischen Staatsbahnen ein vorzüglicher Dampfspender zur Verfügung. Als sie eine leistungsfähigere Schnellzuglok benötigten, lag es also nahe, ihn auf ein geeignetes Fahrwerk zu setzen. Der erste Versuch ging aber schief. Das Triebwerk hielt nichts von preußischer Sparsamkeit und fraß Unmengen Kohle und Wasser. Bis 1935 musterte die Reichsbahn daher das Gros der Maschinen aus.

Baureihe 17.2 (pr. S 10.2)

Bauart: 2'Ch3
Baujahre: 1914 – 1916
Leistung: 876 kW
Länge über Puffer: 21.200 mm
Dienstmasse: 80,9 t
Stückzahl: 127

Neben den Vierzylinderloks der Baureihe 17.0 gaben die preußischen Staatsbahnen Drillinge ansonsten gleicher Bauart in Auftrag. Ein Grund dafür war der Einbau einfach statt doppelt gekröpfter Achsen, die beim damaligen Stand der Technik weniger schadanfällig waren. Der 17.0 war die letzte Variante der S-10-Familie deutlich überlegen, erreichte aber bei weitem nicht die Wirtschaftlichkeit und Leistungen der 17.10. Die laufruhigen Lokomotiven traten mit Erscheinen der 03 in den Personenzugdienst zurück und fuhren noch nach Kriegsende. 1948 musterte die DB alle 88 Loks mit einem Schlag aus.

Baureihe 17.3 (bay. C V)

Das Baumuster, das Maffei 1896 auf der Landesausstellung präsentierte, war als Mehrzwecklok gedacht und hatte 1640 mm große Kuppelräder. Die Staatsbahnen bestellten von der Maschine eine verstärkte Ausführung, deren Kuppelräder 1870 mm maßen. Die Maschinen mit De-Glehn-Triebwerk arbeiteten zuverlässig auf Flachland- und Steigungsstrecken, mussten aber bald leistungsfähigeren Schnellzugloks weichen. Die Reichsbahn nahm noch 22 Loks in ihre Bücher auf. Bis 1930 blieben sie im Einsatz.

Bauart: 2'Cn4v
Baujahre: 1899 – 1901
Leistung: 875 kW
Länge über Puffer: 18.840 mm
Dienstmasse: 66,2 t
Stückzahl: 42

Baureihe 17.4 (bay. S 3/5 N)

Parallel zur 14.1 entwickelte Maffei eine Schnellzuglok mit drei angetriebenen Achsen. Beide stimmten in den Hauptbaugruppen weitestmöglich überein, verfügten beispielsweise über einen annähernd gleichen Kessel. 300-t-Züge sollte die S 3/5 mit 100 km/h in der Ebene und mit 70 bis 75 km/h in 5 ‰ Steigung schleppen. Die Reichsbahn rüstete sie ab 1924 mit Rauchrohrüberhitzern aus. Acht Loks überdauerten den Krieg und wurden zwischen 1946 und 1948 ausgemustert.

Bauart: 2'Cn4v
Baujahre: 1903 – 1907
Leistung: 920 kW
Länge über Puffer: 19.325 mm
Dienstmasse: 69,3 – 71,9 t
Stückzahl: 39

Baureihe 17.5 (bay. S 3/5 H)

Bauart: 2'Ch4v
Baujahre: 1908 – 1911
Leistung: 920 kW
Länge über Puffer: 19.325 mm
Dienstmasse: 71,9/74 t
Stückzahl: 30

1906 statteten die Bayerischen Staatsbahnen eine S 3/5 mit einem Rauchröhrenüberhitzer der Bauart Schmidt aus. Das Experiment glückte. Die Heißdampfvariante konnte in der Ebene 450 t auf 100 km/h beschleunigen. In 10 ‰ Steigung waren bei 370 t am Haken noch 50 km/h drin. Wie die inzwischen umgerüsteten Schwestern wurden die 17.5 in den dreißiger Jahren von 18.4 und Einheitsloks in geringere Dienste verdrängt. Nach dem Krieg standen zwar noch 21 Loks bereit. Doch schon im Januar 1948 rollte die letzte Maschine in Buchloe auf das Abstellgleis.

Baureihe 17.6 (sä XII H)

Zu Beginn des 20. Jahrhunderts experimentierten neben den preußischen auch die Sächsischen Staatsbahnen mit verschiedenen Triebwerksbauarten. Die Ergebnisse ähnelten sich stark. Wie in Preußen konnte auch in Sachsen der Vierling nicht überzeugen. Zwar konnte die Höchstgeschwindigkeit bei Indienststellung auf 100 statt der geplanten 90 km/h festgesetzt werden. Der Dampfverbrauch lag aber jenseits von Gut und Böse. Dennoch blieben die Lokomotiven relativ lange im Einsatz. Erst Mitte der dreißiger Jahre stellte die Reichsbahn die letzte ab.

Bauart: 2'Ch4
Baujahr: 1906
Länge über Puffer: 20.546 mm
Dienstmasse: 73,3 t
Stückzahl: 6

Baureihe 17.7 (sä. XII H V)

Bauart: 2'Ch4v
Baujahre: 1908 – 1914
Länge über Puffer: 20.780 mm
Dienstmasse: 78,3 t
Stückzahl: 42

Als wirtschaftlichster und leistungsfähigster Typ stellte sich im sächsischen Lokwettstreit der Vierling mit doppelter Dampfentspannung heraus. Das Triebwerk war zwar wartungsaufwändiger als bei Maschinen mit einfacher Dampfdehnung. Die Verantwortlichen der Staatsbahnen sahen darin aber kein Problem. Die Loks arbeiteten im Schnell-, Personen- und Eilzugdienst auf Hauptbahnen, waren aber auch vor Eilgüterzügen und auf Nebenbahnen anzutreffen. Die Reichsbahn schickte die letzte Maschine 1938 auf das Altenteil.

Baureihe 17.8 (sä. XII H 1)

Die Zwillingsvariante der XII-H-Familie verfügte zweifelsohne über das einfachste und somit in der Wartung kostengünstigste Triebwerk. Mit 15 bar Dampfdruck, also dem Druck der Verbundlok, wäre der Dampfverbrauch sicher auch niedriger ausgefallen als mit den realisierten 12 bar. Dass die Verbundlösung der einfachen Dampfdehnung technisch überlegen ist, mussten die 17.8 aber neidlos eingestehen. Bereits in den zwanziger Jahren erreichten sie die Grenzen ihrer Leistungsfähigkeit. Die Reichsbahn musterte sie Ende der zwanziger Jahre aus.

Bauart: 2'Ch2
Baujahr: 1909
Länge über Puffer: 19.803 mm
Dienstmasse: 72,7 t
Stückzahl: 7

Bauart: 2'Ch4v
Baujahre: 1911 – 1914
Leistung: 1095 kW
Länge über Puffer: 20.910 mm
Dienstmasse: 83,1 t
Stückzahl: 145

Noch während die Arbeiten an der Optimierung der S 10 liegen, gab das Ministerium der öffentlichen Arbeiten bei Henschel eine Verbundvariante in Auftrag. Zwischen der Genehmigung des Entwurfs und der Fertigstellung der ersten Maschine lagen gerade einmal sechs Monate. Sie erwies sich als die leistungsfähigste und wirtschaftlichste Schnellzuglok der preußischen Staatsbahnen und unterbot im spezifischen Dampf- und Kohleverbrauch sogar die 38.10. Eine überarbeitete Bauart stellten die Staatsbahnen ab 1914 in Dienst, die übergangslos nach der 17.10 eingeordnet wurde.

Baureihe 17.10 Kohlenstaubfeuerung (pr. S 10.1)

Bauart: 2'Ch4v
Baujahre: 1949 – 1951
Länge über Puffer: 20.910 mm
Dienstmasse: 83,1 t
Stückzahl: 13

In der rohstoffarmen DDR setzte man besonders stark auf Maschinen mit Kohlenstaubfeuerung. Eine brauchbare Förder- und Feuerungseinrichtung hatte Hans Wendler entwickelt, der auf Erfahrungen bei der AEG und der Stug zurückgreifen konnte. Wendlers Arbeitsgruppe erhielt den Auftrag, die 17.10 umzurüsten. Zeitgenössische Berichte sprechen von guten Leistungen der Maschinen. Messfahrten fanden indessen nie statt. Durch den Traktionswechsel wurden die Maschinen überflüssig und kurz nach den Schwestern 1964 ausgemustert.

Baureihe 17.11 (pr. S 10.1 Bauart 1914)

Bauart: 2'Ch4v
Baujahre: 1914 –
Leistung: 1120 kW
Länge über Puffer: 21.100 mm
Dienstmasse: 82,22 t
Stückzahl: 109

1913 überarbeitete Georg Heise, Leiter der Lokentwicklung bei Henschel, die 17.10 mit dem Ziel, Gewicht zu sparen, damit ein Speisewasservorwärmer eingebaut werden konnte. Dass gelang ihm unter anderem durch eine Änderung der Innenzylindersteuerung und eine andere Platzierung der Hochdruckzylinder. Messfahrten ergaben, dass der Umbau eine leichte Leistungssteigerung erbrachte, weshalb auch die Maschinen der Bauart 1911 Speisewasservorwärmer erhielten. Die Bundesbahn musterte sie bis 1950 aus, der Reichsbahn dienten die laufruhigen Lokomotiven bis 1963.

Baureihe 18.0 (sä. XVIII H)

Bauart: 2'C1'h3
Baujahre: 1917 – 1918
Leistung: 1250 kW
Länge über Puffer: 22.150 mm
Dienstmasse: 93,5 t
Stückzahl: 10

1915 untersuchten die Sächsischen Staatsbahnen eine 18.4. Deren Konzept überzeugte, sodass die SMF eine ähnliche Konstruktion entwickeln sollte. Die Pazifiks ver- einigten süddeutsche Errungenschaften wie den großen Kessel mit breiter Feuerbüchse mit norddeutschem Gedankengut wie der großen Überhitzerheizfläche und den Blechrahmen mit angeschuhtem Barrenrahmen. Sie schleppten 550 t in der Ebene mit 100 km/h und 400 t in 10 ‰ Steigung mit 50 km/h, verbrauchten aber etwas mehr Kohle als vergleichbare Verbundloks. Erst 1966 musterte die Reichsbahn die Loks aus.

Baureihe 18.1 (wü. C)

Für den Schnellzugverkehr orderten die Württembergischen Staatseisenbahnen bei der ME eine Maschine, die nur auf der Geislinger Steige Nachschub benötigte. Die kleinste deutsche Pazifik hatte einen Blechrahmen und gegenüber den äußeren Niederdruckzylindern nach hinten versetzte innere Hochdruckzylinder. Sie erwiesen sich als überaus leistungsfähig, blieben aber nicht zuletzt wegen des Druckabfalls zwischen Regler und Zylinder stets hinter bauartähnlichen Maschinen zurück. Zeitlebens in Württemberg eingesetzt, gelangte die letzte 18.1 schon 1955 in den Hochofen.

Bauart: 2'C1'h4v
Baujahre: 1909 – 1921
Leistung: 1372 kW
Länge über Puffer: 21.935 mm
Dienstmasse: 87,8 t
Stückzahl: 41

Baureihe 18.2 (bad. IV f)

Bauart: 2'C1'h4v
Baujahre: 1907 –
Leistung: 1290 kW
Länge über Puffer: 20.910
Dienstmasse: 88,3/89,7 t
Stückzahl: 35

Die erste deutsche Pazifik fuhr in Baden. Sie vereinte den US-amerikanischen Barrenrahmen mit dem deutschen Triebwerk, das über einen Einachsantrieb nach von Bor- ries verfügte. Der Kuppelraddurchmesser von 1800 mm verkörperte den notwendigen Kompromiss zwischen den hohen Geschwindigkeiten für die Rheintalstrecken und zudem ausreichender Steigungsfähigkeit für die Schwarzwaldbahn. Die leistungsstarken Maschinen waren laufruhig, erforderten aber einen hohen Wartungsaufwand. Bereits 1930 musterte die Reichsbahn die letzte Lok aus.

18 201 (02 0201)

Um Reisezugwagen für den Export mit 160 km/h Höchstgeschwindigkeit erproben zu können, benötigte die Reichsbahn eine geeignete Lok. Diese entstand aus dem Fahrwerk der 61 002, den Außenzylindern der Versuchslok H 45 024 und dem für de 03.10 genutzten Rekokessel. 1964 erreichte sie auf dem CSD-Versuchsring in Prag-Velim 176 km/h Höchstgeschwindigkeit. Neben den Versuchsfahrten bewältig- te die Maschine anspruchsvolle Planfahrten. Um 1980 herum wechselte die Lok in den Traditionsbestand der DR.

Bauart: 2'C1'h3
Baujahr: 1961
Leistung: 1160 kW
Länge über Puffer: 25.145 mm
Dienstmasse: 113,6 t
Stückzahl: 1

Baureihe 18.3 (bad. IV h)

Nach dem weniger geglückten Versuch, mit der 18.2 eine Lok für Flachland- und Gebirgsstrecken in Dienst zu stellen, orderte die Badische Staatbahn eine für den Schnellzugverkehr im Rheintal optimierte Maschine. Fahrzeugdezernent Heinrich Baumann gab dem Zweiachsantrieb den Vorzug, da er die Kropfachswellen schonte. Unter anderem des zu kleinen Überhitzers wegen lagen die Verbrauchswerte der 18.3 über denen vergleichbarer Loks. Die wartungsintensiven Maschinen fielen 1948 der Verfügung, Splittergattungen mit weniger als 20 Fahrzeugen auszumustern, zum Opfer.

Bauart: 2'C1'h4v
Baujahre: 1918 – 1920
Leistung: 1420 kW
Länge über Puffer: 23.230 mm
Dienstmasse: 97 t
Stückzahl: 20

18 314 (02 0314)

Bauart: 2'C1'h4v
Baujahr: 1960
Länge über Puffer: 23.630 mm
Dienstmasse: 105 t
Stückzahl: 1

Eine Maschine der Baureihe 18.3 gelangte 1948 im Tausch gegen eine 18.4 von Hof nach Dresden. Nach Einsätzen als Kurierzuglok wurde sie dem Versuchsamt Halle überstellt, das zunächst nur den Tender tauschte. 1958 begann der Umbau zur Schnellfahrlok mit Tempo 160. Dabei erhielt sie unter anderem den für die 03.10 vorgesehenen Hochleistungskessel. Die Reichsbahn setzte die leistungsfähige Maschine bis zum Ablauf der Kesselfrist 1971 ein. Dann überquerte sie erneut die innerdeutsche Grenze, kam erst nach Frankfurt, dann nach Sinsheim.

Baureihe 18.4 (bay. S 3/6)

Bauart: 2'C1'h4v
Baujahre: 1908 – 1931
Leistung: 1292 – 1336 kW
Länge über Puffer: 21.221 – 22.862 mm
Dienstmasse: 88,3 – 96,2 t
Stückzahl: 159

In zehn Losen erhielten die Bayerischen Staatseisenbahnen eine Schnellzuglok, die zu den elegantesten Maschinen auf deutschen Gleisen zählte. Sie erwies sich als hoch leistungsfähig, laufruhig und – sieht man vom aufwändigen Triebwerk ab – wirtschaftlich. Als Weiterentwicklung der 18.2 entstand sie bei Maffei. Während des langen Beschaffungszeitraumes erfuhren die Loks einige technische Änderungen. 18 Maschinen einer Zwischenserie verfügten über Kuppelräder mit 2000 statt 1800 mm Duchmesser. Bis 1960 musterte die DB die nicht modernisierten 18.4 aus.

Baureihe 18.6 (18.5, bay. S 3/6)

Für Einsätze im hochwertigen Reisezugdienst stattete die Bundesbahn Maschinen der Baureihe 18.5 mit einem Hochleistungskessel mit Verbrennungskammer aus. Die Lokomotiven gehörten mit einen Wirkungsgrad von etwa 10 % zu den wirtschaftlichsten Dampffrössern der Staatsbahn und waren anfangs im ganzen Bundesgebiet anzutreffen. Wegen Rissbildungen musste der Kesseldruck schon bald von 16 auf 12 bar reduziert werden.

Der Traktionswechsel machte der 18.6 bis 1965 den Garaus. Lediglich eine Bahndienstlok blieb bis 1967 in Diensten des Aw München-Freimann.

Bauart: 2'C1'h4v
Baujahre: 1953 – 1956
Leistung: 1423 kW
Länge über Puffer: 22.862 mm
Dienstmasse: 100,3 t
Stückzahl: 30

Baureihe 19.0 (sä. XX HV)

Noch während des Baus der 18.0 arbeiteten die Sächsischen Staatsbahnen an der Entwicklung einer Verbundlok mit vier Kuppelachsen. Die SMF konstruierte die größte europäische Schnellzuglok jener Tage. Sie überbot das Anforderungsprogramm und zeigte vor allem auf der anspruchsvollen Strecke Dresden – Reichenbach – Hof höchste Leistungen. Im Flachland verbrauchte sie wegen des zu knapp bemessenen Kessels – eine

Folge zu kurzer Drehscheiben – mehr Kohle als die 18.0. Dennoch setzte die Reichsbahn sie bis 1971 planmäßig ein. Zwei Versuchsloks fuhren bis 1975/76.

Bauart: 1'D1'h4v
Baujahre: 1918 – 1923
Leistung: 1314 kW
Länge über Puffer: 22.632 mm
Dienstmasse: 99,9 t
Stückzahl: 23

23 001/002

Bauart: 1'C1'h2
Baujahr: 1941
Leistung: 1100 kW
Länge über Puffer: 22.940 mm
Dienstmasse: 88,3 t
Stückzahl: 2

In den dreißiger Jahren dachte die Reichsbahn an den Ersatz der 38.10. Insgesamt 800 Lokomotiven sollten vom Nachfolgetyp entstehen. Wie bei den anderen Einheitsbaureihen orderte die Reichsbahn Baumuster, die bei Schichau entstanden. Beide Maschinen erhielten den Einheitskessel. Ein Serienbau unterblieb wegen der Kriegsereignisse. Beide Vorserienloks verblieben nach 1945 in der sowjetischen Zone. 1954 kamen sie zur Hallenser Versuchsanstalt, welche die 23 002 unverändert bis 1967 und die neubekesselte 23 001 bis 1974 einsetzte.

Baureihe 23

Bauart: 1'C1'h2
Baujahre: 1950 – 1959
Leistung: 1303 kW
Länge über Puffer: 21.325 mm
Dienstmasse: 82,8 t
Stückzahl: 105

Anfang der fünfziger Jahre musste die Bundesbahn die 38.10 ersetzen. Geeignete Dieselloks waren noch Zukunftsmusik, weshalb eine Dampflok entwickelt wurde. Der Hochleistungskessel mit Verbrennungskammer, weitgehend geschweißte Baugruppen, Rollenlager für Achsen und Stangen sowie ein für hohe Rückwärtsgeschwindigkeiten geeignetes Laufwerk zeigten den gewaltigen Fortschritt der Dampfloktechnik. Die letzte 23 überdauerte die letzte 38.10 um gerade ein Jahr.

Baureihe 24

Bauart: 1'Ch2
Baujahre: 1928 – 1940
Leistung: 675 kW
Länge über Puffer: 16.995 mm
Dienstmasse: 57,4 t
Stückzahl: 93

Da bei der Reichsbahn die Entwicklung von Hauptbahnloks vordringlicher schien, gehörte zum ersten Typenplan keine Nebenbahnlok. Schnell stellte sich aber heraus, dass sie um weitere Baureihen nicht herumkam. Zusammen mit der 24 konzipierte man die 64, mit der die 24 eine Reihe Komponenten teilt. Vor allem auf langen Nebenbahnen konnte sie unter anderem des großen Tenders wegen ihre Qualitäten zeigen. Obwohl sie als Flachlandlok gedacht war, bewährte sie sich hervoragend im Hügelland. Die Bundesbahn strich die letzte Lok 1966, die Reichsbahn 1968 aus dem Bestand.

24 069/070

Bauart: 1'Ch2v
Baujahr: 1932
Länge über Puffer: 16.995 mm
Dienstmasse: 58,5 t
Stückzahl: 2

In ihr Versuchsprogramm für 25 bar Kesseldruck nahm die Reichsbahn auch zwei Loks der Baureihe 24 auf. Die 24 069 erhielt sofort ein Zweizylinder-Verbundtriebwerk, die 070 erst nach dem Scheitern eines Experiments mit der Zwillingsausführung. Mit 4,9kg/PSih erreichte die 24 069 den niedrigsten Dampfverbrauch aller Versuchsloks. Wegen Kessel- und Feuerbüchsschäden musste die Reichsbahn den Kesseldruck auf 20 bar reduzieren. 1952 baute die DB die Maschinen auf die Regelausführung um.

25 001/1001

Im ersten Typenprogramm der Reichsbahn stand eine vierfach gekuppelte Universallok. Schon bei Fertigstellung der beiden Baumuster war man jedoch von dem Konzept wieder abgekommen und verzichtete auf die sonst üblichen Messfahrten mit der Lok. Die 25 001 besaß anfangs eine Rostfeuerung für Braunkohlebriketts und wurde 1958 auf Kohlenstaubfeuerung umgebaut. Die 25 1001 fuhr von Beginn an mit Staub. Im Hügelland konnte die 25 mit der 03 mithalten, auf Flachlandstrecken wegen des zu geringen Kuppelraddurchmessers von 1600 mm nicht. 1967 stellte die Reichsbahn die Loks ab und verschrottete sie 1969.

Bauart:1'Dh2
Baujahr: 1954
Länge über Puffer: 23.300/23.835 mm
Dienstmasse: 86,1/89 t
Stückzahl: 2

Baureihe 34.76 (sä. III)

Die kürzeste deutsche Personenzuglok stammte aus Sachsen. Mit dem kleinen Gesamtachsstand eignete sie sich bestens für krümmungsreiche Strecken. Die großen überhängenden Massen verhinderten keineswegs die Zulassung für 70 km/h Höchsttempo. Bis zum Ausbruch des Ersten Weltkrieges waren die Maschinen vor allem im Erzgebirge unverzichtbar, danach begann die Ausmusterung.

1925 schickte man die 34 7611 als einzige im Umzeichnungsplan genannte Lok in den Ruhestand.

Bauart: 1Bn2
Baujahre: 1871 – 1872
Länge über Puffer: 13.035 mm
Dienstmasse: 37,2 t
Stückzahl: 87

Baureihe 34.73 (meck. P 3.1)

Mecklenburg verzichtete auf die Entwicklung eigener Lokomotiven und übernahm bewährte preußische Konstruktionen, darunter die P 3.1. Deren Beschaffung endete erst, als in Preußen bereits die 38.10 auf den Rädern stand. Genügsam und zuverlässig zuckelten die schlichten Schlepptenderloks über die großenteils Nebenbahncharakter aufweisenden Strecken Mecklenburgs. 22 Lokomotiven,

die in Mecklenburg zum Teil Namen von Persönlichkeiten und Städten trugen, gelangten in den Bestand der Reichsbahn, die sie bis 1926 ausmusterte.

Bauart: 1Bn2
Baujahre: 1896 – 1907
änge über Puffer: 14.778 mm
Dienstmasse: 39 t
Stückzahl: 41

Baureihe 35.10 (23.10)

Bauart:1'C1'h2
Baujahre: 1957 – 1959
Leistung: 1250 kW
Länge über Puffer: 22.660 mm
Dienstmasse: 87,2 t
Stückzahl: 113

Auch die Reichsbahn der DDR entwickelte eine Ersatzlok für die 38.10 und entschied sich für das mit den 23 001/002 verwirklichte Antriebskonzept. Eine Vielzahl der

Bauteile war mit der zeitgleich konzipierten 50.40 tauschbar. Nach den Untersuchungen der beiden Baumuster brauchten nur wenige Details geändert zu werden. Die 35.10 fuhren nicht nur im Personen-, sondern auch im Schnellzugdienst und schickten unter anderem die Cottbuser 17.10 mit Kohlenstaubfeuerung in Rente. Des fortgeschrittenen Traktionswandels wegen schieden die 35.10 bis 1981 aus.

Baureihe 36.0/6 (pr. P 4.2, meck. P 4.2)

Bauart: 2'Bn2v
Baujahre: 1898 – 1912
Leistung: 425 kW
Länge über Puffer: 17.611 mm
Dienstmasse: 45 t
Stückzahl: 695/32

Nachdem mit dem Dultzschen Wechselventil eine brauchbare Anfahrvorrichtung existierte, orderten die preußischen Staatsbahnen Personenzugloks mit doppelter Dampfdehnung. 1903 schloss sich die Mecklenburgische Friedrich-Franz-Bahn dem Auftrag an. Die Maschinen, die einen gestreckten Eindruck erweckten, bewährten sich und standen bis in die dreißiger Jahre hinein im Einsatz, zuletzt in den dünn besiedelten Ostprovinzen Preußens.

Baureihe 36.7 (bay. B XI Zwilling)

Bauart: 2'Bn2
Baujahre: 1892 – 1893
Länge über Puffer: 16.986 mm
Dienstmasse: 50,4 t
Stückzahl: 39

Nach Einführung der Druckluftbremse konnten um 1890 in Bayern die Fahrgeschwindigkeiten steigen. Zu diesem Zweck be-

schafften die Staatsbahnen Loks mit zwei angetriebenen und zwei Laufradsätzen. Die ersten Maschinen erhielten ein Zwillingstriebwerk. Sie konnten 270 t mit 70 km/h in der Ebene schleppen und erreichten hohe Laufleistungen. Schon vor der Jahrhundertwende genügte die Kraft der Loks nicht mehr den gewachsenen Anforderungen.

Baureihe 36.7 (bay. B XI Verbundlok)

Schon kurz nach Lieferbeginn der Zwillingsausführung stand die Verbundvariante der 36.7 auf den Reißbrettern. Die Loks erhielten eine Anfahrvorrichtung der Bauart Mallet, die ein Umschalten auf den Zwillingsbetrieb ermöglichte. Bei entsprechend ausgelegter Steuerung geschah dies selbsttätig. Die Verbundloks ähnelten weitgehend ihren Schwestern, waren mit bis zu 350 t Zugmasse bei 70 km/h in der

Ebene aber weitaus leistungsfähiger. Folglich standen die Maschinen bis 1931 in Diensten der Reichsbahn, die noch 76 Stück übernahm.

Bauart: 2'Bn2v
Baujahre: 1895 – 1900
Länge über Puffer: 16.986 mm
Dienstmasse: 51 t
Stückzahl: 100

Baureihe 36.9 (sä. VIII V 2)

In großer Zahl orderten die Sächsischen Staatsbahnen Schnell- und Personenzuglokomotiven mit je zwei Lauf- und Kuppelachsen sowie doppelter Dampfdehnung. Die Maschinen beschleunigten gut und machten ausreichend Dampf für die vielen Steigungsstrecken Sachsens. Deswegen waren sie bis etwa 1910 auf allen Haupt- und Nebenbahnen anzutreffen. Der Rollwagen der Bau-

reihe 38.2 verdrängte sie. 109 Loks fuhren noch für die Reichsbahn, die sie bis 1931 ausmusterte.

Bauart: 2'Bn2v
Baujahre: 1896 – 1902
Länge über Puffer: 16.638 mm
Dienstmasse: 49,5 t
Stückzahl: 118

Baureihe 36.12 (old. P 4.1/4.2)

Bauart: 2'Bn2/2'Bn2v
Baujahre: 1896 – 1902/1907 – 1909
Länge über Puffer: 15.213/17.611 mm
Dienstmasse: 45,2/52,2 t
Stückzahl: 19/8

Die Oldenburgische Eisenbahn übernahm von Preußen für den Schnell- und Personenzugdienst das Konzept der P 4. Dabei orderten sie zunächst Maschinen mit einfacher, dann Loks mit doppelter

Dampfdehnung. Achsstand der P 4.1 fielen etwas kürzer aus als beim preußischen Pendant. Die P 4.2 des Großherzogtums unterschieden sich durch die Anfahrvorrichtung Bauart Ranfier von den Preußinnen. Drei Loks erhielten zudem eine Lentz-Ventilsteuerung. Die Reichsbahn übernahm sämtliche Loks und musterte die P 4.1 bis 1931, die P 4.2 schon 1929 aus.

Baureihe 36.70 (pr. P 4.1)

Bauart: 2'Bn2
Baujahre: 1892 – 1898
Länge über Puffer: 17.511 mm
Dienstmasse: 48,4 t
Stückzahl: 473

Schon 1890 erhielt die Eisenbahndirektion Hannover von Henschel zwei 2'B-Maschinen, die von Borries entworfen hatte. Weitere Versuchsloks stellte die Erfurter Direktion in Dienst. Alle bewährten sich im Schnell- und Personenzugdienst. Aus ihnen leiteten die Staatsbahnen die P 4.1 mit einfacher und P 4.2 mit doppelter Dampfdehnung ab. Innerhalb der P 4.1 gab es Bauartunterschiede zwischen den nach Hannoveraner und Erfurter Muster gebauten Loks. Drei Borries'sche Maschinen gelangten zudem zur Militäreisenbahn. Die Reichsbahn musterte die letzte Lok 1927 aus.

Baureihe 37 (pr. P 6)

Bauart: 1'Ch2
Baujahre: 1902 - 1910
Leistung: 750 kW
Länge über Puffer: 17.608 mm
Dienstmasse: 57,1 t
Stückzahl: 275

Als Ersatz für die nicht mehr ausreichenden B-Kuppler stellten die preußischen Staatsbahnen eine Maschine mit drei angetriebenen Achsen in Dienst, die auf Initiative Robert Garbes einen Rauchkammerüberhitzer erhielt. Bei geringen Geschwindigkeiten konnte die P 6 als Mehrzwecklok überzeugen. Der den großen überhängenden Massen geschuldete unruhige Lauf verhinderte aber eine Zulassung für mehr als 90 km/h Höchstgeschwindigkeit. In den dreißiger Jahren musterte die Reichsbahn die Baureihe 37 aus.

Baureihe 38.0 (bay. P 3/5 N)

Von der erfolgreichen 17.4 leitete Maffei für die Bayerischen Staatsbahnen eine Personenzugvariante ab. Kessel und Triebwerk wurden zwar etwas schwächer ausgebildet, die Zylinder aber unverändert übernommen. Es entstand eine äußerst leistungsfähige Maschine, die in der Anfangszeit problemlos Schnellzüge über die anspruchsvolle Allgäubahn schleppte. Auch im Raum Aschaffenburg machten sie vor Schnellzügen eine gute Figur. Die Reichsbahn baute die 13 übernommenen Loks auf Heißdampf um. Im Schnellzugdienst von der 18.4 verdrängt, schleppten die 38.0 bis 1938 Personenzüge.

Bauart: 2'Cn4v
Baujahre: 1905 – 1907
Länge über Puffer: 18.524 mm
Dienstmasse: 64,6 t
Stückzahl: 36

Baureihe 38.2 (sä. XII H 2)

Bauart: 2'Ch2
Baujahre: 1010 – 1927
Leistung: 965 kW
Länge über Puffer: 18.972 mm
Dienstmasse: 73,3 t
Stückzahl: 134

Im ersten Jahrzehnt des 20. Jahrhunderts benötigten die Sächsischen Staatsbahnen leistungsfähigere Personenzugloks. Die SMF legte den Entwurf einer dreifach gekuppelten Maschine vor, die sich an den Schnellzugloks der Baureihen 17.6–8 orientierte. Zudem entschied man sich für ein Zwillingstriebwerk. Für das sächsische Streckennetz bestens geeignet, gehörte der „Sächsische Rollwagen" bis Anfang der siebziger Jahre zum Bestand der Reichsbahn.

Baureihe 38.4 (bay. P 3/5 H)

Anfang der zwanziger Jahre bestellte die Gruppenverwaltung Bayern aus der 38.0 abgeleitete Heißdampflokomotiven. Diese sollten helfen, den dringenden Lokmangel bis zum Anlaufen des Neubauprogramms zu mindern. Rahmen und Laufwerk der 38.4 stimmten mit der 38.0 überein, Kessel und Triebwerk waren geringfügig überarbeitet. Die Maschine war leistungsfähig und sehr sparsam, leistete neben Personen- zunächst vor allem Schnellzugdienst. Die Bundesbahn musterte die technisch gelungene, wie alle Verbundbauarten aber wartungsintensive Lokomotive bis 1955 aus.

Bauart: 2'Ch4v
Baujahr: 1921
Leistung: 875 kW
Länge über Puffer: 19.439 mm
Dienstmasse: 72,1 t
Stückzahl: 80

Baureihe 38.10 (pr. P 8)

Die 38.10 wird gern als erste Europa-Lok bezeichnet, fuhr sie doch in zahlreichen Staaten. Dies war vor allem auf die Reparationslieferungen nach dem Ersten Weltkrieg und auf nach dem Zweiten Weltkrieg in okkupierten Staaten verbliebene Loks zurückzuführen. Doch wurde die P 8 in Rumänien und Polen auch nachgebaut. Die Maschine war solide konstruiert, genügsam und wartungsfreundlich, verkörperte sozusagen die guten Tugenden Preußens. In der DDR hielt sie sich bis 1972, in der Bundesrepublik bis Ende 1974.

Bauart: 2'Ch2
Baujahre: 1906 – 1938
Leistung: 862 kW
Länge über Puffer: 18.590 mm
Dienstmasse: 78,2 t
Stückzahl: 3948

Baureihe 38.70 (bad. IV e 2–6)

Bauart: 2'Cn4v
Baujahre: 1895 – 1901
Leistung: 591 kW
Länge über Puffer: 16.960 mm
Dienstmasse: 58,3 t
Stückzahl: 83

Als „die Schwarzwaldloko" gilt eine in der Maschinenbaugesellschaft Grafenstaden unter Leitung Alfred de Glehns entwickelte Bauart. Konzeptionell ähnelte sie einer 2'B-Lok für die Französische Nordbahn. Die 38.70 war die erste deutsche 2'C-Maschine und teilt sich mit der preußischen S 5.1 die Ehre, die erste deutsche Vierzylinder-Verbundlok gewesen zu sein. Laufruhig und leistungsfähig schleppte sie Personen-, Schnell- und Güterzüge auf der Schwarzwaldbahn.

Baureihe 39 (pr. P 10)

Bauart: 1'D1'h3
Baujahre: 1922 – 1927
Leistung: 1183 kW
Länge über Puffer: 22.980 mm
Dienstmasse: 110,4 t
Stückzahl: 260

Noch zu Zeiten der preußischen Staatsbahnen dachte man an eine leistungsstärkere Nachfolgerin der 38.10. Bei der Entwicklung orientierte man sich an der bewährten 19, also einer sächsischen Konstruktion. Deren Weiterbau stand kurz zur Diskussion, wurde wegen der höheren Instandhaltungskosten aber verworfen. Das Leistungsprogramm erfüllte die 39 spielend, war aber anfangs für viele Strecken zu schwer. Auch verbrauchte sie übermäßig viel Kohle und Wasser, ein Problem, dessen Lösung der DB erst in den fünfziger Jahren gelang. Sie musterte die Loks bis 1967 aus, die DR rekonstruierte sie.

Baureihe 39 Reko (22, pr. P 10)

Bauart: 1'D1'h3
Baujahre: 1958 – 1962
Leistung: 1233 kW
Länge über Puffer: 23.700 mm
Dienstmasse: 107,5 t
Stückzahl: 85

Die Reichsbahn hatte 85 Lokomotiven der Baureihe 39.0 geerbt. Diese nahm sie in das Mitte der fünfziger Jahre angelaufene Rekonstruktionsprogramm auf, um die wärmewirtschaftlich nie hundertprozentig überzeugenden Loks auf Vordermann zu bringen. Im Zuge der Arbeiten erhielten die Maschinen den für die Baureihe 35.10 entwickelten Hochleistungskesssel mit Verbrennungskammer. Er war länger, weshalb man den Rahmen der Lok verlängern musste. Die Loks überzeugten zwar, wurden aber durch den Traktionswandel überflüssig.

Baureihe 41

Eine moderne Mehrzwecklok konzipierte die Reichsbahn für den Ersatz der 56.20. Um auch auf Strecken mit eher schwachem Oberbau fahren zu können, entstand eine Lok mit vier angetriebenen Achsen und 18 t Radsatzlast. Dank des höheren Kesseldrucks von 20 bar und der günstigeren Zylinderabmessungen übertraf die Lok die Leistungen der 03 klar. Leider bestand der Kessel aus nicht alterungsbeständigem Stahl, weshalb der Druck bereits 1941 auf 16 bar gesenkt werden musste.

Bauart: 1'D1'h2
Baujahre: 1936 – 1941
Leistung: 1390 kW
Länge über Puffer: 23.905 mm
Dienstmasse: 101,9 t
Stückzahl: 366

Baureihe 41 Umbau DB

Einen geschweißten Hochleistungskessel mit Verbrennungskammer entwickelte die Bundesbahn für die Baureihen 41 und 03.10. Er musste die Originaldampfspender ersetzen, die sich als nicht alterungsbeständig erwiesen hatten. Theoretisch hätten die Maschinen mit dem neuen Kessel rund 30 Jahre im Betrieb bleiben können. Der rasche Traktionswechsel machte diese Ambitionen zunichte. Bereits 1971 musterte die DB die letzte rostgefeuerte 41 aus.

Bauart: 1'D1'h2
Baujahre: 1957 – 1962
Leistung: 1496 kW
Länge über Puffer: 23.905 mm
Dienstmasse: 101,5 t
Stückzahl: 62

Baureihe 41 Umbau DB Öl

Bauart: 1'D1'h2
Baujahre: 1957 – 1962
Leistung: 1561 kW
Länge über Puffer: 23.905 mm
Dienstmasse: 101,3 t
Stückzahl: 40

Neben dem neuen Hochleistungskessel erhielten 40 Maschinen der Baureihe 41 eine Ölhauptfeuerung anstelle der Rostfeuerung. Sie steigerte nochmals die Leistungen der Lok. Allerdings konnte sie diese nicht voll ausfahren, da man die Heißdampftemperaturen senken musste, um zu verhindern, dass der Schmierölfilm im Zylinder verkokte. Bis zum Ende des Dampfzeitalters bei der DB 1977 blieb die als Baureihe 042 bezeichnete ölgefeuerte Variante im Bestand.

Baureihe 41 Umbau DR

Ehe der Rekokessel für die 41 zur Verfügung stand, musste die Reichsbahn einige Maschinen mit neuen Kesseln ausstatten, um die Lokomotiven weiter einsetzen zu können. Lediglich fünf Maschinen konnten zeitlebens den Altbaukessel behalten. Die neuen Dampfspender unterschieden sich von den Originalen nur durch die vollständig geschweißte Bauweise und durch den fehlenden Speisedom. Die Mehrzwecklok galt lange als vielseitigste Dampflok der DR und schleppte Schnell- und Personenzüge ebenso wie Eilgüterzüge. Anfang der achtziger Jahre quittierten die letzten Loks den Dienst.

Bauart: 1'D1'h2
Baujahr: 1957
Leistung: 1390 kW
Länge über Puffer: 23.260 mm
Dienstmasse: 101,9 t
Stückzahl: 21

Baureihe 41 Reko DR

Bauart: 1'D1'h2
Baujahre: 1961 – 1966
Leistung: 1390 kW
Länge über Puffer: 23.905 mm
Dienstmasse: 103,2 t
Stückzahl: 80

Selbstverständlich nahm die Reichsbahn auch die Baureihe 41 in ihr Rekonstruktionsprogramm auf. Die Kessel mussten ohnehin ausgetauscht werden. Zudem ließ sich die Verdampfungsleistung durch den Einbau einer Feuerbüchse mit Verbrennungskammer deutlich verbessern. Dadurch erreichten die Lokomotiven wieder die Leistungsfähigkeit der 41 mit 20 statt 16 bar Kesseldruck und waren auch den Schwestern mit Neubaukessel deutlich überlegen. Wie diese schleppten sie Züge jedweder Kategorie.

Baureihe 42

Erst nachdem Deutschland den Zweiten Weltkrieg vom Zaun gebrochen hatte, begannen Überlegungen, welche Lokomotiven die zum Truppen- und Munitionstransport nötigen Züge fördern sollten. Im Mai 1942 legte die Führung fest, 8000 Exemplare einer Maschine mit 18 t Achslast und den Leistungen der 44 zu bauen. Als die erste Probelok bereitstand, konnte das Dritte Reich den Krieg zwar nicht mehr gewinnen. Trotzdem entstanden noch 847 Loks, denen bis 1949 18 Nachbauten folgten. Die DB musterte ihre Erbstücke bereits 1954 aus, bei der DR fuhren sie bis 1968.

Bauart: 1'Eh2
Baujahre: 1943 – 1949
Leistung: 1313 kW
Länge über Puffer: 23.000 mm
Dienstmasse: 96,9 t
Stückzahl: 865

42 9001/9002

Eigentlich gehörten die beiden Maschinen zur Baureihe 52. Wegen der höheren Achslast ordnete die Bundesbahn sie aber als Unterbaureihe der 42 zu. Die Loks verfügten über einen Kessel der Bauart Franco-Crosti. In diesem erwärmen die Rauchgase des Langkessels in einem zweiten Röhrenkessel das Speisewasser, ehe sie in das Freie entweichen. Das spart Kohle. Allerdings erwies sich die Konstruktion als sehr anfällig für Korrosion. 1959 und 1960 musterte die DB die beiden Probeloks daher aus.

Bauart: 1'Eh2
Baujahr: 1951
Leistung: 1190 kW
Länge über Puffer: 22.975 mm
Dienstmasse: 98,7 t
Stückzahl: 2

Baureihe 43

Bauart: 1'Eh2
Baujahre: 1927 – 1928
Leistung: 1373 kW
Länge über Puffer: 22.615 mm
Dienstmasse: 110,8 t
Stückzahl: 35

Zwilling oder Drilling? Diese Frage versuchte die Reichsbahn vor der Beschaffung einer größeren Serie der fünffach gekuppelten Einheitsgüterzuglok zu klären. Interessanterweise setzte sich zunächst die genügsame, einfach zu wartende Zweizylindervariante durch, die mit 10 % den besten Wirkungsgrad aller Maschinen des ersten Typenprogramms aufwies. Dann fiel aber doch die Entscheidung für die Dreizylinderlok, die Baureihe 44, die der 43 bei Leistungen ab knapp 1100 kW überlegen war. Sämtliche Loks gelangten in den Bestand der Reichsbahn, die sie bis 1968 ausmusterte.

Baureihe 44

Bauart: 1'Eh3
Baujahre: 1926 – 1944
Leistung: 1400 kW
Länge über Puffer: 22.620 mm
Dienstmasse: 114,1 t
Stückzahl: 1989

Als Ende der zwanziger Jahre Masse und Geschwindigkeit der Güterzüge stiegen, kam die Reichsbahn um die Beschaffung einer hochleistungsfähigen Dreizylinderlok nicht mehr herum. Diese durfte auch im Krieg weitergebaut werden. 1949 baute LEW aus vorhandenen Teilen weitere 10 Loks. Im Ausland verblieben 226 Maschinen. Beide deutsche Bahnen rüsteten ihre 44 auf Ölhauptfeuerung um. Die DB unterhielt sie bis 1975, die Reichsbahn bis 1981.

Baureihe 44 Öl DB

Bauart: 1'Eh3
Baujahr: 1950
Leistung: 1535 kW
Länge über Puffer: 22.620 mm
Dienstmasse: 109,6 t
Stückzahl: 33

In den fünfziger Jahren ließ die DB zunächst zehn Maschinen der Baureihe 44 mit neuen Kesseln ausstatten. Fünf Maschinen erhielten eine Stokerfeuerung, die sich nicht bewährte. Die übrigen Loks fuhren mit Mischvorwärmern, die allerdings sehr wartungsfreudig waren. Als sinnvoll erwies sich lediglich die Umrüstung auf Ölhauptfeuerung, durch welche die Leistungen erheblich stiegen. Die ab 1968 als 043 bezeichneten Loks gehörten zu den wirtschaftlichsten Dampfloks der DB, die 1977 ihre letzten Loks abstellte.

Baureihe 44 Öl DR

Bauart: 1'Eh3
Baujahre: 1961 – 1967
Leistung: 1535 kW
Länge über Puffer: 22.620 mm
Dienstmasse: 109,8 t
Stückzahl: 31

Ende der fünfziger Jahre fiel in der DDR die Entscheidung, noch auf absehbare Zeit benötigte Dampfloks auf Ölhauptfeuerung umzubauen und damit die Leistungen weiter zu steigern. Ölgefeuerte Maschinen entlasten nicht nur den Heizer von schwerer körperlicher Arbeit, sie verbrauchen auch weniger Energie und weisen geringere Behandlungskosten auf. Die Loks erbrachten Umlaufleistungen, die mit rostgefeuerten Maschinen unmöglich gewesen wären. Nach der drastischen Erhöhung des Ölpreises durch die Sowjetunion stellte man die Loks 1981 ab.

Baureihe 45

Zur Ergänzung der Baureihe 44 beschaffte die Reichsbahn eine Hochleistungslok mit Wagner'schem Langrohrkessel. Dieser erwies sich als eher verdampfungsschwach, sodass die Loks die Vorzüge ihres exzellenten Triebwerks nicht ausnutzen konnten. Dank ihrer sehr guten Laufruhe konnten die 90 km/h schnellen Loks im Hügelland die Baureihe 01 im Schnellzugdienst vertreten. Ihre Domäne blieben aber der schwere Güterzugdienst und der Eilgüterzugdienst. Die DB rüstete einige der übernommenen Maschinen mit Neubaukesseln aus.

Bauart: 1'E1'h3
Baujahre: 1936 – 1941
Leistung: 2000 kW
Länge über Puffer: 25.645 mm
Dienstmasse: 128,4 t
Stückzahl: 28

Baureihe 45 Umbau DB

Bauart: 1'E1'h3
Baujahr: 1951
Leistung: 2400 kW
Länge über Puffer: 25.645 mm
Dienstmasse: 128,5 t
Stückzahl: 5+5

Da die Kessel aus nicht alterungsbeständigem Stahl gefertigt waren, rüstete die DB fünf Maschinen der Baureihe 45 mit neuen vollständig geschweißten Dampfspendern aus, die über eine Verbrennungskammer verfügten. Dadurch gelang es, die Leistungen der Maschinen um etwa ein Fünftel zu erhöhen. Fünf weiteren Loks spendierte die DB lediglich einen neuen Stehkessel mit Verbrennungskammer. Bis 1958 verschwanden die Loks aus dem Plandienst. Das Zentralamt in Minden sicherte sich sechs Versuchslokomotiven, die bis 1968 fuhren.

Baureihe 50

Bauart: 1'Eh2
Baujahre: 1939 – 1948
Leistung: 1186 kW
Länge über Puffer: 22.940 mm
Dienstmasse: 88,1 t
Stückzahl: 3164

Die im Einheitsprogramm beschafften leistungsfähigen Güterzugloks konnten wegen ihrer hohen Achslast nur auf Hauptbahnen verkehren. Deswegen gab das Verkehrsministerium 1937 eine einfach gebaute, pflegeleichte Güterzuglok mit 16 t Radsatzmasse in Auftrag. Mit der Baureihe 50 gelang den Entwicklern ein großer Wurf. Die Lok überzeugte in allen Bereichen. Nach Kriegsbeginn wurde sie zunächst weitergebaut, wenn auch schrittweise vereinfacht. Die Produktion mündete schließlich in die Kriegslok der Baureihe 52.

Baureihe 50 mit Kabinentender DB

Die meisten Maschinen der Baureihe 50 verblieben nach 1945 bei der DB. Nicht weniger als 2563 Lokomotiven zählte die westdeutsche Staatsbahn, die damit in der Anfangszeit wesentliche Teile des Güterverkehrs bestreiten konnte. 735 Loks rüstete sie mit einem so genannten Kabinentender aus. Bei diesem handelt es sich um einen umgebauten Wannentender, der eine Zugführerkabine hinter dem Kohlenkasten erhielt. Dadurch konnten zwar 6,6 t weniger Kohle transportiert werden. Im Zug sparte die DB aber den Begleitwagen. Die Loks fuhren bis 1977.

Bauart: 1'Eh2
Baujahre: 1961 – 1964
Leistung: 1186 kW
Länge über Puffer: 22.940 kW
Dienstmasse: 86,9 t
Stückzahl: 735

Baureihe 50.35

Nur 350 Exemplare konnte die Reichsbahn von der Baureihe 50 übernehmen. Da ihr daneben nur die Kriegsloks der Baureihe 52 für den Verkehr auf Nebenbahnen mit leichtem Oberbau zur Verfügung standen, stattete sie die Loks, die einen Kessel aus nicht alterungsbeständigem Stahl hatten, mit von der 23.10 abgeleiteten Aggregaten mit Verbrennungskammer aus.

In erster Linie schleppten die Loks Güterzüge, aber auch Personenzüge rund um Magdeburg.

Bauart: 1'Eh2
Baujahre: 1957 – 1962
Leistung: 1290 kW
Länge über Puffer: 22.940 mm
Dienstmasse: 88,2 t
Stückzahl: 208

Baureihe 50.40 DB

Nach den Experimenten mit der 42.90 rüstete die Bundesbahn Lokomotiven der Baureihe 50 mit einem Franco-Crosti-Kessel aus. Beim Baumuster, der zu 50 4001 gewordenen 50 1412, betrug die Kohleersparnis bis zu 20 %, im Regelbetrieb dann 15 bis 17 %. Doch auch bei der leichten Güterzuglok zeigte der Vorwärmerkessel starke Korrosionserscheinungen. Der Einbau verchromter Rohre konnte dem zwar abhelfen, war aber sehr kostspielig. Bis 1967 musterte die Bundesbahn die Maschinen aus. Eine, die 50 4011, verfügte über eine Ölhauptfeuerung.

Bauart: 1'Eh2
Baujahre: 1956 – 1959
Leistung: 1124 kW
Länge über Puffer: 22.940 mm
Dienstmasse: 90,6 t
Stückzahl: 31

Baureihe 50.40 DR

In den fünfziger Jahren wagten die Lokzüchter der DDR die Kreuzung der 50 mit der 23.10. Um die Baureihen 52, 55, 56, 57 und 58 ersetzen zu können, rüsteten sie als 50.40 eingereihte Neubauten mit dem Hochleistungskessel der 23.10 aus. Die Leistungen beider Schwestern glichen sich, der Kohleverbrauch der 50.40 war im mittleren und oberen Leistungsbereich wesentlich geringer. Der schlecht ausgebildete Blechrahmen verursachte allerdings hohe Unterhaltskosten. Ausschließlich im Flachland der nördlichen DDR eingesetzt, hielten sich die Maschinen bis 1980.

Bauart: 1'Eh2
Baujahre: 1956 – 1960
Leistung: 1290 kW
Länge über Puffer: 22.600 mm
Dienstmasse: 85,9 t
Stückzahl: 88

Baureihe 50.50

Bauart: 1'Eh2
Baujahre: 1966 – 1971
Leistung: 1290 kW
Länge über Puffer: 22.940 mm
Dienstmasse: 88,2 t
Stückzahl: 72

Um die Wartungsaufwendungen zu senken, rüstete die Reichsbahn Loks der Baureihe 50.35 auf Ölhauptfeuerung um. Da an den Karl-Schulz-Schiebern danach Probleme wegen der hohen Heißdampftemperaturen auftraten, erhielten die Öl-Rekos Regelkolbenschieber und Winterthur-Druckausgleicher. Die Loks mussten 1981 abgestellt werden, als die Sowjetunion den Ölpreis erhöhte.

Baureihe 52

Bauart: 1'Eh2
Baujahre: 1942
Leistung: 1182 kW
Länge über Puffer: 22.830 mm
Dienstmasse: 84 t
Stückzahl: ca. 6151

Nur wenige Jahre sollte die Baureihe 52 fahren. Dann glaubten die Diktatoren, den Zweiten Weltkrieg gewonnen zu haben und die Loks ersetzen zu können. Deren Konstruktion basierte auf der 50, die seit Kriegsbeginn in immer stärker vereinfachter Form entstand. Bei der 52 entfielen weitere Ausrüstungsteile oder wurden vereinfacht. Wie viele Loks genau die Fabriken verließen, ist nicht bekannt. Die Bundesbahn musterte ihre Erbstücke bis 1963 aus.

Baureihe 52 Generalreparatur DR

Schon Anfang der fünfziger Jahre zeichnete sich ab, dass die DR noch lange nicht auf die Baureihe 52 verzichten konnte. Zur Debatte standen die Generalreparatur, das heißt, die grundlegende Sanierung ohne größere Verbesserungen, oder die Rekonstruktion, also eine echte Modernisierung. Die Reichsbahn entschied sich für beides und überholte die nicht in das Rekoprogramm aufgenommenen Loks. Einige erhielten ab 1968 sogar Giesl-Flachejektoren. Ende der achtziger Jahre wurden die letzten Loks abgestellt.

Bauart: 1'Eh2
Baujahre: ab 1958
Leistung: 1182 kW
Länge über Puffer: 22.830 mm
Dienstmasse: 84 t

Baureihe 52.18

Bauart: 1'Eh2
Baujahre: 1943 – 1947
Leistung: 1110 kW
Länge über Puffer: 27.535 mm
Dienstmasse: 89,1 t
Stückzahl: 178

Für Strecken mit schlechter Speisewasserversorgung beschaffte die Reichsbahn 52 mit einem Kondensationstender. In diesen wurde der Abdampf geleitet, um dort Wasser wiederzugewinnen. Vor allem fuhren die Loks in den okkupierten Gebieten der Sowjetunion, aber auch im besetzten Belgien und auf der preußischen Ostbahn. Nach Kriegsende entstanden noch acht Kondens-52, doch brauchten beide Bahnen sie nicht.

Baureihe 52.80

Bauart: 1'Eh2
Baujahre: 1960 – 1967
Leistung: 1170 kW
Länge über Puffer: 22.975 mm
Dienstmasse: 84,4 t
Stückzahl: 200

Da der Neubaukessel der 50.35 sich auch für die benötigte 52 eignete, entschied die Reichsbahn, die Kriegslok in das Rekoprogramm aufzunehmen. Leistungsfähig und genügsam schleppten die Loks Güterzüge in Ostsachsen, der Altmark, Brandenburg, Anhalt und Thüringen. Sie gehörten zu den letzten Dampfloks und fuhren sogar 1989 noch im Plandienst.

Baureihe 52.90

Bauart: 1'Eh2
Baujahr: 1951
Leistung: 1182 kW
Länge über Puffer: 22.975 mm
Dienstmasse: 89,7 t
Stückzahl: 25

Die DDR verfügte hauptsächlich über energieschwache Braunkohlenvorkommen. Um diese in Loks verheizen zu können, rüstete die Reichsbahn Maschinen auf Kohlenstaubfeuerung nach dem System Wendler um. Die neue Feuerungsart erwies sich als rentabel. Alle Kohlenstaubloks wurden beim Bw Senftenberg konzentriert, das zentral im Braunkohlenrevier lag. Mit dem Auslaufen der Kesselfrist stellte die Reichsbahn die Loks bis 1977 ab.

Baureihe 53.0 (pr. G 4.2)

Vor allem die Eisenbahndirektion Hannover experimentierte in der zweiten Hälfte des 19. Jahrhunderts mit dem Verbundprinzip. Erst die Erfindung des Dultz'schen Wechselventils verhalf ihm zum Durchbruch, da es die Anfahrprobleme beseitigte. Die G 4.2 ähnelte den G 3/G 4.1 mit einfacher Dampfdehnung. Sie bewältigte in der Ebene 670 t mit 55 km/h und in 6 ‰ Steigung 580 t mit 25 km/h. Für den Güterverkehr jener Tage genügte dies. 25 Loks gelangten noch zur Reichsbahn, die sie bis 1929 auf das Abstellgleis schickte.

Bauart: Cn2v
Baujahre: 1882 – 1900
Länge über Puffer: 15.131 mm
Dienstmasse: 41,2 t
Stückzahl: 774

Baureihe 53.3 (pr. G 4.3)

Anfang des 20. Jahrhunderts beschafften die preußischen Staatsbahnen nochmals dreifach gekuppelte Güterzugloks, obwohl bereits D-Kuppler bereitstanden. Die 53.3 erhielt eine Dreipunktabstützung und eine über der dritten Kuppelachse liegende Feuerbüchse. Dank der guten Laufeigenschaften konnte die Höchstgeschwindigkeit von anfangs 50 auf 60 km/h hochgesetzt werden. Doch die Konstruktion kam zu spät auf den Markt und war den D-Kupplern unterlegen. Trotzdem blieben sie bis 1930 im Einsatz.

Bauart: Cn2v
Baujahre: 1903 – 1907
Länge über Puffer: 15.100 mm
Dienstmasse: 46,7 t
Stückzahl: 63

Baureihe 53.6 (sä. V V)

Bauart: Cn2v
Baujahre: 1885 – 1901
Länge über Puffer: 14.718 mm
Dienstmasse: 42 t
Stückzahl: 164

Basierend auf den preußischen Erfahrungen mit den 53.0 entwickelten die Sächsischen Staatseisenbahnen die Zwillingslokomotiven der Gattung V weiter. Dank des verdampfungswilligen Kessels konnten sie die Zylinderabmessungen erhöhen. Die ab 1887 installierte Lindner'sche Anfahrvorrichtung vereinfachte die Beschleunigung. Die sächsische V V zählte zu den schwersten Güterzugloks ihrer Zeit und zog 1080 t in der Ebene. Die Reichsbahn musterte die letzte Maschine 1931 aus.

Baureihe 53.7 (pr. G 3)

Bauart: Cn2
Baujahre: 1881 – 1897
Länge über Puffer: 15.176
Dienstmasse: 40,1 t

Nach der Verstaatlichung zahlreicher Privatbahnen mussten die preußischen Staatsbahnen den Lokpark vereinheitlichen. Daher fertigte man Zeichnungen für neue Bauarten, darunter eine C-gekuppelte Güterzuglok. Bei einer Rostfläche von nur 1,5 qm bewältigte sie auf 2 ‰ Steigung 460 t mit 40 km/h, auf 25 ‰ immerhin noch 105 t mit 20 km/h. Bei mehr als 40 km/h konnten die Laufeigenschaften nicht mehr überzeugen. Die meisten Loks hatten einen innen, einige eine außen liegende Allan-Steuerung. Die Reichsbahn schickte die letzten der 157 geerbten Veteraninnen 1929 auf das Abstellgleis.

Baureihe 53.8 (wü. Fc)

Bauart: Cn2v
Baujahre: 1890 – 1909
Länge über Puffer: 14.102 mm
Dienstmasse: 39,7 t
Stückzahl: 125

Bereits 1864 lieferte ME die ersten dreifach gekuppelten Maschinen der Klasse F für den Güterverkehr auf der Geislinger Steige. Nach verschiedenen Varianten mit einfacher Dampfdehnung stand 1890 die erste Lok mit Verbundtriebwerk auf den Gleisen. Die Maschinen zeigten gute Leistungen, doch bremsten nur langsam ausgeräumte prinzipielle Vorbehalte den Einsatz von C-Kupplern auf der bogenreichen Strecke. Ab 1896 erhöhten die Württembergischen Staatsbahnen den Kesseldruck von 12 auf 14 bar. 65 Lokomotiven übernahm die Reichsbahn und musterte sie bis 1931 aus.

Baureihe 53.76 (pr. G 4.1)

Die Güterzuglok der Gattung G 4.1 stimmt weitgehend mit der 53.7 überein. Lediglich der Kesseldruck lag bei 12 anstatt 10 bar. Sicher machte sich dies in der Leistung bemerkbar. Nachweisen lässt sich dies aber nicht, da die preußischen Staatsbahnen nur Leistungstafeln für die G 3 aufstellten. Überhaupt gab es keine klare Abgrenzung zwischen beiden Gattungen. Sechs der 17 von der Reichsbahn übernommenen G 4.1 gehörten ursprünglich vermutlich zur G 3 und wurden erst nach der Kesseldruckerhöhung umgruppiert. Die Reichsbahn musterte die letzte Lok 1927 aus.

Bauart: Cn2
Baujahre: 1882 – 1899
Länge über Puffer: 15.375 mm
Dienstmasse: 40,1 t

Baureihe 53.80 (bay. C IV Zwilling)

Als zu Beginn der achtziger Jahre die Lasten und Geschwindigkeiten der Güterzüge stiegen, mussten die Bayerischen Staatsbahnen die 30 und 25 Jahre alten Maschinen der Klassen C I und C II ersetzen. Der neue C-Kuppler erinnerte zwar in zahlreichen Merkmalen an die ab 1869 eingesetzte C III, hatte jedoch einen höheren Kesseldruck, kleinere Zylinder, einen geringeren Kolbenhub und größere Treibräder. Schon um die Jahrhundertwende genügten die Leistungen nicht mehr den Ansprüchen.

Bauart: Cn2
Baujahre: 1884 – 1893
Länge über Puffer: 14.630 mm
Dienstmasse: 41,4 t
Stückzahl: 87

Baureihe 53.80/81 (bay. C IV Verbund)

Kurioserweise gruppierte die Reichsbahn einige Verbundloks der Bayerischen C IV in die gleiche Unterbaureihe wie die Zwillingsvariante ein. Schon die beiden Baumuster der Lok mit doppelter Dampfdehnung wussten zu überzeugen. Mehr oder minder übergangslos setzten Krauss und Maffei dann auch die Produktion mit der neuen Bauart fort. Dank der Erhöhung des Kesseldrucks auf nunmehr 13 bar gelang es, die Leistungen erneut zu erhöhen. Trotzdem mussten auch die Verbundloks nach der Jahrhundertwende dem Fortschritt Tribut zollen.

Bauart: Cn2v
Baujahre: 1889 – 1897
Länge über Puffer: 14.630 mm
Dienstmasse: 42,7 t
Stückzahl: 100

Baureihe 53.85 (bad. VII a)

Bauart: Cn2
Baujahre: 1866 – 1891
Länge über Puffer: 14.842 mm
Dienstmasse: 39,1 t
Stückzahl: 171

Nicht weniger als 17 Unterbaureihen weist die badische VII a auf, die 25 Jahre lang gefertigt wurde. Vom Führerhaus über den Kessel bis hin zur Abstützung wurden zahlreiche Merkmale im Laufe der Zeit überarbeitet. Den Maschinen bekam das gut. Zwar mussten sie den Streckendienst quittieren und in den Rangierbetrieb wechseln. Dort überzeugten sie aber dank des Zwillingstriebwerks mehr als jüngere Verbundloks. Unter den 47 zur Reichsbahn gelangten Loks kamen drei aus der ersten Lieferung. Sie waren die ältesten Maschinen der jungen Staatsbahn, die sie bis 1930 einsetzte.

Baureihe 54.0 (pr. G 5.1)

Bauart: 1'Cn2
Baujahre: 1892 – 1902
Länge über Puffer: 15.990 mm
Dienstmasse: 48,5 t
Stückzahl: 268

1892 erhielt Vulcan den Auftrag, eine Maschine zu entwerfen, deren Leistungen die der 53.76 übertreffen sollten. Dies tat die G 5.1 denn auch, allerdings nicht im erwarteten Maße. Einige Neuerungen fielen positiv auf, so die Feuerungstür, die als Dreh- statt Schiebetür ausgeführt war, und die nicht mehr zwischen die Speichen geschraubten, sondern in die schmiedeeisernen Radsterne eingeschweißten Gegenmassestücke. Schon von den preußischen Staatsbahnen in niedere Dienste abgeschoben, überdauerte die 54.0 bis 1930 bei der Reichsbahn, die 71 Lokomotiven geerbt hatte.

Baureihe 54.2 (pr. G 5.2)

Bauart: 1'Cn2v
Baujahre: 1895 – 1901
Länge über Puffer: 16.168 mm
Dienstmasse: 51,1 t
Stückzahl: 491

Nachdem sich die 53.0 im Betrieb bewährt hatte, stellten die preußischen Staatsbahnen auch der 54.0 eine Verbundvariante zur Seite. Die

Abmessungen von Kessel und Laufwerk entsprachen denen der Zwillingslok, der Kesseldruck betrug aber von Beginn an 12 bar. Als eine der ersten Güterzuglokomotiven war die 54.2 mit der Druckluftbremse Bauart Westinghouse ausgestattet, durfte daher von Beginn an auch Personenzüge schleppen. Bis 1932 setzte die Reichsbahn die Loks ein.

Baureihe 54.6 (pr. G 5.3)

Bauart: 1'Cn2
Baujahre: 1903 – 1905
Länge über Puffer: 16.168 mm
Dienstmasse: 54,1 t
Stückzahl: 206

Trotz guter Leistungen wussten die 54.0 nie vollends zu überzeugen, zeigte die vorauslaufende Adams-Achse doch eine unzureichende

Bogenführung. Ihre Nachfolgerinnen bekamen daher ein Krauss-Helmholtz-Drehgestell spendiert. Der Kessel lag etwas höher und erhielt eine Marcotty-Rauchverbrennung. Die Kuppelradsätze lagen um 350 mm enger beieinander, der Abstand zwischen Lauf- und erster Kuppelachse wuchs um 400 mm. 71 Maschinen gelangten zur Reichsbahn.

Baureihe 54.8 (pr. G 5.4)

Auch von der 54.2 stellten die preußischen Staatsbahnen eine Nachfolgerin mit Krauss-Helmholtz-Gestell in Dienst. Um die Zugkraft besser ausnutzen zu können, legte der Niederdruckschieber einen längeren Weg zurück als der Hochdruckschieber. Der Schwingenstein lag deshalb auf der Niederdruckseite deutlich sichtbar unter dem Schwingendrehpunkt, wenn die Hochdrucksteuerung die Mittelstellung einge-

nommen hatte. Die Reichsbahn stattete 20 der 265 Lokomotiven mit einem Überhitzer aus. Einige Maschinen blieben bis 1948 im Einsatz.

Bauart: 1'Cn2v
Baujahre: 1901 – 1910
Länge über Puffer: 16.168 mm
Dienstmasse: 55,1 t
Stückzahl: 748

Baureihe 54.13 (bay. C VI, G 3/4 N)

Ende des 19. Jahrhunderts stellten die Bayerischen Staatsbahnen eine weitere C-gekuppelte Flachland-Güterzuglok mit eher geringer Zugkraft und höherer Geschwindigkeit in Dienst. Der leistungsfähige Kessel gestattete den Einsatz der Maschinen auch vor Personenzügen, beispielsweise im Ausflugsverkehr am Wochenende. Um die Masse möglichst gleichmäßig auf die Kuppelachsen zu verteilen, erhielt die Lok einen fes-

ten Achsstand von 1580 mm, während das Krauss-Helmholtz-Gestell einen Achsstand von 3500 mm aufwies. Die laufruhigen Loks blieben bis 1935 im Dienst.

Bauart: 1'Cn2v
Baujahre: 1899 – 1909
Länge über Puffer: 17.435 mm
Dienstmasse: 55,8 t
Stückzahl: 120

Baureihe 54.15 (bay. G 3/4 H)

Bauart: 1'Ch2
Baujahre: 1919 – 1923
Leistung: 760 kW
Länge über Puffer: 17.500 mm
Dienstmasse: 62,2 t
Stückzahl: 225

Nur sehr zögerlich führte Bayern den Heißdampf ein. Die Konstrukteure setzten auf das Verbundprinzip. Kurz vor Ende der Länderbahnära stand ein Heißdampfzwilling bereit. Dabei erwies sich die Maschine als überaus leistungsfähig. In der Ebene schleppte sie 1000 t mit 60 km/h, während die 54.13 gerade 590 t an den Haken nehmen konnte. Fast ausschließlich in Süddeutschland eingesetzt, überdauerten die Maschinen den Zweiten Weltkrieg und wurden erst 1966 ausgemustert.

Baureihe 55 (pr. G 7)

Nach Einführung der Güterwagen mit 15 t Tragfähigkeit um das Jahr 1890 reichten die Leistungen der vorhandenen Loks im preußischen Hügelland nicht mehr aus. Die Staatsbahnen gaben daher vierfach gekuppelte Maschinen verschiedener Bauart in Auftrag, darunter einen Heißdampfzwilling. Die aus der 54.0 abgeleiteten Loks überzeugten. Die Bundes-bahn konnte 1957, die Reichsbahn 1966 auf die Konstruktion aus dem 19. Jahrhundert verzichten.

Bauart: Dn2
Baujahre: 1893 – 1916
Leistung: 485 kW
Länge über Puffer: 16.613 mm
Dienstmasse: 52,6 t
Stückzahl: 1235

Baureihe 55.7 (pr. G 7.2)

Bauart: Dn2v
Baujahre: 1895 – 1911
Leistung: 569 kW
Länge über Puffer: 16.620 mm
Dienstmasse: 54,4 t
Stückzahl: 1646

Erfolgreicher als die 55.0 war die Verbundvariante der G-7-Familie. Sie wies bessere Leistungen als der Zwilling auf und im Strecken-dienst geringere Verbrauchswerte. Da aber eine Maschine mit einfacher Dampfdehnung im Rangierbetrieb, zum Beispiel vor Nahgüterzügen, rentabler war, konnten die Direktionen frei wählen, welchem Typ sie den Vorzug gaben. Die Reichsbahn baute eine Reihe 55.7 auf Heißdampf um. Die letzten Maschinen wurden von beiden Staatsbahnen kurz nach 1945 ausgemustert.

Baureihe 55.16 (pr. G 8)

Nach der Durchsetzung des Heißdampfprinzips legte Robert Garbe 1901 den Entwurf für eine Güterzuglok vor. Anfangs war er sich über die Gestaltung einzelner Baugruppen nicht genau im Klaren, weshalb eine Vielzahl unterschiedlicher Ausführungen entstanden. Unter anderem ersetzte ab 1906 der Rauchrohrüberhitzer Schmidt'scher Bauart den störanfälligen Rauchkammerüberhitzer, den ebenfalls Wilhelm Schmidt konstruiert hatte. Die Bundesbahn stellte ihre letzte 55.16 1955 ab, die Reichsbahn vor der Umnummerierung 1970.

Bauart: Dh2
Baujahre: 1902 – 1913
Leistung: 803 kW
Länge über Puffer: 17.968 mm
Dienstmasse: 58,5 t
Stückzahl: 1054

Baureihe 55.25 (pr. G 8.1)

Die 55.16 hatte zwar ein leistungsfähiges Triebwerk, war aber etwas leicht, was für eine Güterzuglok nichts Gutes bedeutet. Deswegen entwickelten die preußischen Staatsbahnen eine verstärkte Bauart, die im oberen Geschwindigkeitsbereich eine größere Zugkraft entwickelte als die drei Jahre ältere 57.10, deren Kessel zwar größer war, aber annähernd die gleiche Strahlungsheizfläche aufwies. Genügsam und laufruhig, war sie die erfolgreichste preußische Dampflokomotive. Anfang der siebziger Jahre musterten beide deutsche Bahnen ihre letzten G 8.1. aus.

Bauart: Dh2
Baujahre: 1913 – 1921
Leistung: 920 kW
Länge über Puffer: 18.290 mm
Dienstmasse: 69,9 t
Stückzahl: 4958

Baureihe 56.1 (pr. G 8.3)

Bauart: 1'Dh3
Baujahre: 1919 – 1920
Leistung: 905 kW
Länge über Puffer: 16.995 mm
Dienstmasse: 84,3 t
Stückzahl: 85

Durch die Installation eines Vorlaufradsatzes konnte man einen größeren Kessel einbauen, ohne die Achslast von 17 t zu überschreiten. Um die Bauart zu erhalten, kürzte man einfach den Entwurf der 58.10 um einen Kuppelradsatz. Die Leistungen der Lok vermochten aber nicht gerade zu überzeugen, weshalb nur vergleichsweise wenige Exemplare entstanden. Im Westen erhielt die OHE nach 1945 fünf Loks, die sie auf 1'Dh2 umbaute. Die Reichsbahn setzte ihre 56.1 bis 1967 ein.

Baureihe 56.2 (pr./meck. G 8.1 Umbau)

Bauart: 1'Dh2
Baujahre: 1934 – 1941
Leistung: 920 kW
Länge über Puffer: 18.296 mm
Dienstmasse: 74,6 t
Stückzahl: 691

Die G 8.1 konnte wegen ihrer 17,5 t Achsfahrlast nur auf Haupt-strecken fahren. Im oberen Geschwindigkeitsbereich befriedigten ihre Laufeigenschaften nicht immer. Deswegen rüstete die Reichsbahn Loks mit einem vorlaufenden Bisselgestell aus. Diese konnten nun mit 70 statt 50 km/h Höchstgeschwindigkeit fahren. Die Bundesbahn setzte die Loks bis 1964 ein, die Reichsbahn bis 1970.

Baureihe 56.5 (sä. IX V)

Nach Versuchen mit Malletloks kehrten die Sächsischen Staatsbahnen zum ungeteilten Triebwerk zurück. Die neue Lok konnte Bögen mit 170 m Radius problemlos durchfahren. Auffällig war das lange Dampfsammelrohr auf dem Langkessel. Wegen der unterschiedlichen Längenausdehnung von Kessel und Rohr traten häufig Undichtigkeiten auf. Später erhielten die Loks Ersatzkessel mit einem integrierten Dampfsammelrohr. Die Reichsbahn übernahm 16 Maschinen, die bis 1929 auf den Schrott wanderten.

Bauart: 1'Dn2v
Baujahre: 1902 – 1906
Leistung: 950 kW
Länge über Puffer: 17.516 mm
Dienstmasse: 72 t
Stückzahl: 20

Baureihe 56.6 (sä. IX HV)

Bauart: 1'Dh2v
Baujahre: 1907 – 1908
Leistung: 950 kW
Länge über Puffer: 18.319 mm
Dienstmasse: 72 t
Stückzahl: 30

Da sich die 56.5 bewährte, ließen die Sächsischen Staatsbahnen die letzte Lieferserie mit einem Rauchrohrüberhitzer der Bauart Schmidt ausstatten. Die Leistungen wuchsen deutlich. In der Ebene schleppten die Loks 1670 statt 1310 t mit 50 km/h, in 25 ‰ Steigung 260 statt 21 t mit 25 km/h. Zugelassen waren die Loks wie die Schwestern für 50 km/h. Das DR-Merkbuch von 1924 gab aber die Wagenmassen für bis zu 65 km/h an. 25 Loks gelangten zur Reichsbahn, die sie bis 1929 auf den Schrott schickte.

Baureihe 56.8 (bay. G 4/5 H)

Bauart: 1'Dh4v
Baujahre: 1915 – 1919
Länge über Puffer: 18.250 mm
Dienstmasse: 75,9 – 77 t
Stückzahl: 230

Als die Bayerischen Staatsbahnen im Ersten Weltkrieg eine leistungsfähige Güterzuglok brauchten, hatte sich das Heißdampfprinzip allgemein durchgesetzt. Trotz des damit verbundenen Leistungszuwachses setzte Bayern weiter auf die Verbundbauart. Die neuen Maschinen von Maffei bewährten sich im schweren Güterverkehr bestens und arbeiteten sehr wirtschaftlich. Die einzelnen Lieferserien unterschieden sich geringfügig. Die Reichsbahn musterte zahlreiche Lokomotiven bis 1935 aus. Einige wenige Exemplare überstanden den Zweiten Weltkrieg und verschwanden 1947 aus den Büchern.

Baureihe 56.20 (pr./old. G 8.2)

Bauart: 1'Dh2
Baujahre: 1919 – 1928
Leistung: 1015 kW
Länge über Puffer: 16.975 mm
Dienstmasse: 83,5 t
Stückzahl: 846

Aus der 56.1 leiteten die preußischen Staatsbahnen eine vereinfachte Bauart ohne Innentriebwerk ab. Trotz der schlichteren Konstruktion war die 56.20 der 56.1 von den Leistungen her überlegen. Diese lagen zwischen der 56.1 und der ebenfalls technisch aufwändigen 56.8. Da sich die Konstruktion bewährte, ließ die Reichsbahn sie weiterbauen. Versuche mit Kohlenstaubfeuerung scheiterten allerdings, da die Loks wegen ihrer Achslast nur auf Hauptbahnen fuhren. Die Bundesbahn musterte die Maschinen bis 1959 aus, die Reichsbahn Anfang der siebziger Jahre.

Baureihe 57.0 (sä. XI V)

Anfang des 20. Jahrhunderts stellte Sachsen fünffach gekuppelte Loks in Dienst, die nach dem Gölsdorf'schen Prinzip seitenverschiebbare Kuppelachsen aufwiesen, um den Bogenlauf zu verbessern. Obwohl die Nassdampfvariante die leistungsschwächste war, beschafften die Staatsbahnen sie gut zehn Jahre lang. 76 Loks gelangten in den Bestand der Reichsbahn, die 29 in Heißdampfloks umbaute. Bis Mitte der dreißiger Jahre rollten die 57.0 auf das Abstellgleis.

Bauart: En2v
Baujahre: 1905 – 1915
Leistung: 888 kW
Länge über Puffer: 18.506 mm
Dienstmasse: 73,1 – 74,2 t
Stückzahl: 108

Baureihe 57.2 (sä. XI HV)

Nach Erprobung der Baumuster der neuen E-gekuppelten Typen verzichteten die Sächsischen Staatsbahnen zunächst auf eine Serienbeschaffung von Heißdampfloks. Der Rauchkammerüberhitzer und die Kolbenschieber bereiteten Schwierigkeiten. Rund zehn Jahre später orderten sie dann die Verbund-Heißdampfer mit einem Rauchrohrüberhitzer. Die 57.2 war die leistungsstärkste Variante der XI-Familie, was sich besonders im oberen Geschwindigkeitsbereich bemerkbar machte. Die Reichsbahn stellte ihre 18 Lokomotiven bis Mitte der dreißiger Jahre ab.

Bauart: Eh2v
Baujahre: 1905 – 1918
Leistung: 888 kW
Länge über Puffer: 18.376 – 18.486 mm
Dienstmasse: 70,4 – 74,5 t
Stückzahl: 31

Baureihe 57.5 (bay. G 5/5)

Eine der leistungsfähigsten Güterzugloks kam aus Bayern. Sie konnte in der Ebene 1340-t-Züge mit 60 km/h und in 20 ‰ Steigung 470-t-Züge mit 25 km/h schleppen. Sie hätte sicher noch mehr Furore gemacht, wäre der Überhitzer nicht zu klein ausgefallen. Später versuchte man, das Manko durch einen größeren Überhitzer zumindest teilweise auszugleichen. Den laufruhigen und im Dampfverbrauch wirtschaftlichen Loks war kein langes Leben beschert. 1935 standen die meisten auf dem Abstellgleis. 1953 musterte die DB die Letzte aus.

Bauart: Eh4v
Baujahre: 1911 – 1924
Leistung: 1204 kW
Länge über Puffer: 19.232 – 19.974 mm
Dienstmasse: 78,5 – 84,4 t
Stückzahl: 95

Baureihe 57.10 (pr. G 10)

Der Kessel der 38.10 auf dem Fahrwerk der 94.2 ergab die 57.10. Was Mathematikern die Haare zu Berge stehen lassen würde, ist technisch durchaus sinnvoll. Gewisse Überarbeitungen waren zwar notwendig, das Prinzip bewährte sich aber bestens. Die Lok hatte eine niedrige Radsatzlast, um auch Nebenbahnen befahren zu können. Nach Überarbeitungen des Laufwerks konnte die Reichsbahn die Höchstgeschwindigkeit auf 60 km/h heraufsetzen. Die Bundesbahn musterte die Lok in den sechziger Jahren aus.

Bauart: Eh2
Baujahre: 1910 – 1925
Leistung: 810 kW
Länge über Puffer: 18.910 mm
Dienstmasse: 76,6 t
Stückzahl: 2615

Baureihe 58.0 (pr. G 12.1)

Bauart: 1'Eh3
Baujahre: 1915 – 1917
Leistung: 1195 kW
Länge über Puffer: 20.340 mm
Dienstmasse: 98,8 t
Stückzahl: 21

In den ersten 15 Jahren des 20. Jahrhunderts wuchsen die Massen der Güterzüge deutlich. In Steigungen auf Hauptbahnen erwiesen sich die vorhandenen Loks als überfordert. Die preußischen Staatsbahnen entwickelten daher eine leistungsstarke Maschine mit 85 t Reibungsmasse. Sie erhielt ein Drillingstriebwerk, da man bei einem Zwilling zu hohe Lager- und Zapfendrücke befürchtete. Die mit den Maschinen gesammelten Erfahrungen mündeten in die 58.10. Die letzte Lok verschwand erst 1957 aus den Büchern der Reichsbahn.

Baureihe 58.1 (sä. XVIII H)

Bauart: 1'Eh3
Baujahr: 1917
Leistung: 1195 kW
Länge über Puffer: 20.340 mm
Dienstmasse: 101,1 t
Stückzahl: 20

Um 1915 litten die Sächsischen Staatsbahnen an eklatantem Lokmangel. Deswegen orderten sie bei Hartmann Maschinen, die weitgehend der preußischen G 12.1 entsprachen. Sie erhielten eine größere Gesamtheizfläche und eine größere Überhitzerheizfläche. Da Hartmann verschiedene Bauteile verstärkte, erreichte erstmals eine deutsche Güterzuglok ein Gewicht von mehr als 100 t. Die Reichsbahn setzte die Loks nicht lange ein. Nach der Besetzung Frankreichs kehrten aber sechs Maschinen, die 1919 abgetreten werden mussten, zum Bw Zwickau zurück.

Baureihe 58.2–5, 58.10–21 (bad. G 12.1–7, sä. XII H, wü./pr. G 12)

Bauart: 1'Eh3
Baujahre: 1917 – 1924
Leistung: 1124 kW
Länge über Puffer: 18.475 – 20.435 mm
Dienstmasse: 93,6 – 96,5 t
Stückzahl: 1361

Auf Betreiben des Militärs machten sich die Länderbahnen im Ersten Weltkrieg an die Vereinheitlichung des Lokparks. Auf der Basis der pr. G 12.1 entstand zu diesem Zweck eine leistungsfähige, robuste Güterzuglok, die von mehreren Verwaltungen beschafft wurde. Die einstufige Dampfdehnung entsprach den Gedanken der norddeutschen Lokbauschule, der Barrenrahmen und der breite Hinterkessel erinnerten an süddeutsche Konstruktionen. Die DB konnte frühzeitig auf die Lok verzichten, die DR erst 1977.

Baureihe 58.30 (Rekolok DR)

Bauart: 1'Eh3
Baujahre: 1958 – 1963
Leistung: 1179 kW
Länge über Puffer: 20.200 mm
Dienstmasse: 108 t
Stückzahl: 56

In den fünfziger Jahren zeichnete sich ab, dass die Reichsbahn noch lange nicht auf die G-12-Familie verzichten konnte. Da die Dampfleistung des Kessels und die Steuerung des Innenzylinders nicht voll befriedigten, nahm die Reichsbahn die Baureihe in ihr Rekonstruktionsprogramm auf. Die Loks erhielten den für die 50.40 entwickelten Kessel mit Verbrennungskammer, Trofimoff-Schieber und Mischvorwärmer. Die Reko-Lok erreichte Zugkraftbereiche der 44 und war fast überall in der DDR anzutreffen. 1982 musterte die Reichsbahn die letzte aus.

Baureihe 59.0 (wü. K)

Bauart: 1'Fh4v
Baujahre: 1918 – 1924
Leistung: 1401 kW
Länge über Puffer: 20.200 mm
Dienstmasse: 108 t
Stückzahl: 44

Mit den sechsfach gekuppelten Loks beschritten die Württembergischen Staatsbahnen Neuland.

Achsen mit Seitenspiel gewährleisteten einen ruhigen Lauf der Maschinen in den engen Bögen der Hauptstrecken. Der verdampfungsfreudige Kessel und die Verbundbauart ermöglichten einen wirtschaftlichen Betrieb. Selbst auf der Geislinger Steige brauchte die Lok nicht an ihre Grenzen zu gehen. Die Bundesbahn musterte die Loks bis 1953 aus.

61 001

In den dreißiger Jahren wollte die Dampflokindustrie zeigen, dass König Dampf dem Diesel durchaus Paroli bieten konnte. Für das Projekt eines stromlinienförmig verkleideten Zuges von Wegmann fertigte Henschel zwei Tenderloks mit 2300 mm großen Treibrädern, die selbstverständlich auch eine Verkleidung erhielten. Die Maschine wurde für 160 km/h ausgelegt, erreichte im Versuchsbetrieb aber mühelos 185 km/h. Doch die Vorräte reichten oftmals nur knapp. 1951 rollte die Lok nach einem Unfall auf das Abstellgleis.

Bauart: 2'C2'h2t
Baujahr: 1935
Leistung: 1058 kW
Länge über Puffer: 18.475 mm
Dienstmasse: 129,1 t
Stückzahl: 1

61 002

Bauart: 2'C3'h3t
Baujahr: 1939
Leistung: 1058 kW
Länge über Puffer: 18.825 mm
Dienstmasse: 146,29 t
Stückzahl: 1

Mit einer anderen Achsfolge und einem Drillingstriebwerk ausgestattet, hätte die zweite Lok für den Henschel-Wegmann-Zug eine andere Baureihennummer erhalten müssen. Das dreiachsige Nachlaufgestell wurde nötig, weil man nach den Erfahrungen mit der 61 001 die Vorräte vergrößert hatte. Nach 1945 schleppte die Lok für kurze Zeit Sonderzüge und den Sonderwagen des Verkehrsministers, ehe sie in die 18 201 umgebaut wurde.

Baureihe 62

Wirklich Bedarf schien für die Tenderlok nicht zu bestehen. Jedenfalls ließ sich die Reichsbahn sehr lange Zeit mit ihrer Beschaffung. Technisch gehörte die Lok zu den besten Maschinen der Einheitsbaureihen. Ihr Gesamtwirkungsgrad überzeugte ebenso wie ihre Laufkultur und die Leistung. Zahlreiche Teile sollten mit der Baureihe 20 tauschbar sein, die aber nie entstand. Die Reichsbahn erbte acht, die Bundesbahn sieben Loks.

Letztere pflegte die Loks kaum und schickte sie 1956 in den Hochofen. Bei der Reichsbahn fuhr die 62 bis in die siebziger Jahre hinein. Eine Lok blieb erhalten.

Bauart: 2'C3'h2t
Baujahre: 1928 – 1932
Leistung: 1226 kW
Länge über Puffer: 17.140 mm
Dienstmasse: 123,6 t
Stückzahl: 15

Baureihe 64

Bauart: 1'C1'h2t
Baujahre: 1928 – 1940
Leistung: 693 kW
Länge über Puffer: 12.500 mm
Dienstmasse: 74,9/75,2 t
Stückzahl: 520

Die Tenderlok ist technisch eng mit der 24 sowie der 86 verwandt. Viele Bauteile entstammten zudem den für 17,5 oder 20 t Achslast konzipierten Maschinen. Dank des symmetrischen Triebwerks erreichte die Lok in beide Fahrtrichtungen 90 km/h Höchstgeschwindigkeit, konnte also auch auf Hauptbahnen übergehen. Statt Krauss-Helmholtz-erhielten die meisten Loks Bisselgestelle, was die Laufkultur beeinträchtigte. Eine Reihe Bauartänderungen während der Fertigung hatte nur geringen Einfluss auf die Einsätze. Die Reichsbahn musterte die Lok bis 1974, die Bundesbahn bis 1971 aus.

Baureihe 65

Als Ersatz für die Baureihen 78.0 und 93 wollte die Bundesbahn anfangs vierfach gekuppelte Tenderloks in Dienst stellen. Mit 17,5 t Achsfahrmasse konnte die Lok aber nicht auf allen Nebenbahnen fahren. Für den Güterzugdienst reichten die Vorräte nicht immer aus. Da zudem bald Dieselloks der Leistungsklasse bereitstanden, stellte die Bundesbahn nur wenige der im Bereich zwischen 50 und 85 km/h laufunruhigen Maschinen in Dienst. Gut zwanzig Jahre hielt sich die Lok im Plandienst, dann war ihre Zeit vorüber.

Bauart: 1'D2'h2t
Baujahre: 1951 – 1956
Leistung: 1080 kW
Länge über Puffer: 15.475 mm
Dienstmasse: 107,6 t
Stückzahl: 18

Baureihe 65.10

Sehr viel besser gelungen als die 65 der DB war ihr DDR-Pendant. Die für die Feuerung mit Braunkohlebriketts konzipierte Lok verfügte über ausreichend Vorräte für lange Einsätze. Der Kessel erwies sich als verdampfungsfreudig. Die Laufkultur der Lok vermochte zu überzeugen. Die 65 1004 fuhr zwischen 1956 und 1961 versuchsweise mit einer Braunkohlenstaubfeuerung. Ab 1966 stattete die Reichsbahn alle Loks mit dem Giesl-Flachejektor aus, sodass die Verbrauchswerte erneut sanken. Die letzten Loks verschwanden 1982 aus den Büchern.

Bauart: 1'D2'h2t
Baujahre: 1954 – 1957
Leistung: 980 kW
Länge über Puffer: 17.500 mm
Dienstmasse: 121,7 t
Stückzahl: 88

Baureihe 66

Bauart: 1'C2'h2t
Baujahr: 1955
Leistung: 854 kW
Länge über Puffer: 14.798 mm
Dienstmasse: 93,9 t
Stückzahl: 2

Nur zwei Loks stellte die DB von der wohl gelungensten Nachkriegskonstruktion in Dienst. Für den leichten Personenzugdienst auf Haupt- und Nebenbahnen sowie den Eilgüterzugdienst waren die mit geschweißtem Hochleistungskessel mit Verbrennungskammer ausgerüsteten Loks bestens geeignet. Die Zeiten waren aber über die Dampftraktion hinweggegangen. 1967 rollte die 66 001 auf das Abstellgleis, im Folgejahr die Schwester.

Baureihe 70.71 (bay. D IX)

Bauart: 1Bn2t
Baujahre: 1888 – 1899
Länge über Puffer: 8440 mm
Dienstmasse: 34 – 35,8 t
Stückzahl: 55

Für den Personenzugbetrieb auf der Strecke Reichenhall – Freilassing beschaffte man bei Maffei Loks, die Namen trugen. Leider erwiesen sie sich als schwachbrüstig, weshalb sie nach kurzer Einsatzzeit in den Vorortverkehr der Großstädte abwanderten. Die Serien wiesen geringfügige Unterschiede auf.

Baureihe 70.0 (bay. Pt 2/3)

Bauart: 1Bh2t
Baujahre: 1909 – 1916
Leistung: 307 kW
Länge über Puffer: 9165 mm
Dienstmasse: 38,4 – 39,9 t
Stückzahl: 97

Für den leichten Personenzugdienst beschafften die Bayerischen Staatsbahnen zweifach gekuppelte Loks, die dank der Dampfüberhitzung beste Leistungen zeigten.

Fast 10 % der Heizfläche fielen auf die Feuerbüchse, ein exzellenter Wert. Der zweite Kuppelradsatz war seitenverschiebbar, sodass die Lok auch Bögen von 140 m problemlos durchfahren konnte. Genügsam und leistungsstark, bewältigten die unscheinbaren Maschinen den anstrengenden Dienst auf Nebenbahnen. Sie überdauerten den Zweiten Weltkrieg und wurden erst 1963 ausgemustert.

Baureihe 71.0 (pr. T 5.1)

Bauart: 1'B1'n2t
Baujahre: 1895 – 1905
Länge über Puffer: 11.260 mm
Dienstmasse: 53,2 t
Stückzahl: 309

Die erste 1'B1'-Lok für die Berliner Stadtbahn führte ihren Wasservorrat nicht in seitlich angebrachten Kästen, sondern in einem Rahmenbehälter mit sich, dessen Ende vor der Vorlaufachse sichtbar war. Erstmals erhielt ein Zwilling die Heusinger-Steuerung. Der geringe Abstand der Kuppelachsen verursachte bei höheren Geschwindigkeiten Schlingerbewegungen. Wie ihre Vorgänger musste auch die T 5.1 schnell dem wachsenden Verkehr in Berlin Tribut zollen. Immerhin erhielten noch 26 Maschinen die neuen Reichsbahnnummern. 1930 wurde die letzte Lok ausgemustert.

Baureihe 71.0

Bauart: 1'B1'h2t
Baujahre: 1934 – 1936
Leistung: 416 kW
Länge über Puffer: 11.800 mm
Dienstmasse: 58,6 t
Stückzahl: 6

Als erste Lok mit 20 bar Kesseldruck stellte die Reichsbahn nicht etwa eine Schnellzug- oder hochleistungsfähige Güterzugmaschine in Dienst, sondern eine kleine Personenzuglok. Sie sollte auf Nebenbahnen Personenzüge schleppen und auf Hauptbahnen einen triebwagenähnlichen Verkehr ermöglichen. Dank mechanischer Rostbeschickung konnte die Lok im Einmannbetrieb fahren. Thermodynamisch überzeugte sie nicht. Der Dampfverbrauch lag über den errechneten Werten. 1956 musterte die DB die letzte Maschine aus.

Baureihe 71.2 (bay. Pt 2/4 H)

180 t in der Ebene mit 75 km/h und in 10 ‰ Steigung mit 35 km/h zu schleppen, schrieben die Bayern für die B-gekuppelte Lok vor. Sie überbot die Anforderungen mit 250 und 230 t ebenso spielend wie die gewünschte Höchstgeschwindigkeit. Statt für 75 wurde die Lok für 90 km/h zugelassen. Technisch war sie so konzipiert, dass sie in bestimmten Betriebssituationen im Einmannbetrieb fahren konnte. Alle Maschinen kamen zur Reichsbahn.

Bauart: 1'B1'h2t
Baujahre: 1906 – 1909
Länge über Puffer: 10.700 mm
Dienstmasse: 58,5/ 60 t
Stückzahl: 12

Baureihe 71.3 (sä. IV T)

Trotz der bekannten Probleme mit der Laufruhe nahmen die Sächsischen Staatsbahnen die preußische T 5.1 zum Vorbild für eine eigene Konstruktion, die nur geringe Abweichungen aufwies. Ab 1906 brachte Hartmann die Wasserkästen seitlich an. Eine Reihe Maschinen wurde umgerüstet. Im Vorortverkehr mit Geschwindigkeiten von selten über 60 km/h bewährten sich die Loks. 85 Loks gelangten in den Bestand der Reichsbahn, neun überdauerten sogar den Zweiten Weltkrieg. Erst 1955 konnte die Reichsbahn auf die Sächsinnen verzichten.

Bauart: 1'B1'n2t
Baujahre: 1897 – 1909
Länge über Puffer: 11.623 mm
Dienstmasse: 56,3/60,1 t
Stückzahl: 91

Baureihe 72.0 (pr. T 5.2)

Die einzige preußische Tenderlok mit der Achsfolge 2'B wurde für die „Wannseebahn" Berlin – Potsdam – Werder konzipiert. Bis 1914 blieben die Loks der Strecke treu. Durch leistungsfähigere Maschinen abgelöst, wechselten sie in untergeordnete Dienste. Sie waren wesentlich laufruhiger als die ebenfalls zweifach gekuppelte T 5.1. In zwei Maschinen erprobten die Staatsbahnen den Rauchkammer-

überhitzer Bauart Schmidt. Der Kessel war mit ihm leistungsfähiger, als es das Triebwerk zuließ. Die Reichsbahn musterte die beiden letzten Loks bis 1930 aus.

Bauart: 2'Bn2t
Baujahre: 1899 – 1900
Länge über Puffer: 10.856 mm
Dienstmasse: 56,4 t
Stückzahl: 42 + 2

Baureihe 74.0 (pr. T 11)

Für die von Hanau ausgehenden Strecken nach Frankfurt und Friedberg gab die KED Frankfurt dreifach gekuppelte Loks in Auftrag, nachdem die B-Kuppler mit den wachsenden Zuglasten überfordert waren. Die Neubaumaschinen entstanden wegen des dringenden Bedarfs als Nassdampfer – die Reichsbahn baute später einige Lokomotiven auf Heißdampf um. Weitere KED bestellten die Lok, die unter ande-

rem in geringer Stückzahl auf der Berliner Stadtbahn fuhr. Die Bundesbahn musterte ihre Erbstücke 1950 aus, die Reichsbahn setzte sie bis 1965 ein.

Bauart: 1'Cn2t
Baujahre: 1903 – 1909
Leistung: 380 kW
Länge über Puffer: 11.190 mm
Dienstmasse: 62,6 t
Stückzahl: 471

Baureihe 74.4 (pr. T 12)

Bauart: 1'Ch2t
Baujahre: 1902 – 1921
Leistung: 635 kW
Länge über Puffer: 11.800 mm
Dienstmasse: 67,1 t
Stückzahl: 974

Als Berliner Stadtbahnlok gilt die 74.4, obwohl sie auch in anderen Diensten arbeitete. Die ersten Maschinen bewiesen, dass die in der

T 5.2 durchgeführten Versuche mit dem Heißdampf die Richtung wiesen. Gegenüber der 74.0 lag die Kohleersparnis bei 14 bis 27 %. Die ersten Loks erhielten die Rauchkammerüberhitzer Bauart Schmidt. Nach der Elektrifizierung der Berliner S-Bahn wanderten die Loks in untergeordnete Dienste ab. Bundes- und Reichsbahn trennten sich von ihnen Mitte der sechziger Jahre.

Baureihe 75.0 (wü. T 5)

Eigentlich war die 75.0 für den leichten Personenzugdienst vornehmlich auf Nebenbahnen gedacht. Ihrer Leistungsfähigkeit und des ruhigen Laufes wegen spannten die Württembergischen Staatsbahnen die für 80 km/h zugelassenen Loks bald aber auch vor Schnellzüge. Drei Loks mussten 1919 an Frankreich abgegeben werden, die übrigen gelangten in den Bestand der Reichsbahn. Die DB übernahm noch 89

Maschinen. Als Letzte ihrer Baureihe schied im Juni 1963 die 75 042 nach rund 2,8 Millionen Laufkilometern aus dem Dienst.

Bauart: 1'C1'h2t
Baujahre: 1910 – 1920
Leistung: 642 kW
Länge über Puffer: 12.200 mm
Dienstmasse: 69,5 – 74,1 t
Stückzahl: 96

Baureihe 75.1 (bad. VI b)

Eine interessante Betriebsführung setzten die Badischen Staatsbahnen mit der 75.1 auf der Höllentalbahn Freiburg – Neustadt um. Die Zuglok blieb im Zahnstangenabschnitt am Zug, eine Zahnradmaschine schob nach. Das Konzept bewährte sich und die leistungsfähige 75.1 wurde auch in anderen Diensten eingesetzt. In elf Serien geliefert, unterschieden sich die Maschinen in zahlreichen Details. Die Reichsbahn ordnete 164 Loks un-

ter der neuen Nummer ein. Die Bundesbahn übernahm 117, die Reichsbahn sieben Lokomotiven. Als letzte verabschiedete sich 1962 die 75 299 in Haltingen.

Bauart: 1'C1'n2t
Baujahre: 1900 – 1923
Leistung: 394 kW
Länge über Puffer: 11.764 mm
Dienstmasse: 64,2 – 67,3 t
Stückzahl: 173

Baureihen 75.4, 75.10 (bad. VI c)

Da sich die Nassdampfer der Baureihe 74.1 bewährt hatten, blieben die Badischen Staatsbahnen bei der Achsfolge, als es galt, eine leistungsfähige Maschine für schnelle Reisezüge zu beschaffen. Selbstverständlich erhielt die neue Bauart einen Überhitzer. Die Loks eigneten sich für praktisch alle Dienste. Einige Maschinen fuhren Ende der zwanziger Jahre sogar im Berliner S-Bahnnetz. Die

Bundesbahn übernahm 66, die Reichsbahn 29 Loks. Beide musterten ihre Erbstücke Ende der sechziger Jahre aus.

Bauart: 1'C1'h2t
Baujahre: 1914 – 1921
Leistung: 577 kW
Länge über Puffer: 12.700 mm
Dienstmasse: 59,1 – 61,3 t
Stückzahl: 135

Baureihe 75.5 (sä. XIV HT)

Bauart: 1'C1'h2t
Baujahre: 1911 – 1921
Leistung: 723 kW
Länge über Puffer: 12.415 mm
Dienstmasse: 76,7 – 82,2 t
Stückzahl: 106

Die schwerste deutsche Tenderlok mit der Achsfolge 1'C1' stammte aus Sachsen. In der Ebene schleppte sie 750 t mit ihrer zu-

gelassenen Geschwindigkeit von 75 km/h, auf 10 ‰ Steigung bewältigte sie 320 t mit 50 km/h. Die Fertigung erfolgte in mehreren Baulosen. 1925 führte die Reichsbahn 83 Loks im Bestand. 1919 an Polen und Frankreich abgegebene Loks wurden im Zweiten Weltkrieg der DRG übergeben, sodass die DR 89 Loks übernehmen konnte. Ende der sechziger Jahre endete ihre Karriere.

Baureihe 76.0 (pr. T 10)

Bauart: 2'Ch2t
Baujahre: 1909 – 1912
Leistung: 642 kW
Länge über Puffer: 11.800 mm
Dienstmasse: 76,1 t
Stückzahl: 12

Die 41 km lange Strecke Frankfurt – Wiesbaden mündet in Kopfbahnhöfe. Somit lag es nahe, dass die KED Tenderloks einset-

zen wollte. Verfügbare Loks waren zu langsam oder zu schwach. Deswegen überarbeitete das Lokdezernat das Triebwerk der 38.10 und setzte den modifizierten Kessel der 37.0 darauf. Die dritte Kuppelachse konnte die Lok aber nicht immer ordentlich führen, weshalb es zu Entgleisungen kam. Trotzdem hielt sich die letzte T 10 bis 1949 im DB-Bestand.

Baureihe 78.0 (pr. T 18/ wü. T 18)

Bauart: 2'C2'h2t
Baujahre: 1912 – 1927
Leistung: 832 kW
Länge über Puffer: 14.800 mm
Dienstmasse: 105 t
Stückzahl: 534

Die leistungsfähige, robuste Tenderlok für den Nahverkehr entstand noch zu Zeiten des Lokdezernenten Robert Garbe, wurde aber von seinem Nachfolger, Hinrich Lübken, serienreif gemacht. Anfangs litt die Lok vor allem durch unruhigen Lauf bei Geschwindigkeiten über 60 km/h. Doch gelang es, die Maschine nach der Überarbeitung für Tempo 100 zuzulassen. Auch Württemberg bestellte die für den Schnellzugdienst bestens geeignete Lok. Die Reichsbahn musterte sie bis 1973, die Bundesbahn bis 1975 aus.

Baureihe 80

Bauart: Ch2t
Baujahre: 1928 – 1929
Leistung: 420 kW
Länge über Puffer: 9670 mm
Dienstmasse: 54,4 t
Stückzahl: 39

Mit einfachen, sparsamen Tenderloks wollte die Reichsbahn den kostenträchtigen Rangierdienst rationalisieren. Deswegen entwickelte sie zwei bauartähnliche Maschinen mit 17,5 t Radsatzlast. Um einen möglichst leistungsfähigen Kessel unterbringen zu können, sparten die Entwickler an anderer Stelle Masse, wo es nur ging. Die Loks rangierten vornehmlich auf Personenbahnhöfen. Nach der Ausmusterung durch die DR um 1962/63 setzten einige Raw Maschinen der Baureihe als Werkloks ein. Bei der DB schied die 80 bis 1965 aus. Mehrere Maschinen gelangten zu Werkbahnen.

Baureihe 81

Die zweite Rangierlok des Einheitsprogramms erhielt eine Kuppelachse mehr und einen um einen Meter längeren, leistungsfähigeren Kessel. Statt 900 schleppte die Lok 1100 t mit 45 km/h in der Ebene und 160 statt 140 t mit 25 km/h in 25 ‰ Steigung. Der Wasservorrat von 3 cbm reichte für einen dreistündigen Einsatz. Nach der Beschaffung der ersten Serie orderte die Reichsbahn 1939 weitere 60 Maschinen, die nicht mehr geliefert wurden. Alle Loks gelangten zur Bundesbahn.

Bauart: Dh2t
Baujahr: 1927
Leistung: 628 kW
Länge über Puffer: 11.080 mm
Dienstmasse: 67,5 t
Stückzahl: 10

Baureihe 82

Schon die Reichsbahn plante die Beschaffung einer fünffach gekuppelten Rangierlok für schwere Güterzüge. Die Bundesbahn nahm sie in ihr Typenprogramm auf. Die 82 war die erste Neubaudampflok der DB und bewies, dass Friedrich Wittes Hochleistungskessel mit Verbrennungskammer die versprochenen Leistungen erbrachte. Bei den Zylindern musste man einen Kompromiss zwischen den Einsätzen im Rangier- und Streckendienst schließen. Die 82 war der 94.5 von den Leistungen her überlegen, fraß aber sehr viel Kohle. Schon 1972 musterte die Bundesbahn die letzte Lok aus.

Bauart: Eh2t
Baujahre: 1950 – 1955
Leistung: 942 kW
Länge über Puffer: 14.060 mm
Dienstmasse: 91,8 t
Stückzahl: 41

Baureihe 83.10

Bauart: 1'D2'h2t
Baujahre: 1955 – 1956
Leistung: 788 kW
Länge über Puffer: 15.100 mm
Dienstmasse: 99,7 t
Stückzahl: 27

Für den Personen- und Güterzugdienst auf Nebenbahnen mit 15 t zulässiger Achsfahrmasse sah die Reichsbahn eine vierfach gekuppelte Tenderlok vor. Sie ähnelte konstruktiv der 65.10. Wegen der zu knapp bemessenen Zylinder erreichte die Neubaulok nicht die Verbrauchswerte der Baureihe 86. Insgesamt bewährte sich die Lok. Gegen die Konkurrenz durch Dieseltriebfahrzeuge hatte sie aber keine Chance. Bereits 1973 schieden die letzten Maschinen aus dem Bestand.

Baureihe 84

Ab 1935 baute die Reichsbahn die Müglitztalbahn Heidenau – Altenberg von Meter- auf Regelspur um. Für die Strecke mit 100-m-Bögen und Neigungen von bis zu 37 ‰ gab es keine geeignete Lok. Angelehnt an die Einheitsloks entstanden Fünfkuppler, zunächst je zwei Zwillinge und Drillinge. Ab 1949 setzte die Reichsbahn die Loks in der Uranabfuhr im westlichen Erzgebirge ein. Bis 1968 musterte sie die letzte Lok aus.

Bauart: 1'E1'h2t/1'E1'h3t
Baujahre: 1935 – 1937
Leistung: 1416 kW
Länge über Puffer: 15.550/15.950 mm
Dienstmasse: 125,2 – 125,5 t
Stückzahl: 12

Baureihe 85

Bauart: 1'E1'h3t
Baujahre: 1932 – 1933
Leistung: 1095 kW
Länge über Puffer: 16.300 mm
Dienstmasse: 133,6 t
Stückzahl: 10

Für den Einsatz auf der Höllentalbahn, zuvor eine Zahnradstrecke, entstand eine fünffach gekuppelte Tenderlok, die ein Drillingstriebwerk erhielt, um die Zugkräfte gleichmäßiger zu übertragen und das Anfahren zu erleichtern. Triebwerk und Fahrwerk entstammten der 44, der Kessel der 62. Die Loks schleppten in der Ebene 1970 t mit 50 km/h und in 25 ‰ Steigung 380 t mit 25 km/h. Ihr gesamtes Leben verbrachten die 1961 ausgemusterten 85er im Höllental.

Baureihe 86

Die Tenderlok mit 15 t Radsatzlast ist eng mit den Baureihen 24 und 64 verwandt. Sie beförderte Personenzüge und gemischte Züge auf Strecken mit größeren Steigungen sowie schwere Güterzüge auf kaum geneigten Bahnen. Mit 70 km/h Höchstgeschwindigkeit war sie die klassische Nebenbahnlok. Die 86 gehört zu den Einheitsloks mit der längsten Beschaffungszeit. Im Krieg wurden beim Bau alle nicht unbedingt notwendigen Teile weggelassen. Die Bundesbahn musterte die Loks Anfang bis Mitte der siebziger Jahre aus, die Reichsbahn 1987.

Bauart: 1'D1'h2t
Baujahre: 1928 – 1943
Leistung: 752 kW
Länge über Puffer: 13.820 mm
Dienstmasse: 88,5 t
Stückzahl: 774

Baureihe 87

Für die Hamburger Hafenbahn brauchte die Reichsbahn eine spezielle Lok, lag das Gelände doch tief unterhalb des übrigen Bahngeländes, waren Bögen mit 100 m Radius zu befahren und betrug die maximale Achsfahrmasse 17,5 t. Die fünffach gekuppelte Lok verfügte über Endachsen, die von Zahnrädern statt Kuppelstangen angetrieben wurden. Als Dampfspender diente der überarbeitete Kessel der 86. Andere Bauteile entstammten den Baureihen 80 und 81.

Bauart: Eh2t
Baujahre: 1927 – 1928
Leistung: 686 kW
Länge über Puffer: 13.300 mm
Dienstmasse: 85,6 t
Stückzahl: 16

Baureihe 89.0

Bauart: Cn2t/Ch2t
Baujahre: 1934 – 1938
Leistung: 212/328 kW
Länge über Puffer: 9600 mm
Dienstmasse: 45,8/46,6 t
Stückzahl: 10

Bei der Rangierlok für Strecken mit leichtem Oberbau, der nur 15 t Achslast zuließ, kehrte die Reichsbahn nochmals kurz zum Nassdampf zurück. Zu Vergleichszwecken ließ die Reichsbahn je drei Loks mit Nass- und Heißdampftriebwerk ausrüsten. Die Messfahrten bewiesen, dass es sinnvoll war, auch Rangierloks mit Heißdampf fahren zu lassen. Allein der Kohleverbrauch war um 18 % niedriger. Fünf Loks gelangten nach dem Krieg nach Polen, fünf zur Reichsbahn, die weitere drei Maschinen abgab. Die letzte 89 diente bis 1968 dem Raw Dresden.

Baureihe 89.1 (pfälz. T 3)

Bauart: Cn2t
Baujahre: 1888 – 1903
Leistung: 292 kW
Länge über Puffer: 8900 mm
Dienstmasse: 42 t
Stückzahl: 27

Von Maffei erhielt die Pfalzbahn dreifach gekuppelte Loks, die stark an bayerische Vorbilder angelehnt waren. Sie dienten im Rangierbetrieb und schleppten Güter- wie Reisezüge auf Nebenstrecken Ab der sechsten Lok gelang es, durch Verwendung dünnerer Kesselbleche Leergewicht zu sparen. Somit konnten die Maschinen 5 statt 4 cbm Wassser und 1,5 statt 1 t Kohle mitführen. Nach der Übernahme der Pfalzbahn durch die Bayerischen Staatsbahnen wich die Heberlein- der Westinghouse-Bremse. Die letzte Lok stand bis 1959 in Diensten des AW Frankfurt-Nied.

Baureihe 89.2/89.82 (sä. V T)

Bauart: Cn2t
Baujahre: 1895 – 1920
Länge über Puffer: 9635 – 9825 mm
Dienstmasse: 43,6 – 48,8 t
Stückzahl: 139 + 17

Starke Überarbeitungen erfuhr die 89.2 während der Bauzeit durch Hartmann. Im Grunde genommen handelt es sich bei den bis 1901 und den ab 1914 gefertigten Maschinen um zwei eigene Unterbaureihen. Die Reichsbahn schuf zwar zwei Nummernbereiche, vergab die Betriebsnummern aber recht willkürlich. Die älteren Loks verschwanden recht schnell von den Schienen, während die jüngeren bis etwa 1960 auf sächsischen Personenbahnhöfen rangierten. Zahlreiche Loks starteten nach der Ausmusterung eine zweite Karriere im Werkbahndienst.

Baureihe 89.3 (wü. T 3)

Die württembergische T 3 entsprach konzeptionell der preußischen. Anfangs erhielten die Maschinen nur kleine Wasserkästen, die man aber alsbald verlängerte. Im Rangierdienst bewährten sich die Loks, im Streckendienst machte sich die geringe Laufkultur negativ bemerkbar. Alle Maschinen gelangten in den Bestand der Reichsbahn, die sie in Württemberg einsetzte. Die letzte Lok schied bei der DB 1950 aus.

Bauart: Cn2
Baujahre: 1891 – 1913
Länge über Puffer: 8505 mm
Dienstmasse: 29,7 – 35,7 t
Stückzahl: 110

Baureihe 89.6/89.7/89.8 (bay. D II, bay. R 3/3)

Bauart: Cn2t
Baujahre: 1898 – 1923
Leistung: 314 kW
Länge über Puffer: 9408 – 9974 mm
Dienstmasse: 44,8 – 47,6 t
Stückzahl: 181

Technisch weitgehend identisch waren die Loks der bayerischen Gattungen D II und R 3/3, für welche die Reichsbahn gleich drei Unternummern vergab. Die D II fuhr als 89.6, die R 3/3 der bayerischen Lieferserien als 89.7 und die R 3/3 der letzten Serie von 1921 – 1923 als 89.8. Die Maschinen erwiesen sich im Alltag als genügsam und zuverlässig und blieben – in Polen und Österreich eingesetzte Maschinen bilden die Ausnahme – stets ihrer Heimat treu. Erst 1966 rollte die letzte Lok auf das Abstellgleis.

Baureihe 89.70 (pr. T 3)

Bauart: Cn2t
Baujahre: 1892 – 1910
Leistung: 212 kW
Länge über Puffer: 8591 mm
Dienstmasse: 35,9 t
Stückzahl: ca. 1550

Die erste preußische Tenderlok mit drei Kuppelachsen erfuhr eine Reihe Überarbeitungen. Sie war leistungsfähig, wartungsarm und vielseitig einsetzbar. Ihren Wert dokumentierte der Preis, den die Konstruktion 1893, elf Jahre nach der Vorstellung des Baumusters, während der Weltausstellung in Chicago erhielt. Neben den preußischen Staatsbahnen beschafften auch zahlreiche andere Bahnen die Lok.

Baureihe 90.0 (pr. T 9.1)

Bauart: C1'n2t
Baujahre: 1892 – 1902
Leistung: 328 kW
Länge über Puffer: 11.320 mm
Dienstmasse: 54,5 t
Stückzahl: 408

350 t schleppte die Tenderlok mit der weit nach hinten versetzten Adams-Achse mit 60 km/h in der Ebene, sogar 355 t mit 30 km/h in der 10-‰-Steigung. Leistungsfähig und genügsam erfüllte die Maschine die Anforderungen. Lediglich die Nachlaufachse bereitete Kopfzerbrechen, neigte sie doch in Brechpunkten zum Entgleisen. Bei der Umnummerierung 1925 gruppierte die Reichsbahn auch einige Loks in die Baureihe 90.0 ein, die keine T 9.1 waren. Die letzte Lok rollte 1953 in Halle auf das Abstellgleis.

Baureihe 91.0 (pr. T 9.2)

Wesentlich bessere Laufeigenschaften als die 90.0 wies die 91.0 auf, obwohl sie wiederum eine Adams-Achse hatte. Diese lag aber nun vorn und hatte Federn, die mit den Federn der ersten Kuppelachse durch Ausgleichhebel verbunden waren. Somit hatte die Lok eine Vier- statt Dreipunktabstützung. Für beide Baureihen galt das gleiche Leistungsprogramm. Die Wasserkästen waren zwar kürzer, aber höher, so- dass die Vorräte in etwa gleich hoch ausfielen. Alle Maschinen wurden bis 1945 ausgemustert, einige gelangten zu Privatbahnen.

Bauart: 1'Cn2t
Baujahre: 1893 – 1902
Leistung: 330 kW
Länge über Puffer: 10.650 mm
Dienstmasse: 52,6 t
Stückzahl: 229

Baureihe 91.3 (pr. T 18, wü. T 9)

Nach zwei gescheiterten Versuchen, C-gekuppelte Tenderloks mit Adams-Achsen auszustatten, beschafften die preußischen Staatsbahnen eine Lok gleicher Bauart mit Krauss-Helmholtz-Gestell. Der Erfolg lässt sich nicht nur aus der großen Stückzahl und aus dem Export nach Württemberg ablesen, sondern auch durch den langen Einsatzzeitraum. 1964 musterte die Bundesbahn, Anfang der siebziger Jahre die Reichsbahn die letzte Maschine aus.

Bauart: 1'Cn2t
Baujahre: 1900 – 1913
Leistung: 321 kW
Länge über Puffer: 10.700 mm
Dienstmasse: 59,9 t
Stückzahl: 2211

Baureihe 91.19 (meck. T 4)

Henschel entwickelte für die Mecklenburgische Friedrich-Franz-Eisenbahn eine einfache, wartungsarme Lok. Ihre Leistungen erreichten zwar nicht ganz die Werte vergleichbarer Bauarten der Nachbarbahnen, doch für die Strecken im Norden Deutschlands genügten sie vollends. Die ab 1915 beschafften Maschinen erhielten 1200 statt 1150 mm große Kuppelräder, sodass die Höchstgeschwindigkeit von 45 auf 50 km/h angehoben werden konnte. Die Bundesbahn musterte ihre vier Erbstücke etwa 1950 aus, während die Reichsbahn die letzte ihrer 31 Loks 1970 aus dem Bestand strich.

Bauart: 1'Cn2t
Baujahre: 1907 – 1922
Leistung: 343 kW
Länge über Puffer: 10.375 mm
Dienstmasse: 46,1 t
Stückzahl: 50

Baureihe 92.0 (wü. T 6)

Für den schweren Rangierdienst beschafften die Württembergischen Staatsbahnen eine vierfach gekuppelte Lokomotive mit einem Kleinrohrüberhitzer der Bauart Schmidt. Ihre 15 t Achslast ließen leider einen Einsatz auf vielen Nebenbahnen nicht zu, weshalb der Einsatzraum der Loks stark eingeschränkt blieb. Vornehmlich fuhren sie im Bereich der Direktion Stuttgart. Noch vor der offiziellen Gründung der Bundesbahn rollten die Loks auf das Abstellgleis. Zahlreiche Maschinen gelangten zu NE-Bahnen. Die letzte quittierte 1974 bei der Kaiserstuhlbahn den Dienst.

Bauart: Dh2t
Baujahre: 1916 – 1918
Leistung: 364 kW
Länge über Puffer: 10.700 mm
Dienstmasse: 60 t
Stückzahl: 12

Baureihe 92.4 (old. T 13.1, pr. T 13.1)

Ab 1916 bauten die preußischen Staatsbahnen Maschinen der Baureihe 92.5 auf Heißdampf um. Das Prinzip bewährte sich. Die Reichsbahn ordnete Preußinnen wie Oldenburgerinnen trotz Bauartunterschiede einer Baureihe zu.

Bauart: Dh2t
Baujahr: 1921
Leistung: 437 kW
Länge über Puffer: 11.100 mm
Dienstmasse: 65,4 t
Stückzahl: 14

Baureihe 92.20 (pfälz. R 4/4, bay. R 4/4)

Bauart: Dn2t
Baujahre: 1913 – 1925
Leistung: 416 kW
Länge über Puffer: 10.840 mm
Dienstmasse: 66,9 t
Stückzahl: 51

Für den Rangierdienst im links- wie rechtsrheinischen Netz beschaffte Bayern vierfach gekuppelte Nassdampflokomotiven, die sich anfangs unter anderem in den Armaturen und in der Bremsausrüstung unterschieden. Die Loks schleppten in der Ebene 710 t mit 45 km/h.

Baureihe 92.5 (pr. T 13)

Bauart: Dn2t
Baujahre: 1910 – 1922
Leistung: 365 kW
Länge über Puffer: 11.100 mm
Dienstmasse: 59,9 t
Stückzahl: ca. 675

Nebenbahndienst eine „möglichst einfache Bauart ohne Überhitzung". Der Kessel entsprach weitgehend dem der T 11. Das Leistungsprogramm sah 720 t in der Ebene mit 45 und 355 t in 10 ‰ Steigung mit 25 km/h vor. Beide deutsche Bahnen musterten die bei der Beschaffung bereits veralteten Loks erst Mitte der sechziger Jahre aus.

Obwohl der Heißdampf seine Überlegenheit bewiesen hatte, orderte das Eisenbahn-Zentralamt für den

Baureihe 93.0 (pr. T 14)

Bauart: 1'D1'h2t
Baujahre: 1914 – 1918
Leistung: 736 kW
Länge über Puffer: 13.800 mm
Dienstmasse: 97,6 t
Stückzahl: 587

An die G 8.1 angelehnt war die leistungsstarke Tenderlok. Sie sollte schwere Nahverkehrszüge sowie

Nahgüterzüge schleppen. Der Kuppelraddurchmesser von 1350 mm war somit ein Kompromiss. In der Ebene schleppte die T 14 1330 t mit 50, auf 6 ‰ Steigung 600 t mit 40 km/h. Die Radsatzfahrmasse war sehr ungünstig verteilt. Viele schwer zugängliche Teile behinderten die Instandhaltung. Die DB trennte sich von den Loks bis 1960, die Reichsbahn bis 1972.

Baureihe 93.5 (pr. T 14.1)

Aus der 93.0 wurde die 93.5 abgeleitet. Die Verteilung der Radsatzlasten und die Zugänglichkeit der Bauteile wurden verbessert, die Vorräte blieben allerdings trotz Vergrößerung knapp bemessen. Beim Personal waren die Maschinen wegen des geräumigen Führerhauses beliebt. 1969 rollte die letzte Bundesbahn-Lok, zwei Jahre

später die letzte Reichsbahn-Maschine auf das Abstellgleis.

Bauart: 1'D1'h2t
Baujahre: 1919 – 1924
Leistung: 736 kW
Länge über Puffer: 14.500 mm
Dienstmasse: 101 t
Stückzahl: 768

Baureihe 94.1 (wü. Tn)

Bauart: Eh2t
Baujahre: 1921 – 1922
Leistung: 562 kW
Länge über Puffer: 11.030 mm
Dienstmasse: 64,5 t

Auf Nebenbahnen mit weniger tragfähigem Oberbau löste die 94.1 Nassdampfloks ab. Sie war noch zu Zeiten der Württ. Staatsbahnen geordert worden. In der Ebene konnte man die 50 km/h schnelle Lok mit 1005 t belasten. Zeitlebens blieben die Loks in Württemberg und gelangten zwischen 1959 und 1961 in den Hochofen.

Baureihe 94.2 (pr. T 16)

Bauart: Eh2t
Baujahre: 1905 – 1915
Leistung: 781 kW
Länge über Puffer: 12.500 mm
Dienstmasse: 75,6 t
Stückzahl: 343

Bereits 1888 hatte Richard von Helmholtz bewiesen, dass sich die Bogenläufigkeit von Loks durch seitenverschiebbare Kuppelradsätze verbessern ließ. Die erste Lok dieser Art entstand dann 1900 mit der 100.01 in Österreich. In Preußen gab das Ministerium erst 1905 dem Drängen Robert Garbes nach. Die leistungsstarken Loks machten sich auf den Thüringischen Steilstrecken verdient.

Baureihe 94.5 (pr. T 16.1)

Bauart: Eh2t
Baujahre: 1913 – 1924
Leistung: 781 kW
Länge über Puffer: 12.660 mm
Dienstmasse: 84,9 t
Stückzahl: 1236

Markantester Unterschied zwischen der T 16 und der „T 16 verstärkter Bauart" war der Abdampfvorwärmer, der seinen Platz längs auf dem Langkessel einnahm. Ab 1923 erhielten die Loks Riggenbach-Gegendruckbremsen.

Baureihe 95 (pr. T 20)

Bauart: 1'E1'h2t
Baujahre: 1922 – 1924
Leistung: 1182 kW
Länge über Puffer: 15.100 mm
Dienstmasse: 127,4 t
Stückzahl: 45

Nachdem die HBE mit 1'E1'-Lokomotiven bewiesen hatte, dass auch auf 60-‰-Rampen der Reibungsbetrieb möglich war, orderten die preußischen Staatsbahnen ähnliche Maschinen, die zu Reichsbahn-Zeiten geliefert wurden. Die Loks dienten wegen ihrer hohen Achslast als Zug- und Schiebeloks auf den Steilrampen des Mittelgebirges. Die Bundesbahn setzte sie bis 1958, die Reichsbahn bis 1980 ein.

Baureihe 96 (bay. Gt 2 x 4/4)

Für ihre Steilrampen im Mittelgebirge brauchten die Bayerischen Staatsbahnen leistungsfähige Loks für den Zug- und Schiebebetrieb. Da die Achslast auf 15 t begrenzt war, der nötige Kessel aber ein langes Fahrwerk erforderte, konstruierte Maffei eine Malletlok mit zwei vierachsigen Triebwerken. Selbstverständlich entstand eine Verbundbauart. Die Hochdruckzylinder wirkten auf die hintere, die Niederdruckzylinder auf die vordere Radgruppe. 1948 musterte die Bundesbahn die Loks als Splittergattung aus.

Bauart: D'Dh4vt
Baujahre: 1913 – 1923
Leistung: 1072/1189 kW
Länge über Puffer: 17.550 mm
Dienstmasse: 123,2/127,6 t
Stückzahl: 25

Baureihe 97.0 (pr. T 26)

Seine ersten Zahnradloks beschaffte Preußen im Ausland. Die Maschinenfabrik Esslingen lieferte zunächst drei Exemplare, denen später weitere, aus heimischer Borsig-Produktion folgten. Die Loks hatten von den Innenzylindern angetriebene Zahnräder für das System Abt. Zahnrad- und Reibungsantrieb arbeiteten voneinander unabhängig. Bei Bergfahrt durften die Loks 7,5, bei Talfahrt 5 km/h erreichen. Bis

1933 musterte die Reichsbahn die Loks aus, da die von ihnen bedienten Strecken auf Reibungsbetrieb umgestellt wurden.

Bauart: C1'n2(4)zt
Baujahre: 1902 – 1921
Länge über Puffer: 10.450 mm
Dienstmasse: 59,1 t
Stückzahl: 35

Baureihe 97.1 (bay. PtzL 3/4)

Zwischen Erlau und Wegscheid betrieben die Bayerischen Staatsbahnen ihre einzige Zahnradbahn mit Zahnstangen der Bauart Strub. Krauss konstruierte eine Lok, die auf Reibungsstrecken mit einfacher Dampfdehnung fuhr. Bei Zahnradbetrieb gelangte der Hochdruckdampf in die Niederdruckzylinder, welche die Zahnräder in Bewegung setzten. Die Zylinder der Zahnradmaschine lagen oberhalb der Zy-

linder für den Reibungsbetrieb außen vor dem ersten Kuppelradsatz. 1962 wichen die letzten Loks den Schienenbussen der Baureihe 797.

Bauart: C1'h2(4v)zt
Baujahre: 1912 – 1923
Leistung: 387/409 kW
Länge über Puffer: 10.490 mm
Dienstmasse: 57,8 t
Stückzahl: 4

Baureihe 97.2 (bad. IX b)

In zwei Varianten beschafften die Badischen Staatsbahnen Zahnradloks des Systems Bissinger-Klose. Sie unterschieden sich in der Radsatzlast von 16 und 14 t. Im Flachland erreichten sie 45, auf Steilstrecken bis zu 18 km/h. Die Zahnradmaschine arbeitete mit Niederdruckzylindern. Die Lokomotiven wurden von der Baureihe 85 ver-

drängt, die auf der Höllentalbahn Reibungsbetrieb ermöglichte, und rollten 1933 auf das Abstellgleis.

Bauart: C1'n2(4v)zt
Baujahre: 1910 – 1921
Länge über Puffer: 10.900 mm
Dienstmasse: 56,7 t
Stückzahl: 4

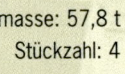

Baureihe 97.3 (wü. Fz)

Bauart: 1'Cn2(4)zt
Baujahre: 1893 – 1904
Länge über Puffer: 9512 mm
Dienstmasse: 54,1 t
Stückzahl: 9

Von der Gattung F leiteten die Württembergischen Staatsbahnen eine Zahnradlok ab, die auf den Strecken Honau – Lichtenstein und Freudenstadt – Klosterreichenbach mit bis zu 100 ‰ Neigung

fuhr. Erstmals waren die Triebwerke für den Reibungs- und Zahnradbetrieb getrennt. Die innen liegenden Niederdruckzylinder konnten wahlweise in einfacher oder doppelter Dampfdehnung betrieben werden. Die Reichsbahn übernahm sieben Lokomotiven, die auf der Honauer Strecke von der Baureihe 97.5 verdrängt wurden. In den Jahren 1936/37 verschwand die letzte Lokomotive aus den Büchern.

97 401 (pr. T 28)

Bauart: 1'D1'h2(4v)zt
Baujahr: 1921
Länge über Puffer: 12.700 mm
Dienstmasse: 94,3 t
Stückzahl: 1

Noch zu preußischer Zeit entwickelt, stand die Maschine der so leistungsstarken wie robusten Bauart zu Reichsbahn-Zeiten auf den Schienen. Etwa zeitgleich waren aber auch die ersten Loks der Baureihe 95 einsatzbereit. Sie konnten die preußischen und thüringischen Zahnradstrecken im Reibungsbetrieb befahren. Die damit überflüssige T 28 gelangte daher zur Eutin-Lübecker Eisenbahn, welche das Zahnradtriebwerk ausbaute, und 1939 zur Brandenburgischen Städtebahn. Nach der Verstaatlichung 1949 als Reichsbahnlokomotive 93 6576 bezeichnet, wurde die Lok 1954 ausgemustert.

Baureihe 97.5 (wü. Hz)

Bauart: Eh2(4v)zt
Baujahre: 1923 – 1925
Leistung: 620 kW
Länge über Puffer: 11.870 mm
Dienstmasse: 74,9 t
Stückzahl: 4

Schon zu Zeiten der Reichsbahn entwickelten die ME und die Rbd Stuttgart die leistungsstärkste Zahnradtenderlok, die in Deutschland jemals gebaut wurde. Ihre württembergische Bezeichnung hat sie nie getragen, kann aber dank der damals noch bestehenden weitgehenden Autonomie der regionalen Direktionen als echte Württembergerin gelten. Zwischen Honau und Lichtenstein lösten die Loks, die im Reibungsbetrieb 50, im Zahnradbetrieb 10 km/h erreichten, die 97.3 ab. 1962 mussten sie den Schienenbussen der Baureihe 797 weichen.

Baureihe 98.0 (sä. I TV)

Auch als längst feststand, dass Steifrahmenlokomotiven beim Einbau seitenverschiebbarer Kuppelradsätze gute Bogenlaufeigenschaften aufweisen konnten, blieben die Sächsischen Staatsbahnen der wartungsaufwändigen Triebwerksbauart Meyer treu. Sie fuhren auf der Windbergbahn zwischen Freital und Possendorf und erreichten 50 km/h Höchstgeschwindigkeit. Damit schleppten sie in der Ebene 420 t. Auf 25-‰-Rampen bewältigten sie 195 t mit 20 km/h. Die Reichsbahn setzte die Loks bis 1967 ein.

Bauart: B'B'n4vt
Baujahre: 1910 – 1914
Leistung: 394 kW
Länge über Puffer: 11.624 mm
Dienstmasse: 60,5 t
Stückzahl: 18

Baureihe 98.3 (bay. PtL 2/2)

Für den Lokalbahndienst beschafften die Bayerischen Staatseisenbahnen zweiachsige Loks, die mit einer halbselbsttätigen Schüttfeuerung den Einmannbetrieb gestatteten. Dank der Rundumverglasung hatte der Lokführer stets eine gute Streckensicht. Die Eisenbahnfreunde bezeichneten die Maschinen als „Glaskasten". In verschiedenen Ausführungen gebaut, bewältigten sie zuverlässig und genügsam den Lokalbahndienst und blieben zeitlebens ihrer Heimat treu. Die letzte Maschine rollte 1961 auf das Abstellgleis.

Bauart: Bh2t
Baujahre: 1908 – 1914
Leistung: 153 kW
Länge über Puffer: 6984/6780 mm
Dienstmasse: 22,7/20,7 t
Stückzahl: 22

Baureihe 98.4 (pfälz T 4.II)

Bauart: C'n2t
Baujahr: 1900
Leistung: 234 kW
Länge über Puffer: 9294 mm
Dienstmasse: 39,6 t
Stückzahl: 3

Basierend auf der D XI orderten die Bayerischen Staatsbahnen für das pfälzische Netz Maschinen gleicher Bauart. Länge und Gewicht lagen geringfügig über den Werten der Schwesterbauart. Rostfläche und Feuerbüchsheizfläche waren etwas kleiner. Die Kuppelräder hatten 996, die Laufräder 790 mm Durchmesser. Statt der üblichen Westinghouse-Bremse erhielten die Loks die bei der Pfalz-Bahn übliche Schleifer-Bremse. Sie verzögerte die Treibräder von vorn und den ersten Kuppelradsatz von hinten. Alle Loks gelangten zur Reichsbahn, die sie bis 1934 einsetzte.

Baureihe 98.4 (bay. D XI)

Bauart: C1'n2t
Baujahre: 1895 – 1912
Leistung: 234 kW
Länge über Puffer: 9288/9306 mm
Dienstmasse: 39,4 – 41 t
Stückzahl: 139

Die D XI bildete die größte Serie unter den bayerischen Lokalbahnloks. Daher erstaunt es auch nicht, dass die Bundesbahn erst 1960 auf die zugkräftigen Maschinen verzichten konnte. In der Ebene schleppten die Loks 400 t mit 45, in 6 ‰ Steigung 225 t mit 30 km/h. Krauss und Maffei lieferten die Fahrzeuge in mehreren Serien mit geringfügigen Bauartabweichungen. Die Reichsbahn fasste sie mit den technisch weitgehend identischen Gattungen PTI 3/4 der rechts- und T 4.II der linksrheinischen Bahnen zusammen.

Baureihe 98.5 (bay. PtL 3/4)

Für den Verkehr während der Passionsspiele in Oberammergau bestellte die LAG bei Krauss Maschinen, deren Hauptabmessungen weitgehend denen der bayerischen D XI entsprachen. Die ersten drei Loks verblieben nach den Spielen bei der LAG, die übrigen wurden 1901 und 1902 an die Staatsbahnen verkauft. Mit dem Verkauf der Strecke Murnau – Oberammergau an die Staatsbahnen wechselten auch die übrigen Loks den Eigentümer. Das letzte Exemplar der Kleinserie schied im Mai 1954 in Lindau aus dem Bestand.

Bauart: C1'n2t
Baujahre: 1899 – 1900
Leistung: 226 kW
Länge über Puffer: 9306 mm
Dienstmasse: 39,7/41,4 t
Stückzahl: 11

Baureihe 98.6 (pfälz. T 4.I)

Von Krauss erhielten die Pfalzbahnen zwei Kleinserien von der D VIII abgeleiteter Tenderloks. Sie unterschieden sich von den Maschinen des Mutterlandes durch die Wasserkästen, die ein größeres Fassungsvermögen besaßen. Dafür erhielten sie nur einen Kohlenkasten hinter dem Führerhaus. Dies führte zu einem von 2500 auf 2700 mm verlängerten Achsstand des Krauss-Helmholtz-Gestells und zu einer mit 10,6 t hohen Belastung der Schleppachse. Die Reichsbahn übernahm alle Loks und musterte sie bis 1940 aus.

Bauart: C1'n2t
Baujahre: 1895 – 1897
Leistung: 314 kW
Länge über Puffer: 9700 mm
Dienstmasse: 47,2 t
Stückzahl: 7

Baureihe 98.6 (bay. D VIII)

Für die 1888 eröffnete Strecke Frei- lassing – Berchtesgaden beschaff- ten die Bayerischen Staatsbahnen leistungsstarke C-Kuppler. Die Stre- cke wies eine 6 km lange Rampe mit 40 ‰ Neigung auf, in der zudem Bö- gen mit 180 m Radius lagen. Bei schlechter Witterung mussten die Loks 70 t mit 15 km/h bergwärts schleppen können. In der Gegen- richtung durfte ihre Laufruhe bei 45 km/h nicht nachlassen. Lediglich

eine der von Krauss gebauten Loks wurde vor Gründung der Reichsbahn ausgemustert. Die übrigen folgten Anfang der dreißiger Jahre.

Bauart: C1'n2t
Baujahre: 1888 – 1893
Leistung: 314 kW
Länge über Puffer: 9170 mm
Dienstmasse: 43,3/44,3 t
Stückzahl: 10

Baureihe 98.6 (pfälz. D VIII)

Eine weitere Variante der bewährten Bauart lieferte Krauss an die Pfalz- bahn. Wasser- und Kohlevorräte wur- den vergrößert, die mittlere Kuppel- achslast wuchs von 12 auf 13 t. In der Ebene nahmen die Loks 530 t mit 45 km/h an den Haken, auf 6 ‰ Steigung 305 t mit 30 km/h. Alle Loks gelangten zur Reichsbahn, die einige nach Bayern umstationierte. Traten die meisten Loks bis 1945 in

den Ruhestand, überdauerte die 98 681, die 1939 Werklok des Raw Lud- wigshafen geworden war, bis 1954.

Bauart: C1'n2t
Baujahre: 1908 – 1910
Leistung: 314 kW
Länge über Puffer: 10.090 mm
Dienstmasse: 51,4 t
Stückzahl: 8

Baureihe 98.7 (bay BB II)

Bauart: B'Bn4vt
Baujahre: 1899 – 1908
Leistung: 277 kW
Länge über Puffer: 10.040/10.235 mm
Dienstmasse: 42,6/43,3 t
Stückzahl: 31

Mit Mallet-Loks wollten die Bayeri- schen Staatsbahnen Ende des 19. Jahrhunderts den wachsenden Ver- kehr auf Lokalbahnen mit engen

Gleisbögen bewältigen. Das Kon- zept bewährte sich nicht. Die Loks zeigten ähnliche Leistungen wie die dreifach starr gekuppelten D VIII, waren aber sehr viel pflegebedürf- tiger. Die Hochdruckzylinder trieben die hintere, die Niederdruckzylinder die vordere Achsgruppe an. Trotz der negativen Betriebserfahrungen gehörten die Loks bis 1938 zum Bestand. Einige wurden an Indus- triebetriebe verkauft.

Baureihe 98.8 (bay. GtL 4/4)

Bauart: Dh2t
Baujahre: 1911 – 1927
Leistung: 330 kW
Länge über Puffer: 9250 mm
Dienstmasse: 43 – 46,7 t
Stückzahl: 117

Die leistungsstärksten Lokomotiven für den bayerischen Lokalbahn- dienst kamen aus dem Hause Maf- fei. Um eine ansprechende Laufkul-

tur im Bogen zu erzielen, waren die 2. und 4. Kuppelachse nach dem Gölsdorf'schen Prinzip um 30 mm seitenverschiebbar. Angesichts der guten Leistungen der wartungs- freundlichen Lok verwundert die lan- ge Beschaffungszeit nicht. Erst am 22. Juni 1970 verabschiedete sich die letzte Maschine aus dem Be- triebsdienst. Die 98 812 gelangte zu den Ulmer Eisenbahnfreunden, die sie betriebsfähig erhielten.

Baureihe 98.10

In der jungen Reichsbahn bekam Bayern so manche Extrawurst gebraten. Daher beschaffte die Reichsbahn bei Krauss Lokalbahnloks, die keinerlei Übereinstimmung mit den Einheitsbauarten zeigten. Viele Baugruppen wurden von der 98.8 übernommen. Dank des Schleppradsatzes wuchs die Höchstgeschwindigkeit von 40 auf 45 km/h. Selbstverständlich bewährten sich die Loks mit dem guten Stammbaum bestens, sodass ihre Beschaffung gerechtfertigt war. Interessanterweise schied die letzte Lok bereits 1966 aus, vier Jahre vor der 98 812.

Bauart: D1'h2t
Baujahre: 1929 – 1933
Leistung: 330 kW
Länge über Puffer: 10.050 mm
Dienstmasse: 54,5 t
Stückzahl: 45

Baureihe 98.11 (Umbau bay. GtL 4/4)

Die 98.8 zeigte im Betriebsdienst gute Ergebnisse. Nur ihre Höchstgeschwindigkeit vermochte den wachsenden Anforderungen nicht genügen. Deswegen rüstete die Reichsbahn zunächst die 98 906 mit einem Vorlaufradsatz aus. Da nunmehr die zulässige Spitzengeschwindigkeit bei 55 statt 40 km/h lag, baute die Reichsbahn weitere Maschinen vornehmlich der letzten, 1927 gelieferten Serie um. Erst 1939 erhielten die Loks die neuen Betriebsnummern, nachdem sie zuvor sogar unter bayerischer Bezeichnung als GtL 4/5 gefahren waren. 1968 schied die letzte Lok aus dem Bestand.

Bauart: 1'Dh2t
Baujahre: 1934 – 1941
Leistung: 330 kW
Länge über Puffer: 10.200 mm
Dienstmasse: 50,7 t
Stückzahl: 29

98 7051 – 7079 (sä. VII T)

Bauart: Bn2t
Baujahre: 1882 – 1894
Länge über Puffer: 7878 mm
Dienstmasse: 24,9 – 26,7 t
Stückzahl: 29

Eine Reihe zweiachsiger Tenderloks gelangte aus Sachsen zur Reichsbahn. Sie unterschieden sich geringfügig in den Maßen und einzelnen Baugruppen, weshalb die Reichsbahn sie zu einer Nummerngruppe zusammenfasste. Alle Maschinen stammten von Hartmann und waren für den Dienst auf Nebenbahnen bestimmt. Ihre Zeit überdauerten die Loks im Werkseinsatz bei verschiedenen Raw. Erst Mitte der Fünfziger rollte die letzte Lok auf das Abstellgleis.

Baureihe 98.71 (sä. VII)

Bauart: Bn2
Baujahre: ab 1874
Länge über Puffer: 7620 mm
Dienstmasse: 29,3 t

Unter der Bezeichnung VII hatten die Sächsischen Staatsbahnen Schlepptenderloks eingereiht, die sie zum Teil selbst beschafft, zum Teil von übernommenen Privatbahnen erhalten hatten. Die Reichsbahn übernahm noch drei Loks und gruppierte sie bei den Lokalbahnmaschinen ein. Sie waren die einzigen Schlepptenderloks der 98-Familie. Schon 1925 ausgemustert, dürften sie ihre neue Nummer nie getragen haben.

Baureihe 98.72 (sä. III bT)

Bauart: B1'n2t
Baujahre: 1874 – 1892
Länge über Puffer: 8573 – 8773 mm
Dienstmasse: 38,7 – 41,6 t
Stückzahl: 42

Als Gattung III bT fassten die Sächsischen Staatsbahnen zweifach gekuppelte Loks zusammen. Hartmann hatte 20 davon den Staatsbahnen sowie weitere 16 Loks der Chemnitz-Adorfer Eisenbahn geliefert. Von Letzterer gelangten zwei Loks in den Bestand der Reichsbahn, von den Staatsbahnmaschinen erbte die Reichsbahn sieben. Von Schwartzkopff für die Muldentalbahn gebaute Loks waren schon ausgeschieden. Im Vorortverkehr vor Personenzügen eingesetzt, mussten sie schon zu Länderbahnzeiten der 71.3 weichen. Bis 1930 musterte die Reichsbahn alle Loks aus.

Baureihe 98.75 (bay. D VI)

In erster Linie für Flachlandstrecken mit 12 t maximaler Achslast vorgesehen waren kleine B-Kuppler, die bei Krauss und Maffei entstanden. Sie waren genügsam und anspruchslos in der Instandhaltung. Einige Maschinen wechselten in den zwanziger Jahren in die Pfalz. Dort schleppten sie Züge über die Schiffsbrücken bei Maxau und Speyer. Dafür trugen sie hölzerne Pufferteller mit 50 cm Durchmesser, um ein Verhaken mit dem Wagen beim Befahren der Pontons zu vermeiden. Die Reichsbahn musterte sie kurz nach der Umnummerierung aus.

Bauart: Bn2t
Baujahre: 1880 – 1894
Länge über Puffer: 6860/6910 mm
Dienstmasse: 18,5/19,6 t
Stückzahl: 53

Baureihe 98.76 (bay. D VII)

Parallel zur 98.75 beschafften die Bayerischen Staatsbahnen die ersten dreifach gekuppelten Maschinen für den Lokalbahndienst. Nachdem leistungsstärkere Loks bereitstanden, wechselten die D VII in den Rangierdienst. Anfangs hatten sie eine Hardy- und eine Riggenbach-Gegendruckbremse. Letztere wich später der Westinghouse-Bauart. Die Reichsbahn übernahm alle Loks und musterte sie bis 1935 aus.

Bauart: C
Baujahre: 1880 – 1895
Leistung: 128 kW
Länge über Puffer: 7550/7565 mm
Dienstmasse: 26,7/28,2 t
Stückzahl: 75

G 1000 BB

Bauart: B'B'dh
Baujahre: ab 2002
Leistung: 1100 kW
Länge über Puffer: 14.130 mm
Dienstmasse: 72 – 80 t

Für den Rangierdienst, aber auch für den leichten Einsatz auf der Strecke konzipierte Vossloh eine Güterzuglok mittlerer Leistungsklasse. Ihre Technik basiert auf dem Plattformkonzept, das Vossloh für sein Standard-Diesellokprogramm verfolgt. Daher können sich die Bahnen auf niedrige Lebenszykluskosten einstellen. Besonderen Wert legte Vossloh auf niedrige Abgas- und Lärmemissionen. Einer der ersten Besteller der G 1000 BB war Connex, weshalb sich die Lok auf der Berliner Fachmesse Innotrans im Connex-Lack präsentierte.

G 1700 BB

Bauart: B'B'dh
Baujahre: ab 2002
Leistung: 1700 kW
Länge über Puffer: 15.200 mm
Dienstmasse: 80 t

Mit der G 1700 BB entwickelte Vossloh die bewährte und bei vielen Bahnen eingesetzte G 1206 BB weiter. Die Leistung ist auf Zuglasten von bis zu 2000 t abgestimmt, womit man die Lok ohne weiteres zu den Streckenlokomotiven rechnen kann. Doch auch am Ablaufberg macht die zugkräftige Maschine eine gute Figur. Selbstverständlich sind die meisten Komponenten standardisiert. Einfache Wartung und hohe Zuverlässigkeit lassen niedrige Lebenszykluskosten der Lok erwarten. Das erste, auf der Innotrans präsentierte Exemplar ging an die LTE.

G 2000

Bauart: B'B'dh
Baujahre: ab 2000
Leistung: 2240 kW
Länge über Puffer: 17.400 mm
Dienstmasse: 87,3 t

Für den schweren Streckendienst offeriert Vossloh den jungen EVU eine leistungsstarke, wirtschaftliche Diesellok, die eine Höchstgeschwindigkeit von 120 km/h bei einer Anfahrzugkraft von 282 kN erreicht. Modular aufgebaut, können die Kunden die Lok nach den individuellen Erfordernissen konfigurieren. Die Lok gehört zum Standardprogramm, das heißt, wesentliche Bauteile finden sich auch in anderen Vossloh-Loks. Der einfache Aufbau der Rahmenlok gestattet eine einfache Wartung, sodass die Kosten während der Einsatzzeit gering bleiben.

Die Bahnreform hat auf deutschen Schienen für viele Veränderungen gesorgt. Junge Unternehmen sind vor allem im Güterverkehr aktiv geworden.

Um im knallharten Wettbewerb mithalten zu können, muss absolut wirtschaftlich gehandelt werden. Disposition und Wartung der Loks sind dabei ein entscheidender Punkt. Da viele Anschlussstrecken nicht elektrifiziert sind, bietet sich der Einsatz von Dieselloks an. Diese fahren sowohl auf kurzen, als auch auf langen Distanzen. Meist im Güterverkehr, aber auch vor Personenzügen kann man die oft eigenwillig aussehenden Maschinen antreffen. Einige der Typen finden auch in Italien (ACT) und in der Schweiz ihre Abnehmer.

G 1200 BB

Die G-1200-Familie ist gewissermaßen zum Synonym für den erfolgreichen Fahrzeugbau bei MaK und Vossloh geworden. Die dieselhydraulischen Maschinen eignen sich für den schweren Rangierdienst genauso wie für die Bespannung schwerer Züge auf der Strecke. Neben Werkbahnen haben auch NE-Bahnen die G 1206 für den Güterverkehr erworben, beispielsweise die Dortmunder Eisenbahn, die Norddeutsche Eisenbahn und die Westfälische Landes-Eisenbahn.

Bauart: B'B'dh
Baujahre: ab 1997
Leistung: 1500 kW
Länge über Puffer: 14.700 mm
Dienstmasse: 87,3 t

V 36.48

Bauart: B'B'dh
Baujahre: 1960 – 1961
Leistung: 264 kW
Länge über Puffer: 12.100 mm
Dienstmasse: 41,2 t
Stückzahl: 2

Um auch auf schmaler Spur den Traktionswandel einzuleiten, ließ die Reichsbahn vom LOB eine zweimotorige Diesellokomotive entwickeln. Ihre Traktionsdiesel hatten sich bereits in den Rangierloks der Baureihe 311 bewährt. Die beiden Probelokomotiven waren der Baureihe 99.51 zwar von der Zugkraft her überlegen. Wegen der zu hohen Achslast konnten sie aber nur auf wenigen Schmalspurbahnen fahren. Zudem erwiesen sie sich als ziemlich störanfällig. Ein Serienbau unterblieb daher.

V 140 001

Bauart: 1'C1'dh
Baujahr: 1935
Leistung: 1030 kW
Länge über Puffer: 14.000 mm
Dienstmasse: 83 t
Stückzahl: 1

1934 konnte Voith ein hydrodynamisches Getriebe mit einer für Großdieselloks ausreichenden Leistung anbieten. Die Reichsbahn beauftragte daher Krauss-Maffei, MAN und Voith mit dem Bau einer Probelok. Die Maschine erwies sich als der Baureihe 38 ebenbürtig. Sie wies den Weg zu den modernen Diesellokomotiven der Nachkriegszeit. Die Ersatzteilbeschaffung für den Einzelgänger bereitete aber große Probleme, sodass die Bundesbahn die Lok 1954 ausmusterte. Über eine Zwischenstation gelangte sie in das Deutsche Museum in München.

V 240 001

Bauart: C'C'dh
Baujahr: 1965
Leistung: 1800 kW
Länge über Puffer: 19.460 mm
Dienstmasse: 90 t
Stückzahl: 1

Während der Entwicklung der Baureihe 228 stand auch das Projekt einer leistungsstärkeren, sechsachsigen Variante auf dem Programm. LOB fertigte ein Baumuster, in dem bereits zwei 900-kW-Motoren arbeiteten. Kraftübertragung und Kühleinrichtungen waren der gesteigerten Leistung angepasst. Ansonsten stimmten die Bauteile weitgehend mit den in der 228 verwendeten überein. Erst nach sechs Jahren übernahm die DR die V 240 001, allerdings mit 883-kW-Motoren als 118 202 bezeichnet. Seinerzeit begann die Remotorisierung der 118.2 mit 900-kW-Aggregaten.

Baureihe 107 DR (V 75)

Bauart: Bo'Bo'de
Baujahr: 1962
Leistung: 552 kW
Länge über Puffer: 12.560 mm
Dienstmasse: 62,6 t
Stückzahl: 20

Für den mittleren und schweren Rangier- und Übergabedienst beschaffte die Reichsbahn bei CKD dieselelektrische Maschinen, die sich bereits bei den CSD bewährt hatten. In erster Linie arbeiteten sie in Leipziger Bahnhöfen, schleppten aber auch Nahgüter- und Bauzüge. Außerhalb der Heizperiode zeigten sie sich auch vor Reisezügen. Trotz guter Leistungen trennte sich die DR schnell von den Maschinen, die technisch nicht zum übrigen Lokpark passten. Mitte der achtziger Jahre waren alle Loks abgestellt.

Baureihe 201 (V 100, 110 DR)

Um die Lücke zwischen den Baureihen 346 und 228 zu schließen, ließ die Reichsbahn bei LOB eine einmotorige Drehgestelllok für den Dienst auf Haupt- und Nebenbahnen entwickeln. Den Serienbau übernahm LEW. Die Lokomotiven erwiesen sich als robust und leistungsfähig, sodass in der Folgezeit eine Vielzahl Varianten entstand, die zum Teil eigene Baureihenbezeichnungen erhielten. Doch auch ohne die Varianten kann niemand der 201 den Rang als meistgebaute deutsche Diesellokomotive streitig machen.

Bauart: B'B'dh
Baujahre: 1964 – 1978
Leistung: 662/736 kW
Länge über Puffer: 14.240 mm
Dienstmasse: 63,7/60 t
Stückzahl: 877

202 001 (DE 2000)

Mit einer Versuchslok wollten Siemens und Henschel beweisen, dass sich schnelllaufende Motoren für die elektrische Leistungsübertragung eignen. Mit ihr konnten die Hersteller wertvolle Erfahrungen für die Entwicklung der DE 2500 sammeln. Das Vorhaben, Exportaufträge einzuholen, scheiterte jedoch. 1968/69 setzte die DB die Lok im Plandienst ein. 1972 gelangte sie zur Westfälischen Landes-Eisenbahn. 1978 wurde der Einzelgänger ausgemustert und verschrottet.

Bauart: Bo'Bo'de
Baujahr: 1962
Leistung: 1470 kW
Länge über Puffer: 18.200 mm
Dienstmasse: 83,2 t
Stückzahl: 1

202 002, 202 004 (DE 2500)

Die Studienobjekte für den Drehstromantrieb entstanden nach dem Baukastenprinzip. BBC und Henschel fertigten sie mit Spurweiten ab 1000 mm, Radsatzlasten ab 12,5 t und zwei- oder dreiachsigen Drehgestellen. Die 202 002 wurde 1974 in ein aus der Fahrleitung gespeistes Fahrzeug umgebaut. Ein fest gekuppelter Steuerwagen erhielt einen Stromabnehmer und einen Transformator. Neben Einsätzen für die Bundesbahn absolvierten die Fahrzeuge Probefahrten in Dänemark und den Niederlanden. 1984 arbeitete die 202 004 vorübergehend bei der Hersfelder Eisenbahn.

Bauart:	Co'Co'de
Baujahre:	1970, 1972
Leistung:	1840 kW
Länge über Puffer:	18.000 mm
Dienstmasse:	80 t
Stückzahl:	2

202 003 (DE 2500)

Neben den 202 202 und 204 erprobte die Bundesbahn die 202 003 mit der oberbaufreundlicheren Achsfolge Bo'Bo'. Ab 1980 diente sie der Untersuchung von Einrichtungen für den Hochgeschwindigkeitsverkehr. Dazu erhielt sie am Kopfende 1 eine Stromlinienverkleidung und ein für Tempo 350 geeignetes Drehgestell, bei dem sich die Antriebsmassen zur Reduzierung der ungefederten Massen am Wagenkasten anlenken lassen. Dies verringert die Querkräfte im Bogen und den Radreifen- und Schienenverschleiß. Das Prinzip wurde überarbeitet für den ICE 1 übernommen.

Bauart:	Bo'Bo'de
Baujahr:	1972
Leistung:	2020 kW
Länge über Puffer:	18.000 mm
Dienstmasse:	84 t
Stückzahl:	1

Baureihe 202 (V 100, 112 DR)

Bauart:	B'B'dh
Baujahre:	1972 – 1998
Leistung:	900 kW
Länge über Puffer:	14.240 mm
Dienstmasse:	64 t
Stückzahl:	512

Als leistungsfähigere Motoren zur Verfügung standen, begann die DR mit dem Umbau der Baureihe 201. Zunächst gelang es, das Aggregat auf 900 kW Ausgangsleistung zu steigern. Beim Umbau wurden die Leistung des Getriebes, die Steuerungen, die Hilfseinrichtungen und die Überwachungsanlagen der höheren Motorleistung angepasst. Zur Unterscheidung von den schwächeren Schwestern erhielten die Loks eine neue Baureihenbezeichnung. Die letzte umgebaute Lok fuhr exakt 29 Tage. Dann verfügte die DB-Zentrale, alle verbliebenen 202 auszumustern.

Baureihe 204 (V 100, 114 DR)

Bauart:	B'B'dh
Baujahre:	1978 – 1993
Leistung:	1050/1100 kW
Länge über Puffer:	14.240 mm
Dienstmasse:	64 t
Stückzahl:	65

In den siebziger Jahren gelang es den Johannistaler Motorenbauern, erneut die Leistungen ihres Standardaggregates zu steigern. Nach ausgiebigen Erprobungen begann die Reichsbahn mit der Remotorisierung von Loks der Baureihe 201. Ein weiterer Leistungszuwachs bewirkte, dass zwei Varianten entstanden. Nach der deutschen Vereinigung lief das Umbauprogramm aus, da weitere Loks infolge des Verkehrsrückganges nicht mehr benötigt wurden.

Baureihe 210

Bauart: B'B'dh (mit Gasturbine)
Baujahre: 1970 – 1971
Leistung: 2685 kW
Länge über Puffer: 16.400 mm
Dienstmasse: 79 t
Stückzahl: 8

Nach dem Versuchsträger 219 001 stellte die DB Lokomotiven der Baureihe 218 mit zusätzlicher Gasturbine in Dienst. Auf der steigungs- und kurvenreichen Strecke München – Lindau arbeiteten die Gasturbinen nur zeitweise auf Abschnitten, die besonders hohe Antriebsleistungen forderten. Die große Zahl der Starts führte zu einer deutlich höheren Schadanfälligkeit der Turbinen als in Hubschraubern mit Dauerbelastung. Deswegen waren die Gasturbinen unwirtschaftlich. 1979 baute die Bundesbahn die Gasturbinen aus und setzte die Loks als Baureihe 218.9 ein.

Baureihe 211 (V 100.10 DB)

Bauart: B'B'dh
Baujahre: 1958 – 1964
Leistung: 810 kW
Länge über Puffer: 12.100 mm
Dienstmasse: 62 t
Stückzahl: 364

Für den leichten Dienst auf Haupt- und Nebenbahnen beschaffte die Bundesbahn eine robuste, einmotorige Drehgestelllok mit geringer Radsatzlast und Einmannbedienung. Sie löste die Dampflokbaureihen 38, 57, 64 und 86 ab, sodass der Betrieb wirtschaftlicher wurde. Das Nebenbahnsterben konnte die 211 aber nur verzögern. Da ihr Einsatzbereich immer kleiner wurde, begann die Bundesbahn 1982 mit der Ausmusterung. Trotzdem überdauerten die letzten 211 bis zur Jahrtausendwende. Eine Reihe Lokomotiven wechselten unter anderem zu Privatbahnen.

Baureihe 212 (V 100.20 DB)

Schon während des Baus der ersten Vorserienmaschinen der Baureihe 211 konnte die Industrie bahnfeste, leistungsstärkere Dieselmotoren anbieten. Also rüstete MaK zunächst eine Lok mit dem 993-kW-Aggregat aus. Nach erfolgreichen Probefahrten orderte die Bundesbahn eine Serie. Die Lokomotiven erreichten hohe Laufleistungen auf Neben- und Hauptbahnen. Wegen der Stilllegung zahlreicher Nebenstrecken und der drastischen Verringerung des Güterverkehrs begann in den neunziger Jahren die Ausmusterung. Anfang 2004 gehörten noch wenige Maschinen zum Bestand.

Bauart: B'B'dh
Baujahre: 1958 – 1965
Leistung: 993 kW
Länge über Puffer: 12.300 mm
Dienstmasse: 63 t
Stückzahl: 371

Baureihe 213 (V 100.23 DB)

Für den Einsatz auf Steilstrecken benötigte die DB Loks mit zusätzlicher hydrodynamischer Bremse. Damit wollte man sicherstellen, dass Züge bei Ausfall der Druckluftbremse sicher zum Stehen kommen. Deswegen zweigte sie aus dem letzten Baulos der Baureihe 212 zehn Maschinen ab, die ein geeignetes Getriebe erhielten. Viele Lokführer verwendeten die leistungsfähige Bremse nicht nur auf Steilstrecken.

Bauart: B'B'dh
Baujahr: 1965
Leistung: 993 kW
Länge über Puffer: 12.300 mm
Dienstmasse: 63 t
Stückzahl: 10

Baureihe 214/714 (V 100.20 DB)

Bauart: B'B'dh
Baujahre: 1989 – 1991
Leistung: 993 kW
Länge über Puffer: 12.300 mm
Dienstmasse: 63 t
Stückzahl: 13

Als 1991 die Neubaustrecken in Betrieb gingen, stationierte die Bundesbahn an zentralen Orten Tunnelrettungszüge. Diese bestanden aus je einem Geräte-, Lösch-, Sanitäts- und Transportwagen sowie umgebauten Lokomotiven der Baureihe 212 an beiden Enden. Die Lokomotiven verfügen über Zusatzscheinwerfer, Warnblinklicht und lassen sich von einer Warte in den Wagen fernsteuern. Der Transportwagen lässt sich vom Zug trennen, um Gerettete ans Tageslicht zu befördern. Später als Bahndienstloks eingereiht, erhielten die Fahrzeuge die Bezeichnung 714.

Baureihe 215/225

Da die elektrische Zugheizung noch nicht serienreif war, entschied die Bundesbahn Mitte der sechziger Jahre, eine weitere Diesellokbaureihe mit Dampfheizung in Dienst zu stellen. Die Maschinen waren für den Austausch des Heizaggregates vorbereitet. Dieser wurde dann aus Kostengründen bei nur einer Maschine vollzogen. Nach Abstellung der letzten dampfbeheizten Reisezugwagen schleppten die Loks Güter- und Autozüge nach Westerland. Die ersten zehn und letzten 20 Lokomotiven erhielten ab Werk leistungsstärkere Dieselmotoren der Baureihe 218.

Bauart: B'B'dh
Baujahre: 1968 – 1971
Leistung: 1400/1840 kW
Länge über Puffer: 16.400 mm
Dienstmasse: 77,5/79 t
Stückzahl: 150

Baureihe 216 (V 160)

Bauart: B'B'dh
Baujahre: 1960 – 1968
Leistung: 1400 kW
Länge über Puffer: 16.000 mm
Dienstmasse: 74/76,7 t
Stückzahl: 224

Die 216 deckte den Leistungsbereich zwischen den Baureihen 211/212 und 220/221 ab. Um die Instandhaltungskosten niedrig zu halten, waren die Lokomotiven einmotorig ausgeführt. Sie wurden zur Stammmutter einer ganzen Fahrzeugfamilie. Mit der Abstellung dampfbeheizter Reisezugwagen wechselte ein Teil der Lokomotiven in den Güterzugdienst. Der Kahlschlag im Güterverkehr führte zur Abstellung zahlreicher Maschinen. Mehrere Loks stehen heute an der Neubaustrecke Köln – Frankfurt, um liegengebliebene Hochgeschwindigkeitszüge abzuschleppen.

Baureihe 217/753 (V 162)

Bauart: B'B'dh
Baujahre: 1965 – 1968
Leistung: 1400 kW
Länge über Puffer: 16.400 mm
Dienstmasse: 80,1 t
Stückzahl: 15

Von der Baureihe 216 leitete die Bundesbahn die mit elektrischer Zugheizvorrichtung ausgestattete 217 ab. Allerdings reichte die Leistung des Traktionsdiesels nicht aus, den Generator anzutreiben. Deswegen verfügte die Lok über einen Hilfsdiesel, war also zweimotorig. Wurde die Heizleistung nicht benötigt, konnte der Hilfsdiesel zusätzliche Traktionsleistung erbringen. Die 217 hatte den Charakter einer Übergangslösung und fuhr in den letzten Jahren nur noch im Güterzugdienst. Die Vorserienloks wechselten in den Versuchsdienst und erhielten die Bezeichnung 753.

Baureihe 218

Bauart: B'B'dh
Baujahre: 1969 – 1979
Leistung: 1840/2000/2060 kW
Länge über Puffer: 16.400 mm
Dienstmasse: 78,7 t
Stückzahl: 411

Ende der sechziger Jahre konnte die Bundesbahn endlich eine einmotorige Lok mit elektrischer Zugheizung in Dienst stellen. Nachdem sich die Motoren in zwölf Vorserienlokomotiven bewährt hatten, startete die Bundesbahn das größte Diesellokbeschaffungsprogramm ihrer Geschichte. Während der laufenden Lieferungen ließ sich die Leistung der Motoren weiter steigern. Die solide Mittelklasselok schleppt Züge aller Kategorien. Sie zählt zu den zuverlässigsten Triebfahrzeugen der DB und ist heute die Standardstreckenlok von DB Regio.

Baureihe 218.9/225.9

Ab Ende Dezember 1978 durften die Gasturbinen in der Baureihe 210 nicht mehr gestartet werden. Im Folgejahr begann die Bundesbahn mit dem Ausbau der Turbine im Rahmen planmäßiger Untersuchungen. Nach dem Verlassen des Aw entsprachen die Lokomotiven weitgehend ihren Schwestern der Baureihe 218. Allerdings blieben geringe Unterschiede bestehen, weshalb die Bundesbahn die ehemaligen Gasturbinenloks einer Unterbaureihe zuordnete. Nach dem Verkauf der Lokomotiven von DB Regio an DB Cargo wurden sie als Baureihe 225.9 eingeordnet.

Bauart: B'B'dh
Baujahre: 1979 – 1981
Leistung: 1840 kW
Länge über Puffer: 16.400 mm
Dienstmasse: 78,7 t
Stückzahl: 8

Baureihe 219 (119 DR)

Nach der Aufgabe des eigenen Diesellokbaus betraute die DDR ein rumänisches Werk mit dem Bau von Lokomotiven mit geringerer Achslast. Die Fahrzeuge entstanden nach dem Konzept der Baureihe 228, verfügten aber über eine elektrische Zugheizung statt über einen Heizkessel. Die Maschinen erwiesen sich als sehr störanfällig und wurden daher kurz nach der Lieferung im Raw Karl-Marx-Stadt grundlegend saniert. Unter anderem wurde der nach westdeutscher Lizenz gefertigte Traktionsdiesel durch einen robusteren aus heimischer Produktion ersetzt.

Bauart: C'C'dh
Baujahre: 1976 – 1985
Leistung: 1980 kW
Länge über Puffer: 19.500 mm
Dienstmasse: 96 t
Stückzahl: 200

Baureihe 220 (V 200.0 DB)

Um die geforderten Leistungen erbringen zu können, benötigte die Maschine für den Haupt- und Nebenbahndienst zwei Traktionsdiesel. Das trieb den Wartungsaufwand der ansonsten sehr solide konstruierten Lokomotiven in die Höhe. Zudem bekamen sie mit der leistungsstärkeren Baureihe 221 Konkurrenz im eigenen Haus und verloren mit der fortschreitenden Elektrifizierung ihr Einsatzfeld. Mit gut 30 Jahren erreichten sie daher ein nur geringes Lebensalter. Eine Reihe Maschinen wurde verkauft. Die SBB setzten sie als Am 4/4 vor Bauzügen ein.

Bauart: B'B'dh
Baujahre: 1953 – 1959
Leistung: 1620 kW
Länge über Puffer: 18.470 mm
Dienstmasse: 81 t
Stückzahl: 86

Baureihe 220 (V 200, 120 DR)

Zu den Lugansker Standarddiesellokomotiven für den Ostblock gehörten die bei der Reichsbahn zunächst als V 200 eingeordneten „Taigatrommeln" oder „Wummen". Es handelte sich um einfach aufgebaute, schwere Maschinen für den Güterverkehr. Fahrpersonal und Werkstätten schätzten die robuste Konstruktion. Geringe Bauartänderungen, wie der Einbau eines Warmhaltungsgerätes für den Kühlkreislauf, waren vor allem den unterschiedlichen Einsatzbedingungen in der Sowjetunion und der DDR geschuldet. Zahlreiche Maschinen fahren für Privatbahnen.

Bauart: Co'Co'de
Baujahre: 1966 – 1975
Leistung: 1470 kW
Länge über Puffer: 17.550 mm
Dienstmasse: 116 t
Stückzahl: 378

Baureihe 221 (V 200.1 DB)

Bauart: B'B'dh
Baujahre: 1962 – 1965
Leistung: 1986 kW
Länge über Puffer: 18.440 mm
Dienstmasse: 78
Stückzahl: 50

Ende der fünfziger Jahre brauchte die Bundesbahn weitere leistungsstarke Diesellokomotiven. Die Leistungen der Dieselaggregate reichten für eine einmotorige Ma-schine nicht aus. Deshalb leitete Krauss-Maffei die 221 aus der 220 ab. Nach der ersten Serie endete die Beschaffung, da nunmehr einmotorige Lokomotiven bereitstanden. Schon 1988 musterte die Bundesbahn die letzten Loks aus, da sie durch die fortschreitende Elektrifizierung einen Großteil ihres Einsatzraumes verloren hatten. Nach Griechenland verkauft, gelangten die Loks zur Prignitzer Eisenbahn.

Baureihe 228.0 (V 180.0, 118.0 DR)

Bauart: B'B'dh
Baujahre: 1959 – 1967
Leistung: 1324/1472 kW
Länge über Puffer: 19.460 mm
Dienstmasse: 78 t
Stückzahl: 169

Bis die Deutsche Reichsbahn ihre erste Mittelklassediesellok in Dienst stellen konnte, schrieb man das Jahr 1959. Obwohl das Problem zu hoher Achslasten nicht vollständig gelöst war, stellte LOB vier Vorserienloks her, ehe 1963 – die lange Erprobungsphase war durchaus sinnvoll – der Serienbau begann. Nach den ersten 85 Maschinen standen leistungsfähigere Motoren zur Verfügung, weshalb die Reichsbahn mit der V 180 101 weiterzählte. Die Ausmusterung begann bereits zu DR-Zeiten. Trotzdem schied die letzte der zweimotorigen Loks erst 1994 aus dem Dienst.

228 059/131/203 (V 180 059/131/203, 118 059/131/203 DR)

Technisch unterschied sich diese Lokomotive nicht von ihren Schwestern. Dank ihrer Stirnseiten mit den blendfreien Frontscheiben erregte sie aber nicht nur unter Eisenbahnfreunden Aufsehen. Die Fronten waren, wie bei weiteren Loks der 228-Familie, versuchsweise aus glasfaserverstärkten Kunststoffen gefertigt worden. Drei Maschinen, die 228 059, 131 und 203, erhielten das ungewöhnliche Gesicht, das den Lokomoti-ven ein ebenso gefälliges Äußeres verlieh wie das übliche. Die Verwendung glasfaserverstärkter Kunststoffe setzte sich indessen im Lokbau der DDR nicht durch.

Bauart: B'B'dh
Baujahre: 1959 – 1967
Leistung: 1324/1472 kW
Länge über Puffer: 19.460 mm
Dienstmasse: 78 t
Stückzahl: 169

228 124 (118 124 DR)

Einen echten Einzelgänger in der 228-Familie stellt die 228 124 dar. In ihr erprobte die Reichsbahn ab 1983 zwei Dieselmotoren mit 1100 Kilowatt Leistung. Damit gebührt ihr der Titel als am Zughaken leistungsstärkste, vierachsige, dieselhydraulische Lok der DR. Leider unterblieb der weitere Umbau. Sie wären der später beschafften Baureihe 219 überlegen gewesen, da die gesamte Konstruktion der 228-Familie solide ausgeführt worden war.

Bauart: B'B'dh
Baujahr: 1983
Leistung: 2200 kW
Länge über Puffer: 19.460 mm
Dienstmasse: 78 t
Stückzahl: 1

Baureihe 228.2 (V 180.2, 118.2 DR)

Bauart: C'C'dh
Baujahre: 1964 – 1970
Leistung: 1472 kW
Länge über Puffer: 19.460 mm
Dienstmasse: 90 t
Stückzahl: 206

Mit ihrer Radsatzlast von knapp 20 Tonnen durfte die 228.0 viele Nebenstrecken mit schwachem Oberbau nicht befahren. Da die Reichsbahn eine Lokomotive dieser Leistungsklasse brauchte, verteilte man das Gewicht kurzerhand auf zwei Achsen mehr. Die sechsachsige Variante wurde als Unterbaureihe klassifiziert. Sie erfuhr zwar einige Verbesserungen, die meisten Bauteile blieben aber tauschbar. Der höhere Aufwand für die Wartung zweier Traktionsdiesel machte auch der Unterbaureihe nach der deutschen Vereinigung schnell den Garaus.

Baureihe 228.5 (118.5 DR)

Als in den siebziger Jahren leistungsfähigere Motoren zur Verfügung standen, rüstete die Reichsbahn im Zuge planmäßiger Ausbesserungen auch Maschinen der Baureihe 228.0 um. Allerdings dauerte es eine Weile, bis diese Arbeiten anliefen, da anfangs die Fertigung weiterer Familienmitglieder noch lief. Im Prinzip hätte die Reichsbahn die remotorisierten 228.0 hinter der 228 182 einreihen können, doch war die Unternummer 228.2 bereits vergeben. Deswegen bezeichnete sie die Maschinen als Baureihe 228.5.

Bauart: B'B'dh
Baujahre: ab 1980
Leistung: 1472 kW
Länge über Puffer: 19.460 mm
Dienstmasse: 78 t
Stückzahl: 46

Baureihe 228.6 (118.6 DR)

Bauart: C'C'dh
Baujahre: 1972 – 1991
Leistung: 1800 kW
Länge über Puffer: 19.460 mm
Dienstmasse: 90 t
Stückzahl: 179

Auch die sechsachsigen Vertreterinnen der Familie erhielten leistungsstärkere Motoren. Allerdings stattete die Reichsbahn sie mit Aggregaten aus, die 900 kW Nennleistung aufwiesen. Die Modernisierung traf Maschinen aller Nummernbereiche und wurde während planmäßiger Ausbesserungen vorgenommen. Nach der deutschen Vereinigung lief das Umbauprogramm aus, da sich infolge des Verkehrsrückganges bei der DR die baldige Abstellung der wartungsaufwändigen, zweimotorigen Lokomotiven abzeichnete.

115

219 001
(V 169 001)

Bauart: B'B'dh (mit Gasturbine)
Baujahr: 1965
Leistung: 2240 kW
Länge über Puffer: 16.400 mm
Dienstmasse: 76,7 t
Stückzahl: 1

Eine weitere von der 216 abgeleitete Maschine mit elektrischer Zugheizung stellte die 219 001 dar. Ihr Traktionsdiesel trieb auch den Generator an. Da nunmehr die Leistung nicht mehr in jedem Fall für den Antrieb ausreichte, installierte man eine Gasturbine als Zusatzantrieb. Im unwirtschaftlichen Teillastbereich arbeitete die Turbine zwar nie, die ständigen Starts setzten ihr aber übermäßig zu. Eine Serienbeschaffung unterblieb, da mit der 210 eine weiterentwickelte Gasturbinenlok in Dienst gestellt wurde. Ab 1974 fuhr die 219 001 nur noch mit Diesel und wurde 1978 ausgemustert.

Baureihe 229
(119 DR)

Bauart: C'C'dh
Baujahre: 1990 – 1992
Leistung: 1760 kW
Länge über Puffer: 19.500 mm
Dienstmasse: 103 t
Stückzahl: 20

Nach der Wiedervereinigung mussten Lokomotiven der Baureihe 219 auch InterRegio und InterCity schleppen. Deren Wagen verschlingen große Mengen Heizenergie, welche eine 219 nicht bereitstellen konnte. Da Doppeltraktionen unwirtschaftlich waren, ließ die Reichsbahn 20 Lokomotiven von Krupp mit deutlich leistungsstärkeren Motoren und einer passenden Zugenergieversorgung ausstatten. Statt 120 erreichten die „Renn-U-Boote" 140 km/h. Relativ schnell verschwanden sie aus dem Bestand, da hochwertige Züge zunehmend elektrisch bespannt wurden.

230 001
(V 300 001 DB)

Bauart: C'C'dh
Baujahr: 1957
Leistung: 1620/2210 kW
Länge über Puffer: 20.270 mm
Dienstmasse: 104 t
Stückzahl: 1

Anfangs dachte die Bundesbahn noch daran, eine zweimotorige Großdiesellok mit 2300 bis 2500 Kilowatt Traktionsleistung in Dienst zu stellen. Das Baumuster von Krauss-Maffei basierte technisch auf der Baureihe 220. Der zunächst installierte Motor der 220 wurde 1958 durch ein leistungsstärkeres Aggregat ersetzt. Die Bundesbahn kaufte die Maschine, entschied sich aber gegen eine Serienbeschaffung, da es kostengünstiger war, bei Bedarf zwei einmotorige Loks in Doppeltraktion einzusetzen. 1975 musterte sie den Einzelgänger aus.

Baureihe 230
(130 DR)

Bauart: Co'Co'de
Baujahre: 1970 – 1972
Leistung: 2200 kW
Länge über Puffer: 20.620 mm
Dienstmasse: 115 t
Stückzahl: 80

Für die Traktionsumstellung benötigte die Reichsbahn Maschinen mit einer elektrischen Heizung. Deswegen entwickelte sie gemeinsam mit dem Lugansker Werk eine robuste Mehrzwecklok. Als die ersten Fahrzeuge die Werkshallen verließen, war der Heizgenerator aber noch nicht ausgereift. Um wenigstens vor Güterzügen mit Diesel statt Dampf fahren zu können, stellte die Reichsbahn die Baureihe 230 in Dienst. Wegen des drastischen Verkehrsrückgangs nach der deutschen Vereinigung wurden die nunmehr überzähligen Loks schnell ausgemustert.

Baureihe 231 (131 DR)

Bauart: Co'Co'de
Baujahre: 1972 – 1973
Leistung: 2200 kW
Länge über Puffer: 20.620 mm
Dienstmasse: 115 t
Stückzahl: 76

Aus der Baureihe 130 leitete das Lugansker Lokomotivwerk eine echte Güterzugmaschine ab. Deren Getriebeübersetzung ließ zwar nur 100 anstatt 140 km/h Höchstgeschwindigkeit zu. Dafür lag ihre Anfahrzugkraft mit 340 kN um 90 kN über jener der Baureihe 230. Damit gelang es, die Motorleistung besser und wirtschaftlicher zu nutzen. Anfangs hatten die Loks eine auf 140 km/h ausgelegte Bremse, die jedoch bei Ausbesserungen durch eine für 100 km/h ausreichende ersetzt wurde. Ende 1992 verschwanden die Loks aus dem Bestand.

Baureihe 232 (132 DR)

1973 war die elektrische Zugheizung endlich so weit ausgereift, dass die Lugansker Lokfabrik sechsachsige Dieselmaschinen für den Reisezugverkehr liefern konnte. Die Baureihe 232 wurde zur Standarddiesellok in der DDR. Robust und solide konstruiert, überzeugte sie Fahr- und Werkstattpersonal gleichermaßen. Die Motoren waren zwar pflegebedürftiger als der Standardmotor aus heimischer Produktion. Die Reichsbahner wussten mit der Lok aber bestens umzugehen. Bis heute ist die inzwischen dem Güterverkehr übereignete Lok unersetzbar.

Bauart: Co'Co'de
Baujahre: 1973 – 1982
Leistung: 2200 kW
Länge über Puffer: 20.820 mm
Dienstmasse: 122 t
Stückzahl: 709

232 001 (V 320 001 DB)

Bauart: C'C'dh
Baujahr: 1962
Leistung: 2940 kW
Länge über Puffer: 23.000 mm
Dienstmasse: 122 t
Stückzahl: 1

Parallel zur Entwicklung der Baureihe 216 arbeiteten Henschel und die DB an einer zweimotorigen Ausführung für den schweren Reisezug- und Güterzugdienst. Da die Bundesbahn nach Abschluss der Konstruktionsarbeiten keine Einsatzmöglichkeit für den Giganten mehr sah, baute Henschel eine Probelok auf eigene Kosten. Die Leistungen der Maschine überzeugten, weshalb die Bundesbahn sie mietete. Eine Serienbeschaffung stand aber wegen des fortgeschrittenen Elektrifizierungsprogrammes nicht zur Debatte. Die Lok gelangte zu Privatbahnen und steht noch heute im Einsatz.

Baureihe 233

Unter anderem für einen geplanten Einsatz auf der Rübelandbahn rüstete DB Cargo Maschinen der Baureihe 232 mit leistungsstärkeren Traktionsdieseln aus. In den Harz gelangten sie zwar nicht, da dort weiterhin elektrische Loks der Baureihe 171 die Güterzüge bespannten. Robust, wirtschaftlich und zugkräftig schleppten die Fahrzeuge aber schwere Güterzüge nicht nur in den neuen Ländern. Mit der 233 schloss DB Cargo das Umbauprogramm für die ukrainischen Dieselloks ab, da für 2004 die Beschaffung von Neubaulokomotiven auf dem Plan steht.

Bauart: Co'Co'de
Baujahre: 2002 – 2003
Leistung: 2940 kW
Länge über Puffer: 20.820 mm
Dienstmasse: 122 t
Stückzahl: 64

Baureihe 234

Bauart: Co'Co'de
Baujahre: 1991 – 1992
Leistung: 2200 kW
Länge über Puffer: 20.820 mm
Dienstmasse: 122 t
Stückzahl: 64

Für den Einsatz vor InterCity und InterRegio rüstete die Reichsbahn einige Maschinen der Baureihe 232 mit Radsatzantrieben und Bremseinrichtungen der Baureihe 230 aus. Somit erreichten sie 140 statt 120 km/h Höchstgeschwindigkeit. Daneben galt es, die Zugenergieversorgung anzupassen. Die Maschinen bewährten sich vor hochwertigen Reisezügen, mussten aber der Streckenelektrifizierung und der Umstellung von Leistungen auf Triebzüge Tribut zollen. Zeitweise fuhren 234 daher statt im Fern- im Nahverkehrsdienst.

Baureihe 236 (V 36, 103 DR)

Bauart: C dh
Baujahre: 1938 – 1948
Leistung: 265 kW
Länge über Puffer:
9100/9200/9240 mm
Dienstmasse: 38,5 – 43 t
Stückzahl: 292

Neben den Zweiachsern der Baureihe 270 ließ die Wehrmacht dreiachsige Maschinen mit Stangenantrieb entwickeln. Die robusten und wartungsfreundlichen Maschinen fuhren während des Krieges in ganz Europa. Viele Loks verblieben im Ausland. Bundes- und Reichsbahn setzten die Lokomotiven im Rangierdienst sowie vor Nahgüterzügen ein. Maschinen mit Dachkanzelaufbau fuhren bei der DB sogar im Wendezugdienst.

Baureihe 240

Dieselelektrische Lokomotiven aus dem Baukasten stellte 1989 MaK vor. Drei Varianten mit 1200, 1600 und 2650 kW Motorleistung bot das Unternehmen an. Von der DE 1024 mit dem stärksten Motor entstanden drei Baumuster, welche die DB mietete. Sie sollten schwere Reise- und Güterzüge schleppen. Auf Messfahrten erreichte die 240 002 eine Höchstgeschwindigkeit von 200 km/h. Hohe Zugkraft und ruhiger Lauf kennzeichneten die Lokomotiven, die von der DB jedoch nicht benötigt wurden, da genügend leistungsstarke Loks aus Reichsbahn-Beständen vorhanden waren.

Bauart: Co'Co'de
Baujahr: 1989
Leistung: 2650 kW
Länge über Puffer: 20.960 mm
Dienstmasse: 117 t
Stückzahl: 3

Baureihe 241

Für den schweren Güterzugdienst stattete die DB einige Maschinen der Baureihe 232 mit stärkeren Motoren aus. Die Lokomotiven sollten vor allem im grenzüberschreitenden Verkehr nach Belgien und in die Niederlande eingesetzt werden und erhielten daher die Zugsicherungseinrichtung jeweils eines der beiden Länder. Auf weitere Umbauten verzichtete die DB, da kein zusätzlicher Bedarf für die Lokomotiven mehr bestand. Das Konzept bewährte sich aber grundsätzlich, sodass in Zukunft durchaus die Möglichkeit besteht, weitere 232 umzubauen.

Bauart: Co'Co'de
Baujahre: 1999 – 2000
Leistung: 2940 kW
Länge über Puffer: 20.820 mm
Dienstmasse: 127 t
Stückzahl: 10

Baureihe 242 (142 DR)

Bauart: Co'Co'de
Baujahre: 1975 – 1978
Leistung: 2940 kW
Länge über Puffer: 20.820 mm
Dienstmasse: 124,7 t
Stückzahl: 6

Bereits während der Entwicklung der Baureihe 230 planten die Luganser Lokkonstrukteure eine Variante mit 2940 kW Motorleistung. Nur die für den Antrieb nötigen Aggregate mussten gegenüber der Baureihe 232 überarbeitet werden. Wegen der Elektrifizierung der Magistralen brauchte die DR nur wenige Maschinen für den Einsatz vor schweren Schnell- und Güterzügen. Obwohl durchaus Bedarf an Hochleistungs-Dieselloks bestand, verschwanden die 242 bald nach der deutschen Vereinigung aus dem Bestand der Reichsbahn und gelangten nach Umbauten zu privaten Bahnen.

Baureihe 245 (V 45 DB)

Bauart: Bdh
Baujahr: 1956
Leistung: 294 kW
Länge über Puffer: 9360 mm
Dienstmasse: 33,5 t
Stückzahl: 10

Nach 1945 stand das Saarland unter französischer Verwaltung. Erst 1957 fand die Wiedervereinigung mit der Bundesrepublik statt. Für den Rangierdienst bestellten die Saarländischen Eisenbahnen in Frankreich zehn Loks, die sich an die Y 9101 der SNCF anlehnten. Die Bundesbahn übernahm die Maschinen und versuchte zunächst, sie zu verkaufen. Da dies misslang, setzte sie die Loks in verschiedenen Aw ein. 1980 erfolgte die Ausmusterung des letzten Exoten.

Baureihe 251 (V 51 DB)

Bauart: B'B'dh
Baujahr: 1964
Leistung: 398 kW
Länge über Puffer: 9810 mm
Dienstmasse: 38,9 t
Stückzahl: 3

Nach dem Zweiten Weltkrieg betrieb die Bundesbahn noch Bahnen mit 750 mm Spurweite in Baden-Württemberg. Um die Kosten zu senken, wollte sie den Güterzugbetrieb von Dampf auf Diesel umstellen. Der Personenverkehr sollte auf der Straße stattfinden. Da deshalb drei Maschinen ausreichten, orderte die Bundesbahn eine MaK-Lok, die bereits bei verschiedenen Privatbahnen fuhr. Mit der Betriebseinstellung auf der Strecke Warthausen – Ochsenhausen endete die DB-Geschichte der Baureihe 251. Die Loks gelangten nach Österreich, nach Italien und zu einer Museumsbahn.

Baureihe 252 (V 52 DB)

Bauart: B'B'dh
Baujahr: 1964
Leistung: 398 kW
Länge über Puffer: 9780 mm
Dienstmasse: 39,5 t
Stückzahl: 2

Für die lange Jahre noch von Reisezügen befahrene Meterspurstrecke Mosbach – Mudau in Baden-Württemberg beschaffte die Bundesbahn Diesellokomotiven, die weitgehend der Baureihe 251 entsprachen. Die Loks senkten die Betriebskosten erheblich. Trotzdem blieb die Schmalspurbahn unwirtschaftlich und wurde 1973 stillgelegt. Beide Lokomotiven wurden umgespurt. Die 252 901 gelangte zur Albtal-Verkehrsgesellschaft und später nach Spanien, die 252 902 zur Südwestdeutschen Eisenbahn und später nach Italien.

Baureihe 270 (V 20)

Neben der Reichsbahn arbeitete auch die Wehrmacht an der Entwicklung von Diesellokomotiven. Von zwei Typen entstand eine nennenswerte Zahl Fahrzeuge. Die Zweiachser der späteren Baureihe V 20 verfügten über ein hydrodynamisches Getriebe mit einem Anfahrwandler und zwei Kupplungen. Die genaue Stückzahl hergestellter Loks ist unbekannt. Die Reichsbahn setzte die Maschinen bis in die sechziger Jahre hinein ein, die Bundesbahn behielt überholte Loks bis 1980. Daneben fuhren die robusten und genügsamen Loks bei Privat- und Werksbahnen.

Bauart: B dh
Baujahre: 1936 – 1943
Leistung: 145 kW
Länge über Puffer: 8000 mm
Dienstmasse: 27 t
Stückzahl: ca. 125

Baureihe 280 (V 80)

Bauart: B'B'dh
Baujahre: 1951 – 1952
Leistung: 590/736/810 kW
Länge über Puffer: 12.800 mm
Dienstmasse: 58 t
Stückzahl: 10

Ursprünglich sollte von der für Einmannbedienung konzipierten Mehrzwecklok eine nennenswerte Stückzahl entstehen. Die Entwicklung ging aber über die zu Recht ausgiebig erprobten Lokomotiven hinweg, sodass die Bundesbahn entschied, die Baureihe 211 für den Streckendienst und die Baureihe 290 für den Rangierdienst zu ordern. Technisch bewährten sich die Maschinen trotz einer etwas zu aufwändigen Konstruktion des Antriebes. Zwischen 1976 und 1978 musterte die Bundesbahn die Loks aus. Neun Maschinen gelangten nach Italien in den Bauzugdienst.

Baureihe 288 (V 188, D 311)

Bauart: Do+Do de
Baujahre: 1941 – 1942
Leistung: 1620 kW
Länge über Puffer: 22.510 mm
Dienstmasse: 147 t
Stückzahl: 4

Zur Beförderung von Eisenbahngeschützen orderte die Wehrmacht bei Krupp schwere dieselelektrische Doppelloks. Diese sollten nicht nur das Geschütz schleppen, sondern auch mit Strom versorgen können. Das Geschütz wurde aber nur einmal eingesetzt und dabei von einem stationären Generator versorgt. Aus sechs übernommenen Einzelloks baute die Bundesbahn zwei Doppelloks wieder auf. Die zugkräftigen Maschinen leisteten Schiebedienst auf der Rampe Laufach – Heigenbrücken. 1971 wurde die letzte ausgemustert.

Baureihe 293 (111 DR)

Bauart: B'B'dh
Baujahre: 1981 – 1983
Leistung: 736 kW
Länge über Puffer: 14.240 mm
Dienstmasse: 62,2 t
Stückzahl: 39

LEW bot von der V 100 eine für den schweren Rangierdienst geeignete Variante an, die für den Export entwickelt worden war. Sie unterschied sich von den Schwestern durch die Übersetzung des Getriebes, die eine höhere Zugkraft bei Reduzierung der Höchstgeschwindigkeit ermöglichte. Die Reichsbahn beschaffte die Loks, um den unwirtschaftlichen Einsatz von 345/346 in Doppeltraktion zu vermeiden. Daneben gruppierte sie zwei aus Serien-V-100 umgebaute Maschinen in die Baureihe 293 ein. Bis auf zwei wurden alle Lokomotiven später zur Baureihe 298 umgebaut.

Baureihe 298 (108 DR)

In den siebziger Jahren entwickelten die Dresdener Strömungstechniker ein neues hydrodynamisches Getriebe mit nach Fahrtrichtung getrennten Wandlern. Diese ließen sich bereits beim Ausrollen entleeren und füllen, sodass sie als radreifen- und bremsklotzsparende, hydrodynamische Bremse dienten. Außerdem sparten die Rangierlokführer eine Menge Zeit. Zunächst baute die Reichsbahn zwei Loks der Baureihe 201 um. In den neunziger Jahren folgten sämtliche 293. Auf die Beschaffung neuer Maschinen verzichtete die DR infolge des Rückganges der Verkehrsleistungen.

Bauart: B'B'dh
Baujahre: 1978 – 1993
Leistung: 736 kW
Länge über Puffer: 14.240 mm
Dienstmasse: 62,2 t
Stückzahl: 39

Baureihe 299 (V 29)

Anfang der fünfziger Jahre fuhren auf der Meterspurstrecke Meckenbeuren – Mundenheim im Raum Kaiserslautern noch Straßenbahn-Dampfloks. Um sie zu ersetzen, entwickelten DB und Jung eine Maschine mit Mittelführerstand, die im Prinzip aus zwei kurzgekuppelten Kleinloks bestand. Nach Stilllegung der Pfälzer Strecke gelangten zwei Loks zur Walhallabahn Regensburg – Wörth und eine zur Strecke Nagold – Altensteig. Nach dem Abbau Letzterer ging deren Lok an die Mittelbadische Eisenbahn, die sie bis 1980 zwischen Schwarzach und Scherzheim einsetzte.

Bauart: B'B'dh
Baujahr: 1952
Leistung: 214 kW
Länge über Puffer: 9140 mm
Dienstmasse: 28 t
Stückzahl: 3

Baureihe 299.11 (199.8 DR)

Bauart: C'C'dh
Baujahre: 1988 – 1990
Leistung: 883 kW
Länge über Puffer: 13.560 mm
Dienstmasse: 60 t
Stückzahl: 10

Mitte der achtziger Jahre fiel die Entscheidung, im Harzer Schmalspurnetz umgebaute Maschinen der Baureihe 201 einzusetzen. Damit wollte die Reichsbahn insbesondere den Güterverkehr auf eine wirtschaftliche Basis stellen. Ursprünglich sollte das Raw Stendal 30 Lokomotiven mit zwei dreiachsigen Drehgestellen für die Meterspur ausrüsten, die so 50-m-Bögen problemlos durchfahren konnten. Auch die Kraftübertragung und die Zug- und Stoßvorrichtungen wurden überarbeitet. Die Harzer Schmalspur-Bahnen übernahmen die Loks.

Köf I

Bauart: B
Baujahre: 1930 – 1938
Leistung: 28 kW
Länge über Puffer: 5475 mm
Dienstmasse: 10,2 t
Stückzahl: 280

Für den Rengierdienst in kleineren Stationen beschaffte die Reichsbahn Kleinlokomotiven. Diese durften von Rangierlokführern bedient werden, die schlechter als echte Lokführer besoldet wurden. Die Köf I erreichten bis zu 23 km/h Geschwindigkeit.

Köf II

Schon kurz nach Vorstellung der Köf I standen Maschinen mit leistungsfähigeren Motoren bereit. Die 30 km/h schnellen Lokomotiven der Leistungsgruppe II waren bis in die achtziger Jahre hinein in beiden deutschen Staaten unverzichtbar.

Bauart: B
Baujahre: 1932 – 1956
Leistung: 92 kW
Länge über Puffer: 6392 mm
Dienstmasse: 17 t
Stückzahl: 1743

Köf III

Bauart: B
Baujahre: 1959 – 1975
Leistung: 177 kW
Länge über Puffer: 7830 mm
Dienstmasse: 22,3 t
Stückzahl: 525

Um den Rangierdienst weiter zu rationalisieren, beschaffte die Deutsche Bundesbahn leistungsstärkere Kleinlokomotiven. Erstmals erhielten sie ein geschlossenes Führerhaus. Mit einer Höchstgeschwindigkeit von bis zu 45 km/h konnten sie auch Übergaben auf der Strecke bedienen.

Baureihe V 60 leichte Ausführung

Die Baureihe V 60 sollte nicht nur Rangieraufgaben erfüllen. Auch der Streckendienst der Bundesbahn forderte eine geeignete Lokomotive, die jederzeit Übergaben und Nahgüterzüge schleppen konnte. Da man der hydrodynamischen Leistungsübertragung noch nicht ganz traute, orderte die Bundesbahn eine Lokomotive mit Stangenantrieb. Bis heute gehören die Maschinen der Baureihe V 60 zum Bestand der Deutschen Bahn, die sie für den Funkfernsteuerbetrieb modernisierte.

Bauart: C
Baujahre: 1956 – 1964
Leistung: 480 kW
Länge über Puffer: 10.450 mm
Dienstmasse: 50 t
Stückzahl: 623

V 60 schwere Ausführung

Bauart: C
Baujahre: 1956 – 1964
Leistung: 480 kW
Länge über Puffer: 10.450 mm
Dienstmasse: 54 t
Stückzahl: 319

Von der V 60 beschaffte die Bundesbahn eine zweite, etwas schwerere Ausführung. Diese sollte speziell auf großen Rangierbahnhöfen arbeiten, auf denen es auf ein höheres Reibungsgewicht ankommt. 1950 Tonnen durften die Lokomotiven schleppen.

Baureihe 365

Bauart: C
Baujahre: 1956 – 1964
Leistung: 480 kW
Länge über Puffer: 10.450 mm
Dienstmasse: 54 t
Stückzahl: 319

Um den Rangierbetrieb weiter rationalisieren zu können, rüstete die Bundesbahn ihre Maschinen der Baureihe V 60 nach und nach für die Fernbedienung über Funk aus. Somit kann der Rangierlokführer die Lok bedienen, ohne den Platz neben dem Zug aufzugeben.

Baureihe 346

Bauart: D
Baujahre: 1961 – 1964
Leistung: 478 kW
Länge über Puffer: 10.880 mm
Dienstmasse: 60 t
Stückzahl: 168

Auch die Reichsbahn stellte eine Rangierdiesellok mit Stangenantrieb in Dienst, wenn auch eine D-Kupplerin. Bis zum Ende der DDR war die wegen ihres Lackes „Goldbroiler" genannte Lok unverzichtbar. Heute arbeiten nur wenige 346.

Baureihe 290

Bauart: B'B'
Baujahre: 1965 – 1972
Leistung: 810 kW
Länge über Puffer: 14.320 mm
Dienstmasse: 78,8 t
Stückzahl: 407

Um die wachsenden Zuglasten im Rangierbetrieb bewältigen zu können, stellte die Bundesbahn eine Drehgestell-Rangierlok in Dienst. Viele Bauteile wurden aus Kostengründen von der V 100 übernommen. Inzwischen fahren viele Lokomotiven funkferngesteuert.

Typ Integral S 5 D 95

Bauart: A'A'1'1'1'A'
Baujahre: 1998 – 1999
Leistung: 945 kW
Länge über Puffer: 53.430 mm
Dienstmasse: 112 t
Stückzahl: 17

Mit einem fünfteiligen Triebzug beteiligten sich die Bayerische Zugspitzbahn und die Deutsche Eisenbahngesellschaft an der Ausschreibung der Leistungen im Oberland südlich von München. Das innovative Konzept des Integral überzeugte. Nach der Betriebsaufnahme zeigte sich aber, dass der Teufel im Detail steckt. Eine Vielzahl an und für sich kleinerer Defekte setzten den Zügen arg zu. Erst nach einer Generalüberholung konnten die Züge zeigen, was in ihnen steckt. Da die ursprünglich bestellten Einheiten im Alltag nicht ausreichen, soll der Bestand wachsen.

Typ NE-81

Für NE-Bahnen konzipierte O & K ab 1978 einen vom 627 abgeleiteten Triebwagen mit Bei- und steuerwagen. Da O & K die Fertigung aufgab, entstanden die Fahrzeuge bei Henschel. Ihr technisches Konzept war solide und durchdacht, doch krankte der schlicht als NE-81 bezeichnete Zug an der mit fast 15 t für NE-Bahnen hohen Achslast. Auf Steigungsstrecken konnte er überzeugen, für Strecken mit schlechtem Oberbau war er schlichtweg ungeeignet. In erster Linie süddeutsche Bahnen beschafften den Zug, der sich im Betrieb sehr gut bewährte.

Bauart: B'B'dh
Baujahre: 1981 – 1992
Leistung: 500 kW
Länge über Puffer: 23.900 mm
Dienstmasse: 57 t
Stückzahl: 26

Typ Regio-Sprinter

Bauart: A2Adh
Baujahre: 1995 – 1998
Leistung: 456 kW
Länge über Puffer: 24.800 –
25.170 mm
Dienstmasse: 49,2 t
Stückzahl: 39

1993 übernahm die Dürener Kreisbahn die DB-Strecken nach Jülich und Heimbach. Zunächst setzte sie Schienenbusse ein, doch gab sie Duewag den Auftrag, einen modernen Triebwagen zu entwickeln. Der Regio-Sprinter überzeugte durch seine geringen Kosten und das niedrige Gewicht. Einfach gebaut, bietet er hohe Leistungen und ansprechenden Komfort. Neben der Dürener Kreisbahn bestellten auch die Vogtlandbahn sowie mehrere dänische Privatbahnen den mit zwei leichten Omnibusmotoren ausgerüsteten Triebwagen.

Regio-Shuttle der Regentalbahn

Bauart: B'B'dh
Baujahre: 1996 – 2000
Leistung: 456 kW
Länge: 25.500 mm
Dienstgewicht: 41,6 t
Stückzahl: 25

Neben der Deutschen Bahn stellte auch eine Reihe NE-Bahnen den Regio-Shuttle von ADtranz in Dienst. Der leistungsstarke Triebwagen besticht durch seine besonders gute Anfahrbeschleunigung. Der Lokführer kann dadurch beispielsweise Verspätungen ausgleichen. Die Regental-Shuttles zeigen sich in farbenfrohem Kleid mit deutlich abgehobenen Türen. Sie weisen 71 bis 78 Sitzplätze auf.

VT 10 501

Bauart: B'1'1'1'1'1'B'dh
Baujahr: 1953
Leistung: 562 kW
Länge über Puffer: 96.700 mm
Dienstmasse: 110,9 t
Stückzahl: 1

Anfang der fünfziger Jahre experimentierte die Bundesbahn mit lauftechnisch für 160 km/h ausgelegten und für 120 km/h zugelassenen Gliedertriebzügen. LHB fertigte einen Tagesreisezug mit Einzelachslaufwerken, der als F-Zug „Senator" Hamburg und Frankfurt am Main verband. Die Ausstattung der Fahrgasträume überzeugte, die Laufkultur ließ aber sehr zu wünschen übrig, da der Zug zum Schlingern neigte. Bereits im Dezember 1956 musterte die DB ihn daher aus. Nachdem sich kein Käufer fand, wurde der optisch schöne Zug 1963 verschrottet.

VT 10 551

Von Wegmann stammte der Nachtreise-Gliedertriebzug, der nicht zum Bestand der Bundesbahn, sondern der Deutschen Schlaf- und Speisewagen-Gesellschaft gehörte. Sie setzte ihn als F-Zug „Komet" zwischen Hamburg, Basel und Zürich ein. Die einzelnen Wagen waren über Jakobs-Drehgestelle miteinander verbunden. Anfangs hatte er fünf Mittelwagen, als Ergänzung kamen ein Speise- und ein Salonwagen hinzu. Wie sein Bruder lieferte der VT 10 551 wertvolle Erkenntnisse für den Bau des 601. Im Oktober 1957 abgestellt, wurde er 1963 verschrottet.

Bauart: B'2'2'2'2'2'2'2'B'dh
Baujahr: 1953
Leistung: 562 kW
Länge über Puffer: 108.900 mm
Dienstmasse: 111,7 t
Stückzahl: 1

Baureihe 601 (VT 11.5)

Bauart:
B'2'+2'2'+2'2'+2'2'+2'2'+2'2'+
2'Bo'dh
Baujahr: 1957
Leistung: 1620 kW
Länge über Puffer: 130.680 mm
Dienstmasse: 211 t
Stückzahl: 8

1957 nahmen mehrere europäische Bahnen den TEE-Verkehr auf. Die Bundesbahn beschaffte dafür einen Zug, der aus zwei Triebköpfen und fünf Mittelwagen bestand. Bei Bedarf konnten bis zu drei weitere Wagen eingestellt werden. Äußerst luxuriös ausgestattet, verkörperte der Zug das Reisen Erster Klasse in Reinkultur. Technisch überzeugte er durch die geschickte Kombination bewährter Bauteile, die eine Betriebsaufnahme nach Lieferung ermöglichten. Nach 1979 fuhren die Züge im Charterverkehr und wurden bis 1988 ausgemustert.

Baureihe 602

Bauart: Bo'2'+2'2'+2'2'+2'2'+2'2'+
2'2'+2'2'+2'2'+2'2'+2'Bo'dh
Baujahre: 1971 – 1972
Leistung: 2430 kW
Länge über Puffer: 185.160 mm
Dienstmasse: 292,5 t
Stückzahl: 2

Für einen zehnteiligen Zug reichte die Antriebsleistung des VT 11.5 knapp aus. Um Reserven zu gewinnen und mit 160 km/h Höchstgeschwindigkeit fahren zu können, ersetzte die Bundesbahn in vier Triebköpfen den Traktionsdiesel durch eine Gasturbine. Diese erwies sich wegen der im Bahnalltag häufig wechselnden Belastung als sehr störanfällig, schluckte zudem reichlich Kraftstoff, kein gutes Omen angesichts beginnenden Bewusstseins für die Erschöpflichkeit der Ressourcen. Bereits 1979 stellte die Bundesbahn die Gasturbinen-VT-11.5 ab und ließ sie verschrotten.

Baureihe 605

Bauart: Bo'2 + Bo'2' + 2'Bo' + 2'Bo'
Baujahre: 1999 – 2001
Leistung: 1700 kW
Länge über Puffer: 106.700 mm
Dienstmasse: 232 t
Stückzahl: 20

Nur eine kurze Zeit war dem Diesel-ICE der Baureihe 605 vergönnt. Seine Technik erwies sich als äußerst störanfällig. Zudem bemerkte DB Reise & Touristik erst nach der Beschaffung, dass sich die Einsätze nur bei mehr als hundertprozentiger Auslastung rechneten. Ende 2003 stellte die DB den 605 ab, dessen Konzept eigentlich überzeugte. Jeder Wagen verfügte über einen Dieselgenerator, der die im Triebdrehgestell untergebrachten zwei Fahrmotoren mit Strom versorgte. Sensoren erkennen frühzeitig einen Gleisbogen, sodass die Neigetechnik ohne Ruck arbeitete.

Baureihe 608 (VT 08.5)

Als das elektrische Netz noch sehr lückenhaft war, bediente die Bundesbahn den Fernschnellverkehr mit leistungsstarken Dieseltriebzügen. Nach einem Versuchszug entstand der in der Grundeinheit dreiteilige 608, der auf bis zu fünf Teile erweitert werden konnte. Die solide konzeptionierten, zeitweise im TEE-Dienst fahrenden Züge bewährten sich bestens. Ende der fünfziger Jahre konnte die Bundesbahn die Höchstgeschwindigkeit von 120 auf 140 km/h heraufsetzen. Ab den sechziger Jahren im Nahverkehr eingesetzt, blieben die Züge bis 1985 im Bestand der DB.

Bauart: B'2'+2'2'+2'2'dh
Baujahre: 1952 – 1954
Leistung: 736 kW
Länge über Puffer: 79.970 mm
Dienstmasse: 146 t
Stückzahl: 10

Baureihe 610

Anfangs stand der Dieseltriebzug als Baureihe 638 in den Plänen. Letzten Endes entstand ein den Grundsätzen des Duewag-Fahrzeugbaus entsprechender Zug für 160 km/h Spitzentempo. Moderne Neigetechnik von Fiat ermöglichte das Durchfahren von Bögen mit größerer Geschwindigkeit ohne Komforteinbußen für die Reisenden. Nach über zehn Jahren Einsatz musste DB Regio die „Pendolini" grundlegend überholen.

Bauart: 2'(A1) + (1A)(A1)dh
Baujahre: 1992 – 1993
Leistung: 970 kW
Länge über Puffer: 51.750 mm
Dienstmasse: 51,1 – 52,1 t
Stückzahl: 20

Baureihe 611

Nachdem der 610 mit hydraulischer Neigetechnik von Fiat gezeigt hat, welche Möglichkeiten bogenschnelles Fahren schafft, entwickelte die Schienenfahrzeugindustrie einen Neigezug „made in germany". Die aus der Rüstungstechnik abgeleitete elektrische Neigetechnik zeigte sich dem Bahnbetrieb, der härter ist als der Alltag bei der Bundeswehr, nicht gewachsen. Zudem machten Konstruktionsmängel im Antrieb den Zügen zu schaffen. Mit der Zeit gelang es, die „Pannolini" zu stabilisieren. DB Regio setzt sie vor allem rund um Ulm ein.

Bauart: 2'B' + B'2'
Baujahre: 1996 – 1997
Leistung: 2 x 540 KW
Länge über Puffer: 51.750 mm
Dienstmasse: 116 t

Baureihe 612/613

Vom 608 leitete die Bundesbahn einen dreiteiligen Dieseltriebzug für den Städteschnellverkehr zwischen Dortmund und Köln sowie den Bezirksverkehr ab. Technisch unterschieden sich die Züge vor allem im Heizsystem. Hatte im 608 jeder Wagen eine eigene Heizung, begnügte sich die DB beim 612 mit einer durchgehenden Heizung. Zudem lag der Fußboden um 50 mm höher als beim Fernverkehrszug. Diese umgebauten Fahrzeuge wurden ab 1968 als Baureihe 613 bezeichnet, fuhren aber weiterhin in gleichen Diensten wie der 612. 1985 musterte die DB die formschönen Züge aus.

Bauart: B'2'+2'2'+2'2'dh
Baujahre: 1953 – 1957
Leistung: 736 kW
Länge über Puffer: 80.220 mm
Dienstmasse: 112 – 132,4 t
Stückzahl: 12

Baureihe 612

Bauart: 2'B' + B'2'
Baujahr: 2001
Leistung: 2 x 559 kW
Länge über Puffer: 51.750 mm
Dienstmasse: 116 t

Mit dem 612 kehrte die DB zu hydraulischer Neigetechnik zurück. Auch der Antrieb wurde solider durchgebildet, sodass es nur einige Kinderkrankheiten zu kurieren galt. Allerdings neigen die Züge im Planbetrieb zu etwas heftigem Pendeln, weshalb vielen Fahrgästen übel wird – ein Phänomen, das beim 610 nicht zu beobachten war. Die Hochflurzüge, die über 146 Sitzplätze und vierstufige Einstiege verfügen, sind in verschiedenen Teilen Deutschlands zu Hause und bewältigen den Regionalverkehr problemlos. Ende 2003 lösten sie zwischen Nürnberg und Dresden den 605 im Fernverkehr ab.

Baureihe 614

Bauart: B'2'+2'2'+2'B'dh
Baujahre: 1971 – 1975
Leistung: 754 kW
Länge über Puffer: 79.460 mm
Dienstmasse: 141,8 t
Stückzahl: 42

Mit vor allem äußerlich neu gestalteten Zügen wollte die Bundesbahn Anfang der siebziger Jahre neue Fahrgäste im Nahverkehr gewinnen. Der dreiteilige 614 basiert weitgehend auf dem 624. Die beiden Baumuster erhielten eine gleisbogenabhängige Wagenkastensteuerung. Da diese aber nur einen Komfort-, aber keinen nennenswerten Fahrzeitgewinn versprach, verzichtete die Bundesbahn auf den Einbau in den Serienzügen. Zwei Mittelwagen erhielten für die Sonderzugeinsätze eine schnell ausbaubare Bestuhlung.

Baureihe 624 (VT 23.5, VT 24.5, VT 24.6)

Bauart: B'2'+2'2'+2'B'dh
Baujahre: 1960 – 1965
Leistung: 664 – 692 kW
Länge über Puffer: 79.420/79.460 mm
Dienstmasse: 111,5 – 112,7 t
Stückzahl: 88

Zweiteilig konzipiert, erhielten die für den schnellen Vorortverkehr bestimmten Züge dank leistungsstarker Motoren bereits ab Werk einen zusätzlichen Mittelwagen. Auch zwei Mittelwagen bereiteten der Antriebsanlage keine Probleme. Die Vorserienfahrzeuge stammten von MAN und der Waggonfabrik Uerdingen. Beide Bauarten unterschieden sich geringfügig, weshalb die DB separate Bezeichnungen vergab. Als VT 24.6 verkehrte dann die Serienausführung, die beide Hersteller gemeinsam fertigten. Die Züge sind heute noch im Einsatz, unter anderem zwischen Berlin und Küstrin.

Baureihe 627

Bauart: 2'B'dh
Baujahre: 1974 – 1982
Leistung: 287 – 294 kW
Länge über Puffer: 22.500 – 23.600 mm
Dienstmasse: 33,9 – 35,1 t
Stückzahl: 13

Der einteilige 627 und der zweiteilige 628 sollten die Schienenbusse ablösen, aber auch auf Hauptbahnen Nahverkehrsleistungen erbringen. Ihre Höchstgeschwindigkeit von 120 km/h reichte dafür nach Auffassung der Bundesbahn aus. Auf den Zugführer konnte man verzichten, der Lokführer verkaufte auch die Fahrkarten. Somit gelang es, im Nahverkehr weitere Kosten zu sparen. Leider konnte sich die Bundesbahn nicht dazu durchringen, eine nennenswerte Zahl der Triebzüge zu beschaffen. Die letzten Exemplare fahren noch im Allgäu.

Baureihe 628.0

Die erste Variante des 628 bestand aus zwei kurzgekuppelten, einmotorigen Triebwagen. Ihre Motoren stammten aus der Serienfertigung für Straßenfahrzeuge. Bis 1980 erprobte die Bundesbahn die Züge, dann baute sie in vier Einheiten einen Motor aus und ersetzte den anderen durch ein leistungsstärkeres Aggregat. Die Leistungen der zweimotorigen Ausführung wurden aber nicht erreicht. Auf Basis der umgebauten 628.0 entstanden die 628.1. Die 628.0 sind derzeit von Kempten aus in Betrieb, sollen aber noch 2004 ausgemustert werden.

Bauart: 2'B'+B'2'dh
Baujahre: 1974 – 1975
Leistung: 357 – 420 kW
Länge über Puffer: 44.350 –
45.150 mm
Dienstmasse: 64,1 t
Stückzahl: 12

Baureihe 628.1

Sieben Jahre nach Indienststellung der 628.0 dachte die Bundesbahn nicht mehr an einen Ersatz der Schienenbusse, sondern an Einsätze der Züge im Bezirksschnell- und Eilzugdienst. Äußerlich unterschieden sich die 628.1 deutlich von den 628.0. Statt gesickter wiesen sie glatte Seitenwände auf, die vorderen Einstiegstüren befanden sich nunmehr direkt hinter dem Führerhaus. Für die Abfertigung durch den Lokführer erhielten die Züge klappbare Rückspiegel. Zeitlebens in Kempten stationiert, fahren sie heute noch im Regionalzugdienst.

Bauart: 2'B'+2'2'dh
Baujahre: 1981 – 1982
Leistung: 357 kW
Länge über Puffer: 45.150 mm
Dienstmasse: 64,1 t
Stückzahl: 3

Baureihe 628.2

Bauart: 2'B'+2'2'dh
Baujahre: 1986 – 1989
Leistung: 410 kW
Länge über Puffer: 45.400 mm
Dienstmasse: 66,9 t
Stückzahl: 150

Zwölf Jahre nach Übernahme des ersten Baumusters begann endlich die Serienlieferung des 628, der den Schienenbus ersetzen sollte. Gegenüber den 628.1 gelang es, die Motorleistung und die Reibungsmasse zu steigern. Ein besserer Schleuderschutz erleichterte dem Triebwagenführer das Anfahren in kritischen Lagen. Den Fahrgästen kamen die überarbeitete Lüftung und Heizung zugute. Die Züge kamen im gesamten Bundesgebiet herum. In einigen Gegenden mussten sie den 628.4 oder Neubautriebzügen weichen. Trotzdem stehen noch fast alle 628.2 in Diensten von DB Regio.

Baureihe 628.4

Der längste, leistungsstärkste und in größter Stückzahl gefertigte Vertreter seiner Familie entstand in den neunziger Jahren. Er fuhr in allen Teilen Deutschlands, löste also auch in den neuen Ländern lokbespannte Züge, teilweise auch die 771 und 772 ab. Äußerlich unterschied er sich von den Brüdern durch die doppelflügeligen Schwenkschiebetüren am Kurzkupplungsende. Unterhalb der Puffer verhindert ein Unterfahrschutz das Einklemmen, Unterziehen und Überfahren von Straßenfahrzeugen, eine Maßnahme, die nach bitteren Erfahrungen der Bahn umgesetzt wurde.

Bauart: 2'B'+2'2'dh
Baujahre: 1992 – 1995
Leistung: 485 kW
Länge über Puffer: 46.150 mm
Dienstmasse: 70,4 t
Stückzahl: 304

Baureihe 634 (VT 23.5, VT 24.5, VT 24.6)

In einem Mittelwagen der Baureihe 624 installierte die Bundesbahn Mitte der sechziger Jahre versuchsweise eine gleisbogenabhängige Steuerung der Luftfederung. Auf diese Weise ließ sich die Höchstgeschwindigkeit der laufruhigen Fahrzeuge steigern. Nachdem sich das Konzept auch in einem kompletten Zug bewährt hatte, ließ die Bundesbahn ein knappes Drittel des Bestandes umbauen. Die ab 1968 als 634 bezeichneten Züge durften 140 statt 120 km/h erreichen. Später legte die DB die moderne Technik wieder still und setzte die 634 gemischt mit 624 ein.

Bauart: B'2'+2'2'+2'Bo'dh
Baujahre: 1965 – 1974
Leistung: 664 kW
Länge über Puffer: 79.460 mm
Dienstmasse: 118,1 t
Stückzahl: 26

Baureihe 640

Bauart: B'2'dh
Baujahr: 1999
Leistung: 315 kW
Länge über Puffer: 27.260 mm
Dienstmasse: 56,7 t
Stückzahl: 30 + 22

„Leichter Innovativer Nahverkehrs-Triebwagen" oder kurz LINT nannte Alstom-LHB die Konstruktion eines kombinierten Niederflurfahrzeuges mit hochflurigen Endräumen. Diese ermöglichten die Installation eines leistungsfähigen Antriebs. Die Züge fuhren für die DB an Rhein-Ruhr sowie in Westfalen. Zudem beschaffte die Landesnahverkehrsgesellschaft Niedersachsen baugleiche Fahrzeuge, die sie den Gewinnern von Streckenausschreibungen vermietet. Der 640 bewährte sich sehr gut.

Baureihe 641

Bauart: (1A)'(A1)'
Baujahr: 1999
Leistung: 514 kW
Länge über Puffer: 28.900 mm
Dienstmasse: 65 t
Stückzahl: 40

Mitte der neunziger Jahre entschlossen sich DB und SNCF zur gemeinsamen Beschaffung neuer Nahverkehrstriebwagen. Das Rennen machte ein aus der Baureihe 640 abgeleitetes, langgestreckt wirkendes Fahrzeug mit eigenwilliger Formgestaltung. „Walfisch" heißt es deswegen unter Eisenbahnfreunden. Leider stellten beide Bahnen im Laufe der Zeit weitere, inkompatible Anforderungen, sodass der 641 mit dem französischen TER X 73500 nur noch mechanisch kuppelbar ist. Die DB setzt den 641 in Thüringen, an Rhein und Mosel sowie in Baden und der Rheinpfalz ein.

Baureihe 642

Der „Desiro" von Siemens-Duewag entstand parallel zum „Regio Sprinter". Von Anfang an war der Zug als vollwertiges Eisenbahnfahrzeug konzipiert, während der Regio Sprinter den Vorgaben für leichte Nebenbahn-Triebwagen entsprach. Einige Negativschlagzeilen schrieb der 642, als Züge wegen Dieselmangels auf der Strecke liegenblieben – die DB hatte auf den Einbau einer Tankanzeige verzichtet. Auch NE-Bahnen orderten das insgesamt solide gebaute, gelungene Fahrzeug.

Bauart: B'(2)B'
Baujahre: 1998 –
Leistung: 550 kW
Länge über Puffer: 41.700 mm
Dienstmasse: 86 t
Stückzahl: 150 +

Baureihe 643

Bauart: B'2'2'B'dm
Baujahr: 1999
Leistung: 630 kW
Länge über Puffer: 43.860 mm
Dienstmasse: 96 t
Stückzahl: 75

Zu den interessantesten Fahrzeugkonzepten, die auf Initiative des VDV entstanden, gehört das „Talent"-Projekt von Talbot. Die Triebzugfamilie ist konstruktiv für Tempo 160 ausgelegt und kann zudem mit Neigetechnik-Einrichtungen ausgestattet werden. Stromlinienförmige Stirnseiten erinnern an Fernverkehrszüge. Im vorgesehenen Geschwindigkeitsbereich kann die Aerodynamik allerdings vernachlässigt werden. Neben verschiedenen NE-Bahnen orderte auch die DB eine Serie dreiteiliger Triebzüge, die sie erfolgreich in Nordrhein-Westfalen und Rheinland-Pfalz einsetzt.

Baureihe 644

Bauart: B'2'2'B'dh
Baujahre: 1998 – 1999
Leistung: 1010 kW
Länge über Puffer: 52.160 mm
Dienstmasse: 109,8 t
Stückzahl: 59

Das Baumuster des „Talbot/leichter Nahverkehrs-Triebwagen", kurz „Talent", verfügte über eine hydrodynamische Kraftübertragung. Ihm kommt der dreiteilige Zug der DB-Baureihe 644 am nächsten, der im Bereich des Verkehrsverbundes Rhein-Sieg fährt. Die Antriebsanlage ist zwar schwerer, doch können sich die Reisenden einer spürbar höheren Laufkultur erfreuen. Die Fahrzeugenden sind hochflurig, die übrigen Bereiche niederflurig ausgeführt.

Baureihe 646

Schweizerischen Ursprungs ist der von der DB ausschließlich in den neuen Ländern eingesetzte 646. Für die Oberaargau-Solothurn-Seeland-Transport-Gruppe entwickelte Stadler einen Gelenktriebwagen mit zwei angetriebenen Achsen. Das Konzept bewährte sich so gut, dass unter anderem die Mittelthurgaubahn und die Hessische Landesbahn Züge dieser Bauart beschafften. Auch die DB fand zu dem Modell, dessen Antriebsanlage in dem mittleren Fahrzeugteil untergebracht ist. Neben DB Regio erhielt auch die Usedomer Bäderbahn, eine Tochter der DB, den GTW 2/6.

Bauart: 2'Bo2'
Baujahr: 1999
Leistung: 550 kW
Länge über Puffer: 38.660 mm
Dienstmasse: 73,4 – 73,7 t
Stückzahl: 44 + 18

Mit dem „Fliegenden Hamburger" (Mitte rechts) eröffnete die Reichsbahn 1933 den Schnellverkehr mit Triebzügen. Vom Baumuster entstand nur ein Fahrzeug.

Damit war natürlich nicht viel Staat zu machen. Da die Fahrgäste das Angebot sehr gut annahmen, stellte die Reichsbahn die zweiteilige Bauart Hamburg (oben rechts) und die dreiteilige Bauart Leipzig (Mitte links) in Dienst. Von letzterer hatten je zwei Einheiten eine elektrische und eine hydrodynamische Kraftübertragung. Ab 1938 folgte noch die ebenfalls dreiteilige Bauart Köln mit längeren Einzelwagen (unten). Hatten die ersten Züge Jakobs-Drehgestelle, verfügte bei ihr jeder Wagen über zwei eigene Drehgestelle. Ein interessantes Fahrzeug entstand unter Federführung Franz Kruckenbergs. Der SVT 137 155 (oben links) wurde im konsequenten Leichtbau gefertigt und bestach durch eine überaus hohe Laufkultur. Der Zug absolvierte leider nur wenige Probefahrten und wurde 1967 verschrottet.

Baureihe 650

Bauart: B'B'dh
Baujahre: 1996 – 1999
Leistung: 514 kW
Länge über Puffer: 25.500 mm
Dienstmasse: 56 t
Stückzahl: 132

Einen Nahverkehrstriebwagen mit trapezförmigen Fenstern stellte ADtranz vor. Das eigenwillige Äußere war aber nicht das Werk von Formgestaltern. Vielmehr entstanden die Seitenwände in Fachwerkbauweise ähnlich einer Brücke. Die ersten Regio-Shuttle gelangten zur WEG, die sie auf der reaktivierten Schönbuchbahn Böblingen – Dettenhausen einsetzte. Aufträge weiterer NE-Bahnen sowie der DB folgten. Der Regio-Shuttle überzeugt durch seine Motorisierung, die ein schnelles Beschleunigen ermöglicht. Für den Nahverkehr ist er somit bestens geeignet.

Baureihe 670

Bauart: 1'A'
Baujahr: 1996
Leistung: 250 kW
Länge über Puffer: 16.332 mm
Dienstmasse: 33,2 t
Stückzahl: 7

Auf Initiative des VDV arbeitete das IfS seit 1992 an der Entwicklung eines doppelstöckigen Nahverkehrstriebzuges. Berichte, DB-Chef Heinz Dürr habe das Fahrzeug im Frühjahr 1993 auf einer Serviette skizziert, gehören in das Reich der Legenden. Die DB setzte die Fahrzeuge an der Mosel, in Thüringen und Sachsen-Anhalt ein. Leider zeigten die Baumuster eine Reihe konstruktiver Schwächen. Diese wären zwar zu beheben gewesen, doch zeigten die DB und die Besteller in den Ländern wenig Interesse am Doppelstock-Schienenbus. Eine Serienbeschaffung unterblieb.

Baureihe 675 (VT 18.16, 175 DR)

Bauart: B'2'+2'2'+2'2'+2'B'dh
Baujahre: 1963 – 1968
Leistung: 1324 – 1471 kW
Länge über Puffer: 98.140 mm
Dienstmasse: 214,4 – 220 t
Stückzahl: 7

Namen wie „Neptun" oder „Vindobona" trugen Züge, welche die DDR mit dem Ausland verbanden, dem westlichen wie dem östlichen. Die Reichsbahn beschaffte dafür repräsentative Züge, die teilweise auch im Binnenverkehr fuhren. Die Grundeinheit bestand aus je zwei Trieb- und Mittelwagen. Durch Einstellung weiterer Mittelwagen entstanden sechsteilige Einheiten. Die Motoren stammten aus DDR-Produktion, die hydrodynamischen Getriebe aus der Bundesrepublik. Bis 1981 fuhren die Züge planmäßig, danach im Sonderverkehr.

Baureihe 771 (VT 2.09.0, 171 DR)

Um auf Nebenbahnen die wartungsintensiven und stets mit zwei Mann Personal zu besetzenden Dampfloks ablösen zu können, konzipierte die Reichsbahn Mitte der fünfziger Jahre in Stahlleichtbauweise konstruierte Dieseltriebwagen. Der mit der einfachen Variante der Scharfenberg-Kupplung ausgerüstete Schienenbus konnte bis zu zwei Beiwagen schleppen. In den neunziger Jahren wurden einige Fahrzeuge modernisiert, dabei unter anderem mit einem Motor von MAN ausgestattet. Mit der Jahrtausendwende wichen die 771 moderneren Dieseltriebzügen.

Bauart: 1Adm
Baujahre: 1957 – 1964
Leistung: 111 – 132 kW
Länge über Puffer: 13.500 mm
Dienstmasse: 15 – 19,6 t
Stückzahl: 70

Baureihe 772 (VT 2.09.1/2, 172.01/1 DR)

Der solide Schienenbus der Baureihe 771 zeigte zwar gute Leistungen im Alltag, hatte jedoch zwei Nachteile: Er besaß keine Vielfachsteuerung und es gab keine Steuerwagen. Deshalb stellte die Reichsbahn eine überarbeitete Variante in Dienst. Ab 1968 wurden die 772 mit verstärktem Rahmen und neuem Motor geliefert. 1991 begann die Modernisierung der Fahrzeuge. Zur Jahrtausendwende stellte DB Regio die letzten Schienenbusse ab.

Bauart: 1Adm
Baujahre: 1964 – 1969
Leistung: 132 kW
Länge über Puffer: 13.550 mm
Dienstmasse: 19,4 – 22,1 t
Stückzahl: 89

Baureihe 790 (Schiene-Straße-Bus)

Bauart: 2'A2'dm
Baujahre: 1953 – 1955
Leistung: 88 kW
Länge über Puffer: 12.550 mm
Dienstmasse: 13,5 t
Stückzahl: 15

In den fünfziger Jahren experimentierte die Bundesbahn mit Straßenbussen, die, auf Laufdrehgestelle gesetzt, zu Schienenfahrzeugen wurden. Der Antrieb erfolgte über die Hinterachse, die auf den Schienen lag, wenn auch dank des geringeren Rollwiderstandes des Gleises etwas entlastet. Im Winter fuhren die Busse hauptsächlich auf der Straße, da sie auf vereisten Schienen zum Durchrutschen neigten und zudem beim Wechsel auf die Schiene die Schneeketten entfernt werden mussten. Der Ausbau des Straßennetzes ließ jedoch das Einsatzgebiet der Busse schrumpfen. Bis 1967 musterte die DB sie aus.

Baureihe 795 (VT 95.9)

Um den Verkehr auf Nebenstrecken zu rationalisieren, ersetzte die Bundesbahn Dampfloks durch im Betrieb und in der Instandhaltung weniger personalintensive Dieseltriebwagen. Als Erstes erschien ein zweiachsiges, von einem Omnibusmotor angetriebenes Fahrzeug, zu dem die DB passende Beiwagen beschaffte. Eine leichte Scharfenberg-Kupplung verband beide. Über Jahre bewältigten die Züge einen nennenswerten Teil des Nebenbahndienstes. Durch Streckenstilllegungen schrumpfte ihr Einsatzgebiet zusehends. 1980 rollte der letzte 795 auf das Abstellgleis.

Bauart: A1dm
Baujahre: 1952 – 1958
Leistung: 96 – 111 kW
Länge über Puffer: 10.650 – 13.298 mm
Dienstmasse: 11,1 – 13,9 t
Stückzahl: 584

Baureihe 796

Bauart: Bodm
Baujahre: 1988 – 1989 (Umbau)
Leistung: 222 kW
Länge über Puffer: 13.950 mm
Dienstmasse: 20,3 t
Stückzahl: 47

In den achtziger Jahren hätten die Schienenbusse längst ausgemustert sein sollen. Vom Nachfolgekonzept mit dem 627/628 hatte sich die DB jedoch verabschiedet.

Um trotzdem die Kosten im Nebenbahnbetrieb senken zu können, ließ sie Schienenbusse auf Einmannbetrieb umrüsten. Auffälligstes Merkmal waren die Rückspiegel an den Führerstandsfenstern. Beim Betätigen der Türschließvorrichtung ertönte ein Warnsignal. Im Wageninnern konnten die Fahrgäste mit Druckknöpfen den Haltewunsch melden. Die letzten Fahrzeuge fuhren bis zur Jahrtausendwende.

141

Baureihe 798 (VT 98.9)

Bauart: Bodm
Baujahre: 1953 – 1962
Leistung: 222 kW
Länge über Puffer: 13.950 mm
Dienstmasse: 18,9 – 20,9 t
Stückzahl: 329

Die 795 konnten wegen ungenügender Motorisierung nicht alle Leistungen bedienen. Deswegen bestellte die Bundesbahn zweimotorige Schienenbusse, die zudem herkömmliche Zug- und Stoßvorrichtungen erhielten, um bei Bedarf Güterwagen mitnehmen zu können. Des Weiteren installierte die DB zur Zugbildung mit mehreren Triebwagen eine Vielfachsteuerung und beschaffte neben Bei- auch Steuerwagen. Das lästige Umsetzen an den Endbahnhöfen entfiel. Bis zur Jahrtausendwende gehörten die 798 zum DB-Bestand. Einige fahren derzeit noch bei der Prignitzer Eisenbahn.

Baureihe 797 (VT 97.9)

Zur Ablösung der Dampfloks auf den Zahnradstrecken Honau – Lichtenstein und Obernzell – Wegscheid beschaffte die Bundesbahn aus dem 798 abgeleitete Triebwagen. Der Zahnradantrieb stammte von SLM. Um einen Gleichtakt von Zahnstangenlänge, Zahnteilung und Radsatzstand zu vermeiden, schrumpfte der Achsstand um 50 auf 5950 mm. Nach Stilllegung der Zahnradstrecken zwischen 1970 und 1973 setzte die Bundesbahn die Züge auf anderen Strecken ein.

Bauart: Bozdm
Baujahre: 1961 – 1965
Leistung: 221 kW
Länge über Puffer: 13.950 mm
Dienstmasse: 24,4 t
Stückzahl: 8

Baureihe E 05

Bauart:	1'Co1'
Baujahr:	1933
Leistung:	2160 kW
Länge über Puffer:	15.400 mm
Dienstmasse:	89/90 t
Stückzahl:	3

Als die Reichsbahn die 1'Co1'-Loks der Baureihe 104 ausschrieb, bot Siemens eine Maschine mit Tatzlagerantrieb an. Um die Eignung des Antriebs für den Schnellzugverkehr zu erproben, orderte die Reichsbahn drei Baumuster. Zwei waren für 110, eine für 130 km/h Höchstgeschwindigkeit ausgelegt. Bei den Versuchen stellten sich schlechtere Laufeigenschaften als beim Federtopfantrieb heraus. Eine Maschine verblieb nach 1945 in der Sowjetunion, die beiden anderen gelangten zur Reichsbahn, welche sie 1968 verschrottete.

Baureihe E 06

Für den Schnellzugdienst der Direktion Halle orderten die preußischen Staatsbahnen für damalige Zeit hochleistungsfähige Maschinen. Wie in Preußen üblich, verfügten sie über einen Fahrmotor. Dieser war sehr groß und schwer und bereitete deswegen in der Wartung erhebliche Probleme. Auch ließ die Laufruhe der Maschinen bei höherer Geschwindigkeit zu wünschen übrig. 1946 gelangten die vier noch fahrfähigen Loks in die Sowjetunion. Die Reichsbahn musterte sie nach der Rückgabe aus und verschrottete sie zügig.

Bauart:	2'C2'
Baujahre:	1924 – 1925
Leistung:	2780 kW
Länge über Puffer:	15.750 mm
Dienstmasse:	111,6/109,4 t
Stückzahl:	7

Baureihe E 06.1

Bauart: 2'C2'
Baujahr: 1928
Leistung: 2780 kW
Länge über Puffer: 16.330 mm
Dienstmasse: 110 t
Stückzahl: 5

Die fünf geringfügig verbesserten E 06 erhielten die Unterbaureihe E 06.1 zugewiesen. Ihre Ordnungsnummern schlossen an die zuvor in Dienst gestellten an. Bei den E 06 08 bis 12 handelt es sich um die letzten einmotorigen Schnellzugloks Deutschlands. Sie schleppten selten Schnellzüge, sondern vorzugsweise schwere Personenzüge. Als Reparationsleistung in die Sowjetunion abgegeben, kehrten sie 1952/53 schrottreif zurück.

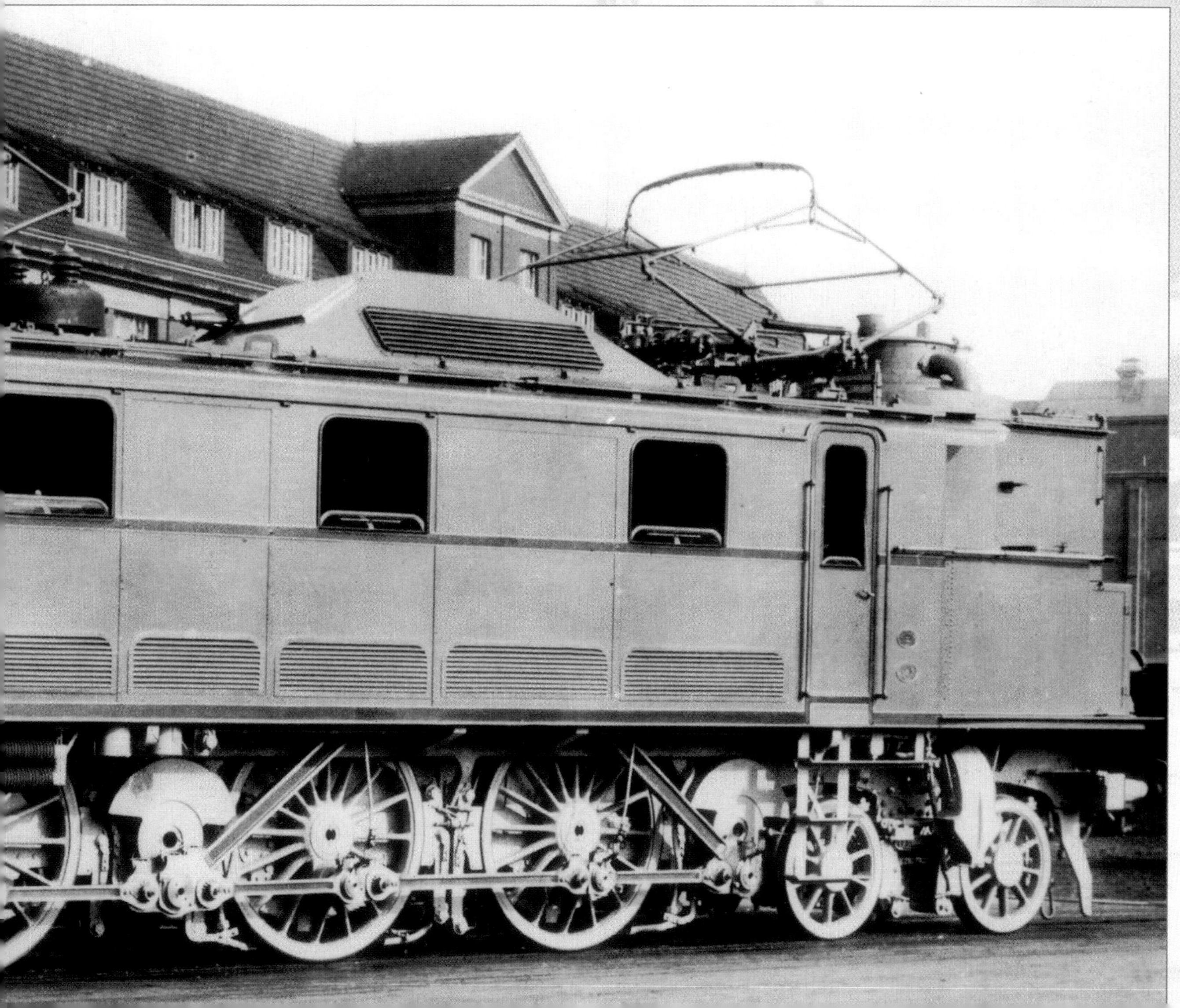

Baureihe E 30 (pr. EP 202 – 208)

Bauart: 1'C1'
Baujahre: 1914 – 1921
Leistung: 598 kW
Länge über Puffer: 12.950 mm
Dienstmasse: 82,5 t
Stückzahl: 7

Für den leichten Personenzugdienst in Schlesien orderten die preußischen Staatsbahnen eine einmotorige Lokomotive mit Parallelkurbelantrieb. Kriegsbedingt zog sich die Lieferung der Fahrzeuge über Jahre hin. Die vorhandenen Loks wurden bis an die Grenze ihrer Leistungsfähigkeit beansprucht. Auch durch die Verwendung von Ersatzwerkstoffen erhöhte sich die Schadanfälligkeit. Die Reichsbahn setzte die Maschinen im Raum Halle und Magdeburg ein. Nach Lieferung der E 06.1 quittierten sie bis 1930 den Dienst.

Baureihe E 36 (bay. EP 3/6)

Für die Strecke Salzburg – Freilassing – Berchtesgaden beschafften die Königlich Bayerischen Staatsbahnen einmotorige Loks mit Stangenantrieb. Auf der bogenreichen Strecke überzeugten die EP 3/6 20 101 bis 20 104 durch den stoß- und schlingerfreien Lauf, der dem Fahrwerkskonzept mit lediglich einer fest im Rahmen gelagerten Kuppelachse geschuldet war. Die gestiegenen Anforderungen an die Traktionsleistung machten den Maschinen von Krauss und Siemens nach nicht einmal 30 Jahren im Betriebsdienst den Garaus.

Bauart: 1'C2'
Baujahr: 1914
Leistung: 960 kW
Länge über Puffer: 12.450 mm
Dienstmasse: 93,7 t
Stückzahl: 4

Baureihe E 36.2 (bay. EP 3/6)

Bauart: 1'C2'
Baujahr: 1913
Leistung: 960 kW
Länge über Puffer: 13.550 mm
Dienstmasse: 93,7 t
Stückzahl: 4

Schlechtere Laufeigenschaften als die ebenfalls von der Reichsbahn als Baureihe E 36 eingruppierten, bauartgleichen Loks wiesen die EP 3/6 20 121 bis 20 124 der Bayerischen Staatsbahnen auf. Sie entstanden bei Krauss und Maffei-Schwartzkopff und fuhren ebenfalls auf der Strecke Salzburg – Freilassing – Berchtesgaden. Da sich die Spurkranz- und Oberbauabnutzung trotz der geringeren Laufkultur in Grenzen hielt, setzte die Reichsbahn die ansonsten robusten und leistungsstarken Maschinen bis 1937 ein.

Baureihe E 42.2 (pr. EP 215 – 219)

Bauart: B'B'
Baujahre: 1924 – 1925
Leistung: 780 kW
Länge über Puffer: 13.360 mm
Dienstmasse: 77,2 t
Stückzahl: 5

AEG lieferte den preußischen Staatsbahnen elf Triebdrehgestelle für den Versuchsbetrieb im Berliner Vorortverkehr. Nach dem Ende der Probefahrten ließ die Reichsbahn aus zehn Triebdrehgestellen fünf Lokomotiven für den leichten Personenzugdienst auf den schlesischen Gebirgsstrecke bauen. Obwohl sie wie die E 42.1 bei Indienststellung bereits technisch überholt waren, bewährten sie sich. Zwei Loks gingen im Krieg verloren, die restlichen mussten an die Sowjetunion abgegeben werden. Nachdem diese sie zurückgegeben hatten, gehörten sie bis 1959 zum Schadpark.

E 44 2001 (E 44 201)

Bauart: Bo'Bo'
Baujahr: 1930
Leistung: 2200 kW
Länge über Puffer: 13.500 mm
Dienstmasse: 79,1 t
Stückzahl: 1

Drei Probelokomotiven gab die Reichsbahn für die laufachslose Schnellzugbaureihe in Auftrag. Von zweien bestellte sie Serienmaschinen. Lediglich die von Bergmann und der BMAG gebaute E 44 2001 blieb wegen der kurzen Entwicklungszeit geschuldeten Unzulänglichkeiten ein Einzelgänger. Dabei wies sie interessante Neuerungen im Kühlsystem, bei der Feinstellersteuerung und dem Achsfahrmassenausgleich auf. Vornehmlich in Süddeutschland eingesetzt, wurde sie im Februar 1945 mit einem Schaden abgestellt und nicht wieder aufgearbeitet. Die Ausmusterung erfolgte 1949.

Baureihe E 50.3 (pr. EP 236 – 246)

Die E 50 36 bis 46 wurden von der E 50 35 abgeleitet. Deren Grundkonzept überzeugte zwar vollends, doch stand inzwischen ein leistungsfähigerer Fahrmotor zur Verfügung, der auch in der Baureihe 06 installiert war. Bei der Überarbeitung gelang es zudem, das Gewicht der Lokomotive etwas zu reduzieren. Die Lokomotiven bewältigten den schweren Reisezugdienst auf schlesischen Gebirgsstrecken anstandslos. Die noch fahrfähigen Loks gelangten 1946 in die Sowjetunion und wurden nach der Rückgabe nicht mehr aufgearbeitet, sondern 1956 verschrottet.

Bauart: 2'D1'
Baujahr: 1924
Leistung: 2400 kW
Länge über Puffer: 14.800 mm
Dienstmasse: 108,6 t
Stückzahl: 11

Baureihe E 50.4 (pr. EP 247 – 252)

Nach den Maschinen der Baureihe E 50.3 orderte die Reichsbahn bauartgleiche Loks mit anderer elektrischer Ausrüstung und deswegen überarbeitetem Hauptrahmen bei der BMAG und Maffei-Schwartzkopff. Anfangs gab es Schwierigkeiten mit der Feinstellersteuerung. Danach aber bewältigten die Maschinen den schweren Reisezugdienst in Schlesien problemlos. 1946 requirierte die Sowjetunion die noch vorhandenen vier Loks.

Bauart: 2'D1'
Baujahr: 1924
Leistung: 1900 kW
Länge über Puffer: 15.200 mm
Dienstmasse: 114,2 t
Stückzahl: 6

Baureihe E 62 (bay. EP 3/5)

Für die von Beginn an elektrisch betriebene Mittenwaldbahn Garmisch-Partenkirchen – Innsbruck erhielten die Bayerischen Staatsbahnen von Maffei und Siemens einmotorige Stangenloks. Sie verbrachten ihre gesamte Lebenszeit beim Bw Garmisch-Partenkirchen und bewältigten den Betrieb auf der steigungsreichen Strecke jederzeit anstandslos. Lediglich eine Lok ging 1914 fremd und reiste zur Eröffnung der Strecke Freilassing – Berchtesgaden. Die letzte Maschine verschwand 1955 aus den Büchern.

Bauart: 1'C1'
Baujahr: 1913
Leistung: 710 kW
Länge über Puffer: 12.400 mm
Dienstmasse: 72,5 t
Stückzahl: 5

E 69 01 (LAG 1)

Als erste elektrisch betriebene Vollbahn ging 1905 die Lokalbahn Murnau – Oberammergau in Betrieb. Für den Güterzugdienst beschaffte die Privatbahn bei Siemens und der Pfälzer Katharinenhütte eine zweiachsige Lok, die den Verkehr auf der steigungs- und bogenreichen Strecke mühelos bewältigte. 1935 wurde sie modernisiert und mit leistungsstärkeren Motoren ausgerüstet. Als 1954 ihre Stammstrecke von 5,5 auf 15 kV Spannung umgestellt wurde, lohnte sich der Umbau der Lok nicht, die später in das Deutsche Museum München einzog.

Bauart: Bo
Baujahr: 1905
Leistung: 206 kW
Länge über Puffer: 7500 mm
Dienstmasse: 23,5 t
Stückzahl: 1

Baureihe E 70 (pr. EG 502 – 506)

Bauart: D
Baujahr: 1911
Leistung: 558/441 kW
Länge über Puffer: 10.500 mm
Dienstmasse:
66/64,6/60,1/66,8/61,6 t
Stückzahl: 5

Für den Versuchsbetrieb zwischen Dessau und Bitterfeld beschafften die preußischen Staatsbahnen Einrahmenloks mit Stangenantrieb.

Während der Probefahrten wurden sie mehrfach überarbeitet. Insgesamt zeigten sie sich aber den Anforderungen mehr als gewachsen. Statt 50 bis 60 erreichten sie bis zu 80 km/h, die Anfahrzugkraft lag um durchschnittlich 70 % über den errechneten Werten. Nach dem Versuchseinsatz gelangten sie zunächst nach Schlesien, schließlich zur Wiesen- und Wehratalbahn in Baden. Dort leisteten sie bis 1938 Dienst.

Baureihe E 70.2 (bay. EG 2 x 2/2)

Bauart: B'B'
Baujahr: 1920
Leistung: 720 kW
Länge über Puffer: 12.540 mm
Dienstmasse: 64,8 t
Stückzahl: 2

Für den Güterzugdienst auf der Strecke Freilassing – Berchtesgaden orderten die Bayerischen Staatsbahnen 1912 zweimotorige Drehgestellloks mit Stangenantrieb. Ihre Leistungen und Laufeigenschaften befriedigten, ihre Technik war aber, als sie nach kriegsbedingter Verzögerung bereitstanden, überholt. Deshalb blieb es bei zwei Loks, die ausschließlich in Freilassing beheimatet waren. Die E 70 21 stand Ende 1950 in den Büchern der DB, im Folgejahr war sie ausgemustert.

Baureihe E 71.1 (pr. EG 511 – 537)

Bauart: B'B'
Baujahre: 1914 – 1922
Leistung: 785 kW
Länge über Puffer: 11.600 mm
Dienstmasse: 64,9 t
Stückzahl: 27

1912 bestellten die preußischen Staatsbahnen gleich 72 Elektroloks, um eine Art Serienfertigung in Gang zu bringen. Darunter befanden sich auch 18 B'B'-Maschinen, deren Zahl später auf 27 wuchs. Sie sollten 1000-t-Güterzüge im Flachland schleppen, bewältigten im Alltag aber auch 1300 t. Ende der zwanziger Jahre gelangten die meisten Maschinen nach Baden. Die DB musterte sie bis 1959 aus. Eine Lok verblieb in Österreich, eine gelangte in die Sowjetunion, die sie 1952/53 zurückgab. Äußerlich aufgearbeitet zog sie in das Dresdener Verkehrsmuseum ein.

Baureihe E 73 (bay. EG 4 x 1/1)

Bauart: Bo'Bo'
Baujahre: 1914 – 1915
Leistung: 790 kW
Länge über Puffer: 10.990 mm
Dienstmasse: 56 t
Stückzahl: 2

1912 bestellten die Bayerischen Staatsbahnen unter anderem zwei Güterzugloks mit Tatzlagerantrieb. Damit tat die Maschinenverwaltung einen entscheidenden Schritt nach vorn, waren damals doch große, langsam laufende Gestellmotoren üblich. Im Schiebedienst auf der Strecke Freilassing – Berchtesgaden bewährten sich die Maschinen bestens. Die Konstruktion erwies sich als robust und wartungsarm bei befriedigender Laufkultur. Die Reichsbahn setzte die bei Krauss und Bergmann gefertigten Lokomotiven bis 1937 und 1941 ein.

Baureihe E 77
(pr. EG 701 – 725, bay. EG 3)

Eine leichte Doppelgelenklok mit zwei Fahrmotoren und Stangenantrieb gelangte in preußische und bayerische Direktionen der Reichsbahn. Die Maschine sollte Güter- und Personenzüge gleichermaßen schleppen. Schon bei Geschwindigkeiten über 55 km/h konnte die Laufruhe nicht mehr überzeugen. Zudem waren die Maschinen wegen vieler beweglicher elektrischer Leitungen sehr wartungsfreudig. Die Reichsbahn setzte einen Teil der von der Sowjetunion zurückgegebenen Loks wieder instand. Bis Ende 1966 quittierten sie den Dienst.

Bauart: (1B)(B1)
Baujahre: 1924 – 1925
Leistung: 1880 kW
Länge über Puffer: 16.250 mm
Dienstmasse: 113 t
Stückzahl: 37

Baureihe E 79 (bay. EG 4)

Für die Strecke Freilassing – Berchtesgaden orderte die Reichsbahn bei Maffei und Pöge zwei Einrahmenloks mit Zwillingsmotoren und Stangenantrieb. Möglichst große Reibungskräfte und eine stufenlose Regelung der Geschwindigkeit sollten die Beförderung von 200-t-Zügen auf der mit 40 ‰ geneigten Rampe ermöglichen. Die Leistungen der Loks überzeugten aber nicht, weshalb sie bald nur noch im bayerischen Flachland unterwegs waren.

Bauart: 2'D1'
Baujahr: 1927
Leistung: 1480 kW
Länge über Puffer: 15.264 mm
Dienstmasse: 116 t
Stückzahl: 2

Baureihe E 80

Bauart: (A1A)(A1A)
Baujahr: 1930
Leistung: 248 kW
Länge über Puffer: 15.400 mm
Dienstmasse: 90,6 t
Stückzahl: 5

Um in München Hauptbahnhof und Süd auf Gleisen mit und ohne Fahrleitung rangieren zu können, beschaffte die Reichsbahn Rangierloks, die wahlweise ihre Traktionsenergie aus dem Fahrdraht oder aus Akkumulatoren beziehen konnten. Die Kapazität der Batterien genügte für den Einsatzzweck, die Steuerung fiel etwas kompliziert aus. Mit der E 80 01 führten Reichs- und Bundesbahn Versuche durch, unter anderem zur Entwicklung der E 320 21. 1961 musterte die Deutsche Bundesbahn die letzte Maschine aus.

Baureihe E 91.3 (pr. EG 538 abc – 549 abc)

Bauart: B+B+B
Baujahre: 1915 – 1921
Leistung: 1025 kW
Länge über Puffer: 17.200 mm
Dienstmasse: 101,7 t
Stückzahl: 12

Güterzuglokomotiven mit Gepäckabteil beschafften die preußischen Staatsbahnen für die schlesischen Strecken. Das Interessante an der Baureihe ist die Achsfolge, erhielten die stangengetriebenen Maschinen doch drei Drehgestelle. Die prinzipiell richtungsweisende Idee führte aber, verstärkt durch Triebwerksschwingungen, zu mangelhafter Laufkultur. Nach dem Einbau gefederter Großzahnräder stieg die Höchstgeschwindigkeit auf immerhin 50 km/h. Bis 1943 blieben die Maschinen im Einsatz.

Baureihe E 90.5 (pr. EG 551/552 – 569/570)

Für die schlesische Strecke Lauban – Königszelt orderten die preußischen Staatsbahnen 1912 Doppelloks, die allerdings erst nach dem Krieg geliefert wurden. Wegen der geringen Höchstgeschwindigkeit von 50 km/h schleppten die Maschinen zeitlebens nur Güterzüge. Lokführer kritisierten die kraftaufwändige, jedoch leicht zu wartende Schlittensteuerung. Die letzten Loks gelangten in die Sowjetunion, wurden 1952/53 zurückgegeben und etwa 1956 ohne vorherige Reparatur von der Reichsbahn verschrottet.

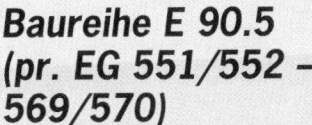

Bauart: C+C
Baujahre: 1919 – 1922
Leistung: 1530 kW
Länge über Puffer: 15.950 mm
Dienstmasse: 98,2 t
Stückzahl: 5

Baureihe E 92.7 (pr. EG 571 abc – 579 abc)

Bauart: Co+Co
Baujahre: 1923 – 1924
Leistung: 850 kW
Länge über Puffer: 17.282 mm
Dienstmasse: 114 t
Stückzahl: 9

Wegen der hohen Wartungskosten des Stangenantriebs wollten die preußischen Staatsbahnen schon vor dem Ersten Weltkrieg Maschinen mit Einzelachsantrieb beschaffen. Erst lange nach Kriegsende standen dann die für schlesische Gebirgsstrecken bestimmten Doppelloks bereit. Sie bewährten sich so gut, dass die Reichsbahn Mitte der dreißiger Jahre die Höchstgeschwindigkeit von 50 auf 60 km/h heraufsetzte und elektrische Heizeinrichtungen installierte. Nach der Rückgabe durch die Sowjetunion gehörten die Maschinen bis zur Verschrottung 1965 zum Schadpark.

E 244 01

Auf der steigungsreichen Höllental- und Dreiseenbahn in Südbaden begann die Reichsbahn 1936 einen Großversuch mit Einphasen-Wechselstrom, der 50 Hz Frequenz und 20 kV Spannung führte. Dafür orderte die Reichsbahn bei verschiedenen Herstellern aus der 144 entwickelte Baumuster. In der Maschine von AEG arbeiteten Gleichstrommotoren. Sie zeigte sich den Anforderungen gewachsen, erforderte aber stets große Aufmerksamkeit vom Lokführer. 1960, nach Umstellung der Strecken auf das übliche Stromsystem, wurde die Maschine verschrottet.

Bauart: Bo'Bo'
Baujahr: 1936
Leistung: 2000 kW
Länge über Puffer: 14.320 mm
Dienstmasse: 85 t
Stückzahl: 1

E 244 11

Bauart: Bo'Bo'
Baujahr: 1936
Leistung: 2400 kW
Länge über Puffer: 15.290 mm
Dienstmasse: 84,6 t
Stückzahl: 1

Krauss-Maffei und BBC lieferten für den Versuchsbetrieb im Höllental eine Maschine mit Gleichstrom-Tatzlagerfahrmotoren. Als erste deutsche Lokomotive erhielt sie eine Hochspannungssteuerung. Verschiedene Bauteile erwiesen sich als sehr wartungsfreudig. Dennoch zeigte sich die Maschine den wesentlichen Anforderungen gewachsen. 1960 stellte die Bundesbahn die Höllental- und Dreiseenbahn auf Wechselstrom mit 15 kV Spannung und 16,7 Hz Frequenz um. Die E 244 11 wurde in die E 44 188 umgebaut.

Baureihe E 95

Für die Bespannung von 2200-t-Güterzügen auf der Strecke Breslau – Arnsdorf, die letzten Endes nicht elektrifiziert wurde, stellte die Reichsbahn Doppellokomotiven in Dienst. Sie waren die teuersten Maschinen ihrer Zeit. Im Planbetrieb erbrachten sie den Nachweis, dass der Tatzlagerantrieb für hohe Leistungen bei geringer Geschwindigkeit geeignet ist. Nach dem Zweiten Weltkrieg beschlagnahmten die sowjetischen Besatzer die Loks, gaben sie aber 1952/53 zurück. Die Reichsbahn arbeitete drei Loks auf und setzte sie bis 1969 ein.

Bauart: 1'Co+Co1'
Baujahre: 1927 – 1928
Leistung: 2778 kW
Länge über Puffer: 20.900 mm
Dienstmasse: 138,5 t
Stückzahl: 6

E 244 22

Auf Initiative der französischen Besatzungsmacht bestellten die Südwestdeutschen Eisenbahnen 1946 eine weitere Maschine mit Reihenschlussmotoren. Sie entstand aus Teilen der kriegsbeschädigten E 44 005. AEG lieferte die elektrische Ausrüstung. Der Motor war weiterentwickelt worden und weniger wartungsintensiv. Die SNCF überzeugte das Konzept; sie bestellte Maschinen gleichen Konzeptes. Nach der Umstellung der Höllental- und Dreiseenbahn baute die DB die Fahrmotoren der E 244 22 in die E 344 01 ein.

Bauart: Bo'Bo'
Baujahr: 1950
Leistung: 2600 kW
Länge über Puffer: 15.290 mm
Dienstmasse: 84 t
Stückzahl: 1

E 244 31

Bauart: Bo'Bo'
Baujahr: 1936
Leistung: 2020 kW
Länge über Puffer: 15.080 mm
Dienstmasse: 83 t
Stückzahl: 1

Über einen Einphasen-Asynchronmotor mit Zwischenläufer und einen Drehstrom-Asynchronmotor verfügten die Drehgestelle der Versuchslok von Krupp und Garbe-Lahmeyer. Jeder der tatzgelagerten Motoren trieb eine Achse an. Trotz nur dreier Hauptfahrstufen ließ sich die in starkem Maße überlastbare Lok wirtschaftlich einsetzen. Die Induktionsmotoren erlaubten eine bessere Ausnutzung der Haftwerte. Das aufwändige Konzept konnte sich aber nicht durchsetzen. 1960 endete der Versuchsbetrieb. Die E 244 31 blieb museal erhalten.

Baureihe 101

Bauart: Bo'Bo'
Baujahre: 1996 – 1999
Leistung: 6400 kW
Länge über Puffer: 19.100 mm
Dienstmasse: 84 t
Stückzahl: 145

Auf die Schnellfahrloks der Baureihe 103 folgte die 101, interessanterweise in exakt der gleichen Stückzahl. Für 230 km/h Höchstgeschwindigkeit zugelassen, weist die 101 im Bereich bis 140 km/h eine annähernd gleiche Zugkraftcharakteristik auf wie die Baureihe 152. Somit handelt es sich technisch betrachtet um eine Universallok. Diese darf es aber aufgrund der Vorgaben der Bahnreform nicht geben, weshalb die 101 nur leihweise vor Güterzüge gespannt wird. Diese Leistungen erbringt sie aber mit gleicher stoischer Ruhe wie den Schnellzugdienst.

Baureihe 103.0 (E 03.0 DB)

Bauart: Co'Co'
Baujahr: 1965
Leistung: 6420 kW
Länge über Puffer: 19.500 mm
Dienstmasse: 110 t
Stückzahl: 4

Für den Verkehr mit 200 km/h Spitzengeschwindigkeit orderte die Bundesbahn vier Baumuster mit unterschiedlichen Komponenten. Intensiv erprobte sie die Loks, die rechtzeitig zur Internationalen Verkehrsausstellung 1965 bereitstanden und zwischen München und Augsburg stark frequentierte Publikumsfahrten absolvierten. Für die Serienvariante musste unter anderem der Haupttransformator verstärkt werden. In den siebziger und achtziger Jahren setzte die DB die Vorserienloks unter anderem als Versuchsmaschinen ein, ehe sie Ende der achtziger Jahre den Dienst quittierten.

Baureihe 103.1 kurz

Mit den Serienmaschinen der Baureihe 103 bekam das 1971 eingeführte Intercity-Netz der Bundesbahn ein Gesicht. Zwar dauerte es einige Jahre, bis das Bundesverkehrsministerium wenigstens auf einigen Streckenabschnitten planmäßig 200 km/h Spitzengeschwindigkeit zuließ. Doch die Bahn gewann durch die nicht nur leistungsfähigen, sondern auch formschönen Lokomotiven ein positives Image. Bis in das neue Jahrtausend hinein schleppten sie schnelle Fernzüge im ganzen Bundesgebiet. Erst 2003 rollten die letzten Loks auf das Abstellgleis.

Bauart: Co'Co'
Baujahre: 1970 – 1972
Leistung: 7440 kW
Länge über Puffer: 19.500 mm
Dienstmasse: 114 t
Stückzahl: 115

Baureihe 103.1 lang

Um den Lokführern einen komfortableren Arbeitsplatz bieten zu können, ließ die Bundesbahn die letzten 30 Maschinen ihrer ersten Schnellfahrlok mit einem längeren Führerstand ausrüsten. Die Stirnseiten fallen dadurch etwas weniger geneigt aus, die Lok wirkt eine Spur voluminöser. Zusammen mit den Schwestern verschwanden auch die langen 103.1 aus dem Plandienst.

Bauart:	Co'Co'
Baujahre:	1973 – 1974
Leistung:	7440 kW
Länge über Puffer:	20.200 mm
Dienstmasse:	114 t
Stückzahl:	30

Baureihe 104 (E 04, 204 DR)

Bauart:	1'Co1'
Baujahre:	1932 – 1935
Leistung:	2190 kW
Länge über Puffer:	15.120 mm
Dienstmasse:	92 t
Stückzahl:	23

Für den Einsatz in Mitteldeutschland orderte die Reichsbahn Anfang der dreißiger Jahre zehn Schnellzuglokomotiven mit Federtopfantrieb. Zwei davon unternah-men von München aus Schnellfahrversuche, bei denen die E 04 09 bis zu 151,5 km/h erreichte. Weitere 13 Lokomotiven gelangten nach Süddeutschland. Mit ihnen standen für die elektrifizierten Hauptbahnen hochleistungsfähige, robuste Maschinen zur Verfügung. Beide deutsche Bahnen erbten Lokomotiven. Die Reichsbahn konnte schon 1977 auf ihre als 204 bezeichneten Loks verzichten, die Bundesbahn erst 1981.

Baureihe 109 (E 11, 211 DR)

Nach Wiederaufnahme des elektrischen Betriebes, 1955, setzte die Reichsbahn zunächst aufgearbeitete Vorkriegsloks ein. Wegen der Elektrifizierung weiterer Strecken brauchte sie neue Loks. LEW entwickelte auf der Basis des Fahrzeugteils einer Maschine für die PKP eine Schnellzuglok. Sie zeigte gute Laufeigenschaften und bewährte sich bestens. In verschiedenen Städten schleppte sie im S-Bahndienst Wendezüge. Nach der deutschen Vereinigung dezimierte sich der Bestand der technisch überholten Loks schnell. Die DB konnte Mitte der neunziger Jahre auf sie verzichten.

Bauart:	Bo'Bo'
Baujahre:	1961 – 1976
Leistung:	2760/2920 kW
Länge über Puffer:	16.260 mm
Dienstmasse:	82,5 t
Stückzahl:	95

Baureihe 110.1 kantig (E 10.1 DB)

Bauart:	Bo'Bo'
Baujahre:	1957 – 1963
Leistung:	3700 kW
Länge über Puffer:	16.490 mm
Dienstmasse:	84,6 t
Stückzahl:	181

Nach Abschluss des Probebetriebes mit den 110 001 – 5 entschied die Bundesbahn, keine Universallok, sondern spezialisierte Maschinen zu beschaffen.

Für den Schnellzugdienst stellte sie hochleistungsfähige, robuste Lokomotiven mit Widerstandsbremse in Dienst, die 150 km/h Höchstgeschwindigkeit erreichten. Die ersten Maschinen erhielten einer ihrer Bezeichnung entsprechenden, kantigen Lokkasten. Da die Geschwindigkeit nicht ausreichte, wechselten die Maschinen nach und nach in den Nahverkehr und machen sich dort bis heute nützlich.

Baureihe 110.1 Bügelfalte (E 10.1 DB)

Ab der E 10 288 erhielten die Maschinen ab Werk einen Lokkasten mit windschnittiger Kopfform, der bereits für die Baureihe 112 verwendet wurde. Der senkrechte Knick in der Schnauze verlieh ihnen den Titel „Bügelfaltenloks". Technisch entsprachen die Bügelfalten-110 ihren kantigeren Schwestern, mit denen sie die Einsatzgebiete teilten. Nach Reparaturen zeigten sich auch einige Loks früherer Bauserien mit dem optisch gefälligeren Kasten. Die 110 511 entstand durch Umbau aus der 139 134.

Bauart: Bo'Bo'
Baujahre: 1963 – 1969
Leistung: 3700 kW
Länge über Puffer: 16.490 mm
Dienstmasse: 84,6 t
Stückzahl: 198

110 001 (E 10 001 DB)

Bauart: Bo'Bo'
Baujahr: 1952
Leistung: 3800 kW
Länge über Puffer: 16.100 mm
Dienstmasse: 83,3 t
Stückzahl: 1

Anfang der fünfziger Jahre konzipierte die Bundesbahn ihr Einheitslokprogramm und gab bei der Industrie zunächst vier, dann fünf Baumuster in Auftrag. Die Maschine von Krauss-Maffei und Siemens verfügte über einen Gelenkstangenantrieb von Alsthom, ein Wanderwalzenschaltwerk und einen 14-poligen Reihenschlussmotor. Mit den im Rahmen angeordneten Signalleuchten unterschied sie sich optisch deutlich von den anderen Baumustern. Bis 1975 setzte die Bundesbahn die Lokomotive ein.

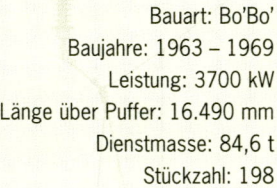

110 002 (E 10 002 DB)

Bauart: Bo'Bo'
Baujahr: 1952
Leistung: 3280 kW
Länge über Puffer: 16.650 mm
Dienstmasse: 82,1 t
Stückzahl: 1

Das zweite Baumuster für die geplanten Einheitselektroloks kam aus den Werkshallen von Krupp und BBC. Das Hochspannungsschaltwerk mit 28 Dauerfahrstufen wurde aus der 50-Hz-Versuchslokomotive E 244 11 abgeleitet und konnte sich im Lokwettbewerb durchsetzen. 1977 musterte die Bundesbahn die Lokomotive aus, die als Museumsmaschine erhalten blieb.

110 003 (E 10 003 DB)

Bauart: Bo'Bo'
Baujahr: 1952
Leistung: 3800 kW
Länge über Puffer: 15.900 mm
Dienstmasse: 80,3 t
Stückzahl: 1

Der dritte im Bunde der Probemaschinen verließ die Werkshallen der Häuser Henschel und Siemens. Aus letzterem stammte der Gummiringfederantrieb. Er wurde zuvor in der E 44 038 erprobt und avancierte zum Standardantrieb der Einheitselektroloks. In der 110 003 untersuchte die Bundesbahn zudem die Tatzlagerung des Fahrmotors. Das Niederspannungsschaltwerk mit 33 Fahrstufen bei nur 18 Transformatoranzapfungen setzte sich dagegen nicht durch. 1976 ging die 110 003 den Weg alten Eisens.

110 004/005 (E 10 004/005 DB)

Vom Baumuster, das Henschel, die AEG und BBC fertigten, entstanden gleich zwei Exemplare, eines für den Versuchsdienst, eines für Einsätze in Plänen. Die Loks erhielten das gleiche Hochspannungsschaltwerk wie die 110 002. Sécheron-Lamellenantriebe übertrugen das Drehmoment von den Fahrmotoren auf die Achsen. Dieses Konzept wurde erstmals bei einer Lok dieser Leistungsklasse realisiert, konnte sich gegen den Sie-mens-Gummiringfederantrieb aber nicht durchsetzen. Die 110 004 schied 1977, die 110 005 zwei Jahre später aus dem Dienst.

Bauart: Bo'Bo'
Baujahre: 1952 – 1953
Leistung: 3440 kW
Länge über Puffer: 15.900 mm
Dienstmasse: 80 t
Stückzahl: 2

Baureihe 110 299/300 (E 10 299/300 DB)

Bauart: Bo'Bo'
Baujahr: 1963
Leistung: 3700 kW
Länge über Puffer: 16.490 mm
Dienstmasse: 88,8/86,3 t
Stückzahl: 2

Anfang der sechziger Jahre nahm die Bundesbahn die Planungen für den Schnellverkehr auf. Um Komponenten für die künftige Baureihe 103 zu untersuchen, bekamen die 110 299 und 300 neue Drehgestelle. In der 299 arbeitete der Verzweigerantrieb von Henschel, in der 300 der Gummiring-Kardanantrieb von Siemens. Beide Loks, die zeitweise vorn den gewöhnlichen Stromabnehmer des Typs DBS 54 a und hinten einen Einholmversuchspantographen auf dem Dach trugen, erreichten auf der Strecke Bamberg – Forchheim vor Versuchszügen ein Tempo von 200 km/h.

Baureihe 111

Anfang der siebziger Jahre brauchte die Bundesbahn dringend weitere Schnellzugloks, wollte die 110 aber nicht unverändert weiterbeschaffen. Deshalb erteilte sie Krauss-Maffei und Siemens den Auftrag, die Type weiterzuentwickeln. Im Laufe der Jahre entstanden mehr Loks als geplant, zum einen weil die 111 auch zum S-Bahndienst an Rhein und Ruhr herangezogen wurde, zum anderen, weil die Lokindustrie dringend Aufträge brauchte. Heute bespannen die robusten und leistungsfähigen Lokomotiven vornehmlich Nahverkehrszüge.

Bauart: Bo'Bo'
Baujahre: 1974 – 1984
Leistung: 3620 kW
Länge über Puffer: 16.750 mm
Dienstmasse: 83 t
Stückzahl: 227

Baureihe 112/114 (212 DR)

Aus der 143 leitete LEW eine Schnellzugvariante ab, die 160 km/h Spitzentempo erreichte. In der DDR lag die Höchstgeschwindigkeit der Strecken bei 120 km/h, weshalb die Reichsbahn die 1982 vorgestellte Lok nicht brauchte. Erst mit der deutschen Vereinigung bekam die 112 ihre Chance. Sowohl die Reichsbahn als auch die Bundesbahn setzten die soliden Lokomotiven ein, die heute in beiden Verkehrsgebieten stationiert sind. Sie gehören dem Fernverkehr, schleppen aber auch Nahverkehrszüge. Dauerhaft an den Nahverkehr verliehene Loks erhielten die Bezeichnung 114.

Bauart: Bo'Bo'
Baujahre: 1982 – 1994
Leistung: 4220 kW
Länge über Puffer: 16.640 mm
Dienstmasse: 83 t
Stückzahl: 130

Baureihe 113 (E 10.12, 112, 114 DB)

Bauart: Bo'Bo'
Baujahre: 1962 – 1968
Leistung: 3700 kW
Länge über Puffer: 16.490 mm
Dienstmasse: 86 t
Stückzahl: 31

Als 1962 der „Rheingold" zum TEE aufgewertet wurde, brauchte die Bundesbahn für 160 km/h Höchstgeschwindigkeit zugelassene Lokomotiven. Also rüstete sie zunächst einige 110 mit einer anderen Getriebeübersetzung aus und zweigte dann aus der laufenden Serie Maschinen ab, die im Laufe der Jahre auch andere Schnellzüge bespannten. Wie die 110 wechselten auch die 113 in den Nahverkehrsdienst. Einige Loks trugen zeitweise die Bezeichnung 114, da ihre Geschwindigkeit wegen technischer Probleme herabgesetzt werden musste.

Baureihe 116 (E 16, bay. ES 1)

Bauart: 1'Do1'
Baujahre: 1926 – 1933
Leistung: 2340/2580 kW
Länge über Puffer: 16.300 mm
Dienstmasse: 110,8 t
Stückzahl: 21

Erstmals gab die Reichsbahn 1923 Schnellzugloks mit Einzelachsantrieb in Auftrag. Für die Loks, die Schnellzugdienst auf bayerischen Gebirgsstrecken leisten sollten, wählte man den in der schweizerischen Ae 3/6 I bewährten Buchli-Antrieb. Noch vor Lieferung der ersten Lok bestellte die Reichsbahn weitere Maschinen mit stärkeren Fahrmotoren. Zeitlebens blieben die Loks ihrer Heimat treu. Erst 1979 konnte die DB auf sie verzichten.

Baureihe 117 (E 17)

Von den Versuchslokomotiven hatte sich die E 21 am besten bewährt. Bei der Überarbeitung der Konstruktion konnte dank der Masseersparnis eine Laufachse entfallen. Die für Bayern gebauten Lokomotiven erhielten die Nummern E 17 01 bis 18, die für Schlesien hergestellten die E 17 101 bis 120. Die Bundesbahn modernisierte die übernommenen Maschinen und setzte sie bis Ende der

siebziger Jahre im Plandienst ein. Bereits 1965 schob die Reichsbahn ihre letzte Maschine auf das Abstellgleis.

Bauart: 1'Do1'
Baujahre: 1928 – 1930
Leistung: 2800 kW
Länge über Puffer: 15.950 mm
Dienstmasse: 111,7 t
Stückzahl: 38

Baureihe 118 (E 18, 218 DR)

Nach der Rekordfahrt der E 04 09 beabsichtigte die Reichsbahn, die Geschwindigkeiten im Schnellzugverkehr zu erhöhen. Die neue Lok baute fahrzeugtechnisch auf der E 17, elektrisch auf der E 04 auf. Dank des motorbetriebenen Schaltwerks brauchte der Lokführer keine körperlich schwere Tätigkeit mehr auszuüben. Die Maschinen erwiesen sich als leistungsfähig und robust. Bis 1984 fuhren sie für die Bundesbahn. Die

Reichsbahn baute sie in den sechziger Jahren für den Versuchsdienst um. Neben Messfahrten arbeiteten sie im Plandienst, nach 1978 aber nur noch selten.

Bauart: 1'Do1'
Baujahre: 1935 – 1940
Leistung: 3040 kW
Länge über Puffer: 16.920 mm
Dienstmasse: 108,5 t
Stückzahl: 53

Baureihe 119.0 (E 19.0)

Bauart: 1'Do1'
Baujahr: 1939
Leistung: 4000 kW
Länge über Puffer: 16.920 mm
Dienstmasse: 113 t
Stückzahl: 2

Nach Lieferung der E 18 entwickelte AEG das Konzept weiter und stellte 1939 zwei Baumuster vor. Tempo 180 sollte der Nachfolgetyp im Plandienst erreichen. Die ersten

Versuche bestätigten das Konstruktionsprinzip. Weitergehende Erprobungen fielen aber aus, nachdem Hitler-Deutschland den Krieg vom Zaun gebrochen hatte. Beide Maschinen gelangten zur Bundesbahn, die sie mit einer Zulassung für Tempo 140 im Schnellzugdienst vornehmlich zwischen Nürnberg und München einsetzte. Beide Loks quittierten 1977 den Dienst, die 119 002 wurde aber erst 1978 ausgemustert.

Baureihe 119.1 (E 19.1)

Bauart: 1'Do1'
Baujahr: 1940
Leistung: 4080 kW
Länge über Puffer: 16.920 mm
Dienstmasse: 110,7 t
Stückzahl: 2

Auch Siemens und Henschel entwickelten das Konzept der Baureihe 118 weiter. Dabei wurde eine

kurzzeitige Spitzenleistung von 5700 kW erreicht, die erst 25 Jahre später von der Baureihe 103 überboten wurde. Beide Loks gelangten zur Bundesbahn, die sie vor Schnellzügen einsetzte. Da sie eine andere elektrische Ausrüstung als die 118 und 119 hatten, standen sie oft im Aw und warteten auf Ersatzteile. Trotzdem blieben sie bis 1975 und 1977 im Einsatz.

Baureihe 120.0

Bauart: Bo'Bo'
Baujahr: 1979
Leistung: 5600 kW
Länge über Puffer: 19.200 mm
Dienstmasse: 83,2 t
Stückzahl: 5

In den siebziger Jahren gelang es der Industrie, den Drehstroman-trieb einsatzreif zu machen. Dieser ist für den Bahnbetrieb ideal, benötigte aber lange Jahre kompli-zierte Anlagen zur Fahrstromver-sorgung. Erst die moderne Halb-leitertechnik ermöglichte die Auf-bereitung des Wechselstroms, um pflegeleichte und leistungsstarke Drehstrommotoren zu speisen. In den Baumustern erprobte die Bundesbahn das Konzept nicht nur für die Serie, sondern auch für den geplanten Hochgeschwindigkeits-zug ICE. Heute gehören die Vor-serienloks zu den Bahndienstfahr-zeugen.

Baureihe 120.1

Bauart: Bo'Bo'
Baujahre: 1987 – 1989
Leistung: 5600 kW
Länge über Puffer: 19.200 mm
Dienstmasse: 84 t
Stückzahl: 60

Trotz erfolgreicher Erprobung der Vorserienloks konnte die Bundes-bahn erst Mitte der achtziger Jah-re mit der Beschaffung der Se-rienmaschinen beginnen. Der Fi-nanzminister verweigerte nämlich lange Zeit sein Placet. Die Loks mussten gründlich überarbeitet werden, da die Halbleitertechnik gewaltige Fortschritte machte. Sie waren als Universalloks konzipiert, sollten tagsüber Reise- und nachts Güterzüge an den Haken nehmen. Als die Bahn mit der Bahnreform gespalten wurde, gelangten die 120 zum Fernverkehr. Ungeachtet dessen sind sie nach wie vor auch vor langen Güterzügen zu sehen.

127 001

Bauart: Bo'Bo'
Baujahr: 1992
Leistung: 6400 kW
Länge über Puffer: 19.580 mm
Dienstmasse: 86 t
Stückzahl: 1

„EuroSprinter" nannte Siemens das Baumuster, mit dem der Konzern in das Rennen um den Großauftrag der Deutschen Bahn ging, der in den neunziger Jahren winkte. Aus der Maschine mit der Bahnnummer 127 001 ging die Baureihe 152 hervor, die wiederum zur Ahnherrin der „Taurus"-Familie wurde. Der Eu-roSprinter blieb dagegen ein Ein-zelstück, das heute zum Mietlok-bestand von Siemens gehört. 1993 stellte er mit 310 km/h den Welt-rekord für Drehstromloks auf.

Baureihe 132 (E 31, bay. EP 2)

Für den leichten Reisezugdienst im Raum München bestellte die Reichsbahn Lokomotiven mit zwei Vorgelegemotoren und Stangen-antrieb. Mitte der dreißiger Jahre ließ die Reichsbahn acht Maschi-nen für 90 statt 75 km/h Höchst-geschwindigkeit umbauen. Vier Loks gelangten im Zweiten Welt-krieg nach Norwegen. Die Bundes-bahn plante, die Loks zu moderni-sieren, realisierte das Vorhaben aber nicht. Trotzdem blieben die laufruhigen Lokomotiven bis 1972 im Bestand. Zeitlebens fuhren sie in Bayern.

Bauart: 1'C1'
Baujahre: 1924 – 1926
Leistung: 1170 kW
Länge über Puffer: 12.990 mm
Dienstmasse: 84,8 t
Stückzahl: 29

Baureihe 139 (E 40 W DB)

Ein Teil der Einheitslokomotiven für den mittelschweren Güterzugdienst erhielt für den Einsatz auf Steilstrecken eine Widerstandsbremse. Sie fuhren anfangs auf der Höllentalbahn sowie der Rampe Erkrath – Hochdahl. Später kamen sie auch in anderen Teilen des Bundesgebietes sowie auf den alpenquerenden Strecken in Österreich zum Einsatz. Ab 1993 wuchs der Bestand an 139 durch Umbauten aus Maschinen der Baureihe 110, die Drehgestelle ausgemusterter 140 erhielten. Erst mit Lieferung der Neubauloks begann der Stern der 139 zu sinken.

Bauart: Bo'Bo'
Baujahre: 1959 – 1965
Leistung: 3700 kW
Länge über Puffer: 16.490 mm
Dienstmasse: 83 t
Stückzahl: 31

Baureihe 140 (E 40 DB)

Die Einheitslokvariante für den mittelschweren Güter- und Reisezugdienst entsprach technisch weitgehend der Baureihe E 10. Das Übersetzungsverhältnis vom Getriebe unterschied sich, um eine höhere Zugkraft zu erzielen. Die deswegen niedrigere Geschwindigkeit nahm man hin. Auf die Widerstandsbremse glaubte die Bahn verzichten zu können. Die äußerst leistungsfähige und robuste Maschine wurde zur meistgebauten Einheitslok der Bundesbahn. Seit der Bahnreform gehört sie zu DB Cargo. Die Ausmusterung hat begonnen.

Bauart: Bo'Bo'
Baujahre: 1957 – 1973
Leistung: 3700 kW
Länge über Puffer: 16.490 mm
Dienstmasse: 83 t
Stückzahl: 848

Baureihe 141 (E 41 DB)

Bauart: Bo'Bo'
Baujahre: 1956 – 1971
Leistung: 2400 kW
Länge über Puffer: 15.620 mm
Dienstmasse: 66,4 t
Stückzahl: 451

Als erste Einheitselektrolok stand die Variante für den Nahverkehr auf den Gleisen. Sie unterschied sich grundlegend von den Schwestern, verfügte sie doch über ein Niederspannungs- anstelle des Hochspannungsschaltwerkes. Dank der geringen Achslast konnte sie alle elektrifizierten Strecke der DB befahren und bewährte sich vorzüglich im Wendezugdienst. Die Reichsbahnloks der Baureihe 143, neue Elektrotriebwagen wie der 425 sowie die Neubauloks der Baureihe 145 machten ihr das Revier streitig.

Baureihe 142 (E 42, 242 DR)

Bauart: Bo'Bo'
Baujahre: 1963 – 1976
Leistung: 2760/2920 kW
Länge über Puffer: 16.260 mm
Dienstmasse: 82,5 t
Stückzahl: 292

Aus den Schnellzuglokomotiven der Baureihe 109 leitete LEW eine Güterzugvariante mit geänderter Getriebeübersetzung ab. Somit sank zwar die Höchstgeschwindigkeit von 120 auf 100 km/h, die Anfahrzugkraft stieg aber von 216 auf 245 kN. Die robust konstruierten Maschinen schleppten auf praktisch allen Strecken der DDR Güterzüge mit bis zu 1900 t Masse. Nach der deutschen Vereinigung und dem drastischen Verkehrsrückgang der Reichsbahn gehörten sie zum Loküberhang. Dennoch dauerte es bis Ende der neunziger Jahre, ehe die letzte Lok ausgemustert wurde.

Baureihe 143 (243 DR)

Bauart: Bo'Bo'
Baujahre: 1982 – 1989
Leistung: 3720 kW
Länge über Puffer: 16.640 mm
Dienstmasse: 82 t
Stückzahl: 646

Das Baumuster dieser Lok war anfangs für 160 km/h Höchstgeschwindigkeit konzipiert und führte die Bezeichnung 212 001. Da die Reichsbahn keine Strecken besaß, die mit mehr als 120 km/h befahren werden durften, brauchte sie keine solche Lok und rüstete sie für Tempo 120 um. Die moderne Maschine mit Thyristorsteuerung wurde zur Standardlokomotive in der DDR. Teils mit Wendezugsteuerung ausgerüstet, fuhr sie in allen Diensten. Nach der deutschen Vereinigung wechselten zahlreiche Maschinen zu Bundesbahn-Dienststellen.

Baureihe 144 (E 44, 244 DR)

Nach dem erfolgreichen Test der E 44 001 bestellte die Reichsbahn zunächst 20 Lokomotiven für die Strecke Augsburg – Stuttgart. Weitere Lieferungen folgten für die süd- und mitteldeutschen Netze. Auf gutem Oberbau erreichten die leistungsfähigen Maschinen mehr als 20.000 Laufkilometer im Monat. Die DB ließ nach 1945 insgesamt acht Loks weiter- oder nachbauen. In den sechziger Jahren ergänzten die umgebauten E 244 den Bestand. Erst 1983 konnte die DB auf die ausschließlich im Süden eingesetzten Maschinen verzichten. In der DDR fuhren sie bis 1989.

Bauart: Bo'Bo'
Baujahre: 1933 – 1965
Leistung: 2200 kW
Länge über Puffer: 15.290 mm
Dienstmasse: 78 t
Stückzahl: 185

Baureihe 144 G (E 44 G)

Schon in der Vorkriegszeit hatte die Reichsbahn mit einer Wendezugsteuerung experimentiert, um den Nahverkehr rationeller zu gestalten. Bei der Instandsetzung von im Krieg beschädigten Lokomotiven, rüstete die Bundesbahn zunächst vier Maschinen der Baureihe 144 mit einer Wendezugsteuerung aus. Später folgten weitere Lokomotiven. Zur Kennzeichnung erhielten die Loks hinter der Nummer ein hochgestelltes „G" wie „geschobener Zug". Nach 1968 trugen die Wendezug-144 keine spezielle Kennung mehr. Die letzte verschwand 1982.

Bauart: Bo'Bo'
Baujahre: 1952 – 1955
Leistung: 2200 kW
Länge über Puffer: 15.290 mm
Dienstmasse: 78 t
Stückzahl: 14

Baureihe 144.5 (E 44.5)

Bauart: Bo'Bo'
Baujahre :1931 – 1935
Leistung: 1600 kW
Länge über Puffer: 14.300 mm
Dienstmasse: 79,2 t
Stückzahl: 9

Als Weiterentwicklung der Baureihe 175 stellten Maffei-Schwartzkopff und die BMAG eine Mehrzwecklok für die Steigungsstrecke Salzburg – Freilassing – Berchtesgaden vor. Die Nockenschaltersteuerung mit Feinsteller wurde zur Seriensteuerung aller bis 1945 gelieferten Loks. Die Laufkultur überzeugte auf der bogenreichen Strecke. Auf die den Anforderungen nicht gewachsene Widerstandsbremse verzichtete die DR. Da Maffei-Schwartzkopf den Lokbau aufgeben musste, übernahm dann AEG die elektrische Ausrüstung der Serienloks, die bis 1983 im Bestand geführt wurden.

Baureihe 145 (E 44 W)

Bauart: Bo'Bo'
Baujahre: 1943 – 1951
Leistung: 2200 kW
Länge über Puffer: 15.290 mm
Dienstmasse: 78 t
Stückzahl: 30

Für den Einsatz auf österreichischen Gebirgsstrecken erhielten die Maschinen der Baureihe 144 ab 1943 eine elektrische Widerstandsbremse. Da aber genügend leistungsfähigere 194 bereitstanden, gelangten die als E 44 W bezeichneten Loks nach Süddeutschland. Erst nach der Umstellung der Höllental- und Dreiseenbahn bei Freiburg, 1960, wurde die Widerstandsbremse auch eingesetzt. Ende der siebziger Jahre verdrängten 139 zunehmend die Altbaulok, auf welche die DB dennoch erst Mitte der achtziger Jahre verzichten konnte.

Baureihe 145

Für den mittelschweren Güterzugdienst beschaffte die Deutsche Bahn Baureihe 140 eine Bo'Bo'-Lok mit modernem, oberbauschonendem Tatzlagerantrieb. Dieser gehört zu den kostengünstigsten Antriebsarten. Dank der leichteren Drehstrommotoren lässt sich der AEG-Antrieb kaum mehr noch mit dem herkömmlichen Tatzlagerantrieb vergleichen. Zugelassen sind die Maschinen denn auch für 140 km/h. Von Seddin aus schleppen sie Güterzüge vornehmlich in den neuen Ländern.

Bauart: Bo'Bo'
Baujahre: 1997 – 2000
Leistung: 4200 kW
Länge über Puffer: 18.900 mm
Dienstmasse: 80 t
Stückzahl: 80

Baureihe 146

Bauart: Bo'Bo'
Baujahr: 2001
Leistung: 4200 kW
Länge über Puffer: 18.900 mm
Dienstmasse: 80 t
Stückzahl: 31 (DB)

Aus der Baureihe 145 ließ die DB von ADtranz eine Variante für den Nahverkehr ableiten. Sie unterscheidet sich vor allem durch den Hochleistungsantrieb, müssen Nahverkehrszüge heutzutage doch auch Geschwindigkeiten von bis zu 160 km/h erreichen. Äußerlich fallen die Maschinen durch die Fahrtrichtungsanzeige oberhalb der Stirnfenster ins Auge – ein typisches Nahverkehraccessoire. Neben DB Regio bestellte das Land Niedersachsen Maschinen für seinen Fahrzeugpark. Sie fahren unter anderem die Metronom-Züge zwischen Hannover und Bremen.

Baureihe 150 Tatzlagerantrieb (E 50 DB)

Eine schwere sechsachsige Lok beschaffte die Bundesbahn im Rahmen des Einheitslokprogramms für den Güterverkehr. Züge mit bis zu 2300 t Gewicht standen auf dem Programm. Die ersten Maschinen erhielten wegen der geringen Höchstgeschwindigkeit einen Tatzlagerantrieb. Dieser zeigte sich zwar den Anforderungen gewachsen. Es stellte sich aber schnell heraus, dass er nicht die ideale Lösung dar- stellte. Die Loks schleppten neben Güterzügen zeitweise auch Reisezüge. Inzwischen hat DB Cargo sämtliche Maschinen mit Tatzlagerantrieb ausgemustert.

Bauart: Co'Co'
Baujahr: 1957
Leistung: 4500 kW
Länge über Puffer: 19.490 mm
Dienstmasse: 126 t
Stückzahl: 25

Baureihe 150 Gummiringfederantrieb (E 50 DB)

In den Versuchen mit den 110 001 – 005 hatte der Gummiringfederantrieb von Siemens seine Qualitäten eindrucksvoll unter Beweis gestellt. Er wurde denn auch zum Standardantrieb für die Einheitselektroloks. Dennoch ließ die Bundesbahn die erste Serie der Baureihe 150 mit einem Tatzlagerantrieb ausstatten. Dann besann sich die Staatsbahn eines besseren und orderte Maschinen mit dem geeigneteren Antrieb. Die letzten 150, die im ganzen Bundesgebiet schwerste Güterzüge schleppten, wurden zum 31. Dezember 2003 per Verfügung ausgemustert.

Bauart: Co'Co'
Baujahre: 1958 – 1973
Leistung: 4500 kW
Länge über Puffer: 19.490 mm
Dienstmasse: 128
Stückzahl: 179

Baureihe 152 (E 52, bay. EP 5)

Bauart: 2'BB2'
Baujahr: 1924
Leistung: 2200 kW
Länge über Puffer: 17.210 mm
Dienstmasse: 140 t
Stückzahl: 35

Am Anfang war der Fahrmotor der Baureihe 191. Dieser musste in der geplanten Lok für den Reisezugdienst im bayerischen Gebirge viermal eingebaut werden. Zudem hatte die Lok Bögen von 180 m Radius zu bewältigen. Das Ergebnis überzeugte Fachleute und Laien gleichermaßen. Die Baureihe 152 vermochte alle geforderten Leistungen bei guter Laufkultur zu erbringen. 1956/57 überarbeitete die DB Rahmen und Antrieb grundlegend. Die letzten Maschinen erreichten noch das Zeitalter computergerechter Anschriften. Erst 1972 verschwanden sie aus den Büchern.

Baureihe 152

Bauart: Bo'Bo'
Baujahre: 1997 – 2001
Leistung: 4200 kW
Länge über Puffer: 19.580 mm
Dienstmasse: 86 t
Stückzahl: 170

Beim Vergleich der Baureihe 152 mit ihren Vorgängerinnen, der 150 und 151, lässt sich deutlich sehen, welche Fortschritte die Elektrotechnik in den vergangenen Jahrzehnten gemacht hat. Zwar liegt die Motorleistung der 152 deutlich niedriger, doch bringt die 152 ihre Kraft mit vier statt sechs Achsen auf die Schienen. Wie bei der 145 entschied sich die DB für den Tatzlagerantrieb, der dank Drehstrommotoren hohe Leistungen ermöglicht, ohne den Oberbau zu stark zu belasten. Die modernen Loks bewältigen den schweren Güterverkehr problemlos und sind in Nürnberg stationiert.

Baureihe 151

Bauart: Co'Co'
Baujahre: 1972 – 1977
Leistung: 6300 kW
Länge über Puffer: 19.490 mm
Dienstmasse: 118 t
Stückzahl: 170

Anfang der siebziger Jahre träumte die Bundesbahn davon, im Güterverkehr eine nennenswerte Zahl Züge mit 120 km/h Höchstgeschwindigkeit einsetzen zu können. Deswegen beschaffte sie die Baureihe 150 nicht weiter, sondern gab eine Nachfolgerin in Auftrag. Die 151 war deutlich leistungsfähiger und erhielt wie die Schnellfahrloks der Baureihe 103 ein Hochspannungsschaltwerk mit Thyristor-Lastschalter. Bis heute bewältigt die 151 ihr Arbeitspensum problemlos. Einige Loks erhielten für den Einsatz vor schweren Erz- und Kohlezügen eine automatische Mittelpufferkupplung.

Baureihe 155 (250 DR)

Mit dem Wachstum des elektrisch betriebenen Netzes gelangten die Lokomotiven der Baureihen 109 und 142 an ihre Leistungsgrenzen. Die Reichsbahn orderte daher bei LEW eine sechsachsige Maschine, die sowohl schwere Güter- als auch Reisezüge schleppen sollte. Technisch war die Baureihe 155 konventionell aufgebaut, da die Drehstromtechnik in der DDR noch in den Kinderschuhen steckte und man auf Experimente verzichten wollte, um schnell Lokomotiven zu erhalten. Bei der Bahnreform gelangten sie zur Güterbahn, die sie bis heute in Ost und West einsetzt.

Bauart: Co'Co'
Baujahre: 1974 – 1984
Leistung: 5400 kW
Länge über Puffer: 19.600 mm
Dienstmasse: 123 t
Stückzahl: 273

Baureihe 156 (252 DR)

Die letzte Neuentwicklung der Reichsbahn vereinigt die Vorzüge der Baureihen 155 und 112/143 in sich. Wie die 155 ist die Sechsachserin für den schweren Güterzugdienst ausgelegt, wie die 112/143 arbeitet in ihr Thyristortechnik. Zu einem Drehstromantrieb reichte es allerdings nicht. Nach dem Zusammenbruch der DDR war die 156 überflüssig. Die Reichsbahn, deren Leistungen stark zurückgingen, brauchte keine neue Lok, zumal es im Westen modernere Bauarten gab. Die Vorserie gehört heute der Mitteldeutschen Eisenbahn, einer Tochter der DB.

Bauart: Co'Co'
Baujahr: 1991
Leistung: 5880 kW
Länge über Puffer: 19.500 mm
Dienstmasse: 120 t
Stückzahl: 4

Baureihe 160 (E 60)

Für den Rangierdienst im Münchener Hauptbahnhof orderte die Reichsbahn Lokomotiven, die möglichst viele in den Baureihen 152 und 191 verwendete Komponenten enthalten sollten. Neben dem Verschub gehörten der Nahgüterzug- und Übergabedienst zum Programm. Wegen ihres Gewichtes konnten sie anfangs nicht alle Gleise des Bahnhofs befahren. 1958/59 überholte die Bundesbahn einen Teil der Maschinen grundlegend. Robust gebaut, blieben sie bis 1983 im Dienst, zuletzt auch außerhalb der bayerischen Landeshauptstadt.

Bauart: C1'
Baujahre: 1927 – 1934
Leistung: 1074 kW
Länge über Puffer: 11.100 mm
Dienstmasse: 72,5 t
Stückzahl: 14

Baureihe 163 (E 63)

Bauart: C
Baujahre: 1935 – 1940
Leistung: 725/710 kW
Länge über Puffer: 10.200 mm
Dienstmasse: 53,1/51,4 t
Stückzahl: 8

Noch ehe die Baureihe 160 vollständig geliefert war, konnten Rangierlokomotiven ihrer Leistungsklasse laufachslos gefertigt werden. AEG und BBC statteten die Maschinen mit unterschiedlichen Komponenten aus, weshalb sich die Loks äußerlich geringfügig unterschieden. Sie arbeiteten in den Bahnhöfen von Augsburg, Garmisch-Partenkirchen, München und Stuttgart. 1960/61 gewährte die Bundesbahn ihnen eine Generalüberholung. Die letzte Maschine verschwand 1978 aus dem Bestand.

169 002/003 (E 69 002/003, LAG 2/3)

Wegen des wachsenden Verkehrs bestellte die Lokalbahn Murnau – Oberammergau zwei weitere einfach aufgebaute Lokomotiven. In der 30-‰-Steigung schleppten sie einen 85-t-Zug mit 23 km/h. 1936 und 1940 wurden die Loks grundlegend modernisiert, sodass sie nunmehr einen 110-t-Zug auf 28 km/h beschleunigen konnten. Nach der Umstellung der Strecke von 5,5 auf 15 kV Fahrleitungsspannung rüstete die Bundesbahn beide Veteraninnen um. Sie arbeiteten brav auf der Stammstrecke und im auswärtigen Rangierdienst. 1982 musterte die DB beide Loks aus.

Bauart: Bo
Baujahre: 1909, 1913
Leistung: 252 kW
Länge über Puffer: 7350 mm
Dienstmasse: 24 t
Stückzahl: 2

169 004 (E 69 04, LAG 4)

Bauart: Bo
Baujahr: 1922
Leistung: 268 kW
Länge über Puffer: 7750 mm
Dienstmasse: 25,6 t
Stückzahl: 1

Nach Ausmusterung der letzten Triebwagen erhielt die Lokalbahn Murnau – Oberammergau eine Lok, deren Fahrzeugteil aus einer Hälfte der Drehstrom-Versuchslok bestand, die 1903 zwischen Marienfelde und Zossen fuhr. Die Bundesbahn rüstete sie um, als sie auf der Strecke die Fahrleitungsspannung erhöhte. Bis 1977 leistete die Lok ihren Dienst auf der Lokalbahn.

169 005 (E 69 05, LAG 5)

Als letzte Maschine stellte die Lokalbahn Murnau – Oberammergau eine bullige Lok von Maffei und SSW in Dienst. Sie war die stärkste Maschine der Privatbahn, die sie trotzdem 1935 elektrisch verstärkte. Noch vor der Umstellung ihrer Stammstrecke auf die höhere Fahrleitungsspannung wurde die 169 005 umgerüstet und arbeitete deswegen zeitweilig in Garmisch-Partenkirchen im Verschub. 1981 stellte die Bundesbahn die Maschine z und musterte sie im Folgejahr aus, da die Höchstgeschwindigkeit von 50 km/h nicht mehr ausreichte.

Bauart: Bo
Baujahr: 1930
Leistung: 605 kW
Länge über Puffer: 8700 mm
Dienstmasse: 32 t
Stückzahl: 1

Baureihe 171 (E 251, 251 DR)

Auf der Rübelandbahn zwischen Blankenburg und Königshütte experimentierte die Reichsbahn mit Wechselstrom, der 50 Hz Frequenz und 25 kV Spannung aufwies. Deswegen beschaffte sie für die Strecke Maschinen, welche diese Stromart vertrugen. Die Lokomotiven mussten schwere Güterzüge über eine mit bis zu 63 ‰ geneigte Rampe schleppen. Daneben bewältigten sie den Reisezugdienst. Sie bewährten sich und stehen bis heute im Einsatz, leider allerdings nur vor Güterzügen, da DB Regio auf Diesel setzt.

Bauart: Bo'Bo'
Baujahr: 1965
Leistung: 3660 kW
Länge über Puffer: 18.640 mm
Dienstmasse: 126 t
Stückzahl: 15

Baureihe 175 (E 75)

Bauart: 1'BB1'
Baujahre: 1927 – 1929
Leistung: 1880 kW
Länge über Puffer: 15.380 mm
Dienstmasse: 106,2 t
Stückzahl: 31

Für den leichten Güterzugdienst in Bayern, Mitteldeutschland und im Hannoverschen beschaffte die Reichsbahn Loks mit einer auf einem durchgehenden Rahmen untergebrachten elektrischen Ausrüstung. Dadurch ergaben sich bessere Laufeigenschaften als bei der E 77. Wegen der geringen Höchstgeschwindigkeit von 70 km/h konnte die 175 nur ausnahmsweise Personenzüge schleppen. Die Bundesbahn behielt die teilweise grundüberholten Maschinen bis 1971. Die Reichsbahn musterte ihre einzige Lok 1964 aus, nachdem sie von der Sowjetunion schadhaft zurückgegeben worden war.

Baureihe 180 (230 DR)

Bauart: Bo'Bo'
Baujahre: 1988 – 1991
Leistung: 3260 kW
Länge über Puffer: 16.800 mm
Dienstmasse: 84 t
Stückzahl: 20

Für den grenzüberschreitenden Verkehr beschafften DR und CSD gemeinsam Zweisystemloks, die Skoda fertigte. Eine Gleichstrom-Widerstandssteuerung regelt die Motorspannung. Unter tschechischem Fahrdraht floss der Strom direkt, unter deutschem über den Haupttransformator, einen Gleichrichter und Glättungsdrosseln zu den Motoren. Da auch Polen Strecken mit 3 kV Gleichstrom elektrifiziert hat, fahren die Maschinen auch im Grenzverkehr zum östlichen Nachbarland.

181 001/002 (E 310 001/002 DB)

Bauart: Bo'Bo'
Baujahr: 1967
Leistung: 3240 kW
Länge über Puffer: 16.950 mm
Dienstmasse: 84 t
Stückzahl: 2

In den sechziger Jahren zeichnete sich ab, dass dank der Fortschritte in der Elektrotechnik Loks bald grenzüberschreitend eingesetzt werden könnten. Die DB startete daher einen Betriebsversuch. AEG lieferte Loks mit Mischstrom-Reihenschlussmotoren, denen die Fahrspannung stufenlos über eine neue Thyristor-Steuerung zugeführt wurde. Zwei der vier Maschinen erhielten eine fahrdrahtunabhängige Gleichstrom-Widerstandsbremse.

181 103/104 (E 310 003/004 DB)

Bauart: Bo'Bo'
Baujahr: 1967
Leistung: 3240 kW
Länge über Puffer: 16.950 mm
Dienstmasse: 84 t
Stückzahl: 2

Nur geringfügig unterschieden sich die Zweifrequenzlokomotiven, welche die DB für ihren Versuch von der AEG erhielt. In zwei Maschinen arbeitete eine elektrische Nutzbremse, welche den Strom, den der als Generator geschaltete Motor erzeugte, nicht in Widerständen vernichtete, sondern in die Fahrleitung zurückspeiste. Leider setzte sich das ökonomisch wie ökologisch überzeugende Prinzip bei der DB damals nicht durch. Die Maschinen bewährten sich bis Anfang der neunziger Jahre im deutsch-französischen Grenzverkehr.

Baureihe 181.2

Bauart: Bo'Bo'
Baujahre: 1974 – 1975
Leistung: 3300 kW
Länge über Puffer: 17.940 mm
Dienstmasse: 82,5 t
Stückzahl: 25

Nachdem an verschiedenen Punkten das deutsche und französische elektrische Streckennetz zusammengeschlossen waren, lag es nahe, Zweisystemlokomotiven zu beschaffen, die an der Grenze durchfahren konnten. Die Technik war inzwischen ausgereift, sodass die Bundesbahn eine kleine Serie für den Güter- und Reisezugdienst vorgesehener Loks orderte. Die von den Versuchsloks wegen des rasanten Fortschritts der Technik stark abweichenden Loks bewährten sich und leisten bis heute unermüdlich diesseits und jenseits des Rheines ihren Dienst.

Baureihe 182

Statt weitere Maschinen der Baureihe 152 zu beschaffen, orderte DB Cargo bei Siemens den in Österreich als 1116 bekannten „Taurus". Dies hing vor allem damit zusammen, dass die ÖBB der 152 keine Zulassung erteilen wollte, da sie einige UIC-Grenzwerte überschritt. Zudem misstrauten die Österreicher, die viele bogenreiche Gebirgsbahnen haben, dem Tatzlagerantrieb. Der deutsche Taurus bewährte sich schnell und ist heute aus dem Güterverkehr nicht mehr wegzudenken. Die Loks sind in Nürnberg beheimatet.

Bauart: Bo'Bo'
Baujahre: 2001 – 2002
Leistung: 6400 kW
Länge über Puffer: 19.280 mm
Dienstmasse: 86 t
Stückzahl: 25

182 001 (E 320 01 DB)

Mit fahrzeugtechnisch an den Einheitsloks orientierten Baumustern wollte die DB Erfahrungen mit Mehrsystemloks für den Verkehr mit Frankreich sammeln. Stromabnehmer, Hauptschalter und Fahrmotoren hatte die DB vorgegeben. Die 182 001 erhielt eine Niederspannungssteuerung, einen Kerntransformator, Gleichrichter mit 144 Siliziumdioden je Satz und eine fremderregte, fahrleitungsunabhängige Widerstandsbremse. Nach der Ausmusterung setzte die AEG die Lok zur Komponentenerprobung ein.

Bauart: Bo'Bo'
Baujahr: 1960
Leistung: 2660 kW
Länge über Puffer: 16.440 mm
Dienstmasse: 83,7 t
Stückzahl: 1

182 011 (E 320 11 DB)

Bauart: Bo'Bo'
Baujahr: 1960
Leistung: 2500 kW
Länge über Puffer: 16.440 mm
Dienstmasse: 81,5 t
Stückzahl: 1

Über einen Transformator in Drei-schenkelbauart, eine Hochspan-nungssteuerung mit leistungslos schaltenden Kontakten, einen Brü-ckengleichrichter mit 48 Silizium-dioden je Fahrmotor und eine fremderregte, fahrdrahtunabhän-gige Widerstandsbremse mit 2600 kW Leistung verfügte die zweite Versuchslok für den grenz-überschreitenden Verkehr mit Frankreich. Sie war die leistungs-schwächste der drei Maschinen. Ihre elektrische Ausrüstung stammte von der AEG. Bereits 1978 wurde der Einzelgänger aus-gemustert.

182 021 (E 320 21 DB)

Bauart: Bo'Bo'
Baujahr: 1959
Leistung: 2550 kW
Länge über Puffer: 16.440 mm
Dienstmasse: 83,7 t
Stückzahl: 1

Als erste Zweisystemversuchslok stand die mit der höchsten Ord-nungsnummer auf den Gleisen. Sie hatte einen Transformator in Drei-schenkelbauart, eine Hochspan-nungssteuerung mit Sprunglast-schaltern, je Fahrmotor einen Brü-ckengleichrichter mit 48 Silizium-dioden und eine durch die Silizium-Gleichrichter erregte, fahrdrahtun-abhängige Widerstandsbremse mit 800 kW Dauerleistung, die kurz-zeitig überlastbar war. Bis Ende 1981 gehörte sie zum Bw Saar-brücken, konnte jedoch wegen fehlen-den Zugbahnfunks die 184 nicht ersetzen. 1982 wurde sie ausge-mustert.

183 001 (E 344 001 DB)

Da sie für den Verkehr mit Frank-reich weitere Loks benötigte, nahm die Bundesbahn das Ange-bot der AEG an, aus der E 244 21 eine Zweisystemlok zu bauen. Die Fahrmotoren stammten von der E 244 22. Als einzige der damals eingesetzten Maschinen hatte die 183 001 Motoren, die mit Strom beider Frequenzen betrieben wer-den konnten. Sie schleppte Reise- und Güterzüge zwischen dem Saarland und Frankreich. Nach ei-nem Motorschaden musterte die Bundesbahn 1969 den Einzelgän-ger aus.

Bauart: Bo'Bo'
Baujahr: 1962
Leistung: 2400 kW
Länge über Puffer: 16.440 mm
Dienstmasse: 80,5 t
Stückzahl: 1

184 001 – 003 (E 410 001 – 003 DB)

In den sechziger Jahren begann die DB, Viersystemmaschinen für den Verkehr mit Belgien und den Niederlanden zu erproben. In den Gleichstromnetzen arbeitete ein Thyristor-Wechselrichter den Fahr-leitungsstrom auf, ehe er in den Haupttransformator gelangte. In Belgien traten häufig Defekte der Thyristoren auf. Seit 1979 setzte die DB die Maschinen als Zweifre-quenzloks im Verkehr mit Frank-reich ein.

Bauart: Bo'Bo'
Baujahre: 1966 – 1967
Leistung: 3240 kW
Länge über Puffer: 16.950 mm
Dienstmasse: 84 t
Stückzahl: 3

Baureihe 185

Konzeptionell ging die Mehrsystemlok aus den Baureihen 101 und 145 hervor, die ebenfalls bei Bombardier gefertigt wurden. Der Konzern bezeichnet die inzwischen auch in die Schweiz und an Privatbahnen verkauften Lokomotiven aber als Ahnherren der Lokfamilie. Von ihnen bestellte DB Cargo die höchste Stückzahl. Sie sollen im grenzüberschreitenden Verkehr eingesetzt werden. Theoretisch sind zwar Durchläufe von Norwegen bis Italien denkbar. Dann bräuchten die Loks aber so viele Sicherungseinrichtungen, dass sie für die nötige Technik einen Tender mitführen müssten.

Bauart: Bo'Bo'
Baujahre: 2000 – 2008
Leistung: 4200 kW
Länge über Puffer: 18.900 mm
Dienstmasse: 84 t
Stückzahl: 400

Baureihe 189

Bauart: Bo'Bo'
Baujahre: 2002 – 2005
Leistung: 6400 kW
Länge über Puffer: 19.580 mm
Dienstmasse: 87 t
Stückzahl: 100

Aus dem Hause Siemens stammt eine weitere Mehrsystemlok von DB Cargo. Somit wurde das ursprüngliche Ziel, die Typenvielfalt, welche die Wartungs- und Instandhaltungskosten in die Höhe treibt, zu senken, verfehlt. Die ersten Maschinen mit Ausrüstungen für das 15-kV-Wechselstromnetze sowie die Gleichstromnetze mit 1,5 und 3 kV Spannung absolvieren derzeit ihre ersten großen Umlaufpläne. Technisch sind sie eng mit den „Tauri" der DB-Baureihe 182 sowie der ÖBB-Reihe 1116 verwandt. Äußerlich fallen die gesickten Seitenwände in das Auge. Diese tragen zur Reduzierung des Gewichtes der Lok bei.

Baureihe 191
(E 91, pr. EG 581 – 594, bay. EG 5)

Bauart: C'C'
Baujahre: 1925 – 1928
Leistung: 2200 kW
Länge über Puffer: 16.700 mm
Dienstmasse: 123,7 t
Stückzahl: 34

Gewaltige Doppelgelenklokomotiven gab die Reichsbahn für die schlesischen und bayerischen Strecken in Auftrag. Sie arbeiteten im Güterzugdienst auf Steigungsstrecken, da dort die niedrige Höchstgeschwindigkeit von 55 km/h keine Rolle spielte. Die Bundesbahn nutzte die Maschinen zuletzt im Rangierdienst und musterte sie bis 1975 aus. Die Reichsbahn verzichtete darauf, die von der Sowjetunion zurückgegebenen Loks aufzuarbeiten und verschrottete sie bis 1965.

Baureihe 191 (E 91.9)

Um den dringenden Lokbedarf zu befriedigen, bestellte die Reichsbahn 1927 Maschinen der Baureihe 191 nach. Sie erhielten eine elektrische Bremse. Um deren Gewicht auszugleichen, mussten Fahrzeug und übrige elektrische Ausrüstung abgespeckt werden. Zur Unterscheidung der verschiedenen Bauarten gruppierte die Reichsbahn die Maschinen als E 91.9 ein. Die Bundesbahn verzichtete 1968 auf die Trennung und setzte die Loks bis 1975 ein. Die in die Sowjetunion gelangten Loks kehrten 1952/53 schadhaft in die DDR zurück und wurden bis 1963 verschrottet.

Bauart: C'C'
Baujahr: 1929
Leistung: 2200 kW
Länge über Puffer: 17.300 mm
Dienstmasse: 116,4 t
Stückzahl: 12

Baureihe 193 (E 93)

Bauart: Co'Co'
Baujahre: 1933 – 1939
Leistung: 2502 kW
Länge über Puffer: 17.700 mm
Dienstmasse: 117,6 t
Stückzahl: 18

Für die Strecke Augsburg – Stuttgart mit der Geislinger Steige beschaffte die Reichsbahn leistungsstarke Maschinen mit Tatzlagerantrieb. Die weitgehend geschweißte Bauweise ermöglichte Massenersparnisse, sodass die 193 die gleichen Leistungen erbringen konnte wie die E 95. Da mit der 194 bald eine stärkere Bauart auf den Reißbrettern stand, blieb es bei einer geringen Stückzahl. Anfangs waren noch einige Loks in Mitteldeutschland stationiert. Doch schon bald konzentrierte die Reichsbahn die Loks bei der Direktion Stuttgart. Bis 1985 setzte die DB die robusten Maschinen ein.

Baureihe 194
(E 94, 254 DR)

Bauart: Co'Co'
Baujahre: 1940 – 1956
Leistung: 3300 kW
Länge über Puffer: 18.600 mm
Dienstmasse: 118,7 t
Stückzahl: 173

Noch während des Baus der 193, arbeiteten Reichsbahn und Industrie an einer leistungsstärkeren Variante. Wegen des größeren Achsstandes im Drehgestell durchliefen die 194 zwar Bögen nicht so leicht wie die Schwestern. Insgesamt übertrafen sie aber die Erwartungen und zählen bis heute zu den gelungensten deutschen Elektrolokomotiven. Nach dem Krieg ließ die DB weitere Maschinen bauen. Sie fuhren bis 1988 im Plandienst. Bis in die Tage der deutschen Vereinigung setzte die Reichsbahn ihre „Eisenschweine" ein. Einige Maschinen gelangten in den Braunkohletagebau.

Baureihe 194.5
Hochspannungssteuerung

Bauart: Co'Co'
Baujahre: 1952 – 1955
Leistung: 4680 kW
Länge über Puffer: 18.600 mm
Dienstmasse: 121 t
Stückzahl: 4

In vier Loks arbeiteten Hochspannungssteuerungen, die BBC und Siemens entwickelt hatten. Die Loks hatten keine Widerstandsbremse, weshalb der Dachaufbau etwas niedriger ausfiel.

Baureihe 194.5
(E 94.2)

Bauart: Co'Co'
Baujahre: 1954 – 1956
Leistung: 4680 kW
Länge über Puffer: 18.600 mm
Dienstmasse: 121 t
Stückzahl: 20

Die letzte Serie der Baureihe 194, welche die Bundesbahn in der Nachkriegszeit nachbauen ließ, erhielt eine leistungsfähigere elektrische Ausrüstung. Mit ihr wollte die Bundesbahn den Traktionswandel zu einem Zeitpunkt vorantreiben, als sie noch nicht auf die neu entwickelten Einheitslokomotiven zurückgreifen konnte. Die Maschinen bewährten sich vor Güterzügen in Süddeutschland und fuhren bis Mai 1988 im Plandienst.

1589 a/B – 1645 a/b

Seit 1907 bewältigten elektrische Triebzüge den Hamburger S-Bahndienst. Anfangs elektrifizierten die preußischen Staatsbahnen die Vorortbahn mit Wechselstrom. Für den Betrieb stellten sie Triebwagen in Abteilbauweise in Dienst. Mitte der zwanziger Jahre mussten Fahrzeuge der ersten Generation ersetzt und wegen des Verkehrszuwachses weitere beschafft werden. Die neue Komposition bestand aus Trieb- und Steuerwagen, die über ein Jacobs-Drehgestell miteinander verbunden waren. Sie blieben bis zur Umstellung der Strecke auf Gleichstrombetrieb 1955 im Bestand.

Bauart: Bo'2'2'
Baujahre: 1924 – 1933
Leistung: 300 kW
Länge über Puffer: 30.000 mm
Dienstmasse: 66,3 t
Stückzahl: 57

ET 11

In den dreißiger Jahren wollte die Reichsbahn die Verbindung Berlin – Leipzig – München durchgehend elektrifizieren. Als Baumuster für künftige Schnelltriebzüge stellte sie äußerlich den Dieselschnelltriebzügen ähnelnde Triebzüge in Dienst. Technisch unterschieden sich die Vorserienfahrzeuge deutlich voneinander, um Erfahrungen mit möglichst vielen Bauteilen sammeln zu können. Da sich die Elektrifizierung der Linie Berlin – München verzögerte, verkehrten die leistungsstarken Züge, deren Laufkultur nicht immer befriedigte, im süddeutschen Raum. 1961 musterte die DB sie aus.

Bauart: Bo'2'+2'Bo'
Baujahre: 1935
Leistung: 1020 – 1413 kW
Länge über Puffer: 43.585 mm
Dienstmasse: 104 – 115,1 t
Stückzahl: 3

Baureihe ET 31

Bauart: Bo'2+Bo'2'+2'Bo'
Baujahr: 1936
Leistung: 1650 kW
Länge über Puffer: 66.840 mm
Dienstmasse: 145,1 t
Stückzahl: 13

Als Einheitsbauart sah die Reichsbahn dreiteilige Triebzüge vor, die sich in Süddeutschland im Personen- und Eilzugdienst und in Schlesien mit Eilzugleistungen bestens bewährten. Ihre Höchstgeschwindigkeit von 120 km/h erreichten sie nach 75 s oder 1550 m Strecke. Eine Reihe Züge wurde im Zweiten Weltkrieg zerstört oder ging verloren. Die Reichsbahn übernahm einen Mittelwagen und baute ihn zu einem Wendezugsteuerwagen um. Die Bundesbahn rüstete ihre Erbstücke zur Baureihe 432 um.

Schnelltriebwagen

Bauart: (A1A)'(A1A)'
Baujahr: 1901
Leistung: 3000 kW
Länge über Puffer: 22.000 mm
Stückzahl: 1

Zwischen 1901 und 1904 untersuchten die preußischen Staatsbahnen zwischen Marienfelde und Zossen bei Berlin den Einsatz von Drehstrom. Technisch vermochte das System richtig zu überzeugen. Ein Siemens-Triebwagen erreichte sogar 210 km/h Spitzentempo. Die Stromübertragung war wegen der zweipoligen Fahrleitung aber recht kompliziert.

ET 88

Als Probefahrzeuge für dem Berliner Vorortverkehr orderten die preußischen Staatsbahnen Wechselstrom-Triebwagen. Nach der Entscheidung für den Gleichstrombetrieb in Berlin gelangten die Wagen nach Schlesien. Dann fuhren sie bis 1959 in Bayern.

Bauart: (A1)(1A)
Baujahre: 1920
Leistung: 468 kW
Länge: 17.060 mm

Dienstmasse: 61,5 t
Stückzahl: 4

ICE T (Baureihe 411)

Bauart:
angetriebene Mittelwagen
Baujahre: 1998 – 2004
Leistung: 4000 kW
Länge des Zuges:
185.000 m m
Dienstmasse: 350 t
Stückzahl: 60

Mit dem ICE T stellte die Deutsche Bahn erstmals einen Hochgeschwindigkeitszug mit aktiver Neigetechnik in Dienst. Dank dieser kann er Bögen schneller durchfahren, ohne dass die Reisenden Komforteinbußen erleiden.

Vor allem im Mittelgebirge macht sich die Neigetechnik positiv bemerkbar. Allerdings lässt sich die maximale, in Kurven mögliche Geschwindigkeit auch mit modernster Technik nicht verändern. Dort gelten die Gesetze der Physik und die Natur ist bekanntermaßen unbestechlich.

InterCityExperimental (Versuchszug)

Bauart: Bo'Bo'
Baujahre: 1985
Leistung: 5000 kW
Längedes Treibkopfes:
20.560 mm
Dienstmasse: 80 t
Stückzahl: 1

Schon in den siebziger Jahren begannen die Arbeiten für den Hochgeschwindigkeitsverkehr in Deutschland. 1985 stand der erste Hochgeschwindigkeitszug auf den Gleisen. Mit ihm unternahm die Bundesbahn zahllose Versuchsfahrten, bei denen er unter anderem mit 406,9 km/h einen neuen Weltrekord für Schienenfahrzeuge aufstellte. Aus dem Versuchszug leitete die Bundesbahn schließlich den ICE der ersten Bauserie ab. Die Serienversion war deutlich billiger zu produzieren als der Vorserienzug, nicht zuletzt dank einiger Entfeinerungen. So wurden beispielsweise die Übergänge zwischen den Wagen einfacher gestaltet.

InterCityExpress Baureihe 401

Mit den Zügen der Baureihe 401 begann 1991 das Zeitalter des Hochgeschwindigkeitsverkehrs in Deutschland. Auf den Neubaustrecken Hannover – Würzburg und Mannheim – Stuttgart sowie den bestehenden Netz erreichten die Züge Spitzengeschwindigkeiten von 250 km/h. Zugelassen waren sie sogar für Tempo 280. Der ICE 1 ist das Symbol der Wende im deutschen Reisezugverkehr.

Bauart: Bo'Bo'
Baujahre: 1990 – 1995
Leistung: 9600 kW
Länge des Zuges: 358.000 mm
Dienstmasse: 782 t
Stückzahl: 60

ICE 2 (Baureihe 402)

So erfolgreich der ICE 1 auch war, für die Bahn gab es ein Problem: In Schwachlastzeiten ließ er sich nicht teilen. Deshalb konzipierte sie den ICE 2, der über Steuerwagen verfügt. Je nach Tageszeit und Strecke kann der ICE 2 einzeln oder als Doppelzug verkehren.

Bauart: Bo'Bo'
Baujahre: 1996 – 1998
Leistung: 4800 kW
Länge des Zuges: 205.400 mm
Dienstmasse: 410 t
Stückzahl: 46

ICE 3 (Baureihe 403)

Über ein neues Antriebskonzept verfügt der ICE 3. Hatten die ersten ICE lokähnliche Triebköpfe, ist der Antrieb nunmehr über den kompletten Zug verteilt. Der ICE erreicht 330 km/h Höchstgeschwindigkeit, darf auf den DB-Strecken aber nur 300 km/h erreichen.

Bauart: Angetriebene Mittelwagen
Baujahre: 1999 – 2004
Leistung: 8000 kW
Länge des Zuges: 200.800 m m
Dienstmasse: 409 t
Stückzahl: 50

Baureihe 403

Bauart:
Bo'Bo'+Bo'Bo'+Bo'Bo'+Bo'Bo'
Baujahr: 1973
Leistung: 3840 kW
Länge über Puffer: 109.220 mm
Dienstmasse: 234 t
Stückzahl: 3

In den siebziger Jahren führte der Intercity nur Wagen Erster Klasse. Da lokbespannte Züge nicht immer befriedigten, orderte die Bundesbahn allachsgetriebe-ne, vierteilige Züge. Dank der hohen Antriebsleistung erreichte der Zug seine Spitzengeschwindigkeit von 200 km/h bereits nach 2 Minuten. 1979 musste der 403 den Intercity-Dienst quittieren, da die Züge nunmehr zweiklassig waren und sich ein Umbau der kurzen Einheiten nicht lohnte. Eine Zeitlang fuhren sie im Charterverkehr, danach als Lufthansa-Airport-Express. Heute gehören sie der Prignitzer Eisenbahn, die sie für Sonderfahrten aufarbeiten will.

Baureihe 406

Beim 406 handelt es sich konzeptionell um einen 403. Der Unterschied liegt in der zusätzlichen Ausstattung mit Einrichtungen für den Betrieb den übrigen in Europa üblichen Bahnstromsystemen. Zugsicherungseinrichtungen erhielt dieser ICE 3 aber nur für den Verkehr mit den Niederlanden, deren Staatsbahn bauartgleiche Züge mit der selben Bezeichnung in Dienst stellte. In den Niederlanden erreicht der Zug aber nur 220 km/h Höchstgeschwindigkeit, da herkömmliche Fahrleitungen die bei 1,6 kV Spannung nötige Stromstärke nicht übertragen können.

Bauart: Bo'Bo' + 2'2' + Bo'Bo' + 2'2'
+ 2'2' + Bo'Bo' + 2'2' + Bo'Bo'
Baujahre: 1999 – 2003
Leistung: 8000 kW
Länge über Puffer: 200.800 mm
Dienstmasse: 409 t
Stückzahl: 13 + 4

Baureihe 415

Bauart: 2'2' + (1A)(A1) + (1A)(A1) +
(1A)(A1) + 2'2'
Baujahre: 1999 – 2004
Leistung: 3000 kW
Länge über Puffer: 132.600 mm
Dienstmasse: 298 t
Stückzahl: 11

Die kürzere Variante des ICE mit Neigetechnik fährt vornehmlich zwischen Stuttgart und Zürich über die Gäubahn. Technisch entspricht er weitgehend dem 411. Theoretisch ist es möglich, durch Einstellen eines weiteren angetriebenen Mittelwagens einen sechsteiligen Zug zu bilden. Aus dem siebenteiligen 411 könnte mit einem zusätzlichen antriebslosen Wagen ein Achtwagenzug werden. Nach anfänglichen Schwierigkeiten fahren die 415 zuverlässig.

Baureihe 420/421

Bauart: Bo'Bo'+Bo'Bo'+Bo'Bo'
Baujahre: 1969
Leistung: 2400 kW
Länge über Puffer: 67.400 mm
Dienstmasse: 129 – 139 t
Stückzahl: 480

Zu den Olympischen Spielen 1972 bekam München ein S-Bahnnetz spendiert. Es umfasste einen Teil der bisher im Vorortverkehr bedienten Strecken, die ein Innenstadttunnel verband. Die neue Triebzüge waren dreiteilig, 120 km/h schnell und allachsgetrieben. Bis zu drei Einheiten können zusammen verkehren. Ihr Konzept bewährte sich so gut, dass die Bundesbahn sie auch für die S-Bahnnetze an Rhein/Ruhr, in Frankfurt und Stuttgart beschaffte. In den neunziger Jahren begann die Ausmusterung. Von der DB nicht mehr benötigte Züge fahren inzwischen auf der Stockholmer S-Bahn.

Baureihe 423/433

Bauart: Bo'(Bo')(2')(Bo')Bo'
Baujahre: 1998 –
Leistung: 2350 kW
Länge über Puffer: 67.400 mm
Dienstmasse: 119,4 t
Stückzahl: 300

In den S-Bahnnetzen an Rhein und Ruhr sowie in München und Stuttgart ersetzt der vierteilige Triebzug die Baureihe 420/421. Er besteht aus zwei End- und zwei Mitteltriebwagen, die über Jakobs-Drehgestelle und Fahrgastdurchgänge miteinander verbunden sind. Bis zu drei Einheiten bilden einen Langzug. Konsequenter Leichtbau und moderne Drehstromantriebstechnik senken den Energieverbrauch der Züge. Im Schadfall lassen sich die Komponenten schnell und einfach austauschen, was die Instandhaltungskosten senkt.

Baureihe 424/434

Der vierteilige Triebzug entspricht technisch weitgehend dem 423/433. Er entstand für die zur Weltausstellung 2000 eröffnete S-Bahn in Hannover. Dort haben die Bahnsteige eine Höhe von 760 mm. weshalb der Wagenfußboden entsprechend niedriger liegen musste. Des Weiteren verfügt jeder Wagen nur über zwei statt drei Einstiegstüren. Um die UIC-Norm 505 einzuhalten, fiel der Wagenkasten um 180 mm schmaler aus. Nach Startproblemen, die natürlich viel Wirbel erzeugten, bewältigt der 424/434 den S-Bahndienst ohne Mucken.

Bauart: Bo'(Bo')(2')(Bo')Bo'
Baujahre: 1998 – 2000
Leistung: 2350 kW
Länge über Puffer: 67.500 mm
Dienstmasse: 129,5 t
Stückzahl: 60

Baureihe 425 (ET 25, 285 DR)

Für den Schnell- und Eilzugdienst beschaffte die Reichsbahn kurzgekuppelte Einheitstriebzüge, die 120 km/h Spitzentempo erreichten. In den Netzen Mittel- und Süddeutschlands eingesetzt, wiesen sie die Richtung zu den Triebzügen ET 31. Diese überdauerten sie bei beiden deutschen Bahnen. Die DB baute einige dreiteilig auf und setzte sie bis 1986 ein.

Bauart: Bo'2+(2'2')+2'Bo'
Baujahre: 1935 – 1938
Leistung: 920 – 1020 kW
Länge über Puffer: 43.625/66.270 mm
Dienstmasse: 88,3 – 126,3 t
Stückzahl: 39

Baureihe 425/435

Der vierteilige Triebzug gehört zwar zur vom 423/433 begründeten Familie, ist aber für den Regionalverkehr konzipiert. Sein Aufbau entspricht weitgehend dem des 424/434, jedoch verfügt er an den Einstiegstüren über eine zusätzliche Trittstufe, um unterschiedliche Bahnsteighöhen ausgleichen zu können. An den vorderen Einstiegsräumen verfügt der Zug beidseitig über Hublifte, um Schwerbehinderten den Zugang zu ermöglichen. 2003 schrieb der 425/435 Schlagzeilen, da seine Bremsen mit feuchtem Herbstlaub nicht zurecht kamen.

Bauart: Bo'(Bo')(2')(Bo')Bo'
Baujahre: 1998 – 2004
Leistung: 2350 kW
Länge über Puffer: 67.500 mm
Dienstmasse: 129,5 t
Stückzahl: 136

Baureihe 426

Der kleinste Vertreter der Triebzugfamilie mit dem 423/433 als Ahnherren ist der für den Regionalverkehr gedachte 426. Er besteht lediglich aus zwei kurzgekuppelten Triebwagen mit Endführerständen. In einem Wagen befindet sich vor dem Führerstand der Erste-Klasse-Bereich, während der zweite Wagen rein zweiklassig ausgerüstet wurde. Bei der Unterbringung der Komponenten, für die naturgemäß weniger Platz als in den anderen Fahrzeugen zur Verfügung stand, gelang den Techniker eine erfreulich gleichmäßige Achslastverteilung.

Bauart: Bo'(2')Bo'
Baujahre: 1999 – 2002
Leistung: 1175 kW
Länge über Puffer: 36.490 mm
Dienstmasse: 71 t
Stückzahl: 43

Baureihe 427 (ET 27)

Bauart: Bo'Bo'+2'2'+Bo'Bo'
Baujahr: 1964
Leistung: 1300 kW
Länge über Puffer: 73.850 mm
Dienstmasse: 135 t
Stückzahl: 5

Wertvolle Erkenntnisse für die Beschaffung der Baureihe 420 gewann die Bundesbahn mit dreiteiligen, für den Vorortverker in Stuttgart übernommenen Garnituren. Ihre grundsätzliche Gestaltung orientierte sich an Berliner und Hamburger S-Bahnfahrzeugen, doch sollte die Fußbodenhöhe nur 940 mm betragen. Laufruhig und leistungsstark bewältigten die Züge zunächst den Verkehr zwischen Plochingen und Tübingen und kurzzeitig im Ruhrgebiet nützlich. 1986 musterte die Bundesbahn sie aus, da die weitere Erhaltung als nicht wirtschaftlich erschien.

Baureihe 430 (ET 30)

Bauart: Bo'2'+2'2'+2'Bo'
Baujahre: 1955 – 1956
Leistung: 1830 kW
Länge über Puffer: 80.360 mm
Dienstmasse: 148 t
Stückzahl: 24

Rechtzeitig zur Elektrifizierung von Strecken im Ruhrgebiet beschaffte die Bundesbahn Triebzüge, die ihre ersten Einsätze in Süddeutschalnd absolvierten. Sowie der Fahrdraht an der Ruhr eingeschaltet war, wechselten sie in den Städteschnellverkehr. Die Fahrzeitgewinne lagen bei rund einem Viertel. Mit monatlichen Laufleistungen zwischen 20.000 und 24.000 km überdauerten sie die Einführung der S-Bahn an Rhein und Ruhr und wurden 1984 ausgemustert.

Baureihe 432 (ET 32)

Bauart: Bo'2'+Bo'2'+2'2'/Bo2'+2'Bo'
/Bo'2'+2'2'+2'Bo'
Baujahr: 1950
Leistung: 900/920 kW
Länge über Puffer: 67.440 mm
Dienstmasse: 123 – 127 t
Stückzahl: 6

Die Bundesbahn erbte vier Garnituren der leistungsstarken Baureihe ET 31. Mit diesem Bestand ließ sich nicht viel Staat machen. Da zu Beginn der fünfziger Jahre statt hohe Anfahrbeschleunigung einsatzfähige Züge gebraucht wurden, ersetzte die Bundesbahn in vier Zügen den hinteren Endtriebwagen durch Steuerwagen. Die gewonnenen Triebwagen kuppelte sie zu zwei neuen Einheiten, die bei einer Grundüberholung 1963 Zuwachs durch jeweils einen Mittelwagen erfuhren. Zeitlebens in Süddeutschland eingesetzt, rollten sie bis 1984 auf das Abstellgleis.

Baureihe 450 (GT 8-100 C)

Bauart: B'2'2'B'
Baujahr: 1991 – 1995
Leistung: 460 kW
Länge über Puffer: 37.610 mm
Dienstmasse: 82 t
Stückzahl: 36

Mit modernen Stadtverkehrskonzepten erregt Karlsruhe Aufsehen. An verschiedenen Punkten verlässt die Straßenbahn ihre gewohnten Gleise, um auf Eisenbahnschienen an das Ziel zu gelangen. Im Stadtgebiet fahren die Züge mit 750 V Spannung führendem Gleichstrom, auf DB-Gleisen mit bahnüblichem Wechselstrom. Vier der äußerlich Straßenbahnatmosphäre ausstrahlenden Züge gehören der DB, der Rest den Verkehrsbetrieben und der Albtalbahn. Das „Karlsruher Modell", das einen Vorläufer in Berlin hatte, bewährte sich und wurde in Saarbrücken und Kassel nachgeahmt.

Baureihe 456 (ET 56)

Die ersten elektrischen Fahrzeuge der DB fuhren im Vorortverkehr rund um Nürnberg und Stuttgart. Ihre elektrische Ausrüstung stammte zum Teil von ausgemusterten Zügen der Baureihen ET 25 und ET 31 sowie aus Reservebeständen. Der mechanische Teil war bei allen Fahrzeugen neu. Daher können die dreiteiligen Garnituren als modernisierte Einheitstriebzüge und somit als Übergangslösung gelten. Sie zeigten sich den Verkehrsbedürfnissen gewachsen und wichen erst 1986 moderneren Fahrzeugen.

Bauart: Bo'2'+2'2'+2'Bo'
Baujahr: 1952
Leistung: 1100 kW
Länge über Puffer: 79.970 mm
Dienstmasse: 121 t
Stückzahl: 7

Baureihe 465 (ET 65)

Bis zur Inbetriebnahme der S-Bahn 1978 war die Baureihe 465 aus dem Stuttgarter Vorortbetrieb nicht wegzudenken. Leistungsstark bewältigten sie die Steigungen rund um die in einem Kessel liegende Stadt. Dichte Haltestellenabstände ließen die Höchstgeschwindigkeit von 75 km/h zu. Die kleinste Einheit bildeten je ein Trieb- und Steuerwagen, zwischen die bis zu vier Beiwagen gekuppelt werden konnten.

Bauart: Bo'Bo'
Baujahr: 1933 – 1938
Leistung: 924 kW
Länge über Puffer: 20.500 mm
Dienstmasse: 51,9 – 65 t
Stückzahl: 26

Baureihe 470/870 (ET/EB 170)

Bauart: Bo'Bo'+2'2'+Bo'Bo'
Baujahre: 1959 – 1970
Leistung: 1280 kW
Länge über Puffer: 65.520 mm
Dienstmasse: 111 t
Stückzahl: 45

In den fünfziger Jahren konnte die Bundesbahn den Ausbau des Hamburger S-Bahnnetzes vorantreiben. Außerhalb Hamburgs waren die Haltestellenabstände länger, weshalb die Höchstgeschwindigkeit des 471, 80 km/h, nicht mehr ausreichte. Die Neuentwicklung entsprach konzeptionell dem 20 Jahre alten Vorgänger, war aber deutlich leistungsfähiger und pflegeleichter. Als die neue Tunnelstrecke durch die Innenstadt gebaut wurde, endete die Beschaffung der Züge zugunsten der Baureihe 472. 470 wie 471 fuhren bis zur Jahrtausendwende.

Baureihe 471/871 (ET/EB 171)

1939 ging in Hamburg die erste mit Gleichstrom betriebene S-Bahn in Betrieb. Nach Berliner Vorbild stellte die Reichsbahn kurzgekuppelte Züge in Dienst, allerdings dreiteilige Einheiten, die unabhängig fahren konnten. Obwohl ihr Konzept technisch inzwischen überholt war, musste die Bundesbahn in den fünfziger Jahren weitere Garnituren beschaffen. Erst mit der Jahrtausendwende endete der Einsatz der leistungsstarken und solide konstruierten Züge, die äußerlich auch heute noch einen unaufdringlich modernen Eindruck machen.

Bauart: Bo'Bo'+2'2'+Bo'Bo'
Baujahre: 1939 – 1958
Leistung: 1160 kW
Länge über Puffer: 62.520 mm
Dienstmasse: 131,2 t
Stückzahl: 72

Baureihe 472/473

Bauart: Bo'Bo'+Bo'Bo'+Bo'Bo'
Baujahre: 1974 – 1984
Leistung: 1500 kW
Länge über Puffer: 65.820 mm
Dienstmasse: 114,4 t
Stückzahl: 62

1975 wuchs das Hamburger S-Bahnnetz um eine Tunnelstrecke durch die Innenstadt. Wegen der starken Steigungen von maximal 40 ‰ beschaffte die Bundesbahn moderne, allachsgetriebene Züge. Das Grundkonzept der dreiteiligen Einheit wurde natürlich beibehalten, jedoch mit Hilfe der Erfahrungen aus den Baureihen 420 und 403 überarbeitet. Problemlos bewältigten die Züge den Dienst auf der anspruchsvollen Neubaustrecke. Die eigenwillige Stirnseitengestaltung spricht zwar nicht jeden an, verleiht der Hamburger S-Bahn aber ein höchst individuelles Äußeres.

Baureihe 474

Bauart: Bo'Bo'+2'2'+Bo'Bo'
Baujahre: 1996 – 2004
Leistung: 920 kW
Länge über Puffer: 66.000 mm
Dienstmasse: 155,5 t
Stückzahl: 103

Zur Ablösung der Baureihe 470 und 471 beschaffte die Hamburger S-Bahn Züge, die äußerlich den U-Bahnwagen des Typs DT 4 ähnelten. Dies sollte den Gedanke an ein gemeinsames Schnellbahnnetz erkennbar machen. Vom DT 4 wurde zudem die Drehstrom-Antriebsanlage übernommen. Im Gegensatz zu den zeitgleich konzipierten Zügen der Baureihe 481/482 sind die 474 nicht durchgehend begehbar. Für den Verkehr nach Stade wird aus dem 474 der Zweisystemzug 474.3 abgeleitet, der auch mit 15 kV Wechselstrom fahren kann.

Baureihe 475/875 (ET/EB 165, 275)

Bauart: Bo'Bo' + 2'2'
Baujahre: 1928 – 1931
Leistung: 360 kW
Länge über Puffer: 34.560 mm
Dienstmasse: 64,6 t
Stückzahl: 634

Der meistgebaute deutsche Zug stammt aus Berlin. Für die „große Elektrisierung" der Stadt-, Ring- und Vorortbahn entwickelte O & K einen aus Trieb- und Steu-erwagen bestehenden Viertelzug. Die Serienfahrzeuge entstanden in einer Reihe namhafter Waggonfabriken. Bei einem Teil der Züge wurde der Steuerwagen ab Werk durch einen Beiwagen er-setzt. Später baute die Reichsbahn die Steuerwagen in Beiwagen um, sodass zwei Viertelzüge die kleinste betriebfähige Einheit bildeten. Die Triebzüge der Bau-art „Stadtbahn" blieben bis 1997 im Einsatz.

Baureihe 476/876 (ET/EB 165, 276)

Ende der fünfziger Jahre lieferte LEW zwar einen Baumusterzug für die Berliner S-Bahn. Dieser aber bewährte sich nicht. Folglich modernisierte die Reichsbahn ei-nen Teil der Züge der Baureihe 475 und gruppierte sie als Bau-reihe 476 ein. Da die Scharfen-bergkupplung durch eine elektri-sche Kupplung ergänzt wurde, konnten die Züge mit der Baurei-he 477 gemeinsam fahren. Davon machte die Reichsbahn aber nur in Ausnahmefällen Gebrauch, da sich die Baureihen im Anfahrver-halten unterscheiden. 2001 roll-ten dann die letzten 476 auf die Abstellgleise.

Bauart: Bo'Bo' + 2'2'
Baujahre: 1979 –
Leistung: 360 kW
Länge über Puffer: 34.560 mm
Dienstmasse: 64,6 t

Baureihe 477 (ET/EB 167, 277)

Bauart: Bo'Bo' + 2'2'
Baujahre: 1937 – 1958
Leistung: 380 kW
Länge über Puffer: 34.560 mm
Dienstmasse: 65 t
Stückzahl: 180 + umgebaute

Um den Verkehrszuwachs bedie-nen zu können, reichte der Fahr-zeugpark der Berliner S-Bahn in der zweiten Hälfte der dreißiger Jahre nicht mehr aus. Auch für die Nordsüdbahn wurden neue Züge gebraucht. Insgesamt bestellte die Reichsbahn 291 Züge, doch verhinderte der Krieg den voll-ständigen Bau. Nach den nötigen Reparaturen zählte die Reichs-bahn in den fünfziger Jahren 180 Viertelzüge. In die Baureihe 477 wurden später auch modernisier-te Züge anderer Bauarten ein-gruppiert. Erst 2003 konnte die S-Bahn auf die Altbauzüge ver-zichten.

Baureihe 278 (ET/EB 169)

Bauart: Bo'2 + 2'2' + 2'2' + 2'2' + 2'Bo'/Bo'Bo' + 2'2' + 2'2' + 2'2' + Bo'Bo'
Baujahr: 1925
Leistung: 832/880 kW
Länge: 71.600 mm
Dienstmasse: 140,9/130,4 t
Stückzahl: 17

Die ersten Gleichstrom-Triebzüge der Berliner S-Bahn bestanden aus zwei Trieb- und drei Beiwagen. Ihre Anfahrbeschelunigung sowie die Laufruhe der Beiwagen vermochten nicht zu überzeugen. Die Reichsbahn sah von weiteren Beschaffungen ab. 1956/57 wurden acht Triebzüge modernisiert. Dabei erhielten die Triebwagen ein zweites Triebdrehgestell. 14 Wagen gelangten zur U-Bahn, zwei in den Dienstfahrzeugbestand.

Baureihe 479 (279.2 DR)

Aus verschiedenen Spenderfahrzeugen baute das Raw Berlin-Schöneweide Triebwagen für die Strecke Lichtenhain – Cursdorf der Oberweißbacher Bergbahn. Der 479 001 entstand aus dem ET 188 531, der 479 002 aus dem Beiwagen VB 256 der Niederbarnimer Eisenbahn, der 479 003 aus dem Straßenbahntriebwagen ET 188 701 der Leipziger Verkehrsbetriebe. Die äußerlich den Zügen der Berliner S-Bahn ähnelnden Fahrzeuge überdauerten wie die Bergbahn den Niedergang der DDR und gehören heute zum festen Inventar nostalgischen Alltagsbetriebes.

Bauart: Bo
Baujahre: 1963 – 1984
Leistung: 120 kW
Länge über Puffer:11.360/ 11.3600 mm
Dienstmasse: 15,3/16,3 t
Stückzahl: 3

Baureihe 480

Bauart: Bo'Bo'+Bo'Bo'
Baujahre: 1986 – 1995
Leistung: 720 kW
Länge über Puffer: 36.800 mm
Dienstmasse: 57 t
Stückzahl: 85

1984 übernahmen die Berliner Verkehrsbetriebe die S-Bahn im Westteil und mussten die rund 50 Jahre alten Triebzüge ersetzen. Der 480 besteht aus zwei kurzgekuppelten Triebwagen mit Führerständen an beiden Enden. Damit wich man vom Konzept mit Trieb- und Beiwagen ab. Die Drehstrom-Antriebstechnik basierte auf Erfahrungen mit U-Bahnzügen. Erstmals entstand der Wagenkasten komplett aus nichtrostendem Stahl. Nach 1990 bestellte die DR eine weitere Serie des 480.

Baureihe 481/482

Bauart: Bo'2' + Bo'Bo'
Baujahre: 1996 – 2004
Leistung: 600 kW
Länge über Puffer: 36.800 mm
Dienstmasse: 92 t
Stückzahl: 500

Nach der Wiedervereinigung Berlins dominierten die Altbauzüge den Bestand der S-Bahn. Der 485 war technisch überholt, der gelungene 480 wurde nicht weitergebaut, da der neue Zug eine Luftfederung bekommen sollte, um den Fußboden stets auf der Bahnsteighöhe von 960 mm halten zu können. Wiederum entstanden Doppeltriebwagen, allerdings erhielt der 482 nur einen Behelfsführerstand. Die Entwickler legten großen Wert auf leicht austauschbare Komponenten, um die Verfügbarkeit zu erhöhen. Einige Garnituren sind vierteilig mit Übergang zwischen beiden 482.

Baureihe 485 (ET 85)

Bauart: Bo'2'
Baujahre: 1927 – 1933
Leistung: 550 kW
Länge über Puffer: 20.340 mm
Dienstmasse: 61,4 t
Stückzahl: 39

Nachdem sich vier zu Elektrofahrzeugen umgebaute Dampftriebwagen bewährt hatten, beschaffte die Reichsbahn für den Münchener Vorortverkehr Neubauzüge. Die Reichsbahn setzte sie auch als Personenzüge in die bayerischen Ausflugsgebiete ein. Einige Fahrzeuge waren daher in Augsburg und Nürnberg stationiert. In den sechziger Jahren modernisierte man die Züge und ersetzte einen Teil der verschlissenen Beiwagen. Bis 1977 fuhren sie auf der Höllental- und Dreiseenbahn sowie für die Bahndirektionen Hannover und Mainz.

Baureihe 485 (270 DR)

Um die Altbauzüge aus den dreißiger Jahren ersetzen zu können, entwickelte LEW neue Fahrzeuge nach bewährtem Konzept mit kurzgekuppeltem Trieb- und Beiwagen. Gleichstromsteller, Nutzbremse und Leistungselektronik entsprachen dem Stand der in der DDR vorhandenen Technik. Die neuen Züge waren robust und pflegeleicht. Eine Nullserie entstand acht Jahre nach dem Baumuster, die Serienlieferung begann 1990. Ein langes Leben wird den Zügen allerdings nicht beschert sein, denn schon jetzt bereitet die Ersatzteilbeschaffung große Probleme.

Bauart: Bo'Bo'+2'2'
Baujahre: 1979 – 1992
Leistung: 500 – 600 kW
Länge über Puffer: 36.200 mm
Dienstmasse: 55,7 – 60 t
Stückzahl: 166

488 001/888 001/ 488 501

Nachdem die Berliner Verkehrsbetriebe mit für Stadtrundfahrten umgebauten Bussen und Straßenbahnen große Erfolge gefeiert hatten, wollte auch die S-Bahn ihren Kunden ein neues Fahrgefühl bieten. Aus zwei Triebwagen der Baureihe 477 sowie einem Beiwagen entstand in der Hauptwerkstatt Schöneweide ein dreiteiliger, luxuriös ausgestatteter Panoramazug. Großflächige Fenster bieten den Fahrgästen beste Sicht auf die Sehenswürdigkeiten. Dank der guten Motorisierung beeinträchtigt der Zug nirgendwo den Planbetrieb.

Bauart: Bo'Bo' + 2'2' + Bo'Bo'
Baujahr: 1999
Leistung: 720 kW
Länge über Puffer: 54.065 mm
Dienstmasse: 128 t
Stückzahl: 1

Baureihe 491 (ET 91)

Für den Ausflugsverkehr beschaffte die Reichsbahn zwei Triebwagen mit großen Fenstern und gläsernen Dachfasen. Ihre Technik wurde, soweit wie möglich, aus den Einheitstriebwagen übernommen. Der ET 91 01 fiel 1943 einem Bombenangriff auf München zum Opfer. Der andere Triebwagen gelangte zur Bundesbahn, die mit ihm Ausflugsfahrten im ganzen Netz durchführte, teilweise im Schlepp von Dieselloks auch auf nicht elektrifizierten Strecken. 1977 sollte er ausgemustert werden. Wegen der hohen Nachfrage wurde er erneut aufgearbeitet. Ein Unfall beendete 1995 die Karriere des „Gläsernen Zuges".

Bauart: Bo'2'
Baujahre: 1935 – 1936
Leistung: 390 kW
Länge über Puffer: 20.600 mm
Dienstmasse: 45,4 t
Stückzahl: 2

Baureihe 515 (ETA 150)

Nicht nur mit den Schienenbussen der Baureihen 795 und 798 wollte die junge Bundesbahn den Verkehr auf Nebenbahnen rationalisieren. Für den Einsatz im nahen und mittleren Bereich beschaffte sie auch Akkutriebwagen. Die Kapazität der Batterien erlaubte einen Einsatzradius von anfangs 300, später 400 km. Im Planbetrieb kamen aber auch Tagesleistungen von 500 km vor. In der Regel fuhren die Triebwagen mit passendem Steuerwagen. Die Schraubenkupplung ermöglichte zudem, Kurs- und Güterwagen zu schleppen. In den neunziger Jahren stellte die Bahn die letzten Wagen ab.

Bauart: Bo'2'
Baujahre: 1953 – 1965
Leistung: 200 kW
Länge über Puffer: 23.400 mm
Dienstmasse: 57 t
Stückzahl: 232

Baureihe 517 (ETA 176)

Bauart: Bo'2'
Baujahre: 1952 – 1954
Leistung: 200 kW
Länge über Puffer: 27.000 mm
Dienstmasse: 59 t
Stückzahl: 8

Rund um Limburg bewältigten rund 30 Jahre lang rundliche Triebwagen den Nah- und Eilzugverkehr. Im Nahverkehr konnten sie mit einer Batterieladung etwa 250 km zurücklegen, im Fernverkehr 400 km. Im Plandienst fuhren sie zumeist mit einem Steuerwagen, wobei Eilzüge nicht selten aus vier Fahrzeugen bestanden. Der Rückgang der Verkehrsleistungen ließ das Einsatzgebiet der Züge schrumpfen. 1984 konnte die Bundesbahn auf die „Limburger Zigarren", wie sie unter Eisenbahnfreunden hießen, verzichten.

Estland

Lange Jahre verfügte Estland über zahlreiche Schmalspurbahnen. Sie erschlossen das recht dünn besiedelte Land, welches gerade einmal 1,3 Millionen Einwohner zählt. Die großen Strecken entstanden in finnisch-russischer Breitspur.

Erst 1919 wurde Estland unabhängig von Russland. 1940 besetzte die Rote Armee das Land. Bis 1991 mussten sich die Esten dem Sowjetjoch beugen.

Der Ausbau des estnischen Eisenbahnnetzes orientierte sich an den Bedürfnissen der Machthaber. Diese suchten den Anschluss an das Baltische Meer. In den Häfen und auf den Zulaufstrecken dominierte der militärische Verkehr. Deswegen sind verschiedene Breitspurstrecken gut ausgebaut. Ob die junge, zweite Republik diese Chance nutzen kann, ist angesichts der Wirtschaftsstruktur fraglich. Moderne Hochtechnologie braucht nur geringe Transportkapazitäten.

Serie Od

Bauart: Dn2v
Baujahre: 1895 – 1902
Leistung: 440 kW
Länge über Puffer: 9672 mm
Dienstmasse: 51,7 t
Stückzahl: 33 (in Estland)

In verschiedenen russischen Werken entstand zur Jahrhundertwende eine Schlepptender-Güterzug-lok mit riesig anmutenden Zylindern. Eine Unterbaureihe fuhr in Estland. Ab 1933 modernisierte Loks mit höheren Leistungen erhielten die Bezeichnung Ok. Bis 1959 war die Od vor Güterzügen im Einsatz.

Serie Sk

Für die Schmalspurbahnen mit 750 mm Spurweite entwickelte Franz Krull die ersten in Estland gebauten Schlepptenderlokomotiven. Sie schleppten gleichermaßen Reise- und Güterzüge und erreichten eine Höchstgeschwindigkeit von 60 km/h. Während des Krieges und danach gelangten einige Maschinen nach Russland. Dort dienten sie auch als Werkloks. In die von der Sowjetunion annektierte Heimat zurückgekehrt, blieben sie bis 1962 im Einsatz. Die Lokomotivführer schätzten die nicht nur optisch hervorragend gelungene Konstruktion.

Bauart: 1'D h2
Baujahre: 1931 – 1940
Leistung: 235 kW
Dienstmasse: 31,6 t
Stückzahl: 16

Serie Nkk

Bauart: 1'Ch2
Baujahr: 1935
Leistung: 570 kW
Länge über Puffer: 9945 mm
Dienstmasse: 63,7 t
Stückzahl: 6

In verschiedenen Werken Russlands entstanden in der ersten Hälfte des 20. Jahrhunderts Schnellzug-Schlepptenderloks der Serie N. Ab 1935 wurden sechs Lokomotiven als Serie Nkk in Estland modernisiert. Ihre Zugkraft lag deutlich höher als bei der Ursprungsvariante. Zudem verfügten sie über ein windschnittiges Führerhaus und eine Abschlammvorrichtung. Bis 1941 förderten die Lokomotiven mit den auffällig weit hinten liegenden Zylindern Reisezüge im estnischen Breitspurnetz mit bis zu 100 km/h Spitzentempo.

Serie Kk

Bauart: 1'B1'h2t
Baujahr: 1938
Leistung: 270 kW
Dienstmasse: 60,8 t
Stückzahl: 4

In den Werkhallen der Aktiengesellschaft Franz Krull in Tallinn entstand eine kleine Serie hochbeinig erscheinender Tenderlokomotiven für das Breitspurnetz. Interessan-terweise verfügte die Kk über nur zwei angetriebene Achsen – ein Konzept, das anderswo schon zur Jahrhundertwende als überholt galt. Das tat den Leistungen der Maschinen, die mit 100 km/h Spitzentempo vornehmlich leichte Reisezüge an den Haken nahmen, aber keinen Abbruch. Die nach dem Krieg noch vorhandenen Lokomotiven blieben bis 1953 im Einsatz.

Serie Mtk

Rangierdienst auf breiter Spur leisteten bullige Tendermaschinen, welche bei Franz Krull in Tallinn entstanden. Sowohl die Lokführer als auch die Ingenieure im Maschinenamt rechneten die Lok zu den besonders gelungenen Entwicklungen. Von Beginn an schleppten sie denn auch von Fall zu Fall leichte Güter- und Reisezüge. Für letzteren Dienst fiel die Höchstgeschwindig- keit mit 50 km/h allerdings relativ klein aus. Auf estnischen Strecken fuhren die Lokomotiven bis 1956.

Bauart: C1'h2t
Baujahre: 1938 – 1939
Leistung: 270 kW
Dienstmasse: 59,5 t
Stückzahl: 6

Serie L

Bauart: 1'Eh2
Baujahre: 1945 – 1955
Leistung: 1610 kW
Länge über Puffer: 23.745 mm
Dienstmasse: 103 t

Die Maschinen der Serie L, anfangs als P 32 „Pobeda" (Sieg) bezeichnet, wurden bei Kolomna entwickelt. Die Bezeichnung „L" erhielt sie nach dem Chefkonstrukteur L. S. Lebedjanski. Zwischen 1945 und 1955 entstanden in den Werken von Brjansk und Lugansk rund 4200 Fahrzeuge. Ab 1962 schleppten die schweren Schlepptenderloks mit den hoch liegendem Kessel in Estland Güterzüge, die bis zu 2800 t wogen. Anfang der siebziger Jahre gehörten die letzten 66 Dampflokomotiven auf estnischen Breitspurbahnen zur Serie L.

Serie M

Bauart: Bo'Bo'
Baujahre: 1924 – 1927
Leistung: 210 kW
Dienstmasse: 50 – 55 t
Stückzahl: 4

Als erstes Land im Baltikum stellte Estland Elektrotriebwagen in Dienst. Die Serie M fuhr ab 1924 auf den Breitspurbahnen rund um die Hauptstadt Tallinn. Der leistungsstarke Motorwagen konnte mehrere Beiwagen schleppen, sodass den Reisenden auch in der Hauptverkehrszeit ausreichend Sitzplätze zur Verfügung standen. Ab 1941 gelangten die Züge nach Russland und kehrten nicht zurück.

Serie TEP 60

Hochwertige Schnellzugloks konstruierte Ende der fünfziger Jahre der russische Hersteller Kolomna. Die TEP 60 entstand auf der Basis der Versuchslok TEP 50. Einzeln oder als Doppellok verließen 1704 Einheiten zwischen 1960 und 1987 das Werk. In Estland nahm die für 160 km/h zugelassene TEP 60 ab 1961 Schnellzüge mit bis zu 18 Wagen und einem Gewicht von 1050 t an den Haken. In den neunziger Jahren verschwanden sie von den Breitspurstrecken. 1995 führte die Estnische Eisenbahn noch sechs Einheiten im Bestand.

Bauart: Co'Co'de
Baujahre: 1960 – 1987
Leistung: 2200 kW
Länge über Puffer: 19.250 mm

Dienstmasse: 127 t
Stückzahl: ca. 61 (in den baltischen Staaten)

Serie TU 2

Bauart: Bo'Bo'de
Baujahre: 1956 – 1959
Leistung: 250 kW
Dienstmasse: 32 t
Stückzahl in Estland: 43

Für die estnischen Schmalspurbahnen baute Kaluuga, Russland, die erste und leider auch letzte Verbrennungslok. Ab 1957 planmäßig eingesetzt, übernahm die 50 km/h schnelle TU 2 binnen zweier Jahre den Gesamtverkehr auf den Schmalspurstrecken. In den Sechzigern und Anfang der siebziger Jahre wurden diese gesperrt und zum Teil auf Breitspur umgebaut. Damit endete schon nach relativ kurzer Frist die Einsatzzeit der asymmetrischen TU 2 mit der neckischen Andeutung von Schürzen vor den Drehgestellen.

Serie ER 1

Bauart: Bo'Bo'
Baujahre: ab 1957
Leistung: 2000 kW
Länge über Puffer: 20.100 mm
Dienstmasse: 560 t

Ab 1957 entstanden in den Waggonfabriken von Riga und Tveri 250 Züge, die anfangs aus fünf Motor-, drei Bei- und zwei Steuerwagen bestanden. In Estland kamen ab 1970 Sechswagengarnituren zum Einsatz. Später fuhren auch Einheiten mit vier Wagen. 1995 gehörten neun modernisierte Züge zum Bestand der Estnischen Eisenbahn. Die unterschiedlichen Modernisierungsvarianten erhielten die Bezeichnungen ER 2 und ER 12.

Bauart: Co'Co'de
Baujahre: 1971 – 1976
Leistung: 1460 kW
Länge über Puffer: 17.400 mm
Dienstmasse: 116 t
Stückzahl: ca. 142 (in den baltischen Staaten)

Serie M 62

Selbstverständlich gelangte die legendäre Taigatrommel, gewissermaßen das Sinnbild sowjetischen Lokomotivbaus, auch auf den estnischen Breitspurstrecken zum Einsatz. Die im ukrainischen Lugansk gefertigten, so robusten wie lauten Lokomotiven schleppten vornehmlich Güterzüge. 1995 zählte Eesti Raudtee noch 34 Fahrzeuge im Lokomotivpark. Verschiedene Bahngesellschaften des Landes setzen die M 62 augenblicklich noch im Güterverkehr ein. Teilweise mussten sie der C 36-7i weichen.

Serie C 36-7i

Zwischen 1978 und 1985 baute GE in den USA 169 Einheiten einer leistungsfähigen Güterzuglok. Vormals bei der Union Pacific eingesetzt, gelangten knapp fünf Dutzend Maschinen ab 2002 nach Estland. In Mexiko wurden sie den estnischen Normen angepasst, auf 1524 mm umgespurt und mit der automatischen Kupplung SA 3 ausgestattet. Daneben erhielten die Loks eine moderne Mikroprozessorsteuerung, neue Elektromotoren und Widerstandsbremsen. Ihre hohe Achslast erforderte Anpassungen des Oberbaus.

Bauart: Co'Co'de
Baujahre: 1978 – 1985
Leistung: 2850 kW
Dienstmasse: 191 t
Stückzahl: 58

Frankreich

Frankreich gehört zu den Ländern, in denen sich Privatbahnen am längsten, fast hundert Jahre lang, halten konnten. Erst 1937 trat die SNCF in das Leben. Die Schieneninfrastruktur des Landes ist, wie das Leben allgemein, monozentristisch auf Paris ausgerichtet. Schlagzeilen schrieb die Staatsbahn mit technischen Hochleistungen. Bereits 1955 erreichte eine Lokomotive mehr als 300 km/h. Aus den Gasturbinenzügen erwuchsen Hochgeschwindigkeitsfahrzeuge, die TGV.

1837 trat Frankreich in den Kreis der Eisenbahnländer. Die erste Strecke führte von Paris in das 19 Kilometer entfernte St. Germain.

Am 26. August 1837 war es soweit. Der erste Dampfzug setzte sich auf der Strecke Paris – St. Germain in Bewegung. Damit war Frankreich das dritte Land auf dem alten Kontinent, das die Vorzüge des neuen Verkehrsmittels erkannt hatte. Schnell wuchs das Schienennetz. Insgesamt entstanden in der Anfangsphase 27 Bahngesellschaften. Relativ schnell sah man aber auch, dass es von Vorteil war, Netze zu bilden. Deswegen schlossen sich die Gesellschaften zu regionalen Betrieben zusammen. Es entstanden die Nordbahn, die Ostbahn, die Paris-Lyon-Mittelmeer-Bahn, die Orléansbahn, die Südbahn und die Westbahn. Zudem gab es ein kleines Netz staatlicher Bahnen, Etat genannt. Privaten Betreibern gewährte der Staat Zinsgarantien, um die Investitionstätigkeit zu fördern. Ansonsten hielt er sich aber vom Bahnverkehr mehr als ein Jahrhundert lang fern. 1870 nannten die sechs großen Gesellschaften 16.907 der 17.929 französischen Streckenkilometer ihr Eigen.

Durch den Bau von Nebenbahnen wuchs das Schienennetz deutlich, wobei insbesondere die Jahre nach 1878 große Bedeutung hatten. Mehrfach versuchte der Staat, die mächtigen Privatunternehmen unter Kontrolle zu bekommen. Doch erst 1937 gelang es, die Nationale Gesellschaft der Französischen Eisenbahnen (Societé nationale des chemins de fer francais; SNCF) zu gründen. 40.700 km Regel- und 850 km Schmalspurstrecken bilanzierte die Staatsbahn zum 1. Januar 1938. Die alten Gesellschaften bildeten Regionen, die noch immer äußerst autonom arbeiten konnten. Erst 1983 gelang es, die SNCF in eine klassische Staatsbahn umzuwandeln. Das Streckennetz war zu diesem Zeitpunkt schon arg geschrumpft. 34.384 Streckenkilometer wies die Bilanz zum 1. Januar 1983 aus.

Aufsehen erregten die Franzosen mit dem Train à Grande Vitesse (TGV), bei dem eine aus der Flugzeugtechnik bekannte, mit Diesel betriebene Gasturbine dank ihrer hohen Drehzahl große Leistung mit geringem Gewicht verband. Allerdings arbeitete sie nur unter Volllast wirtschaftlich. Daher kombinierte die SNCF bei den Gasturbinenzügen der ersten Generation den konventionellen Dieselmotor mit der Gasturbinentechnik. Die Gasturbinen wurden nur zugeschaltet, wenn hohe Leistungen erforderlich waren, z. B. beim Anfahren oder in Steigungen. Bei der zweiten Generation ersetzte eine weitere Gasturbine den Dieselmotor. Sämtliche Gasturbinenzüge verfügten über eine elektrische Kraftübertragung, sodass der Schritt zum elektrischen Hochgeschwindigkeitszug nicht groß war.

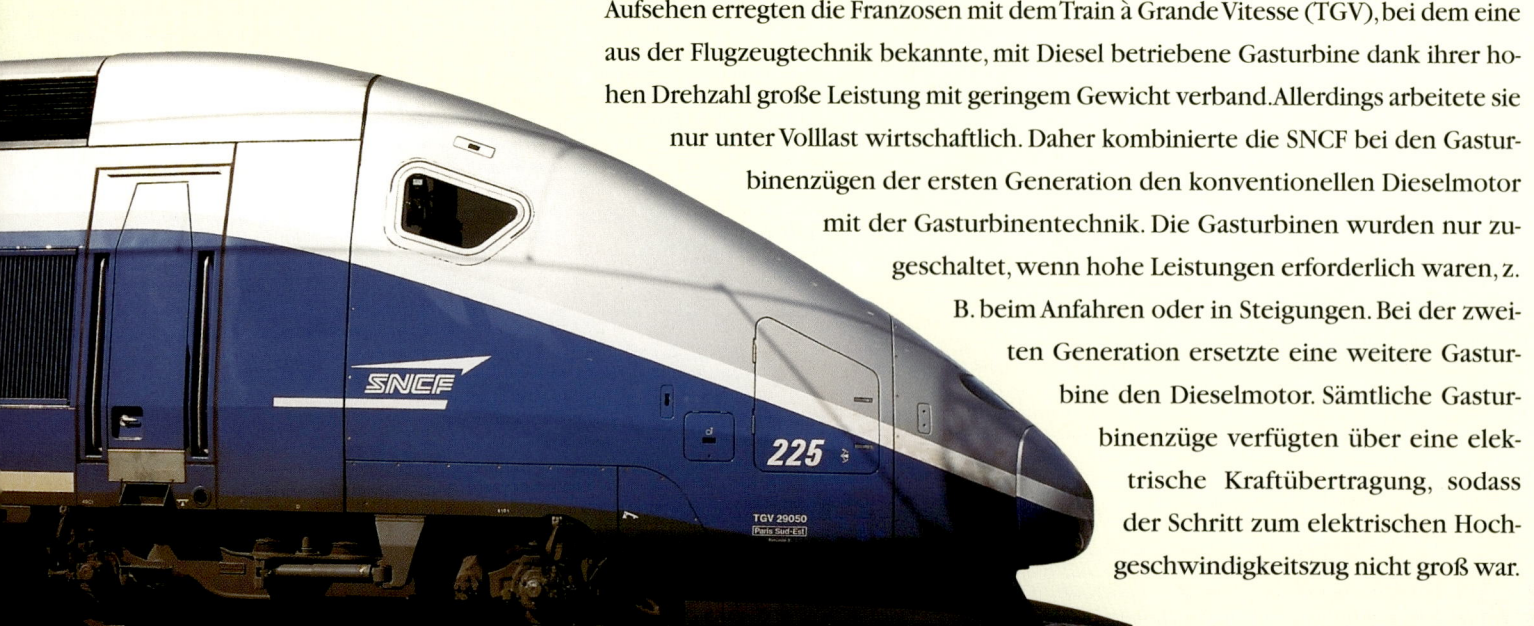

TGV – Grande vitesse

Die Wiege des europäischen Hochgeschwindigkeitsverkehrs liegt in Frankreich. Bereits in den fünfziger Jahren experimentierte die SNCF mit elektrischen Lokomotiven für Geschwindigkeiten um die 300 km/h. Der Lohn der Mühe war die Weltrekordfahrt der CC7107, welche 1955 mit 326 km/h erstmals die magische 300-km/h-Hürde überwand. 1967 gelang es dann, mit einem Versuchszug hohe Geschwindigkeiten mit geringer Achslast zu vereinbaren. „TGS" nannte sich der mit einer Gasturbine ausgerüstete TGV-Vorläufer.

TGV der ersten Generation

Zu dem Zeitpunkt lief bereits ein ehrgeiziges Ausbauprogramm. Auf den herkömmlichen Strecken ließ sich Hochgeschwindigkeitsverkehr natürlich nicht realisieren. Also suchte man nach „eisenbahntechnischen Erneuerungsmöglichkeiten mittels neuer Infrastruktur", wie die Bürokraten den Bau neuer Strecken nannten. Beim Ausbauprogramm, in das der Staat Milliarden von Franc bzw. Euro steckte, kam der SNCF die mehr oder minder monozentristische Landesstruktur zugute. So ist alles, das öffentliche, kulturelle, wissenschaftliche und natürlich politische Leben auf die Landeshauptstadt ausgerichtet. Folglich führten die Neubaustrecken von Paris aus in die Großstädte der verschiedenen Departements. Ausschließlich für den Hochgeschwindigkeitsverkehr konzipiert, wiesen sie Neigungen von bis zu 35 ‰ auf. Das sparte den Bau teurer Tunnels.

Derweil schritt die Entwicklung neuer Züge voran. 1972 stand der TGV 001 auf den Schienen. Er brachte eine Vielzahl wichtiger Erkenntnisse für die Konzeption der Neubauzüge. So ließen sich die Fahrmotoren statt im Drehgestell im Wagenkasten lagern. Eine gleitende Kraftübertragung mittels Kardan-Antrieb erwies sich ebenso als brauchbar wie das Gliederzugkonzept, das zwar kürzere Wagen bedingt, durch die Ersparnis an Drehgestellen aber Gewichtsvorteile mit sich bringt. Auch aerodynamisch hatte das Gliederzugkonzept Vorteile. Um den Luftwiderstand zu verringern, verfügt jeder Zug zudem nur über einen Pantographen. Der zweite Triebkopf wird über eine am Dach verlaufende Hochspannungsleitung mit Energie versorgt.

1981 war es soweit. Der TGV verband auf einer Neubaustrecke Paris mit Lyon. Bereits im Eröffnungsjahr gelang es, die Zahl der Reisenden von 14.000 auf 55.000 am Tag zu steigern. So lag es nahe, die Erfolgsgeschichte fortzuschreiben und neue Linien zu bauen. Derzeit arbeitet man unter anderem am TGV Ost nach Straßburg. Die Linie hat direkten Anschluss an die Strecke nach Baden, eine Stichstrecke soll über Saarbrücken nach Frankfurt am Main führen. Deutschen Boden erreicht der TGV bereits. Der „Thalys", ein Mehrsystemzug der Familie, fährt von Paris über Brüssel wahlweise nach Köln und nach Amsterdam.

Thalys und TGV Duplex sind die Paradezüge der Franzosen

BB 7200

Bauart: B'B'
Baujahre: 1976 – 1985
Leistung: 4400 kW
Länge über Puffer: 17.480 mm
Dienstmasse: 86 t
Stückzahl: 240

Aus der Reihe BB 15000 leitete die französische Staatsbahn eine Variante ab, die im Gleichstromnetz fahren konnte. Als Versuchsträger für die Choppersteuerung, die anstelle der Thyristoren den Fahrstrom für die Motoren aufarbeitete, diente die BB 15007. Von der BB 7200 entstanden zwei Unterbaureihen, die nicht fortlaufend nummeriert sind. Die für den Güterverkehr gedachten Maschinen erreichen Tempo 100, die Schnellzugloks 160 km/h Spitzengeschwindigkeit. Besonders am Frejus sind oft zwei Loks in Vielfachsteuerung vor schweren Transitgüterzügen nach Italien zu sehen. In Modane übernehmen dann Lokomotiven der FS die schwere Fracht.

BB 15000

Aus der Reihe CC 6500 leitete die französische Staatsbahn eine vierachsige Variante für den Einsatz im Wechselstromnetz mit 25 kV Spannung und 50 Hz Frequenz ab. Die Lokomotiven erreichen eine Höchstgeschwindigkeit von 160 km/h und schleppen vornehmlich Reisezüge. Aber auch vor leichten Güterzügen machen sie sich verdient. Auffällig ist, dass sie nur einen Stromabnehmer auf dem Dach tragen.

Bauart: B'B'
Baujahre: 1971 – 1978
Leistung: 4620 kW
Länge über Puffer: 17.480 mm
Dienstmasse: 90 t
Stückzahl: 65

BB 16501 – 16794

Bauart: Bo'Bo'
Baujahre: 1958 – 1964
Leistung: 2580 kW
Länge über Puffer: 14.400 mm
Dienstmasse: 73/75 t
Stückzahl: 294

Innerhalb der 16000-er Lokfamilie ist die am Schluss eingereihte Bauart für den leichten Dienst die langsamste und leichteste. Je nach Lieferserie erreichten die Maschinen eine Höchstgeschwindigkeit von 100 oder 140 km/h. Das Drehgestell mit nur 1608 mm Achsstand – die übrigen Vertreterinnen der Familie brachten es auf 3200 mm – ermöglichte einen ruhigen Lauf auch in engen Bögen von Nebenstrecken.

Die Elektroloks der Reihe BB 25000 können unterschiedliche Stromsysteme nutzen. 121 Exemplare entstanden 1964 bis 1977 aus der Gleichstromlok BB 9200 und der Wechselstromlok BB 16000 in zwei Varianten. Die Loks erbringen eine Leistung von 4130 kW und wiegen 84 bzw. 87 t.

Vertreterinnen dieser Reihe sind in den französischen Alpen unterwegs, wie die BB 25175 bei Albertville (oben rechts) oder die BB 25194 bei St. Gervais. Unten rechts ist die Mehrsystemlok BB 20203 in Basel zu sehen. Die 2940 kW starke und 80 t schwere Lok verträgt neben dem französischen auch das Schweizer Wechselstromsystem. Gebaut wurde sie 1969 bis 1970.

BB 22000

Bauart: B'B'
Baujahre: 1976 – 1986
Leistung: 4400 kW
Länge über Puffer: 17.480 mm
Dienstmasse: 89 t
Stückzahl: 205

Nach den Varianten für das Wechsel- und das Gleichstromsystem stellte die SNCF eine Nasenlok auf die Gleise, die jedweden Strom verdaute. Die BB 2000 erhielt die Trafoanlage der BB 15000 und die Choppersteuerung der BB 7200. Die meisten Maschinen sind für Tempo 160, einige für 200 zugelassen. An den Systemschnittstellen stationiert, bewältigen die Loks vornehmlich den Reisezugverkehr, der sie bis in die Alpen führt.

BB 26000

Statt wie beispielsweise die DB auf Asynchronmotoren setzte die SNCF anfangs auf Drehstrom-Synchronmotoren. Deren Ankerwicklungen müssen zusätzlich über Bürsten und Schleifringe mit Strom versorgt werden. Die Neubauloks mit den bewährten einmotorigen Drehgestellen erreichen vor 750-t-Zügen 200 km/h. Da sie in beiden Stromsystemen verkehren, erhielten sie die Bezeichnung „Sybic" wie „Synchrone Bicourant". Ab 1997 entstand die modernisierte Variante der Sybic, die BB 36000 (Foto oben rechts).

Bauart: B'B'
Baujahre: 1988 – 1998
Leistung: 5600 kW
Länge über Puffer: 17.710 mm
Dienstmasse: 90 t
Stückzahl: 264

CC 6501 – 6538, 6575 – 6576

Bauart: C'C'
Baujahre: 1969 – 1972
Leistung: 5900 kW
Länge über Puffer: 20.190 mm
Dienstmasse: 115 t
Stückzahl: 40

Die ersten modernen Gleichstromloks für das 1,5-kV-System der SNCF standen Ende der sechziger Jahre auf den Gleisen. Sie erhielten dreiachsige Drehgestelle und eigneten sich für den schweren Reisezug- und Güterzugdienst gleichermaßen. Ihre Stirnfronten erhielten einen Vorbau, der den Lokführer bei Unfällen schützen sollte. Die Formgestaltung wurde für spätere Neubauloks übernommen, sodass die CC 6500 als Ahnherrin der „Nasenlok" gelten kann.

TGV Atlantique

Bauart: Triebkopf Bo'Bo'; Wagen mit
Jakobs-Drehgestellen verbunden
Baujahre: 1989 – 1992
Leistung: 8800 kW
Länge über Puffer: 237,59 m
Dienstmasse: 484 t
Stückzahl: 105

Nach dem großen Erfolg der ersten Hochgeschwindigkeitsverbin-
dung Paris – Lyon erweiterten die
SNCF das Netz in Richtung Atlan-
tik. Für die Strecke entwickelten
sie den Triebzug weiter. Unter anderem gelang es, die Leistung
deutlich zu steigern, sodass einerseits die Verlängerung der Einheit von acht auf zehn Mittelwagen,
andererseits die Erhöhung der Maximalgeschwindigkeit von 270 auf
300 km/h möglich war.

TGV Duplex

Auf manchen Relationen reichen
die Kapazitäten einer TGV-Einheit
nicht aus. Teilweise setzten die
SNCF daher TGV-Einheiten in Doppeltraktion ein. Um diesen weniger
wirtschaftlichen Betrieb minimie-
ren zu können, entwickelte die
SNCF einen TGV mit Mittelwagen
in Doppelstockbauweise. Auf diese Weise gelang es, die Sitzplatz-
kapazität um 40 % zu erweitern,
obwohl der TGV Duplex nur acht
Mittelwagen aufweist.

Bauart: Bo'Bo'; Wagen mit Jakobs-
Drehgestellen verbunden
Baujahre: 1996 – 1998
Leistung: 8800 kW
Länge über Puffer: 200,19 m
Dienstmasse: 424 t
Stückzahl: 30

TGV Eurostar

Für den Tunnel unter dem Ärmelka-
nal entwickelte die SNCF eine weitere Bauart des TGV, da in Großbritannien die Strecken mit 750 V
Gleichstrom elektrifiziert sind. Auch
das Lichtraumprofil ist etwas kleiner, weshalb die Innenraumbreite
von 2,9 auf 2,81 m sank. Erstmals
setzte die SNCF beim Eurostar auf
moderne Drehstrom-Asynchronmotoren. Wie der TGV Atlantique erreicht der Eurostar auf entsprechend ausgebauten Strecken 300
km/h Spitzengeschwindigkeit.

Bauart: Triebkopf Bo'Bo'; Wagen mit
Jakobs-Drehgestellen verbunden
Baujahre: 1993 – 1994
Leistung: 12.240 kW
Länge über Puffer: 393,72 m
Dienstmasse: 816 t
Stückzahl: 16

BB 12000

Die für den Betrieb unter Wechselstromfahrleitung mit 25 kV/50 Hz entwickelten, vierachsigen Güterzuglokomotiven der Reihe BB 12000 tragen den lustigen Spitznamen „Bügeleisen". Diesen dürften sie wegen der beiden eng nebeneinander liegenden Stromabnehmer oberhalb des mittig angeordneten Führerstands erhalten haben. Die Lokomotiven erreichen ein Maximaltempo von 120 km/h und verfügen jeweils über vier Motoren der Bauart SW 435.

Bauart: B'B'
Baujahre: 1954 – 1961
Leistung: 2470 kW
Länge über Puffer: 15.200 mm
Dienstmasse: 80/83 t
Stückzahl: 148

BB 67000

Die mit einem 16-Zylinder-Dieselmotor ausgerüstete Baureihe BB 67000 entstand ab 1963 in vier Serien, die sich hinsichtlich der Leistung und Höchstgeschwindigkeit unterscheiden. Die beiden ersten waren für Tempo 90 ausgelegt, die ab 1967 bzw. 1969 gebaute dritte und vierte Serie fuhren maximal 140 km/h. Zu ihren Aufgaben zählten sowohl der Personen- als auch Güterzugdienst. Die auch heute noch in großer Stückzahl vorhandenen Maschinen tragen die Hauptlast auf sämtlichen nicht elektrifizierten SNCF-Strecken.

Bauart: B'B'
Baujahre: 1963 – 1975
Leistung: 1240 – 1660 kW
Länge über Puffer: 17.090 mm
Dienstmasse: 80 – 83 t
Stückzahl: 512

TGV Thalys

Bauart: Triebkopf Bo'Bo'; Wagen mit Jakobs-Drehgestellen verbunden
Baujahre: 1996 – 1997
Leistung: 8800 kW
Länge über Puffer: 200,19 m
Dienstmasse: 424 t
Stückzahl: 16

Für die Hochgeschwindigkeitsstrecke Paris – Brüssel – Amsterdam/Köln stellte die SNCF eine weitere Bauart des Train à Grande Vitesse in Dienst. Er ist dem Strom- und Zugsicherungssystem der vier durchfahrenen Länder angepasst. Äußerlich fällt er durch seinen weinroten Lack in das Auge. Die hochkomfortable Verbindung wird von den Fahrgästen recht gut genutzt, sodass sich das Angebot für die beteiligten Bahnen rentiert, und in Zukunft sicherlich ausgebaut wird.

Y 7401 – 7888

In mittelgroßer Stückzahl beschaffte die SNCF dieselhydraulische Maschinen für den leichten Rangierdienst. Nach Erprobung des Baumusters entstanden drei Serien, die sich nur geringfügig voneinander unterscheiden. Mit 60 km/h Spitzengeschwindigkeit können die kleinen Maschinen auch Übergaben und Nahgüterzüge bespannen, ohne die Strecke übermäßig lange zu blockieren.

Bauart: Bdh
Baujahre: 1963 – 1972
Leistung: 129 kW
Länge über Puffer: 8940 mm
Dienstmasse: 32 t
Stückzahl: 489

CC 72000

Die sechsachsigen Lokomotiven der Reihe CC 72000 sind als Universalfahrzeuge entwickelt worden. Sie kommen sowohl im Personen- als auch Güterverkehr zum Einsatz und sind mit einem 16-Zylinder-Dieselmotor mit Luftkühlung ausgerüstet. Ihre Höchstgeschwindigkeit beträgt, je nach Einsatzart, 85 bzw. 160 km/h.

Bauart: C'C'
Baujahre: 1967 – 1974
Leistung: 2250 kW
Länge über Puffer: 20.190 mm
Dienstmasse: 114 t
Stückzahl: 92

A1A-A1A 68000

Als reine Güterzuglokomotiven entstanden die Maschinen der Reihe A1A-A1A 68000. Um das relativ hohe Gewicht der Lokomotive möglichst gut zu verteilen, entstand die Bauart mit jeweils einer in einem der beiden Drehgestelle eingebetteten Laufachse. Die wuchtig wirkenden, mit einem 12-Zylinder-Motor ausgerüsteten Loks bringen es auf eine Maximalgeschwindigkeit von 130 km/h.

Bauart: (A1A)(A1A)
Baujahre: 1963 – 1968
Leistung: 1645 kW
Länge über Puffer: 18.010 mm
Dienstmasse: 105 t
Stückzahl: 29 + 7

225

Reihe X 4500 modernisiert

Bauart: B'B'dh + 2'2'
Modernisierung: 1978
Leistung: 295 kW
Länge über Puffer: 43.480 mm
Dienstmasse: 67,5 t
Stückzahl: 20

In den siebziger Jahren modernisierte die SNCF einen Teil ihres Bestandes an Triebzügen der Reihe X 4500. Technisch änderte sich an den Zügen, die gerade einmal ein gutes Jahrzehnt auf dem Buckel hatten, eher wenig. Äußerlich fielen die nach hinten versetzten Einstiege sowie die unterschiedlich großen Stirnfenster in das Auge. Die modernisierten Züge sind noch im Einsatz. Nach Unterlagen der SNCF sollen sie sich bis 2012 amortisiert haben.

X 2700

Baujahre: 1955 – 1956
Leistung: 426 kW
Länge über Puffer: 52.680 mm
Dienstmasse: 84,7 t
Stückzahl: 29

Die zweiteiligen Triebwagen der Reihe X 2700 entstanden Mitte der fünfziger Jahre und sind in den achtziger Jahren grundlegend modernisiert worden. Die mit einem hydromechanischen Getriebe ausgestatteten, klimatisierten Fahrzeuge mit Abteilen für die 1. und 2. Klasse fuhren in den ersten Jahren nach ihrer Auslieferung teilweise sogar im TEE-Dienst. Zu ihren Einsatzgebieten gehören heute unter anderem die malerischen Strecken in den französischen Alpen, wo sie südlich von Grenoble z. B. bei Clelle-Mens zu sehen sind (links und rechts).

X 72501 – 72710

Moderne zwei- und dreiteilige Dieseltriebzüge stellte die SNCF für den Nahverkehr auf mittleren Distanzen in Dienst. Die modern gestalteten, silbern glänzenden Züge mit den markanten dunkelblauen Stirnpartien überzeugen durch einen ruhigen Lauf und ordentlichen Komfort. Hinter den Bugklappen verbergen sich Scharfenbergkupplungen, die ein schnelles Kuppeln und Trennen von Garnituren ermöglichen. Auf jede Achse wirken ein MAN-Dieselmotor und ein Voith-Getriebe.

Bauart: Bo'Bo' + (2'2' +) Bo'Bo'
Baujahre: ab 1997
Leistung: 1200 kW
Länge über Puffer: 52.900/78.500 mm
Dienstmasse: 116/161 t
Stückzahl: 105

In den französischen Alpen gibt es interessante Triebfahrzeuge auf spektakulär trassierten Gebirgsstrecken zu entdecken.

Auf der meterspurigen, privaten La-Mure-Bahn (rechts oben) verkehren Gleichstromloks (2400 V) aus den zwanziger Jahren. Moderner präsentiert sich die schweizerisch-französische Gleichstrombahn Martigny – St. Gervais (850 V) mit den 1996/97 gefertigten SNCF-Triebzügen der Reihe Z 801 – 806 (unten), die teils vom Fahrdraht, teils von einer Stromschiene versorgt werden. In luftige Höhen transportieren die Zahnrad-Triebwagen vom Typ Beh 4/4 der Tramway du Montblanc fußfaule Wanderer (unten rechts).

Griechenland

Obwohl das griechische Eisenbahnnetz recht weitmaschig ist, gelang es, die Strecken in drei Spurweiten zu errichten. Die Regelspur hält dabei eine ganz solide Zweidrittelmehrheit.

Die übrigen Strecken entstanden in Meterspur und mit schmaler 600-Millimeter-Spurweite. Die geringe Netzdichte ist vor allem der Topographie geschuldet.

Im dünn besiedelten Bergland lohnt sich der Bau von Eisenbahnen recht selten. Da die meisten Städte und Gemeinden in Küstennähe entstanden, macht zudem eine dichte Küstenschifffahrt der Eisenbahn erhebliche Konkurrenz. Geklotzt haben die Griechen zu den Olympischen Spielen 2004 in Athen. Die Nahverkehrslinien rund um die Hauptstadt wurden großzügig ausgebaut.

Serie A151 – A162 (Typ LDH 70)

Bauart: B-B
Baujahr: 1973
Leistung: 503 kW
Länge über Puffer: 11.460 mm
Dienstmasse: 48 t
Stückzahl: 12

Die aus Rumänien beschafften Lokomotiven mit dieselhydraulischem Antrieb wiesen allesamt technische Probleme auf. Daher wurden sie im Jahr 1988 zum Hersteller nach Rumänien zurückgeschickt, der eine Generalüberholung durchführen musste. Heute sind nur noch drei dieser bis zu 70 km/h schnellen Diesellokomotiven in Betrieb. Sie werden in Athen eingesetzt.

Serie A201 – A210 (Typ RS8-DL532B)

Mit dieser Reihe kamen erstmals Diesellokomotiven in Griechenland zum Einsatz. Heute trifft man die von der US-amerikanischen Lokfabrik ALCo gefertigten Maschinen vor leichten Güterzügen an. Ihr Haupteinsatzgebiet ist das nördliche Griechenland. Die Leistungsübertragung erfolgt bei diesen Loks elektrisch. Ihre Höchstgeschwindigkeit beträgt 105 km/h.

Bauart: Bo-Bo
Baujahre: 1961 – 1962
Leistung: 766 kW
Länge über Puffer: 13.980 mm
Dienstmasse: 64,6 t
Stückzahl: 10

Serie A221 – A233 (Typ UM 10B)

Für leichte Personenzüge und Rangieraufgaben wurde die Reihe A221 – A233 mit dieselelektrischem Antrieb beschafft. Sie stammt vom US-amerikanischen Hersteller General Electric. Heute stehen noch drei dieser 109 km/h schnellen Lokomotiven im Einsatz. Stationiert sind sie allesamt im Depot Lianokladi.

Bauart: Bo-Bo
Baujahr: 1973
Leistung: 693 kW
Länge über Puffer: 12.970 mm
Dienstmasse: 63,5 t
Stückzahl: 13

Serie A251 – A261 (Typ DHM7)

Diese mit der M 41 der Ungarischen Staatsbahnen identische Baureihe wurde von der Firma Ganz-MAVAG in Ungarn hergestellt. Die maximal 103 km/h schnelle, dieselhydraulisch angetriebene Lok wurde im leichten Personen- und Güterzugdienst, in Doppeltraktion auch vor schweren Güterzügen, auf allen OSE-Strecken eingesetzt. Die letzte, in Volos stationierte Lok wurde Ende 2000 ausgemustert.

Bauart: B-B
Baujahr: 1982
Leistung: 1313 kW
Länge über Puffer: 15.500 mm
Dienstmasse: 66 t
Stückzahl: 11

Serie A301 – A310 (Typ FPD7-DL500C)

Bei dieser Reihe handelt es sich um eine der berühmtesten griechischen Loktypen. Alle Maschinen wurden 1998 ausgemustert, mit einer Ausnahme: A302. Diese von ALCo gebaute Lok erhielt ihre Originalfarbgebung (blau mit zwei Silberstreifen) zurück. Heute ist sie im Depot Thessaloniki stationiert und gehört zum Bestand der OSE-Museumsfahrzeuge. Sie fährt nur noch vor Sonderzügen.

Bauart: Co-Co
Baujahr: 1963
Leistung: 1313 kW
Länge über Puffer: 17.960 mm
Dienstmasse: 107 t
Stückzahl: 10

Serie A321 – A327 (Typ RSD 34-DL 543)

Bauart: Co-Co
Baujahr: 1966
Leistung: 1450 kW
Länge über Puffer: 17.790 mm
Dienstmasse: 107 t
Stückzahl: 7

Die maximal 120 km/h schnellen Dieselloks der Reihe A321 – A327 entstanden bei der Lokfabrik ALCo in den USA. Bis 1999 leisteten die Maschinen treue Dienste im Personen- und auch Güterzugdienst. Die beiden Loks A325 und A326 blieben erhalten und wurden wieder in der Originalfarbe Blau mit zwei Silberstreifen lackiert. Als Museumsloks schleppen sie ab und an Sonderzüge.

Serie A401 – A410 (Typ DEL 20 CC)

Bauart: Co-Co
Baujahr: 1966
Leistung: 1460 kW
Länge über Puffer: 19.500 mm
Dienstmasse: 108 t
Stückzahl: 10

Die von Jung und Siemens gebauten Maschinen gehörten zu den ersten Diesellokomotiven Griechenlands. Sie waren damals die modernsten ihrer Art in Europa. Da es sich um Universallokomotiven handelte, lag ihr Aufgabengebiet sowohl im Güter- als auch Reisezugverkehr. Meist kamen sie auf der Strecke Thessaloniki – Athen zum Einsatz. Die letzte Lok schied 1986 aus dem Dienst.

Serie 411 – 430 (Typ V 200.1)

1989/1990 erwarben die Griechischen Staatsbahnen von der Deutschen Bahn zwanzig Loks der Baureihe V 200.1. Sie wurden im hochwertigen Personenverkehr und vor Güterzügen eingesetzt, in der Hauptsache zwischen Athen und Thessaloniki, später im gesamten OSE-Netz. Ihre Ausmusterung erfolgte 1997. Im Jahr 2002 gingen alle 20 Loks an die Prignitzer Eisenbahngesellschaft.

Bauart: B-B
Baujahr: 1962
Leistung: 2 x 985 kW
Länge über Puffer: 18.440 mm
Dienstmasse: 78 t
Stückzahl: 20 (von OSE erworben)

Serie A451 – A470 (Typ CC MX 627)

Die von der kanadischen Lokfabrik MLW gebaute Reihe A451 – A470 ist die wichtigste Loktype der OSE für den Güterzugverkehr. Bevor die DE 2000 von ADtranz Einzug in den OSE-Lokpark gehalten hatte, schleppte die MLW-Lok fast sämtliche Personenzüge und den Großteil der Güterzüge innerhalb des OSE-Eisenbahnnetzes.

Bauart: Co-Co
Baujahr: 1973
Leistung: 1970 kW
Länge über Puffer: 17.750 mm
Dienstmasse: 120 t
Stückzahl: 20

Serie A471 – A496/220 027 – 220 036 (Typ DE 2000)

Bauart: Bo-Bo
Baujahre: 1998/2003
Leistung: 2043 kW
Länge über Puffer: 19.400 mm
Dienstmasse: 81,6 t
Stückzahl: 26/10

Zu den modernsten und neuesten Dieselloks der griechischen Staatsbahnen gehört die Reihe A471 – A496. Sie wurde von ADtranz in Deutschland gefertigt. Aufgrund der positiven Erfahrungen mit der dieselelektrisch angetriebenen Lokomotive wurden ihr seit dem Beschaffungsjahr nach und nach alle Personenzugleistungen im OSE-Netz anvertraut. Bisweilen schleppt sie auch Güterzüge.

Serie A501 – A510 (Typ CC MX 636)

Bauart: Co-Co
Baujahre: 1974/1975
Leistung: 2591 kW
Länge über Puffer: 19.390 mm
Dienstmasse: 124 t
Stückzahl: 10

Als große Schwester der Loktype CC MX 627 entstand die CC MX 636 ebenfalls beim kanadischen Hersteller MLW. Alle Maschinen dieser Baureihe wurden von der US-amerikanischen Firma NREC generalüberholt. Man reduzierte die Höchstgeschwindigkeit von 149 auf 112 km/h und die Leistung auf 2189 kW. Die im Depot Thessaloniki stationierten Loks werden nur vor Güterzügen eingesetzt.

Serie A551 – A560 (Typ DEL 4000)

Bauart: Co-Co
Baujahr: 1982
Leistung: 2872 kW
Länge über Puffer: 20.200 mm
Dienstmasse: 123 t
Stückzahl: 10

Zu den stärksten Dieselloks in Europa zählten die Loks der Serie A551 bis A560. Neben schweren Güterzügen schleppten sie auch Express-Reisezüge auf allen Hauptstrecken des Landes. Alle zehn Exemplare dieser in Rumänien bei Electroputere gefertigten Maschinen wurden 1998 ausgemustert.

Serie H561 – H566 (Hellas-Sprinter)

Bauart: Bo-Bo
Baujahre: 1997 –
Leistung: 3650 kW
Länge über Puffer: 19.580 mm
Dienstmasse: 80 t
Stückzahl: 6 + 24

Diese universell einsetzbare Lok-

type entsprang der Eurosprinter-Familie und wurde bei Siemens Krauss-Maffei in Deutschland gefertigt. Sie war für die erste und einzige elektrifizierte Strecke (25 kV/50 Hz) zwischen Thessaloniki und dem Seehafen Fyrom Idomeni bestimmt. Es besteht eine Option auf weitere 24 Loks.

Serie AA71 – AA90 (Triebwagen)

Bauart: B-2
Baujahre: 1962/1963
Leistung: 584 kW
Länge über Puffer: 27.100 mm
Dienstmasse: 46,5 t
Stückzahl: 20

Mit den Triebwagen AA71 bis

AA90 beschafften die Griechischen Staatsbahnen zehn Mittelwagen, aus denen die ersten Expresszüge des Landes gebildet wurden. Sie kamen zwischen Athen – Thessaloniki zum Einsatz, mussten sich später aber mit Aufgaben im Nahverkehr begnügen. Die Ausmusterung erfolgte 1998. Ein Triebzug (AA72) blieb erhalten.

Serie 520 101/201 – 520 112/212 (601 – 624/Typ DE-IC 2000N)

Als Gemeinschaftsproduktion ost- und westdeutscher Firmen entstand dieser Hochgeschwindigkeitszug der OSE vor der deutschen Wiedervereinigung. Heute sind die dieselhydraulisch getriebenen Garnituren zwischen Athen und Thessaloniki im Einsatz.

Bauart: BB +2 2 + 2 2 + BB
Baujahre: 1988/1989
Leistung: 2 x 985 kW
Länge über Puffer: 101.800 mm
Dienstmasse: 228 t
Stückzahl: 12

Serie A9101 – A9112 (Typ DL 537)

Für das meterspurige Eisenbahnnetz auf dem Peloponnes wurden bei ALCo dieselelektrische Lokomotiven beschafft. Die als Typ DL 537 benannten Maschinen sind bis heute vor Personen- und Güterzügen im Einsatz. Eine Generalüberholung bzw. Modernisierung dieser erfolgreichen Lokomotivtype bei

der US-amerikanischen Firma NREC ist ab 2004 geplant.

Bauart: Co-Co
Baujahr: 1965
Leistung: 985 kW
Länge über Puffer: 16.200 mm
Dienstmasse: 80,3 t
Stückzahl: 12

Serie 9401 – 9420 (Typ 48 BB H1)

Bauart: B-B
Baujahr: 1967
Leistung: 2 x 235 kW
Länge über Puffer: 12.040 mm
Dienstmasse: 48 t
Stückzahl: 20

Als einzige Diesel-Rangierlok für das meterspurige Peloponnes-Schienennetz beschafften die OSE die Serie 9401 bis 9420 vom japanischen Fahrzeughersteller Mitsubishi. Neben dem Rangierdienst sind die dieselhydraulisch angetriebenen, maximal 90 km/h schnellen Maschinen auch vor leichten Personen- und Nahgüterzügen im Einsatz.

Italien

Zu den kleinsten Staatsbahnen der Welt zählt die des Vatikans. Ihre Strecke hat eine Länge von exakt 862 Metern und einen Bahnhof, Città del Vaticano. Der Schienenstrang führt zum Bahnhof Roma-San Pietro an der Strecke Rom – Viterbo. Am 11. Februar 1929 schlossen Italien und der Kirchenstaat ein Konkordat, in dem sich Italien verpflichtete, die Stichstrecke zu errichten und zu betreiben. Am 2. Oktober 1934 wurde die fast ausschließlich im Güterverkehr genutzte Linie übergeben.

Erst kurz vor dem Ende der dreißiger Jahre des 19. Jahrhunderts fuhr der erste Zug in Italien. Er verband Neapel mit dem acht Kilometer entfernten Portici.

Wie fast überall begannen private Unternehmer mit dem Bahnbau. Nur langsam konnte sich der Staat für das neue Verkehrsmittel erwärmen. In Italien kam erschwerend hinzu, dass es zu Beginn des Eisenbahnzeitalters keinen Nationalstaat moderner Prägung gab. Vielmehr waren kleinere Staaten zu einem lockeren Bund zusammengeschlossen, ähnlich wie in Deutschland. 1860 maß das italienische Streckennetz 1800 Kilometer, von denen nur 350 staatlich erbaut worden waren. Etwa zehn Jahre später – das Liniennetz hatte inzwischen eine Ausdehnung von 4600 Kilometern erreicht – rang sich der Staat zu einem größeren Engagement durch. Fortan sollten neue Bahnstrecken ausschließlich auf Staatskosten entstehen. Zudem wurde die größte Bahngesellschaft, die Alta Italia mit ihren 3572 Streckenkilometern verstaatlicht. 1879 beschloss die Regierung ein ehrgeiziges Programm zum Bau von 64 neuen Strecken mit zusammen 6040 Kilometern Länge. Das nötige Geld dafür konnte der Staat jedoch nicht aufbringen, weshalb er auf die Möglichkeiten privater Betreiber zurückgriff. Ihnen verpachtete er das Streckennetz mit der Vorgabe, die gewünschten Bahnen zu erbauen. Es entstanden ein Mittelmeer-, ein Adria- und ein sizilianisches Netz.

1905 ging dann das Engagement privater Unternehmer merklich zurück, endete aber nicht ganz. Die Eisenbahnen des Staates (Ferrovie dello Stato) übernahmen zum 1. Juli 1905 ein Netz von 10.557 Kilometern. 1919 wuchs das Staatsbahnnetz deutlich, denn nach dem Ersten Weltkrieg kam Südtirol zu Italien. Eisenbahntechnisch hatte das zur Folge, dass die durchgehenden Züge zwischen Innsbruck und Lienz nunmehr auf Teilen der Brenner- und der Pustertalbahn zu Transitzügen wurden. Dies führte in der ersten Hälfte des 20. Jahrhunderts natürlich zu zahlreichen Konflikten. Inzwischen wächst Europa zusammen, der freie Warenaustausch ist zum Alltagsgeschehen geworden. Nur gegen den Lastwagen hat die Bahn leider noch keine Chance, solange Güterzüge stundenlang am Brenner auf die Weiterfahrt warten müssen.

Drehstrom – Gleichstrom

Die technisch hochwertigste Form des elektrischen Antriebs bildet der Drehstrom. Dieser, auch als Dreiphasen-Wechselstrom bekannt, ermöglicht die Installation kleiner, leichter und wartungsarmer Fahrmotoren, die hohe Leistungen ermöglichen. Die Weltrekordfahrten der elektrischen Triebwagen von AEG und Siemens Anfang des 20. Jahrhunderts südlich von Berlin fanden mit Drehstrom statt. Der Nachteil des Drehstromantriebes liegt in der Stromzuführung. Es sind stets drei Leitungen vonnöten. Deshalb konnte sich der Drehstrom lange Zeit nicht gegen den Einphasen-Wechselstrom durchsetzen, der mit zwei Leitungen auskommt – über die Fahr- oder Oberleitung gelangt der Strom zur Lokomotive, über die Schienen und das Erdreich kehrt er zum Kraftwerk zurück. Der Drehstrom benötigt dagegen eine zweipolige Fahrleitung, welche den Bau von Verzweigungen und Kreuzungen erheblich erschwert.

In Italien fuhr man dereinst mit Drehstrom

Dennoch setzte Italien in der Anfangszeit auf den Drehstrom. Unter anderem die Brennerlinie wurde mit dem System elektrifiziert. Die Lokomotiven verfügten über separate Stromabnehmer für beide Fahrleitungen. Obwohl die Maschinen gute Leistungen zeigten und das System sich insgesamt bewährte, konnte sich der Drehstrom nicht landesweit durchsetzen. Deswegen blieb es bei einzelnen, elektrifizierten Strecken, die später umgestellt wurden.

Den Durchbruch für die elektrische Traktion in Italien brachte der Gleichstrom. Die Fahrleitung führte eine Spannung von drei Kilovolt, womit sich das Land gleichzeitig gegenüber seinen nördlichen und nordwestlichen Nachbarn, Österreich und Frankreich, abgrenzte, die auf den Einphasen-Wechselstrom sowie auf Gleichstrom mit 1,5 Kilovolt Spannung setzten. Der Gleichstrom hat den Vorteil, dass die Steuerung der Triebfahrzeuge relativ einfach erfolgen kann. Sein Nachteil liegt in der fehlenden Möglichkeit der Transformation. Aufgrund der deswegen nötigen vergleichsweise geringen Fahrleitungsspannung weisen Gleichstromlokomotiven zumeist deutlich geringere Leistungen auf als vergleichbare Wechselstrommaschinen. Ein weiterer Nachteil liegt in der geringen Fahrleitungsspannung begründet. Damit stets annähernd die gleiche Spannung am Draht anliegt, müssen in relativ geringen Abständen Unterwerke errichtet werden – ein äußerst kostspieliges Unterfangen.

In jüngster Zeit entschieden sich die Italiener deswegen für das Einphasen-Wechselstromsystem, wenn auch mit 25 Kilovolt Spannung und 50 Hertz Frequenz. Zwei neue Hochgeschwindigkeitsstrecken wurden mit dem unter anderem in Teilen Frankreichs und Dänemarks genutzten System elektrifiziert. Somit gibt es in Italien wieder zwei unterschiedliche Stromsysteme.

Schienengigant der FS: die Baureihe 428 für schwere Güterzüge

Reihe 740

Bauart: 1'Dh2
Baujahre: 1911 – 1922
Leistung: 720 kW
Länge über Puffer: 11.040 mm
Dienstmasse: 66,5 t
Stückzahl: 470

Verschiedene Hersteller im In- und Ausland, unter anderem Breda, Ansaldo und Henschel, lieferten im zweiten Jahrzehnt des 20. Jahrhunderts leistungsstarke Personenzugloks, die von den FS später als Reihe 740 klassifiziert wurden. Sie verfügten über eine Walschaerts-Steuerung. Ihr Kessel speicherte den Dampf mit 12 bar Druck. Ihre Höchstgeschwindigkeit von 65 km/h reichte für die geforderten Leistungen aus.

Reihe ALe 642

Der Triebwagen ALe 642 führt einen Triebzug, zu dem in der Regel noch der Beiwagen Le 764 sowie der Steuerwagen Le 682 gehören. Er verfügt über eine Luftfederung, die einen hohen Reisekomfort ermöglicht. Dank automatischer Kupplung erfolgt die Zugbildung schnell. Allerdings verträgt sich der Zug nicht mit den nur wenige Jahre älteren Fahrzeugen der Reihe ALe 724. Die Triebwagen verkehren auf den Gleichstromstrecken Italiens.

Bauart: Bo'Bo'
Baujahre: 1991 – 1995
Leistung: 1120 kW
Länge über Puffer: 26.115 mm
Dienstmasse: 64 t
Stückzahl: 60

Reihe ALe 724

Der Triebwagen ALe 724 ist mit einer elektrischen Bremsvorrichtung mit Energierückgewinnung ausgerüstet sowie einem internen Transformator zur Umspannung von 3000 V Gleichstrom auf 380 V/50 Hz Wechselstrom. Das Fahrgestell ist aus Leichtmetall gefertigt. Der Triebwagen besitzt eine sekundäre Luftfederung und eine automatische Kupplung. Zur Zeit werden 20 Züge, die im U-Bahnbetrieb Neapel fahren, umgebaut. Diese Variante weist nur die Hälfte der Sitzplätze auf.

Bauart: Bo'Bo'
Baujahre: 1982 – 1985
Leistung: 1120 kW
Länge über Puffer: 24.780 mm
Dienstmasse: 55 t
Stückzahl: 87

Reihe ALe 840

Bauart: Bo'Bo'
Baujahre: 1949 – 1954
Leistung: 600 kW
Länge über Puffer: 20.000 mm
Dienstmasse: 58 t
Stückzahl: 73

Zu den Klassikern auf italienischen Schienen gehören die für den Nahverkehr im Gleichstromnetz beschafften Triebwagen der Reihe ALe 840, zu denen die Beiwagen der Reihe Le 840 gehören. Dem Stil seiner Zeit entsprechend zeigt sich der Triebwagen bauchig. Trotz der recht niedrig erscheinenden Motorleistung erreichte er bis zu 150 km/h Spitzengeschwindigkeit. Unterwegs waren die Züge als drei- oder vierteilige Einheiten.

Reihe ALn 663

Bauart: (1Ao)(Ao1)dm
Baujahre: 1983 – 1986
Leistung: 340 kW
Länge über Puffer: 23.540 mm
Dienstmasse: 40 t
Stückzahl: 16 + 104

Im Nahverkehr anzutreffen ist ein hydromechanischer, zweimotoriger Dieseltriebwagen, der einen lang gestreckten Eindruck erweckt. Bis zu drei Einheiten können vom vorderen Führerstand aus gesteuert werden. Zudem ist im Betrieb die Kupplung mit Zügen der Bauarten ALn 668.3100 und ALn 668.3300 problemlos möglich. Der ALn 663.1000 erreicht eine Spitzengeschwindigkeit von 120, der ALn 663.1100 von 130 km/h.

Reihe ALn 668.1000/1900

Für den Dienst auf Haupt- und Nebenbahnen gleichermaßen geeignet sind die hydromechanischen, zweimotorigen Dieseltriebzüge, welche eine Spitzengeschwindigkeit von 130 km/h erreichen. Fiat stattete die Züge mit zwei hinter den Drehgestellen liegenden Einstiegen aus. In der 1. Klasse finden zwölf Reisende einen Sitzplatz, in der 2. Klasse 56.

Der Sitzabstand beträgt in beiden Wagenklassen gleichermaßen 1680 mm.

Bauart: (1Ao)(Ao1)dm
Baujahre: 1975 – 1979
Leistung: 340 kW
Länge über Puffer: 23.540 mm
Dienstmasse: 37 t
Stückzahl: 119 + 41

Reihe ALn 668.1200

Bauart: (1Ao)(Ao1)dm
Baujahre: 1979 – 1980
Leistung: 244 kW
Länge über Puffer: 23.540 mm
Dienstmasse: 37 t
Stückzahl: 60

Eine langsamere Variante des ALn 668 beschafften die FS Ende der siebziger Jahre. Für die gewünschte Höchstgeschwindigkeit von 110 km/h genügten zwei schwächere Motoren vollends. Die Zustiegstüren wanderten in die Mitte des Zuges – die Reisenden verteilen sich in Großräume links und rechts. Die 1. Wagenklasse umfasst nur noch acht Sitzplätze, während in der 2. Klasse 60 Reisende unterkommen. Der Sitzabstand beträgt wiederum einheitlich 1680 mm.

Reihe D 245

Bauart: C
Baujahre: 1965 – 1969
Leistung: 370 kW
Länge über Puffer: 9240 mm
Dienstmasse: 48 t
Stückzahl: 186

Die leistungsstarke Rangierlok arbeitet heute auf Personen- und Güterbahnhöfen. Sie ist mit einem hydraulischen Getriebe ausgestattet, das vom schwäbischen Hersteller Voith stammt. Im Verschubdienst erreichen die Maschinen eine Höchstgeschwindigkeit von 32 km/h. Auf der Strecke, beispielsweise vor Übergaben, können sie bis auf 65 km/h beschleunigen.

Reihe D 343

Bauart: B'B'de
Baujahre: 1967 – 1970
Leistung: 990/1015 kW
Länge über Puffer: 13.240 mm
Dienstmasse: 60 t
Stückzahl: 19 + 34

In zwei unterschiedlich motorisierten Varianten orderten die FS eine Diesellok für den leichten und mittleren Güterzugdienst auf Strecken mit nur 15 t Achslast. Mit schlicht gestaltetem Lokkasten ausgestattet, fielen die Loks durch ihre eigenwillige grün/braune Lackierung mit den rot abgesetzten Signalleuchten in das Auge. Während Ausbesserungen ließen die FS bei einer Reihe Maschinen den Gepäckraum entfernen. Mit 130 km/h erreichten sie ein für den Güterzugdienst atemberaubendes Tempo.

Reihe D 345

In allen Diensten anzutreffen ist heute die 130 km/h schnelle Diesellokomotive der Baureihe D 345. Die einzelnen Serien verfügen über unterschiedliche Einrichtungen für die Wendezug- und Vielfachsteuerung. Drei Vertreterinnen dieser Baureihe wurden 1996 an die Südostbahn in Bari vermietet. Mit einer Höchstgeschwindigkeit von 130 km/h eignen sich die Loks für Einsätze auf Haupt- und Nebenbahnen.

Bauart: B'B'de
Baujahre: 1974 – 1979
Leistung: 990 kW
Länge über Puffer: 13.240 mm
Dienstmasse: 64 t
Stückzahl: 145

Reihe D 445

Mit einer Einrichtung für die elektrische Zugheizung mit 3000 V Gleichstrom ist die D 445 ausgestattet, welche heute ausschließlich Reisezüge bespannt. Neun Mittelklasseloks wechselten 1996 nach dem Einbau des 78-poligen Wendezugsteuerungskabels in die Unterbaureihe D 445 N. Die Höchstgeschwindigkeit von 130 km/h erlaubt den Einsatz auf Haupt- und Nebenstrecken.

Bauart: B'B'de
Baujahre: 1974 – 1976
Leistung: 1560 kW
Länge über Puffer: 14.100 mm
Dienstmasse: 72 t
Stückzahl: 35

Reihe E 402 B

Die Sparten Reisezug- und Güterverkehr sowie Infrastruktur setzen vierachsige Elektroloks für 1,5 und 3 kV Gleichstrom und 25 kV/ 50 Hz Wechselstrom ein. Bei 1,5 kV erbringen sie allerdings nur die halbe Leistung. 20 Maschinen erhielten für den Verkehr mit Frankreich, dessen engeres Lichtraumprofil die Loks einhalten, drei Stromabnehmer. Mit ihrer Höchstgeschwindigkeit von 200 km/h schleppen sie in erster Linie Schnellzüge, machen aber auch in anderen Diensten eine gute Figur.

Bauart: Bo'Bo'
Baujahre: 1997 – 2001
Leistung: 5600 kW
Länge über Puffer: 19.420 mm
Dienstmasse: 89 t
Stückzahl: 80

Reihen E 412/E 405

Für den Verkehr mit Österreich und Deutschland beschaffte die FS eine Lok, die 3000 V Gleichstrom ebenso verträgt wie 15 kV Wechselstrom. Ihre Elektrik basiert auf der Serie 460 der SBB, der mechanische Teil auf der Baureihe 101 der DB. Die leistungsstarken Loks erhielten keine Zugsicherungseinrichtungen der Schweiz. Auch auf den Neubaustrecken Rom – Neapel und Mailand – Florenz können sie nicht fahren – 25 kV Wechselstrom verdaut die Elektrik nicht. Die technisch ähnlichen Loks der Reihe E 405 waren für die polnische Bahn gebaut worden, konnten dort aber nicht finanziert werden und kamen zurück.

Bauart: Bo'Bo'
Baujahre: 1997 – 1999
Leistung: 6000/5500 kW
Länge über Puffer: 17.800 mm
Dienstmasse: 88 t
Stückzahl: 20

Reihe E 424

Bauart: Bo'Bo'
Baujahre: 1943 – 1948
Leistung: 1550 kW
Länge über Puffer: 15.500 mm
Dienstmasse: 72,4 t
Stückzahl: 158

Als Zweidrittel-E-636 kann man die E 424 bezeichnen. Ihre Technik basiert auf der älteren, universell einsetzbaren Bauart. Für den leichten Personen- und Güterverkehr genügte eine vierachsige Lok mit geringerer Motorisierung, deren Beschaffungs- und Instandhaltungskosten niedriger ausfielen. Da die Technik den Innenraum nicht vollkommen beanspruchte, erhielten die Loks einen Gepäckraum mit Rollläden an den Seitenwänden. Einige Lokomotiven sind noch im Einsatz.

Reihe E 424 N

Bauart: Bo'Bo'
Baujahre: 1986 – 1993 (Umbau)
Leistung: 1500 kW
Länge über Puffer: 15.500 mm
Dienstmasse: 72 t
Stückzahl: 105

Auch wenn die Fahrzeuge mehr als ein halbes Jahrhundert auf dem Buckel haben, können die FS nicht auf die leistungsfähigen Loks verzichten. Bereits in den achtziger Jahren unterzogen sie eine Reihe Maschinen einer Überholung. Dabei wurden unter anderem die für die Baureihe charakteristischen Gepäckräume beseitigt. Für den Einsatz vor Wendezügen im Regionalverkehr erhielten die Loks das 78-polige Kabel der Wendezugsteuerung.

Reihe E 444 R

Bauart: Bo'Bo'
Baujahre: 1970 – 1974
Leistung: 4020 kW
Länge über Puffer: 17.120 mm
Dienstmasse: 88 t
Stückzahl: 113

Allen drei Verkehrsbereichen stehen leistungsstarke Maschinen zur Verfügung, die eine Spitzengeschwindigkeit von 200 km/h erreichen. Sie fahren ausschließlich im Gleichstromnetz und verfügen über eine Widerstandsbremse. Leider erlauben die FS nicht den Einsatz der Rekuperationsbremse, die den Energieverbrauch im Gesamtnetz senkt, sofern an anderer Stelle ein Verbraucher zur Aufnahme der Bremsenergie bereitsteht. Zwischen 1989 und 1997 modernisierten die FS die Lokomotiven.

Reihe E 464

Bauart: Bo'Bo'
Baujahre: 1999 – 2002
Leistung: 3000 kW
Länge über Puffer: 15.750 mm
Dienstmasse: 72 t
Stückzahl: 140

Eine hochmoderne Lokomotive stellten die FS mit der E 464 für den Nahverkehr in Dienst. Die Maschinen fahren ausschließlich vor Wendezügen, weshalb sie nur einen Führerstand erhielten. Um sie flexibel einsetzen zu können, verfügen sie sowohl über die Wendezugeinrichtungen mit dem 78-poligen italienischen Kabel als auch mit dem 18-poligen UIC-Kabel. Neben der automatischen Kupplung haben sie einen Zughaken, um sie mit konventionellen Fahrzeugen zusammenführen zu können.

Reihe E 626

Auf den ersten Blick glaubt man, eine italienische Variante des „Krokodils" vor sich zu haben, doch der zweite Blick belehrt eines Besseren: Weder verfügt die gewaltige Maschine über bewegliche Vorbauten noch über Vorlaufachsen. Die sechs Treibachsen sind zudem in drei Drehgestellen untergebracht. Die urtümlichen Lokomotiven waren im ganzen Land anzutreffen und leisteten zuverlässig unterschiedliche Dienste.

Bauart: Bo'Bo'Bo'
Baujahre: 1931 – 1939
Leistung: 1890 kW
Länge über Puffer: 14.950 mm
Dienstmasse: 93 t
Stückzahl: 334

Reihe E 632

Einen 1000 t schweren Schnellzug mit 160 km/h in der Ebene zu schleppen und 800 t am Haken in 10 bis 15 ‰ Steigung auf 100 km/h beschleunigen – diese Anforderungen stellte die FS an die Schnellzuglok. Größeren Wert als auf moderne Technik legte die Staatsbahn auf großzügig gestaltete Führerstände. Auf Gefällestrecken verzögert die Widerstandsbremse wirkungsvoll. Die mit Wendezugsteuerung ausgestatteten Loks sind bis heute im Einsatz.

Bauart: B'B'B'
Baujahre: 1980 – 1987
Leistung: 4200 kW
Länge über Puffer: 17.800 mm
Dienstmasse: 103 t
Stückzahl: 65

Reihe E 633

Bauart: B'B'B'
Baujahre: 1981 – 1987
Leistung: 4200 kW
Länge über Puffer: 17.800 mm
Dienstmasse: 103 t
Stückzahl: 106

Ende der siebziger Jahre erhielten die FS eine 130 km/h schnelle Universallok mit weitgehend klassischer Antriebstechnik. Zur modernsten Technik in der Lok zählte der Gleichstromsteller. Er erlaubte, die ständig gleichgeschalteten Motoren für 2000 anstatt 1500 V Spannung auszulegen. In jedem der Drehgestelle arbeitete ein Motor, der auf beide Achsen wirkte. Die Loks sind wendezugtauglich. Die E 633 schleppte Züge jedweder Kategorie und gehört heute zu den Sparten Nah- und Güterverkehr.

Reihe E 633.200

Aus der Serie E 633 ging die E 633.200 hervor. Die heute ausschließlich im Güterverkehr eingesetzte Lokomotive entspricht technisch weitgehend der etwas älteren Schwester. Je nach Zuglauf und Zuggewicht fährt die E 633.200 einzeln oder mit Maschinen ihrer Familie gekuppelt in Doppeltraktion. Für die Vielfachsteuerung besitzt sie ein 13-poliges UIC-Kabel. Das 78-polige Kabel ermöglicht zudem den Einsatz bei Wendezügen, wovon die FS aber momentan keinen Gebrauch machen.

Bauart: B'B'B'
Baujahre: 1986 – 1988
Leistung: 4200 kW
Länge über Puffer: 17.800 mm
Dienstmasse: 103 t
Stückzahl: 40

Reihe E 636

In den dreißiger Jahren wuchs der Bedarf an leistungsfähigen Loks für den Güterverkehr. Die FS gaben einer sechsachsigen Konstruktion mit drei zweiachsigen Drehgestellen den Vorzug. Dies schonte den Oberbau. Der Lokkasten wurde geteilt und mit einem Horizontalgelenk versehen. In der E 636 082 erprobte die FS eine Rekuperationsbremse. Größere Änderungen brauchten die leistungsstarken Maschinen nicht über sich ergehen zu lassen.

Bauart: Bo'Bo'Bo'
Baujahre: 1940 – 1962
Leistung: 2100 kW
Länge über Puffer: 18.250 mm
Dienstmasse: 101 t
Stückzahl: 459

Reihe E 645

Bauart: Bo'Bo'Bo'
Baujahre: 1959 – 1960
Leistung: 3780 kW
Länge über Puffer: 18.250 mm
Dienstmasse: 112 t
Stückzahl: 32

Als Weiterentwicklung der E 636 entstand die E 645. In ihr arbeiteten anstatt Einzel- Zwillingsmotoren. Deren Leistungsabgabe war zwar für sich genommen gleich hoch. Die Doppelmotorisierung erbrachte jedoch einen gewaltigen Zuwachs, der sich insbesondere auf den Alpenstrecken bemerkbar machte. Fünf Lokomotiven fuhren zeitweise als E 646 mit 140 statt 120 km/h Höchstgeschwindigkeit. Seit dem Rückbau gehören sie wieder zur Reihe E 645, die heute ausschließlich Güterzüge bespannt.

Reihe E 645

Bauart: Bo'Bo'Bo'
Baujahre: 1963 – 1965
Leistung: 3780 kW
Länge über Puffer: 18.290 mm
Dienstmasse: 112 t
Stückzahl: 60

Die ersten Fahrzeuge der Reihe E 645 hatten den Lokkasten der E 636 erhalten. Dieser wirkte zwar windschnittig, aber Anfang der sechziger Jahre schon reichlich hausbacken. Der neue Kasten, den die FS der Lokomotive schneiderten, ließ kaum etwas von den sprichwörtlichen Fähigkeiten italienischer Formgestalter erkennen, erinnerte vielmehr eher an die deutschen Einheitselektroloks. Der braune Lack verriet, dass man es mit einer Maschine italienischer Herkunft zu tun hatte.

Reihe E 646

Aus der Reihe E 645 ging die E 646 hervor. Beide Varianten unterscheiden sich lediglich durch die Übersetzung ihres Getriebes. Die E 646 erreicht mit 140 km/h eine größere Spitzengeschwindigkeit als die E 645, die bereits bei Tempo 120 passen muss. Dafür fällt die Zugkraft der E 646 etwas niedriger aus, was in ihrem aktuellen Einsatzgebiet, dem Nahverkehr, aber keine Probleme bereitet. Selbstverständlich sind alle Maschinen wendezugfähig.

Bauart: Bo'Bo'Bo'
Baujahre: 1961 – 1967
Leistung: 3780 kW
Länge über Puffer: 18.290 mm
Dienstmasse: 110 t
Stückzahl: 205

Reihe E 652

Als Weiterentwicklung der E 632 und 633 entstand die E 652. Sie erhielt eine vollelektronische Steuerung sowie leistungsfähigere Motoren, die bis zu 2200 V Spannung vertrugen. Einer Rekuperationsbremse verweigerte die FS ihre Zustimmung. Die leistungsstarken Loks sind in Mailand, Turin und Verona beheimatet. Sie schleppen Güterzüge über die Brennerlinie, die Mont-Cenis-Bahn und auf der Rollbahn von Venedig über Udine nach Tarvis.

Bauart: B'B'B'
Baujahre: 1989 – 1994
Leistung: 5100 kW
Länge über Puffer: 17.800 mm
Dienstmasse: 106 t
Stückzahl: 175

Reihe E 656

Bauart: Bo'Bo'Bo'
Baujahre: 1975 – 1987
Leistung: 4200 kW
Länge über Puffer: 13.250 mm
Dienstmasse: 120 t
Stückzahl: 400

In allen Diensten des Reisezug- und Güterverkehrs fahren heute die sechsachsigen E 656 mit geteiltem Lokkasten. Die ersten Serien erhielten für die Hilfsbetriebe einen Umformer mit 180 W Leistung. Mit zwei Umformern, die jeweils 120 W abgaben, rüsteten die FS die letzte Serie aus. Die Lokomotiven verkehren ausschließlich auf den mit Gleichstrom elektrifizierten Strecken. In einigen Maschinen wurden Klimaanlagen im Führerhaus eingebaut.

Baureihe ETR 400

Weltweit der erste Neigezug, der für den planmäßigen Passagiertransport eingesetzt wurde. Prototyp aller Pendolini mit 10° Schwankungsbreite, zugelassen für 250 km/h. Dieser Zug ermöglichte es, mit relativ begrenzten finanziellen Mitteln das Tempo auf dem italienischen Streckennetz um 35 % zu steigern. Ausgestattet mit Bordrestaurant und Bar.

Bauart: (1Ao)(Ao1)(1Ao)(Ao1) + (1Ao)(Ao1)
(1Ao)(Ao1)
Baujahr: 1976
Leistung: 1800 kW
Länge: 105.900 mm
Dienstmasse: 161 t
Stückzahl: 1

Baureihe ETR 450

Nach dem erfolgreichen Einsatz des Baumusters ETR 400 verbanden die Italienischen Staatsbahnen große Hoffnungen mit der von Fiat entwickelten hydraulischen Neigetechnik. Für den ersten Serienzug, der für Tempo 250 zugelassen ist, wurde die Neigetechnik leicht modifiziert. So legt sich der ETR 450 mit nur 8° Winkel in den Bogen, während der ETR 400 noch 10° Schwankungsbreite aufwies.

Bauart: (1Ao)(Ao1) + (1Ao)(Ao1) +
(1Ao)(Ao1) + (1Ao)(Ao1) + 2'2' + (1Ao)(Ao1)
+ (1Ao)(Ao1) + (1Ao)(Ao1) + (1Ao)(Ao1)
Baujahre: 1987 – 1993
Leistung: 5008 kW
Länge über Puffer: 233.900 mm
Dienstmasse: 403 t
Stückzahl: 15

Minuetto

Bauart: Bo-2-2-Bo
Baujahre: 2003 –
Leistung: 1400 kW
Länge: 51.900 mm
Dienstmasse: 92 t
Stückzahl: 70

Der neue Regionalzug „Minuetto" ist eine dreiteilige Garnitur, die z. Z. in den Werken der Alstom in Savigliano gebaut wird. Die ersten Exemplare wurden Ende 2003 in Betrieb genommen. Geplant sind 70 Garnituren. Die elektrische Version trägt die Bezeichnung ALe 501/Le 220/ALe 502 und erreicht eine Höchstgeschwindigkeit von 160 km/h. Es gibt zudem noch eine Dieselversion, von der 67 Exemplare im Bau sind.

Reihe ETR 470

Bauart: (1Ao)(Ao1) + (1Ao)(Ao1) + 2'2' + (1Ao)(Ao1) + (1Ao)(Ao1) + 2'2' + 2'2' + (1Ao)(Ao1) + (1Ao)(Ao1)
Baujahre: 1996 – 1997
Leistung: 5880 kW
Länge: 236.600 mm
Dienstmasse: 469 t
Stückzahl: 9

Für den Einsatz im grenzüberschreitenden Verkehr mit der Schweiz und Deutschland entstand 1996 eine selbstständige Aktiengesellschaft, „Cisalpino" genannt. Diese beschaffte Elektrotriebzüge, welche für das Gleichstromsystem Italiens ebenso geeignet sind wie für mit 15 kV und 16,7 Hz Wechselstrom elektrifizierte Bahnen in den Nachbarländern. Selbstverständlich verfügt der ETR 470, der planmäßig bis Stuttgart kommt, über die erfolgreiche Fiat-Neigetechnik mit einem Winkel von 8°.

Reihe ETR 460 P

Bauart: (1Ao)(Ao1) + (1Ao)(Ao1) + 2'2' + 2'2' + (1Ao)(Ao1) + (1Ao)(Ao1) + 2'2' + (1Ao)(Ao1) + (1Ao)(Ao1)
Baujahre: 1995 – 1996
Leistung: 5880 kW
Länge: 236.600 mm
Dienstmasse: 440/452 t
Stückzahl: 6 + 3

In zwei Varianten stellten die FS den ETR 460 in Dienst. Das Gros der Züge verträgt nur den in Italien üblichen Gleichstrom mit 3 kV Spannung und erreicht 250 km/h. Drei Züge, als ETR 460 P bezeichnet, können auch auf mit 1,5 kV Gleichstrom elektrifizierten französischen Strecken fahren, wenn auch nur mit 3920 kW Leistung und 200 km/h Höchstgeschwindigkeit. Sie verkehren zwischen Turin und Lyon. Die neunteiligen, komfortablen Züge verfügen über die aktive Fiat-Neigetechnik mit einem Winkel von 8°.

Reihe ETR 500

Bauart: Bo'Bo' + 11 x 2'2' + Bo'Bo'
Baujahre: 1995 – 2001
Leistung: 8800 kW
Länge: 327.600 mm
Dienstmasse: 602 t
Stückzahl: 30 + 30

Der futuristisch gestaltete ETR 500 besteht aus zwei Triebköpfen, die als Lokomotiven eingereiht werden, sowie aus elf Zwischenwagen. Die erste Serie mit den Triebköpfen E 404.100 verträgt nur 3 kV Gleichstrom. Der ETR 500 mit den Triebköpfen E 404.500 verkehrt unter Gleichstromfahrleitungen mit 3 und 1,5 kV Spannung – unter Letzterer mit verringerter Leistung – sowie auf Strecken, deren Fahrleitungen Wechselstrom mit 25 kV und 50 Hz führen. Beide Varianten erreichen Tempo 300.

Von der Gesamtstrecke der ehemals von Bozen hinauf auf den Ritten führenden, 1907 eröffneten Schmalspurbahn existiert nur noch ein flaches Teilstück auf dem Rittner Plateau. Die Zahnradstrecke ist 1966 stillgelegt worden.

Zwischen Oberbozen und Klobenstein verkehren heute zweierlei Triebwagen. Zum einen handelt es sich um historische Fahrzeuge mit hölzernen Aufbauten. Sie stammen aus der Anfangszeit der Rittnerbahn, wie beispielsweise der Triebwagen „Alioth" mit Lyrapantograph. Zum anderen gibt es den „modernen" Straßenbahnwagen „Esslingen" (Baujahr 1958), der vormals im Großraum Stuttgart eingesetzt wurde.

Jugoslawien

Mit dem Zusammenbruch des Vielvölkerstaates Jugoslawien verschwand natürlich auch die Gemeinschaft der Jugoslawischen Eisenbahnen aus den Büchern. Historisch sind sie aber zusammen gewachsen, weshalb eine gemeinsame Behandlung gerechtfertigt erscheint.

Lange Jahre existierten unterschiedliche Spurweiten. Mit großem Aufwand schuf man ein regelspuriges Netz. Viele Strecken sind eingleisig.

Zwei Drittel der Zugförderungsleistung wurden früher elektrisch erbracht. Der Bürgerkrieg und die Isolation Serbiens machten viele Strecken unpassierbar, die zu den wichtigen Transitstrecken Südosteuropas gehörten.

Reihe 03-0

Bauart: 2'Ch2
Baujahre: 1910 – 1930
Leistung: 735 kW
Länge über Puffer: 17.840 mm
Dienstmasse: 67 t
Stückzahl: 15

Die Lokomotiven sind Maschinen der Reihe 109 der österreichischen Südbahn. Dieser Typ, eine Schöpfung Karl Gölsdorfs, wurde erstmals 1910 gebaut. Die Höchstgeschwindigkeit betrug 90 km/h. Eingesetzt wurden die Loks im Schnellzugdienst auf den bergigen Südbahnstrecken. Dazu gehörten auch die Karststrecken Sloweniens und Kroatiens, auf denen 15 Maschinen nach dem Ersten Weltkrieg verblieben. Die 03-002 wird heute vom slowenischen Eisenbahnmuseum Ljubljana für Sonderfahrten eingesetzt.

Reihe 05

Die Reihe 05 ist Teil des jugoslawischen Einheitsprogramms von 1929. Von insgesamt drei Baureihen lieferten Borsig und Schwartzkopff 100 Loks. Diese, vor allem die 05, gelten als die besten, beliebtesten und schönsten der jugoslawischen Eisenbahnen. Die Schnellzuglokomotive 05 erreichte eine Höchstgeschwindigkeit von 100 km/h. Sie war hauptsächlich auf der Flachlandstrecke Zagreb – Belgrad – Niö eingesetzt. Heute steht ein Exemplar dieser Gattung als Museumsstück im Ausbesserungswerk Niö.

Bauart: 2'C1'h2
Baujahr: 1930
Leistung: 1480 kW
Länge über Puffer: 21.900 mm
Dienstmasse: 160 t
Stückzahl: 40

Reihe 06

Wie die 05 gehört auch die 06 zum Einheitsprogramm von 1929. Die elegante Maschine ähnelt wie ihre Schwestern den deutschen Einheitslokomotiven. Mit der geringeren Höchstgeschwindigkeit von 80 km/h wurde sie auf den slowenischen Bergstrecken des Direktionsbezirks Ljubljana eingesetzt. Die 06-018 zieht heute noch gelegentlich Museumszüge des Eisenbahnmuseums Ljubljana.

Bauart: 1'D1'h2
Baujahr: 1930
Leistung: 1250 kW
Länge über Puffer: 21.900 mm
Dienstmasse: 161 t
Stückzahl: 30

Reihe 10

Die ehemalige Südbahn-Lok der Reihe 113 geht auf eine Konstruktion Gölsdorfs von 1914 zurück. Damals wurden zwei Exemplare dieser ersten schnellfahrenden 2'D-Lokomotive Europas nach einem Entwurf von K. Schlöß gefertigt. Der Weiterbau erfolgte 1923 für den schweren Schnellzugdienst auf der Süd- und Westbahn. Die Höchstgeschwindigkeit betrug 90 km/h. Das Einsatzgebiet der Reihe 10 beschränkte sich auf Slowenien.

Bauart: 2'Dh2
Baujahre: 1923 – 1925
Leistung: 1310 kW
Länge über Puffer: 20.630 mm
Dienstmasse: 85 t
Stückzahl: 5

Reihe 17

Die Personenzugtenderlokomotiven der Reihe 17 entsprechen der Reihe 342 der MÁV. Nach ausländischen Vorbildern entwickelte diese Bahn 1914 eine Lokomotive, die in beide Richtungen gleich schnell fahren konnte. Sie war für den Budapester Vorortverkehr und für den Kurzstreckeneinsatz gedacht. Haupteinsatzgebiete in Jugoslawien waren Kroatien und Slowenien, wo sie auch den Personenverkehr auf der Wocheinerbahn Jesenice – Nova Gorica bewältigten.

Bauart: 1'C1'h2
Baujahre: 1915 – 1918
Leistung: 710 kW
Länge über Puffer: 12.944 mm
Reibungsmasse: 45,6 t
Stückzahl: 89

Reihe 18

Bauart: 2'C1'h2
Baujahre: 1918 – 1927
Leistung: 803 kW
Länge über Puffer: 13.314 mm
Dienstmasse: 84 t
Stückzahl: 5

Die Reihe 18 stammt von der Südbahn und erwies sich als eine der gelungensten Schöpfungen des österreichischen Lokomotivbaus. Ins BBÖ-Schema wurde sie als Reihe 629, ins Reichsbahnsystem als Baureihe 77 eingegliedert. Ihre Betriebsgeschwindigkeit wurde mit 80 km/h festgelegt. Fünf dieser Maschinen gelangten nach 1945 nach Jugoslawien und versahen in Slowenien bis Anfang der siebziger Jahre den Reisezugdienst.

Reihe 20

Bauart: 1'Ch2
Baujahre: 1913 – 1922
Leistung: 700 kW
Dienstmasse: 54 t
Stückzahl: 225

Die drei Baumuster der unserer Baureihe 24 ähnlichen Lokomotive wurden schon 1912 von Borsig an die Ottomanischen Eisenbahnen übergeben. Serbien bestellte von der gediegenen Konstruktion zwanzig Maschinen, die Henschel der k. u. k. Heeresbahn lieferte. Weitere wurden von Hanomag, AEG, Rheinmetall und Krauss/München als Reparationen gebaut. Mit ihrem starken, weit nach vorn überhängenden Kessel, einem Treibraddurchmesser von 1350 mm und einer Höchstgeschwindigkeit von 65 km/h ist sie eine typische Mehrzwecklokomotive. Sie fuhr auf allen Strecken Kroatiens und Serbiens im Reisezugdienst, in der Ebene auch vor schweren Güterzügen, gelegentlich war sie sogar im leichten Schnellzugdienst eingesetzt.

Reihe 26

Die 26 entstand 1910 bis 1913 in Zusammenarbeit zwischen der Belgrader Eisenbahndirektion und deutschen Fachleuten. Die ersten Maschinen wurden 1916/1917 nach preußischen Normalien gebaut und an die k. u. k. Heeresbahn geliefert, mussten jedoch an Polen abgegeben werden. Die ab 1922 von Linke-Hofmann, Vulcan, Henschel, Hohenzollern und Humboldt gelieferten Maschinen haben wegen ihres kleinen Treibraddurchmessers von 1330 mm und ihres großen Radstandes ein ungewöhnliches Aussehen. Mit einer Höchstgeschwindigkeit von 50 km/h versahen sie den schweren Güterzugdienst in Kroatien und Serbien.

Bauart: 1'Dh2
Baujahre: 1922 – 1923
Dienstmasse: 68 t
Stückzahl: 100

Reihe 28

Bei diesen Gebirgslokomotiven handelt es sich um die ehemalige K. k. StB-Reihe 80, eine berühmte Schöpfung Karl Gölsdorfs mit der damals neuen Anordnung der fünf teilweise seitenbeweglichen Kuppelachsen in einem Rahmen. Schon vor dem Ersten Weltkrieg verkehrten sie in Slowenien. 1927 kauften die jugoslawischen Bahnen in Österreich zehn Maschinen, welche die Lokomotivfabrik Wiener Neustadt auf Vorrat gebaut hatte. Sie erhielten später die Nummern 28-001 bis 010. Neben dem Güterzugdienst oblag den Maschinen auch der Schnellzugdienst auf den slowenischen Gebirgsstrecken, oft in Doppelbespannung.

Bauart: Eh2
Baujahre: 1909 – 1926
Dienstmasse: 69 t
Stückzahl: 67

Reihe 30

Bauart: 1'Eh3
Baujahre: 1929 – 1930
Länge über Puffer: 21.900 mm
Dienstmasse: 166 t
Stückzahl: 40

Neben den Reihen 05 und 06 ist sie die dritte Lokomotive des Einheitsprogramms von 1929. Sämtliche Maschinen entstanden bei Borsig. Sie haben einen Treibraddurchmesser von 1350 mm und eine Höchstgeschwindigkeit von 50 km/h. Als einzige Dreizylinderlok war sie für den schweren Güterzugdienst auf den Gebirgsstrecken des ganzen Landes bestimmt. Sie versah auch den Donau-Schiffstreideldienst im Eisernen Tor bis 1968. Vor der Überflutung während des Stauseebaues transportierte man die drei Treidellokomotiven nicht ab, sie blieben einfach auf dem Seegrund stehen.

Reihe 38

Bauart: 1'Dh2
Baujahre: 1945 – 1958
Stückzahl: 75

Bei Vulcan Foundry/USA wurden diese kräftigen und robusten Loks der Liberation-Klasse für die PKP, CSD und CFL gebaut. Die Hilfs- und Wiederaufbauorganisation der Vereinten Nationen leitete auch 65 Stück nach Jugoslawien. 10 Stück wurden in Slawonisch Brod nachgebaut. Sie fuhren im Güterzugdienst.

Reihe 61

Bauart: Cn2
Baujahre: 1907 – 1922
Dienstmasse: 42 t
Stückzahl: 64

Henschel baute im Jahr 1907 insgesamt 14 dieser Rangier- und Lokalbahn-Tenderloks weitgehend nach preußischen Normalien für die Serbischen Staatsbahnen. Weitere 50 Maschinen von Hohenzollern und Schwartzkopff gelangten im Zuge von Reparationslieferungen nach Jugoslawien. Ihr Treibraddurchmesser betrug 1350 mm, die Höchstgeschwindigkeit 45 km/h.

Reihe 73

Bauart: 1'C1'h2
Baujahre: 1907 – 1913
Länge über Puffer: 13.083 mm
Dienstmasse: 31 t
Stückzahl: 23

Diese ausgesprochen elegante Heißdampf-Schlepptenderlok wurde von der Linzer Lokomotivfabrik Krauss für das bosnische Schmalspurnetz entwickelt und gebaut. Sie sollte die bis dahin eingesetzten Klose-Lenkachs-Loks ersetzen. Sie hat einen Außenrahmen und Hall'sche Kurbeln sowie eine Höchstgeschwindigkeit von 50 km/h.

Reihe 83

Für die schwerer werdenden Güterzüge beschaffte die Bosnisch-Herzegowinische Staatsbahn ihre ersten vierfach gekuppelten Mehrzweckloks. Entwickelt wurde die Maschine bei Krauss in Linz, das auch die ersten Exemplare, zuerst in Nassdampf-Verbundausführung, später als Heißdampf-Zwilling lieferte. Die gelungene Konstruktion wurde zur Standardlok des jugoslawischen Schmalspurnetzes.

Bauart: D1'n2v/ D1'h2
Baujahre: 1903 – 1949
Länge über Puffer: 13.415 mm
Dienstmasse: 36 t
Stückzahl: 182

Reihe 85

Für die 407 km lange Schmalspurstrecke Sarajevo – Cacak – Belgrad entwickelte und lieferte MÁVAG eine Serie leistungsfähiger Schlepptenderloks zur Beschleunigung des Schnellzugdienstes. Die letzte für die bosnisch-serbischen Bahnen gebaute Maschine ist eine Weiterentwicklung der bewährten Reihe 83 unter Hinzufügung einer vorderen Laufachse.

Bauart: 1'D1'h2
Baujahre: 1930 – 1940
Länge über Puffer: 10.745 mm
(ohne Tender)
Dienstmasse: 49 t
Stückzahl: 45

Reihe 92

Bauart: 1'C'/Ch4v
Baujahre: 1917 – 1922
Leistung: 700 kW
Länge über Puffer: 10.674 mm (o.T.)
Dienstmasse: 88,5 t
Stückzahl: 49

1917 fertigte Henschel 20 große Mallet-Loks mit vierachsigem Tender für den Güterverkehr der k. u. k. Heeresbahn in Ostbosnien und Serbien. Die Restlieferung von 1922 ging als Reparation an Jugoslawien. Sie waren die schwersten und stärksten Lokomotiven des jugoslawischen Schmalspurnetzes und vielleicht dieser engen Spurweite überhaupt.

Luxemburg

Lange Jahre dominierten in Luxemburg private Gesellschaften. Die heutige Nationale Gesellschaft der luxemburgischen Eisenbahnen entstand erst nach dem Zweiten Weltkrieg.

Technisch orientierte sich Luxemburg an Frankreich, es elektrifizierte seine Strecken mit 25-KV-Wechselstrom.

Der Personenverkehr ist auf die Hauptstadt ausgerichtet und gut ausgebaut. Im Güterverkehr hat der Transitverkehr Gewicht. Die wichtigen Linien zwischen Deutschland, Frankreich und Belgien führen am kleinen Großherzogtum vorbei.

Serie 1800

Bauart: CoCode
Baujahre: 1963 – 1964
Leistung: 1423 kW
Länge über Puffer: 19.550 mm
Dienstmasse: 110/114 t
Stückzahl: 20

Mit der Baureihe 1800 der CFL und der Reihe 55 der SNCB begann Anfang der sechziger Jahre die Weiterentwicklung der erfolgreichen Nohab-Konstruktionen 1600 und 52-54. Die mit dem 16-567C Motor von General Motors ausgerüsteten dieselelektrischen Loks kommen auf dem kompletten Netz der CFL zum Einsatz. Zeitweise waren auch Züge bis ins deutsche Trier und nach Lüttich in Belgien alltäglich. In den letzten Jahren bespannten die 120 km/h schnellen Universalmaschinen planmäßig jedoch nur noch Güterzüge. Mittlerweile wurden mehrere Maschinen abgestellt, eine vollständige Ablösung ist aber noch nicht in Sicht.

Serie 250

Bauart: 2'B + 2'2'
Baujahr: 1975
Leistung: 609 kW
Länge über Puffer: 50.650 mm
Dienstmasse: 79,5 t
Stückzahl: 6

Die robusten, zweiteiligen Nahverkehrstriebwagen haben ihren Ursprung im Nachbarland Frankreich. Da sich für das Netz der CFL keine eigenen Konstruktionen rechnen, wurden immer wieder Bauarten aus Lieferungen anderer Staatsbahnen erworben. Bei der Reihe 250 handelt es sich um 120 km/h schnelle Fahrzeuge der Fabrik Carel et Fouche'. Sie werden überwiegend im Vorortverkehr nach Luxemburg eingesetzt. Dabei sind bis zu drei Einheiten als ein Zugverband einsetzbar.

Serie 1600

Bauart: (A1)'(A1A)'
Baujahr: 1963
Leistung: 1170 kW
Länge über Puffer: 18.900 mm
Dienstmasse: 113 t
Stückzahl: 4

Die luxemburgische Variante der Nohab-Nasenloks entstand im belgischen Werk von Anglo-Franco-Belge (AFB) sozusagen in Doppellizenz. Sowohl General Motors als auch Nohab gestatten den Bau einer Serie für die Luxemburgische und die Belgische Staatsbahn. Bereits 1994 konnte die CFL auf ihre Maschinen verzichten. Die 1602 kam in Privateigentum, die 1603 fährt seitdem auf der Vennbahn, während die 1604 zur offiziellen Museumslok der Staatsbahn mutierte. Ihrer Farbgebung wegen hießen die Loks „Kartoffelkäfer".

Serie 2000

Die gemeinschaftlich von De Die-
trich, ANF und Alsthom gebauten
Zweiwagenzüge sind identisch mit
der französischen Serie Z 11500,
wodurch Durchläufe nach Longwy
und Nancy unproblematisch sind.
Bei einer zulässigen Höchstgeschwindigkeit von 160 km/h bilden
sie das Rückgrat des Nahverkehrs
im gesamten Netz der CFL.

Bauart: Bo'Bo'+2'2'
Baujahre: 1990 – 1992
Leistung: 4 x 305 kW = 1220 kW
Länge über Puffer: 2 x 25.100 mm
Dienstmasse: 64 + 40 t = 104 t
Stückzahl: 20

Serie 3000

Bauart: Bo'Bo'
Baujahr: 1998
Leistung: 5000 kW
Länge über Puffer: 19.110 mm
Dienstmasse: 85 t
Stückzahl: 20

Im Rahmen einer 80 Mehrsystemloks
(3 kV Gleichstrom und 25 kV/50 Hz) umfassenden Gemeinschaftsbestellung mit
den SNCB bei Alsthom beschaffte die
CFL 20 Exemplare der Serie 3000 mit einer Zulassung sowohl für Frankreich als
auch für Belgien. In einem Lokpool mit
der fast vollständig identischen Serie
1300 der SNCB reicht ihr Einsatzgebiet
im Güterverkehr von Antwerpen bis zur
Schweizer Grenze bei Basel. Außerdem
ziehen sie die nach Liége durchgehenden
Interregiozüge auf der Nordbahn.

Serie 3600

Bei der Serie 3600 handelt es sich
um die luxemburgische Variante
der SNCF BB 12000. Ihr Arbeits-
gebiet reicht bei einer Höchstgeschwindigkeit von 120 km/h von
Autoreisezügen auf der Nordbahn
bis zu schweren Montan-Güterzü-
gen im Süden des Landes. Die
„Bügeleisen" werden noch im Laufe des Jahres 2004 ihre letzten
Planeinsätze zunächst an sechs
Mietloks der deutschen Baureihe
185 abtreten müssen, bis die neu-
en Vossloh-Dieselloks G 1206 als
neue CFL-Serie 1500 ihren Dienst
aufnehmen.

Bauart: Bo'Bo'
Baujahre: 1958 – 1959
Leistung: 2650 kW
Länge über Puffer: 15.200 mm
Dienstmasse: 84 t
Stückzahl: 20

231

Niederlande

Wie in Deutschland wurde auch in den Niederlanden die Staatsbahn in selbstständige Betreibergesellschaften aufgeteilt. Wegen zahlreicher Engpässe im Netz konkurrieren die Gütersparte, die heute als Railion Benelux zur Deutschen Bahn gehört, und NS Reijzigers heftig um die zu vergebenden Trassen.

Der niederländische Güterverkehr ist natürlich stark auf die Hinterlandanbindung des Seehafens Rotterdam ausgerichtet. Um den Schienenverkehr zu fördern, planen die Regierungen der Niederlande und Deutschlands seit Jahren den Bau einer neuen Strecke.

Betuwe-Route heißt sie. Sie soll das Rhein-Ruhrgebiet mit dem Rheindelta bei Rotterdam verknüpfen. Für den Güterverkehr wird sie dringend gebraucht. Auch der Reisezugverkehr würde von einer Entlastung der anderen Strecken profitieren. Doch scheiterte das Projekt bislang an der Finanzierung. Vertreter der Regierungen beider Länder zeigen sich zwar am Rednerpult stets bereit, die Betuwe-Route schnellstens zu bauen. Kommt es aber zum Schwur, sind die Kassen leer. Zudem behindert der Widerstand von Anwohnern das Projekt.

Serie 1110

Bauart: Bo'Bo'
Baujahre: 1950 – 1956
Leistung: 2580 kW
Länge über Puffer: 12.980 mm
Dienstmasse: 83 t
Stückzahl: 60

Die 135 km/h schnellen Loks entstammen der Bauserie der französischen 8100. Die Loks wurden gleichermaßen vor Schnellzügen, Nahverkehrszügen wie auch Güterzügen eingesetzt. Zwischen 1978 und 1980 wurden 33 Loks einem Umbau unterzogen. Dabei erhielten sie jeweils an den Enden Vorbauten, sodass die Gesamtlänge auf 14.120 mm wuchs. Die nicht umgebauten Maschinen quittierten in der Folge den Dienst. Die längeren 1110 standen bei den NS bis Ende der neunziger Jahre im aktiven Dienst. Einige von ihnen werden museal erhalten.

Serie 1300

Bauart: Co'Co'
Baujahre: 1952 – 1956
Leistung: 2850 kW
Länge über Puffer: 18.952 mm
Dienstmasse: 111 t
Stückzahl: 16

Als Weiterentwicklung der französischen Serie CC 7100 lieferte
Alsthom ab 1952 insgesamt 16
Lokomotiven der Serie 1300 an
die Nederlandse Spoorwegen. Ihre
Schwestermaschine CC 7107
stellte 1955 mit 331 km/h den
Geschwindigkeitsweltrekord für
Schienenfahrzeuge auf. Als Zuglok
sowohl von Reise- als auch von Güterzügen waren sie bis zur Ablie-
ferung der Serie 1600 im Jahre
1981 die stärksten Lokomotiven
der Niederlande und durften bis
1998 sogar internationale Schnellzüge schleppen.

Serie 1200

Die im Design US-amerikanisch
wirkenden Maschinen der Serie
1200 wurden nach einem Entwurf
von Baldwin zwischen 1951 und
1953 bei Werkspoor in den
Niederlanden gebaut, wobei im
Rahmen der Marshall-Plan-Hilfe
Baldwin die kompletten Drehgestelle und Westinghouse elektrische Komponenten direkt aus den
USA lieferten. Die in Europa einzigartigen, beim Personal äußerst
beliebten Loks werden noch heute von der Privatbahn ATCS in den
Niederlanden vor Güterzügen eingesetzt.

Bauart: Co'Co'
Baujahre: 1951 – 1953
Leistung: 2208 kW
Länge über Puffer: 18.086 mm
Dienstmasse: 108 t
Stückzahl: 25

Serie 1700/1800

Bauart: B'B'
Baujahre: 1981 – 1983
Leistung: 4540 kW
Länge über Puffer: 17.640 mm
Dienstmasse: 84 t
Stückzahl: 139

Die mit der französischen Serie BB 7200 nahezu identischen, thyristorgesteuerten E-Loks stellen derzeit die einzige noch im Betrieb befindliche E-Lok-Baureihe der NS dar. Zwischen 1990 und 1994 erhielten 81 Exemplare zur Beförderung von Doppelstockwendezügen in der Region Randstad eine automatische Kupplung und sind seitdem als Serie 1700 unterwegs. Die Serie 1800 entstand in den letzten Jahren ohne technische Änderung lediglich zur Unterscheidung der Zugehörigkeit zu den Geschäftsbereichen Reise- und Güterverkehr.

Serie 700

Für den Rangierdienst der Sparte Reisezugverkehr orderten die NS eine dieselhydraulische Lok von der Stange. Vossloh hatte den Typ 400 B vornehmlich für Werkbahnen entwickelt. NS Reizigers beweisen aber, dass die solide Maschine mit 130 kN Anfahrzugkraft auch im Verschubdienst beste Leistungen erbringen kann. Bei einem kleinsten befahrbaren Bogenradius von 40 m lässt sich die Lok universell verwenden.

Bauart: Bdh
Baujahre: ab 2003
Leistung: 390 kW
Länge über Puffer: 9645 mm
Dienstmasse: 40 t

Serie 6400/6500

Bauart: Bo'Bo'de
Baujahre: 1988 – 1994
Leistung: 1180 kW
Länge über Puffer: 14.400 mm
Dienstmasse: 80 t
Stückzahl: 120

Um das steigende Güteraufkommen zu bewältigen und gleichzeitig die leistungsschwache und veraltete Serie 220 zu ersetzen, bestellten die NS Mitte der achtziger Jahre bei Krupp-MaK 120 Loks der Serie 6400. Inzwischen ziehen die auffallend leisen und zuverlässigen Maschinen sämtliche Güterzüge der NS auf fahrdrahtlosen Strecken. In Dreifachtraktion bespannen sie schwere Erzzüge bis zum Grenzbahnhof Venlo.

Serie DD-IRM

Bauart: Bo'2' + 2'2' + ... +2'Bo'
Baujahre: 1994 – 2005
Leistung: 604 kW
Länge über Puffer: 27.500 mm
je Wagen
Dienstmasse:
62,2 + 50,4/52,4 t +... + 62.2 t
Stückzahl: 81 Züge

Die komfortablen, derzeit meist noch drei- oder vierteiligen Doppelstocktriebzüge der Serie IRM werden vorwiegend im Intercityverkehr eingesetzt. Bis 2005 soll Bombardier den Bestand um 378 Einzelwagen aufstocken, um bestehende Einheiten auf bis zu sechs Wagen zu verlängern und um neue Triebwagenzüge zu bilden. Ein Teil der neuen Mittelwagen wird dabei für die Aufnahme von Wechselstrom (25 kV/50 Hz) aus dem Fahrdraht der Neubaustrecken vorbereitet.

Serie ICM (Plan Z)

Bauart: Bo'Bo'+2'2'+2'2'/Bo'Bo'+
Bo'2'+2'2'+2'2'
Baujahre: 1977 – 1991
Leistung: 1050 kW (3-Wagen-Zug)/
1875 kW (4-Wagen-Zug)
Länge über Puffer: 27.500 + 26.500
(+ 26.500) + 27.500 mm
Dienstmasse: 59 + 42 + 42 t
Stückzahl: 94 + 50

Zur Perfektionierung des Flügelzugkonzeptes im Intercityverkehr baute Talbot 3- und 4-teilige Triebwagenzüge des Typs Koplooper. Unter den hochliegenden Führerständen befinden sich hinter den Fronttüren automatisch ausfahrbare und kuppelbare Faltenbälge, die nach dem Vereinigen von zwei Zugteilen in Minutenschnelle einen bequemen Übergang für Reisende entstehen lassen. Eingesetzt werden die 160 km/h schnellen Triebzüge artgerecht zwischen Den Haag/Rotterdam/Amsterdam und Leeuwarden/Groningen/Enschede.

Serie V 7

Die bekannten gelben Triebwagen entstanden in zahlreichen Varianten. So gab es neben verschiedenen Bauserien für den elektrischen Betrieb auch mehrere Dieseltypen. Auffälligste Vetreter der Triebwagenfamilie waren aber sicherlich die zweiteiligen Personentriebwagen mit Postabteil. Die 140 km/h schnellen V 7 verfügen im Innenraum über 24 Sitzplätze der 1. und 104 Plätze der 2. Klasse. Im Gegensatz zu den Geschwistern fertigte sie die Firma Werkspoor und nicht Talbot.

Bauart: 2'Bo' + Bo'2'
Baujahre: 1970 – 1972
Leistung: 752 kW
Länge über Puffer: 52.140 mm
Dienstmasse: 86 t
Stückzahl: 40

Serie DE-2 (Plan X)

„Blauwe Engelen" (Blaue Engel) taufte man die von Allan gelieferten dieselelektrischen Triebwagen, die mit ihrer anfangs hellblauen Farbgebung und den Flügeln an der Front besonders auffällig gestaltet waren. In den Jahren 1975 bis 1981 unterzogen die NS die zweiteiligen, technisch nahezu symmetrisch aufgebauten Triebwagen einer umfassenden Modernisierung und Remotorisierung. Bis vor wenigen Jahren

waren die formschönen Fahrzeuge im Planeinsatz und gelangten im internationalen Regionalverkehr sogar bis nach Aachen.

Bauart: Bo'2'Bo'de
Baujahre: 1953 – 1954
Leistung: 360 kW
Länge über Puffer: 45.400 mm
Dienstmasse: 90 t
Stückzahl: 56

Serie DE-3 (Plan U)

Bauart: Bo'Bo'de+2'2'+2'2'
Baujahre: 1960 – 1963
Leistung: 736 kW
Länge über Puffer: 25.170 + 24.900 + 25.170 mm
Dienstmasse: 66 + 35 + 35 t
Stückzahl: 41

Zur Ablösung zahlreicher Triebwagenzüge aus den dreißiger Jahren erhielten die Nederlandse Spoor-

wegen zu Beginn der sechziger Jahre von Werkspoor die dieselelektrischen Dreiwagenzüge der Serie DE-3 (Plan U). Technisch waren sie in vielerlei Hinsicht Wegbereiter für die elektrischen Fahrzeuge der Serien V und T. Die ab 1980 mit neuen Dieselmotoren ausgerüsteten, 125 km/h schnellen Triebwagen waren noch bis 2001 als „Stoptrains" (Nahverkehrszüge) im Planeinsatz.

Serie mP 3000

Bauart: Bo'Bo'
Baujahre: 1965 – 1966
Leistung: 488 kW
Länge über Puffer: 26.400 mm
Dienstmasse: 52 t (leer)
Stückzahl: 35

Mitte der sechziger Jahre baute Werkspoor für die Postbeförderung spezielle, für 140 km/h zugelassene Schlepptriebwagen, die bis zu 15 t Zuladung aufnehmen

konnten. Mit gewöhnlichen Puffern und Schraubenkupplung ausgerüstet, waren sie in der Lage, Güterwagen bis zu einem Gesamtgewicht von 200 t mitzunehmen. Dank Vielfachsteuerung waren Dreifachtraktionen mit gleichen Fahrzeugen möglich. Eigentümer der bis vor wenigen Jahren mit speziellen Postgüterwagen eingesetzten Triebwagen war die Post, unterhalten wurden sie von den Staatsbahnen.

Norwegen

Norwegens berühmteste Bahn erreicht das Land von Schweden her. Die Ofotenbahn von Narvik zur Landesgrenze schließt an die Lapplandbahn an, die über Kiruna nach Luleå führt. An das übrige Netz der Norwegischen Staatsbahnen hat sie keinen Anschluss.

Im dünn besiedelten Norwegen spielt die Eisenbahn keine allzu große Rolle. Der Schienenverkehr konzentriert sich auf den Süden sowie auf Verbindungen zwischen Süd- und Mittelnorwegen.

Das Eisenbahnzeitalter begann 1854 mit der Eröffnung der Strecke von Oslo nach Eidsvoll. An sie schloss sich später die Rørosbahn an, die nach Trondheim führt. Rund um Oslo ist das Bahnnetz gut ausgebaut. Die bekannteste Strecke führt seit wenigen Jahren zum Flughafen Gardermoen. Auch im Bergener und Trondheimer Raum hat die Eisenbahn einige Bedeutung. Zahlreiche Strecken sind elektrifiziert. Fast der gesamte in Norwegen verbrauchte Strom wird mit Wasserkraft erzeugt.

Reihe El 16 NSB

Bauart: Bo'Bo'
Baujahre: 1977 – 1984
Leistung: 4440 kW
Länge über Puffer: 15.520 mm
Dienstmasse: 80 t
Stückzahl: 17

Mitte der siebziger Jahre entschieden die NSB, eine Universallok auf der Basis der schwedischen Rc 4 zu beschaffen. Die El 16 ersetzte unter anderem die El 13 und 14 im Fernzugdienst, schleppte aber auch Güterzüge. Eine Maschine, die 2209, absolvierte Anfang 1982 Vorführfahrten in Österreich. Die 140 km/h schnellen Loks werden auf absehbare Zeit im Bestand der NSB bleiben.

Reihe El 17

Bauart: Bo'Bo'
Baujahre: 1981, 1987
Leistung: 3000 kW
Länge über Puffer: 16.300 mm
Dienstmasse: 64 t
Stückzahl: 12

Für den Schnellzugdienst beschafften die NSB in zwei Serien leistungsstarke, für 150 km/h zugelassene Maschinen, die bei Henschel und BBC entstanden.

Technisch ähnelt die El 17 der ersten Serienlok mit Asynchronmotoren weltweit, der deutschen Baureihe 120. Moderne Halbleiterelemente wandeln den Wechselstrom der Fahrleitung in Drehstrom um. Zwei der leichten, leistungsstarken Loks mussten bereits ausgemustert werden, die übrigen stehen noch im Einsatz.

Reihe El 18

Bauart: Bo'Bo'
Baujahre: 1996 – 1997
Leistung: 5880 kW
Länge über Puffer: 18.500 mm
Dienstmasse: 85,2 t
Stückzahl: 22

Für den schweren Reisezug-, aber auch den Güterzugdienst fanden die NSB Mitte der neunziger Jahre eine geeignete Lok in einem Land, das Norwegen von der Landesstruktur gar nicht so unähnlich sieht. Bei ABB in Strømmen entstand die norwegische Variante der schweizerischen Serie 460/465. Dank ihres Lokkastens unterscheiden sich die Maschinen deutlich von den übrigen Reihen. Technisch überzeugten sie wie ihre Schweizer Pendants vollauf.

Reihe Di 3 NSB

In zwei Varianten beschafften die NSB Rundnasen von Nohab. Die meisten Maschinen hatten sechs, drei nur vier angetriebene Achsen. Mitte der neunziger Jahre wollten die NSB sie ausmustern. Mit hochwertiger Technik vollgestopft, zeigten sich die Ersatzloks dem rauen Alltag aber nicht gewachsen. Die NSB spendierten den Di 3 weitere Untersuchungen. Inzwischen steht eine weitere Ablösung für die Veteraninnen aus den fünfziger Jahren bereit. Sie scheint dem widrigen Klima im Lande angepasst zu sein, sodass es mit den Di 3 nun wohl doch zu Ende geht.

Bauart: Co'Co'de/(A1)(A1A)de
Baujahre: 1954 – 1969
Leistung: 1305 kW
Länge über Puffer: 18.600/18.900 mm
Dienstmasse: 102,2/103,8 t
Stückzahl: 32 + 3

Reihe BM 68

Bauart: Bo'Bo'
Baujahre: 1956 – 1961
Leistung: 640 kW
Länge über Puffer: 20.950 mm
Dienstmasse: 52,1/53,3 t
Stückzahl: 21 + 9

Als letzte Variante der BM-65-Familie entstand der BM 68. Dieser erhielt leistungsstärkere Motoren und fuhr wie die übrigen Triebwagen vornehmlich im Regionalverkehr. Die beiden Unterbauarten, die von den NSB fortlaufend durchnummeriert wurden, unterscheiden sich geringfügig im Dienstgewicht und in der Zahl der Sitzplätze. Hatte der BM 68a derer 54, besaß der BM 68b nur 48.

Reihe BM/BFM 69

Bauart: Bo'Bo'
Baujahre: 1970 – 1993
Leistung: 1188 kW
Länge über Puffer: 24.850/25.062 mm
Dienstmasse: 53,5 – 64 t
Stückzahl: 51

Ende der sechziger Jahre zählten die ältesten NSB-Elektrotriebzüge, die Reihe BM 65, bereits 30 Lenze. Die Nachfolger entstanden auf der Basis der schwedischen Reihe X 1. Die soliden Triebwagen bedienten mit Mittelwagen B 69 und Steuerwagen BS 69 von Beginn an den Lokalverkehr im Raum Oslo, fuhren aber auch in anderen Landesteilen. Sieben Triebwagen erhielten ein Güterabteil und galten deswegen als Reihe BFM 69.

Österreich

Als erste Eisenbahn Österreichs gilt heute die Pferdebahnstrecke zwischen Budweis und Linz. Sie wurde in zwei Etappen 1828 und 1832 eröffnet und diente vornehmlich dem Holz- und Salztransport. Konzipiert wurde sie von Franz Anton Ritter von Gerstner, der sich in England sachkundig gemacht hatte. Da der Bau sehr aufwändig und somit teuer war, beschlossen die Kaufleute, den zweiten Abschnitt weniger solide zu erbauen, was später eine noch teurere Neutrassierung erforderte.

Die erste österreichische Dampfbahn tangierte die Landeshauptstadt nur. Sie führte vom 17. November 1837 an von Floridsdorf bei Wien in den 13,1 Kilometer entfernt liegenden Ort Wagram.

„Kaiser-Ferdinands-Nordbahn" nannte sich die Verbindung und der Name drückt schon aus, dass es sich um keine Lokalbahn handeln sollte. Vielmehr war beabsichtigt, die Linie nach Krakau weiterzuführen. Zunächst einmal gelang es aber, die Donau zu überbrücken und Wien an den Schienenstrang anzuschließen. Ab 6. Januar 1838 erreichten die Züge den Bahnhof Praterstern, der erst 1975 in Wien Nord umbenannt wurde. In Lundenberg zweigte ab 1839 das Gleis nach Brünn von der Hauptlinie ab. Krakau wurde dagegen erst 1856 erreicht.

1841 maß das österreichische Streckennetz – Ungarn erhielt seine eigenen Eisenbahnen – etwa 350 Kilometer. In jenen Tagen sorgten Aktien- und Grundstückspekulationen für Schlagzeilen, hatte sich doch rasch herumgesprochen, wann und wo neue Schienenwege entstehen sollten. Der Staat gebot dem Einhalt, indem er proklamierte, die wichtigsten neuen Strecken auf eigene Kosten errichten zu wollen. Dazu zählten die Strecken Wien – Graz – Triest, Wien – Linz – Salzburg und Wien – Brünn – Prag – Bodenbach. Zugleich erhielt die Regierung das Recht, wichtige Eisenbahnen zu erwerben. Bis 1854 wuchs das Staatsbahnnetz auf 924 Kilometer. Private Bahnen nannten weitere 431 Kilometer ihr Eigen.

In jenem Jahr stand der Staat vor dem Bankrott. Um diesen abzuwenden, verkaufte er Teile seines Eigentums, neben Bergwerken, staatlichen Forsten und Domänen auch die Eisenbahnen. 170 Millionen französische Francs zahlten Investoren beispielsweise für die nördliche Staatsbahn Brünn – Bodenbach, die südöstliche Linie Marchegg – Szolnok – Szegedin. Auch die Südbahn, die Kaiser-Ferdinands-Nordbahn und die Galizische Karl-Ludwig-Bahn übernahmen Strecken, die der Staat nicht mehr bezahlen konnte. In eigener Währung nahm er durch den Verkauf 169 Millionen Gulden ein, nachdem er in den Jahren zuvor mehr als 336 Millionen Gulden investiert hatte. 1860 gehörten 13,6 Kilometer Gleis dem Staat: die Linien von Bodenbach an die sächsische und von Kufstein an die bayerische Grenze.

1874 nahm der Staat den Bahnbau mit kleineren Linien in Böhmen, Dalmatien, Galizien und Istrien wieder auf. 1877 wurde ein Gesetz verabschiedet, das die Verstaatlichung von Privatbahnen vorsah. Als Erste geriet die Kronprinz-Rudolf-Bahn in die Hände des Staates, der 1884 die Kaiserlich-königlichen Staatseisenbahnen gründete und 1885 schon wieder die Herrschaft über mehr als 5000 Streckenkilometer hatte. Als die Verstaatlichungswelle 1909 endete, gab es mit der Südbahn nur noch eine private Gesellschaft. Sie verlor 1919 einen Großteil ihrer Strecken, als Südtirol an Italien abgetreten werden musste, und ging 1924 in die Bundesbahnen auf.

Die erste Alpenbahn

In den Bergen südlich von Wien findet sich ein Denkmal der besonderen Art: die Semmeringbahn. Die für Kulturpflege zuständige Organisation der Vereinten Nationen, die Unesco, hat mit dieser Gebirgsbahn 1998 erstmals eine Eisenbahnlinie unter ihren Schutz gestellt. Sie erklärte sie zur Welterbestätte der Menschheit. Dies ist zum einen auf den großen Einsatz der rührigen „Allianz für Natur" zurückzuführen, die sich seit Jahren für den Erhalt dieser einzigartigen Gebirgsbahn stark macht. Zum anderen gehört die Semmeringbahn zu jenen Strecken, die ohne den Schutz der Vereinten Nationen schlichtweg aus den Kursbüchern verschwinden würden.

Einige der Württemberger K kamen nach Österreich an den Semmering

Für die von Carl Ritter von Ghega erbaute, auch heute noch kühn wirkende Alpenmagistrale würde dies aber den Todesstoß bedeuten. Ähnlich der Bergbahn im schweizerischen Furka-Gebiet droht sie zu einer Museumsbahn degradiert zu werden. Das muss aber nicht sein. Entlang der Semmeringbahn gibt es zahlreiche Siedlungen, die heute zum Teil mehr schlecht als recht vom öffentlichen Verkehr erschlossen sind. Regionalzüge könnten also auf der alten Strecke verbleiben, deren Existenz damit gesichert wäre.

Dies sollte nicht nur aus Gründen des Denkmalschutzes geschehen, auch wenn schon allein die 15 Tunnels und die 16 Steinbogenviadukte dafür sprechen. Ohne-

Die Österreichischen Bundesbahnen, die Bundesregierung und andere möchten nämlich den Semmering untertunneln. Einzig und allein darin sehen sie eine Möglichkeit, den Schienenverkehr auf der Relation attraktiver zu machen. Ganz Unrecht haben sie damit nicht. Die engen Bögen der steil ansteigenden Strecke verhindern, dass Fernzüge eine zeitgemäße Reisegeschwindigkeit erreichen. Güterzüge brauchen Vorspannlokomotiven, um die Strecke zu bewältigen. Auch sind der Länge und dem Gewicht der Züge engere Grenzen gesetzt als dies auf einer annähernd geraden, nur mäßige Neigungen aufweisenden Tunnelstrecke der Fall wäre. Ein Semmeringbasistunnel brächte also betrieblich durchaus Vorteile.

hin zeigen sie sich nicht mehr im Ursprungszustand, wurde doch zum einen die Strecke elektrifiziert und erhielt sie zum anderen eine zweite Tunnelröhre. Auch geschichtlich steht die Semmeringbahn einzigartig dar, gelang es doch erstmals, mit der Dampfbahn die Alpen zu überwinden. Niemand anderes als Robert Stephenson, kongenialer Sohn George Stephensons, hatte noch erklärt, die für die Überschienung des Semmerings notwendigen Steigungen seien mit Dampflokomotiven nicht zu bewältigen. Ghega wagte die Probe aufs Exempel und gewann. Den leistungsstarken Maschinen, die Mitte des 19. Jahrhunderts zur Verfügung standen, bereitete die Strecke keine großen Schwierigkeiten mehr.

Weltberühmt: Viadukt Kalte Rinne der Semmeringbahn

Reihe 12.08 -13

Bauart: 1D2h2
Baujahr: 1936
Leistung: 1970 kW
Länge über Puffer: 22.580 mm
Dienstmasse: 123,5 t
Stückzahl: 6

Die ab 1928 in drei Serien gefertigten Schnellzugloks der Reihe 214 zählten einst zu den stärksten Dampfrössern Europas. Dank ihrer Wirtschaftlichkeit kam es zum Weiterbau mit leichten Änderungen. Bei der dritten Serie konnte man dank automatischer Schmierung die Höchstgeschwindigkeit auf 120 km/h steigern. Die rumänischen Staatsbahnen bauten die letzte Serie als Reihe 142 nach. 142.065 wurde von der ÖGEG erworben und trägt als Museumslok die fiktive Bezeichnung 12.14.

Dampflok Nr. 4 (ZB)

Bauart: D1h2
Baujahr: 1909
Leistung: 148 kW
Länge über Puffer: 8680 mm
Dienstmasse: 38 t
Stückzahl: –

Die Lok Nr. 4 der Zillertalbahn ist eine Vertreterin der JZ-Dampflokreihe 83, die einst vor allen Zuggattungen anzutreffen war und bis zuletzt in Bosnien im Einsatz stand. Die 83-076 war in Jugoslawien Denkmallok, bis sie vom Club 760 erworben, instand gesetzt und im Herbst 1993 langfristig an die Zillertalbahn vermietet wurde. Im RAW Meiningen erfuhr die Lok eine Hauptausbesserung und ging 1994 im Zillertal in Betrieb. Dort wird sie vor allem vor langen und schweren Zügen eingesetzt.

Triebwagen 81-88 (STB)

Bauart: Bo'2'2'Bo'
Baujahre: 1960 – 1961/1968
(Umbau) 1982 – 1996
Leistung: 115 kW
Stückzahl: 8

Die 1904 eröffnete Stubaitalbahn Innsbruck – Fulpmes gilt als erste Einphasen-Wechselstrombahn der Welt. Sie war mit 2,5 kV/42 Hz elektrifiziert. Im Jahr 1982 erfolgte die Umstellung auf Gleichstrom und die Beschaffung von ex Straßenbahnwagen (DÜWAG). Bei den neuen Triebwagen der Stubaitalbahn handelte es sich um Straßenbahnwagen aus Hagen und Bielefeld. Aus Triebwagen und Mittelteilen wurden die STB-Wagen geschaffen.

Dampflok 701/702/703 (Achenseebahn)

Die Zahnraddampfloks der meter-spurigen Achenseebahn sind mit drei voneinander unabhängigen Bremsen ausgerüstet. Die Antriebskraft wird vom Zylinder aus über den Kreuzkopf und die Treibstangen auf eine Vorgelegewelle übertragen. Diese treibt mit einer Übersetzung von 1 : 1,95 die Zahnradachse samt Triebzahnrad an. Auf den Flachstrecken sorgen dagegen Kuppelstangen für die Kraftübertragung auf die Adhäsionsräder.

Bauart: Bztn2
Baujahre: 1888/1889
Leistung: 132 kW
Länge über Puffer: 5650 mm
Dienstmasse: 18,26 t
Stückzahl: 3

Diesellok D 8/D 9 (ZB)

Bauart: D
Baujahr: 1967
Leistung: 397 kW
Länge über Puffer: 9700 mm
Dienstmasse: 36 t
Stückzahl: je 1

Zu Beginn der sechziger Jahre wollte die Zillertalbahn ihren Betrieb mit modernen Dieseltriebfahrzeugen rationalisieren. Nach Errichtung der Zemmkraftwerke beschaffte man diese für den zu erwartenden Güterverkehr. Die Anschaffungskosten für die beiden vierachsigen dieselhydraulischen Loks blieben gering, da sie nicht als Drehgestell-Type ausgeführt wurden.

Diesellok D 10 (ZB)

Bauart: Bo'Bo'
Baujahr: 1970
Leistung: 441 kW
Länge über Puffer: 12.050 mm
Dienstmasse: 32 t
Stückzahl: 1

Im Zuge ihrer Rationalisierungs-
maßnahmen kaufte die Zillertalbahn eine dieselhydraulische Per-
sonen- und Güterzuglokomotive
von den Jugoslawischen Eisenbahnen (JZ 740-007). Diese im
Jahr 1970 gebaute Maschine
wurde 1980 durch Umbauten an
die Gegebenheiten der Zillertalbahn angepasst. Gegenüber den
beiden Loks D 8 und 9 weist die
D 10 mit 60 km/h eine höhere
Maximalgeschwindigkeit. Dank ihrer höheren Leistung meistert die
Lok den Rollwagenverkehr problemlos.

Dieseltriebwagen VT (ZB)

Die beiden 1984 gefertigten dieselelektrischen Motorwagen VT 3
und VT 4 ergänzen den Neubau-
Triebwagenpark der Zillertalbahn.
Wie die übrigen Triebzüge der ZB
erleichtern und rationalisieren sie
die Personenbeförderung auf der
schmalspurigen Strecke zwischen
Mayrhofen und Jenbach. Zusammen mit den Steuerwagen VS
3/VS 4 sowie ein bis zwei Beiwagen bilden sie je einen Zug.

Bauart: B'B' + 2'2'
Baujahr: 1984
Leistung: 228 kW
Länge über Puffer: 16.875 mm
Dienstmasse: 28,6 t
Stückzahl: 2

Elektrolok E 1/E 2
(Lokalbahn Mixnitz–St. Erhard)

Für die schmalspurige Lokalbahn
Mixnitz – St. Erhard wurden zwei
kleine Elektroloks geliefert, die nicht
nur den Güterverkehr des Magnesitwerks in St. Erhard bewältigten,
sondern auch Personenwagen beförderten. Heute übernehmen die
beiden Zweiachser nur noch Ver-
schubaufgaben im Bahnhof St. Er-
hard/Magnesitwerk. Da ihre Zug-

bremse ausgebaut wurde, kommen
sie nicht mehr auf die Strecke.

Bauart: B
Baujahr: 1913
Leistung: 110 kW
Länge über Puffer: 7500 mm
Dienstmasse: 15 t
Stückzahl: 2

Elektrolok E 3/4
(Lokalbahn Mixnitz–St. Erhard)

Den regulären Betrieb mit Bedarfszügen erledigen auf der österreichischen Lokalbahn zwischen Mixnitz und St. Erhard zwei Elektroloks. Sie sind im Besitz des Magnesitwerks in St. Erhard. Davon abgesehen werden die von ÖAM und BBC gebauten Lokomotiven auch zu Verschubzwecken im Bahnhof Mixnitz-Bärenschützklamm herangezogen.

Bauart: Bo'Bo'
Baujahre: 1957/1963
Leistung: 147 kW
Länge über Puffer: 9800 mm
Dienstmasse: 22 t
Stückzahl: 2

Reihe 52

Als 1945 die Waffen schwiegen, standen rund 700 Loks der Baureihe 52 auf österreichischem Gebiet. Ein Teil der Loks rollte als Kriegsbeute in die Sowjetunion und nach Jugoslawien. Da aber zahlreiche Loks in österreichischen Fabriken entstanden waren, hatten die ÖBB einen Anspruch auf den Rest. Von den 319 verbliebenen Loks waren 203 brauchbar. Die aufgearbeiteten Loks zeigten sich mancher teurer und anspruchsvoller Vorkriegskonstruktion überlegen und schleppten Reise- wie Güterzüge. Vier 52 beendeten am 31. Dezember 1976 das Dampfzeitalter in Österreich.

Bauart: 1Eh2
Baujahre: 1942 – 1944
Leistung: 1182 kW
Länge über Puffer: 22.975 mm
Dienstmasse: 84 t
Stückzahl: 1170 (gebaut in Österreich)

Reihe 78 (729)

Bauart: 2'C2'h2t
Baujahre: 1931 – 1939
Leistung: 1314 kW
Länge über Puffer: 14.990 mm
Dienstmasse: 108,4 t
Stückzahl: 26

Um im internationalen Verkehr die in Devisen zu leistenden Drehscheibengebühren zu sparen, beschafften die ÖBB eine Tenderlok. Deren Vorräte waren so bemessen, dass sie zumeist für die Rückfahrt ausreichten. Der Kessel entsprach aber nicht mehr dem Stand der Technik. Hohe Verbrauchswerte waren die Folge. Da der internationale Verkehr wegen der Wirtschaftskrise stark zurückgegangen war, fuhren die Loks ab Lieferung vornehmlich im Binnenverkehr. Die ÖBB statteten sie in den fünfziger Jahren mit Giesl-Ejektoren aus. 1973 schied die 78 aus dem Bestand.

Reihe 81

Bauart: 1Eh2
Baujahre: 1920 – 1923
Leistung: 1241 kW
Länge über Puffer: 18.081 mm
Dienstmasse: 72,5 t
Stückzahl: 74

Für Kohlezüge aus dem schlesischen Revier wollten die K. k. Staatsbahnen keine in Anschaffung und Wartung teure Verbundlok wie die Reihe 380 einsetzen. Deswegen beauftragten sie Johann Rihosek, einen kostengünstigen Zwilling zu entwickeln. Die Maschine überzeugte technisch, war mit 55 km/h aber viel zu langsam. Da sich die Lieferung kriegsbedingt verzögerte, war die 81 eigentlich überflüssig, denn Schlesien gehörte inzwischen nicht mehr zu Österreich.

Reihe 95 (82)

Bauart: 1E1h2t
Baujahre: 1922 – 1928
Leistung: 876 kW
Länge über Puffer: 13.500 mm
Dienstmasse: 95 t
Stückzahl: 24

Für den Güterverkehr auf kurzen Strecken sowie den Vorspann- und Schiebedienst auf Rampen beschafften die Bundesbahnen schwere Tenderloks, die maximal 60 km/h erreichten. Ihr Dampfverbrauch lag allerdings wegen verschiedener konstruktiver Mängel sehr hoch. Anfangs als 82 eingereiht, behielten die ÖBB nach 1945 die von der Deutschen Reichsbahn eingeführte Bezeichnung 95 bei. 1956 rüsteten die ÖBB sämtliche verbliebenen Loks mit Giesl-Flachejektoren und Siederohrdrosselung aus, wodurch die Leistungen um 31 % wuchsen. Bis 1971 standen die Loks in den Bestandslisten.

100.01

Bauart: 1Fh4v
Baujahr: 1911
Leistung: 1474 kW
Länge über Puffer: 19.318 mm
Dienstmasse: 95,77 t
Stückzahl: 1

Trotz gelungener Konstruktion blieb die 100.01 ein Einzelgänger. Der Erste Weltkrieg verhinderte die Serienbeschaffung. Nach Kriegsende legten die Österreichischen Bundesbahnen ein Elektrifizierungsprogramm auf. Man wollte keine weiteren Dampfloks beschaffen. Dank des wohlgelungenen Fahrwerks mit spurkranzloser Treibachse und seitenverschiebbaren Kuppelachsen durcheilte die 100.01 Bögen mit 150 m Radius. 1925 auf der Münchener Verkehrsausstellung präsentiert, rollte die Lok bereits 1928 auf das Abstellgleis. Nach einem Zylinderschaden lohnte sich die Reparatur nicht.

Reihe 110

Der größte in Europa gebaute Nassdampfkessel mit 257,8 qm Heizfläche gehört einer österreichischen Schnellzuglok. Die 110 entstand bei Karl Gölsdorf und erreichte auf Versuchsfahrten mühelos 118 km/h. Allerdings befriedigte die Laufkultur schon bei Tempo 80 nicht mehr so recht, da Gölsdorf, um Gewicht zu sparen, auf ein führendes Krauss-Helmholtz-Gestell und auf eine Rückstellvorrichtung der Adams-Laufachse verzichtet hatte. Die Maschinen bewältigten den Lauf Wien – Salzburg ohne Lokwechsel. In den zwanziger Jahren begann die Ausmusterung, die 1951 endete.

Bauart: 1C1n4v
Baujahre: 1905 – 1912
Leistung: 1050 kW
Länge über Puffer: 11.813 mm
Dienstmasse: 63,5 t
Stückzahl: 55

Reihe 180/180.5

Zur Jahrhundertwende wuchsen die Zuglasten im nordböhmischen Kohlerevier. Zudem wollte man die Geschwindigkeiten erhöhen. Dafür beschaffte man neue Maschinen mit seitenverschiebbar gelagerter dritter und fünfter Kuppelachse. Somit konnten die Loks auch die engen Bögen der Gebirgsstrecken problemlos durchfahren. Die Folgeserie erhielt einen Clench-Dampftrockner, weshalb zum Gewichtsausgleich der zweite Dampfdom entfiel. Auch die Südbahn stellte die 180 in Dienst.

Bauart: En2v
Baujahre: 1900 – 1909
Leistung: 766 kW
Länge über Puffer: 17.282 mm
Dienstmasse: 65,7 – 66,5 t
Stückzahl: 266

Reihe 310

Bauart: 1C2h4v
Baujahre: 1911 – 1916
Leistung: 1314 kW
Länge über Puffer: 21.404 mm
Dienstmasse: 86 t
Stückzahl: 90

Die Schnellzug-Dampflok der Reihe 310 wurde als Heißdampfvariante der Reihe 210 gebaut. Im Flachland konnte die elegante Schlepptenderlok mühelos eine Anhängelast von 400 t mit 100 – 110 km/h ziehen. In steigungsreichem Terrain kämpfte sie dagegen mit dem hohen Eigenwiderstand der schweren Doppel-Kolbenschieber und der damit verbundenen Schwergängigkeit der Steuerung. Eine Besserung brachten die ab der 310.29 vergrößerten Hochdruckschieber.

Reihe 380

Anfang des 20. Jahrhunderts trat der Heißdampf auch in Österreich seinen Siegeszug an. Die K.k. Staatsbahnen kombinierten ihn mit dem Verbundprinzip und erhielten eine hochleistungsfähige Schnellzuglokomotive. Deren Treibachse war spurkranzlos, die zweite und fünfte Kuppelachse hatte ausreichend Seitenspiel, um die Lok problemlos 150 m enge Bögen passieren zu lassen. Nach 1918 musste Österreich 18 Maschinen an die neuen Nachbarn abtreten. Die übrigen Loks wechselten in den Güterverkehr. Bis zum Ende des Zweiten Weltkrieges blieben sie im Einsatz.

Bauart: 1Eh4v
Baujahre: 1909 – 1914
Leistung: 1270 kW
Länge über Puffer: 18.023 mm
Dienstmasse: 81,1 t
Stückzahl: 28

Reihe 280

Nach der Wende vom 19. zum 20. Jahrhundert erforderte der vermehrte Einsatz von Schlaf- und Speisewagen sowie das allgemein gestiegene Gewicht der Wagen stärkere Lokomotiven. Für den Schnellzugdienst auf der Arlbergbahn konstruierte Gölsdorf 1904 eine 1E-Lok mit Vierzylinderverbundtriebwerk. Um die Rauchentwicklung in Tunnels zu verringern, war die Reihe 280 mit einer Ölzusatzfeuerung ausgestattet.

Bauart: 1Et4v
Baujahre: ab 1906
Leistung: 1204 kW
Länge über Puffer: 18.105 mm
Dienstmasse: 77,2 t

Reihe 399

Für die 1906 eröffnete Gebirgsstrecke der niederösterreichischen Mariazellerbahn beschafften die NÖLB leistungsfähige Heißdampf-Zwillinge. Hierbei handelte es sich um Vierkuppler mit zweiachsigem Stütztender. Die Heißdampfloks, deren ursprüngliche Reihenbezeichnung Mh lautet, überzeugten durch sehr gute Laufeigenschaften. So vermochten sie, auf einer 27-‰-Rampe eine Last von 120 t mit Tempo 30 zu ziehen. Eine Mh fährt als Nostalgielok bei der Mariazellerbahn.

Bauart: D2h2t
Baujahre: 1906/1908
Leistung: 440 kW
Länge über Puffer: 11.665 mm
Dienstmasse: 45 t
Stückzahl: 6

Reihe 659

Nach der Elektrifizierung der Geislinger Steige kamen einige Loks der deutschen Baureihe 59 (ehemalige Württemberger K) nach Österreich. Dort wurden die kräftigen Sechskuppler als Reihe 659 an der technisch überaus anspruchsvollen Semmering-Strecke (Gloggnitz – Mürzzuschlag) im Vorspann- und Schiebedienst eingesetzt. Die Rampen mit einer Neigung von bis zu 26 ‰ und engen Gleisbögen stellten für die Dampfloks eine große Herausforderung dar. Die in Deutschland verbliebenen und zurückgekehrten Maschinen wurden bis 1953 alle ausgemustert.

Bauart: 1'Fh4v
Baujahre: 1918 – 1924
Leistung: 1401 kW
Länge über Puffer: 20.200 mm
Dienstmasse: 108 t
Stückzahl: 44

Reihe 580

Bauart: 1Eh2
Baujahre: 1912 – 1922
Leistung: 1285 kW
Länge über Puffer: 18.104 mm
Dienstmasse: 81,1 t
Stückzahl: 37

Ein langes Leben war den robusten und leistungsstarken Heißdampf-Zwillingen der Reihe 580 beschert. Sowohl der verdampfungsfreudige Kessel als auch das Fahrwerk überzeugten vollends. Am Semmering schleppten die Loks 310 t schwere Schnellzüge mit 30 km/h über die Rampe. Auch am Brenner oder vor dem Langlauf Breclav – Wiener Neustadt – Straß-Spielfeld – Maribor machten sie eine gute Figur. Im Zweiten Weltkrieg schleppten sie schwere Kohlezüge nach Italien. Bis 1964 waren die soliden Maschinen im Einsatz.

Reihe 999

Bauart: B1n2zt
Baujahre: ab 1893
Leistung: 132 kW
Länge über Puffer: 4545 mm
Dienstmasse: 18 t
Stückzahl: 11

Die beiden meterspurigen ÖBB-Bahnen am Schnee- und Schafberg werden ausschließlich mit Zahnrad-Lokomotiven betrieben.

Beide Bahnstrecken sind mit doppelter Zahnstange nach dem System Abt ausgestattet. Die Lokfabrik Krauß in Linz entwickelte hierfür eine spezielle Dampflok. Die Varianten der Schneeberg- und Schafbergbahn unterscheiden sich nur durch den unterschiedlichen Neigungswinkel des Kessels zum Rahmen, welcher der jeweiligen Steigung angepasst wurde.

Reihe 1010

Nach Aufnahme des elektrischen Betriebes zwischen Salzburg und Wien, 1952, fehlten den ÖBB leistungsfähige Schnellzugloks. Deswegen gaben die ÖBB eine neue Maschine in Auftrag, von der zwei Varianten entstanden. Die Flachlandlok erreichte 130 km/h Höchstgeschwindigkeit. Ein Versuch mit ideellem Drehzapfen missglückte; ab der 1010.004 erhielten alle Loks konventionelle Drehgestelle. In den neunziger Jahren modernisierten die ÖBB einige 1010.

Bauart: Co'Co'
Baujahre: 1955 – 1962
Leistung: 4000 kW
Länge über Puffer: 17.860 mm
Dienstmasse: 106 t
Stückzahl: 20

Reihe 1012

Lediglich die drei Prototypen der einst als Zukunftslok für die ÖBB entwickelten Elektrolokomotive sind in Dienst gestellt worden, da nach dem Wechsel an der ÖBB-Spitze niemand mehr die teueren Loks haben wollte. Der GTO-Umrichter und die Leittechnik der 1012 basieren auf dem Siemens-Eurosprinter. Erstmals bestehen die Antriebsumrichter aus wassergekühlten Halbleiterelementen. Die 1012 wurden in der Regel vor den RoLa-Zügen zwischen Wörgl und dem Grenzbahnhof Brenner eingesetzt. Im März

2004 wurden alle drei Maschinen dem Werk Linz zugeführt. Sie werden grundüberholt und sollen dann, im neuen Design, an ein privates EVU verkauft werden.

Bauart: Bo'Bo'
Baujahr: 1996
Leistung: 6400 kW
Länge über Puffer: 19.300 mm
Dienstmasse: 82,6 t
Stückzahl: 3

Reihe 1014

Bauart: Bo'Bo'
Baujahre: 1993/1994
Leistung: 3000 kW
Länge über Puffer: 17.500 mm
Dienstmasse: 74 t
Stückzahl: 18

Die Bestellung von 18 Loks der Reihe 1014 erfolgte im Hinblick auf die für 1995 projektierte, jedoch nicht zustande gekommene Weltausstellung in Budapest. Als Leichtbauloks sollten die 1014 für kurvenschnelle Fahrten mit Neigezügen geeignet und sowohl unter ÖBB- als auch MÁV-Fahrdraht einsetzbar sein. Von den 18 Loks der Lieferserie wurden dann aber 15 Stück schon ab Werk durch Ballasteinbau auf eine höhere Achslast gebracht. Die leichteren Loks (66 t) sind als 1114 eingereiht.

Reihe 1016

Aus dem „Euro-Sprinter" 127 001 leitete Siemens nicht nur die deutsche Baureihe 152 ab, sondern auch die eng verwandte Reihe 1016 der ÖBB. Als Hochleistungslokomotive für bis zu 230 km/h Spitzentempo konzipiert, erhielt die Maschine den HAB-Hochleistungsantrieb mit Vier-Quadranten-Steller und voll abgefedertem, einstufigen Hohlwellen-Gummigelenk-Kardanantrieb. Der Lokkasten wurde windschnittig gestaltet. Vor dem Serienbau mussten die Drehgestelle überarbeitet werden, da die Baumusterlok 1016 001 mit den 190-m-Bögen am Semmering Probleme hatte.

Bauart: Bo'Bo'
Baujahre: 1999 –
Leistung: 6400 kW
Länge über Puffer: 19.280 mm
Dienstmasse: 86 t
Stückzahl: 125

Reihe 1018 (E 18)

Bauart: 1'Do1'
Baujahr: 1940
Leistung: 3340 kW
Länge über Puffer: 16.290 mm
Dienstmasse: 110 t
Stückzahl: 8

Für den Schnellzugbetrieb auf der Westbahn orderten die BBÖ die deutsche E 18. Allerdings sollten die Loks mit dem in der 1045 bewährten Sécheron-Antrieb ausgestattet werden. Nach der Annexion Österreichs ordnete die Deutsche Reichsbahn an, in die Loks den Kleinow-Federtopfantrieb einzubauen. Die ÖBB modernisierten die Maschinen und statteten sie mit Zentralschmierung und verbesserter Laufachslagerung aus. Der Konkurrenz durch die 1010 waren die Loks aber nicht gewachsen. Trotzdem dauerte es bis 1992, ehe sich die ÖBB von ihnen trennen konnten.

Reihe 1020 (E 94)

Bauart: Co'Co'
Baujahre: ab 1940
Leistung: 3300 kW
Länge über Puffer: 18.600 mm
Dienstmasse: 120 t
Stückzahl: 50

Von der deutschen E 94 verblieben nach Kriegsende 47 Maschinen in Österreich. Aus vorhandenen Teilen für fünf Neubauloks baute die WLF weitere drei Fahrzeuge. Die leistungsstarken Lokomotiven bildeten das Rückgrat der elektrischen Zugförderung auf den Rampenstrecken am Arlberg, Brenner und am Tauern. Auch auf der Karwendelbahn und im Außerfern schleppten sie Güterzüge. In den sechziger Jahren erhielten sie eine Hauptausbesserung mit Grundüberholung, die sie äußerlich stark veränderte. Erst 1995 konnten die ÖBB die Maschinen abstellen.

Reihe 1040

Bauart: Bo'Bo'
Baujahre: 1950 – 1953
Leistung: 2360 kW
Länge über Puffer: 12.920 mm
Dienstmasse: 80 t
Stückzahl: 16

Aus der 1245 entwickelten die ÖBB ihre erste Nachkriegsbaureihe. Zur Verbesserung der Laufkultur waren die Drehgestelle über eine Dreieckskupplung miteinander verbunden. Die Transformator- und Motorleistung wurde deutlich gesteigert. Zunächst bevorzugt auf der Tauernbahn eingesetzt, bewältigten die Maschinen bald einen Großteil des Güterverkehrs zwischen Salzburg und Wien. In den sechziger Jahren mussten die ÖBB die mitunter stark überlasteten Maschinen grundlegend modernisieren. Zur Jahrtausendwende endete ihr Planeinsatz.

Reihe 1041

Während der Lieferung der Reihe 1040 arbeiteten die ÖBB schon an einer Weiterentwicklung. Die Zug- und Stoßvorrichtungen kehrten an den Hauptrahmen zurück, der Sécheron-Antrieb wich dem in der E 18 bestens bewährten Kleinow-Federtopfantrieb. Doch das Bessere ist des Guten Feind. Hatte die 1041 die 1040 abgelöst, stand schon bald eine schnellere Variante bereit, die 1141. Daher endete der Bau der 1041, die kaum große Umbauten erfuhr. Lediglich die Widerstandsbremse wurde 1990 stillgelegt. Mittlerweile sind alle Lokomotiven der Reihe 1041 ausgemustert.

Bauart: Bo'Bo'
Baujahre: 1952 – 1954
Leistung: 2290 kW
Länge über Puffer: 15.320 mm
Dienstmasse: 83 t
Stückzahl: 25

Reihe 1042

Anfang der sechziger Jahre stießen vierachsige Loks in die Leistungsbereiche der sechsachsigen vor. Da vierachsige Loks eine bessere Laufkultur in engen Bögen aufweisen, orderten die ÖBB eine Maschine mit dem bewährten Gummiringfederantrieb und einem pneumatischen Achslastausgleich, der den Lokführern das Anfahren erleichterte. Bis heute schleppen die Lokomotiven Reise- und Güterzüge auf Haupt- und Nebenbahnen.

Bauart: Bo'Bo'
Baujahre: 1963 – 1965
Leistung: 3560 – 4000 kW
Länge über Puffer: 16.220 mm
Dienstmasse: 83,9 t
Stückzahl: 60

Reihe 1042.5

Bauart: Bo'Bo'
Baujahre: 1966 – 1977
Leistung: 4000 kW
Länge über Puffer: 16.220 mm
Dienstmasse: 83,5 t
Stückzahl: 197

Mitte der sechziger Jahre konnten die ÖBB die Streckenhöchstgeschwindigkeit steigern. Folglich beschafften sie weitere Serien der bewährten 1042 mit geänderter Übersetzung, sodass die Maschinen 150 statt 130 km/h Spitzentempo erreichten. Die ersten 20 Loks erhielten die gleiche kombinierte Nutz- und Widerstandsbremse mit 800 kW Leistung. In den übrigen arbeitete eine thyristorgesteuerte Gleichstrom-Widerstandsbremse, die 2400 kW leistete. Wie die Schwestern fördern die 1042.5 bis heute Reise- und Güterzüge auf Haupt- und Nebenstrecken im ganzen Land.

Reihe 1043

In den sechziger Jahren experimentierten die SJ erfolgreich mit der Thyristorsteuerung. Das Konzept überzeugte auch die ÖBB, die von der Rc 2 abgeleitete Maschinen bei Asea bestellten. Den wichtigsten Unterschied bildeten die bei SGP gebauten Drehgestelle mit hydraulischen Stoßdämpfern, die eine höhere Laufkultur ermöglichten. Die Loks erschienen in zwei Unterserien mit unterschiedlicher Motorisierung. Ab der vierten Lok baute Asea zudem eine Widerstandsbremse ein. Zeitlebens an der Tauernbahn eingesetzt, kehrten die Loks zur Jahrtausendwende in die Heimat Schweden zurück.

Bauart: Bo'Bo'
Baujahre: 1971 – 1973
Leistung: 3690 – 4000 kW
Länge über Puffer: 15.580 mm
Dienstmasse: 77 – 83 t
Stückzahl: 10

253

Reihe 1044

Bauart: Bo'Bo'
Baujahre: 1974 – 1992
Leistung: 5400 kW
Länge über Puffer: 16.060 mm
Dienstmasse: 84 t
Stückzahl: 217

Nachdem die 1043 die Vorzüge der Thyristorsteuerung unter Beweis gestellt hatte, entschieden die ÖBB, weitere Maschinen ähnlicher Bauart zu beschaffen, wenn auch aus heimischer Produktion. Trotz der äußerlich erkennbaren Verwandtschaft handelte es sich um eine komplette Neuentwicklung. Dank des technischen Fortschrittes war die 1044 deutlich leistungsfähiger als die konzeptionell sieben Jahre ältere Schwester. Anfangs erwiesen sich die ohne Erprobung in Dienst gestellten Universallokomotiven als sehr störanfällig, doch es gelang, alle Probleme zu lösen.

Reihe 1044.2

In den Jahren 1889 bis 1995 erfolgte die Auslieferung der Lokomotiven 1044.201 bis 1044.290. Diese Maschinen hatten gegenüber der Ursprungsausführung Konstruktionsänderungen im Bereich der Drehgestelle erfahren. Die Anordnung der Lüfterelemente wurde zugunsten eines geringeren Lärmpegels ebenfalls modifiziert. Einen Teil der 1044.2 statteten die ÖBB nach der Auslieferung der 1016/1116 mit entsprechender Vielfach- und Wendezugsteuerung aus und ordnete sie dann der Reihe 1144 zu.

Bauart: Bo'Bo'
Baujahre: 1989 – 1995
Leistung: 5400 kW
Länge über Puffer: 16.060 mm
Dienstmasse: 84 t
Stückzahl: 90

Reihe 1044.501

Bauart: Bo'Bo'
Baujahre: 1974/1986 (Umbau)
Leistung: 5400 kW
Länge über Puffer: 16.060 mm
Dienstmasse: 84 t
Stückzahl: 1

Der Prototyp 1044.01 wurde 1986 zur Schnellfahr-Versuchslok 1044.501 umgebaut und erhielt die Bezeichnung 1044.501. Der BBC-Federantrieb wich dabei der AEG-Geaflex-Technik. Außerdem erhielt die Lok 22 mm dicke Stirnpanzerscheiben sowie Maschinenraumlüfter mit Zyklon und Lufttrocknungsanlage. Nach Antriebsschäden wurde die 220 km/h schnelle Lok 1996 abgestellt und 1997 auf Normaldrehgestelle für 160 km/h rückgebaut. Ihre Ordnungsnummer durfte sie behalten.

Reihe 1045 (1170)

Die Ahnherrin aller österreichischen Bo'Bo'-Loks mit voll abgefederten Motoren fuhr auf der Mittenwaldbahn und der Salzkammergutbahn. Nach der deutschen Annexion Österreichs gelangten auch die Tiroler Loks in das Salzkammergut. Das Konzept mit im Drehgestell untergebrachten Motoren und Sécheron-Hohlwellenfederantrieb bewährte sich bestens. Nur nach der Erhöhung der Leistung eines Einzelmotors von 250 auf 285 kW mussten

die Drehgestelle etwas verstärkt werden. 1994 endete die Geschichte der 1045 bei den ÖBB. Die Montafonerbahn setzte die Lok etwas länger ein.

Bauart: Bo'Bo'
Baujahr: 1927
Leistung: 1140 kW
Länge über Puffer: 10.400 mm
Dienstmasse: 60 t
Stückzahl: 14

Reihe 1063

Wie bei den Thyristorloks wird die Netzspannung bei der Verschublok 1063 in einem Hauptumspanner heruntertransformiert, gleichgerichtet und anschließend mit Wechselrichtern in den Drehstrom umgewandelt, der die Asynchron-Fahrmotoren speist. Für den grenzüberschreitenden Verkehr nach Ungarn und Tschechien sind die 1063 001 bis 037 und die 047 als Zweifrequenzloks ausgeführt. Die Loks ab der Nummer 1063 006 sind stärker ausgelegt. Sie erbringen eine Leistung von 2000 kW.

Bauart: Bo'Bo'
Baujahre: 1983 – 1991
Leistung: 1520 kW/2000 kW
Länge über Puffer: 15.560 mm
Dienstmasse: 75,5 t
Stückzahl: 50/20

Reihe 1067

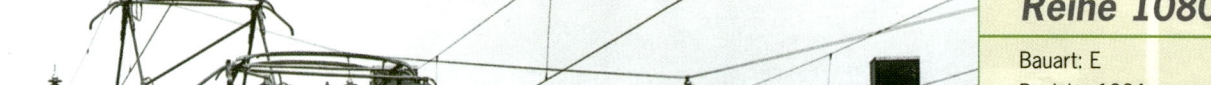

Bauart: C
Baujahre: ab 1962
Leistung: 465 kW
Länge über Puffer: 10.500 mm
Dienstmasse: 52,8 t
Stückzahl: 5

In Anlehnung an das Leistungsprogramm der dieselhydraulischen Verschublokomotive der Reihe 2067 mit 600 PS und einer Höchstgeschwindigkeit von 65 km/h fertigten die Jenbacher Werke zusammen mit ELIN eine Elektrorangierlok, die dank Hydraulikwandler und Turbogetriebe eine hohe Zugkraft im unteren Geschwindigkeitsbereich aufwies. Ein Nachschaltgetriebe gestattete wahlweise den Betrieb im Verschubgang mit maximal 30 km/h Tempo oder den Streckengang mit 60 km/h.

Reihe 1080

Bauart: E
Baujahr: 1924
Leistung: 1020 kW
Länge über Puffer: 12.750 mm
Dienstmasse: 72,5 t
Stückzahl: 20

800 t in der Ebene mit 50 km/h, 290 t auf 31,4 ‰ Steigung mit 30 km/h – hohe Forderungen stellten die BBÖ der Lok, die nach der Elektrifizierung den Güterverkehr am Arlberg bewältigen sollte. Die Loks erfüllten die Forderungen, mussten aber bald steigenden Zuggewichten und höheren Geschwindigkeiten Tribut zollen. Sie blieben bis 1993 im Dienst, zuletzt in Selztal.

Reihe 1089 (1100)/1189

Bauart: (1'C)(C1')
Baujahre: 1923 – 1924
Leistung: 1800 kW
Länge über Puffer: 20.350 mm
Dienstmasse: 115,6 t
Stückzahl: 7

Das österreichische „Krokodil" soll ursprünglich auf den Namen „Tatzelwurm" gehört haben. Mit der Zeit setzte sich aber die aus der Schweiz kommende Bezeichnung für (1'C)(C1')-Loks mit beweglichen Vorbauten und Stangenantrieb durch. Auf die 1089 passte sie besonders, kann man sie doch durchaus als Weiterentwicklung der Ce 6/8 II bezeichnen. Die Lokomotiven hielten, was ihr Name versprach, und bewältigten den anstrengenden Bergdienst ohne Mucken. Erst 1979 konnten sich die ÖBB von ihnen trennen.

Reihe 1099

Bauart: C'C'W2k
Baujahre: 1911/1912/1914
Leistung: 350 kW
Dienstmasse: 49,4 t
Stückzahl: 16

Als erste österreichische Eisenbahnstrecke erhielt die Mariazellerbahn ab 1911 Elektrolokomotiven. Sie wurden sowohl im Personen- als auch Güterverkehr eingesetzt. Die anfangs als Reihe E bezeichnete Maschine ist laufachslos konstruiert und besitzt zwei Drehgestelle mit je drei Achsen. Zwei Transformatoren setzen die Fahrdrahtspannung (6600 V) auf 220 V Motorspannung herab. Ab 1959 erfuhren alle Lokomotiven in der Hauptwerkstätte Linz eine umfassende Modernisierung.

Reihe 1110

Für den Einsatz in den Bergen stellten die ÖBB eine langsamere, dafür zugkräftigere Variante der 1010 in Dienst. Die 1110 erreichte zwar nur 100 km/h Spitzentempo, brachte aber sehr viel schwerere Züge über die Rampen. Bei der zweiten Serie gelang zudem der Einbau von Drehgestellen mit ideellem Drehzapfen. Über Jahre hinweg waren die 1110 in Bludenz, Innsbruck, Linz und Villach beheimatet. Sie kamen somit praktisch in ganz Österreich zum Einsatz. Bis 2002 erreichten sie im Langlauf von Wien kommend Nürnberg Rbf.

Bauart: Co'Co'
Baujahre: 1956 – 1962
Leistung: 4000 kW
Länge über Puffer: 17.860 mm
Dienstmasse: 106 t
Stückzahl: 30

Reihe 1110.5

Die Rampenstrecken in Österreich erfordern nicht nur hohe Motorleistungen der Lokomotiven. Abwärts muss auch einiges an Energie vernichtet werden. Klotz- und Scheibenbremsen nutzen sich ab, weshalb die ÖBB der verschleißfreien Widerstandsbremse den Vorzug geben. Deswegen rüsteten sie anlässlich anstehender Hauptuntersuchungen Maschinen der Reihe 1110 mit einer elektrischen Bremse aus, die 2460 kW leistete. Sie allein konnte einen 450-t-Zug bereits in Beharrung halten.

Bauart: Co'Co'
Baujahre: 1972 – 1974
Leistung: 4000 kW
Länge über Puffer: 17.860 mm
Dienstmasse: 109,8 t
Stückzahl: 10

Reihe 1116

Bauart: Bo'Bo'
Baujahre: 2000 –
Leistung: 6400 kW
Länge über Puffer: 19.280 mm
Dienstmasse: 86 t
Stückzahl: 400

Für den Verkehr mit Deutschland, Tschechien und Ungarn beschafften die ÖBB eine Zweisystemvariante der 1016. Die 1116 trägt auf dem Dach drei Stromabnehmer. Die beiden äußeren liegen in Österreich und Deutschland am Wechselstrom-Fahrdraht an, der mittlere verträgt das ungarische Stromsystem. Wegen der schweren Zweisystemausrüstung entstand der Fahrzeugteil beider „Taurus"-Varianten im konsequenten Leichtbau. Die Loks bewährten sich und schleppen heute sowohl Reise- als auch Güterzüge.

1118.01 (E 18 42)

Relativ spät konnten die 1018 in ihrem eigentlichen Einsatzgebiet, der Westbahn, fahren, da der Fahrdraht erst 1952 Wien erreichte. Mit Schnellzugleistungen auf der Tauernbahn, der Giselabahn, der Salzkammergutbahn und nach München waren die acht Loks aber so gut ausgelastet, dass die Reichsbahn zwei deutsche E 18 in Salzburg stationierte. Eine gelangte in den Bestand der ÖBB, die sie mit den Schwestern zusammen einsetzte, aber wegen der geringfügig unterschiedlichen technischen Ausstattung in eine eigene Baureihe einordnete. 1985 schied der Einzelgänger aus.

Bauart: 1'Do1'
Baujahr: 1939
Leistung: 3340 kW
Länge über Puffer: 16.290 mm
Dienstmasse: 108,5 t
Stückzahl: 1

Reihe 1141

Bauart: Bo'Bo'
Baujahr: 1955
Leistung: 2400 kW
Länge über Puffer: 15.260 mm
Dienstmasse: 80 t
Stückzahl: 30

1955 konnten die ÖBB die zulässige Streckenhöchstgeschwindigkeit auf 100 km/h erhöhen. Deswegen mochten sie die 90 km/h schnelle 1041 nicht mehr beschaffen. Ihre Nachfolgerin verfügte ab Werk über den neuen Gummiringfederantrieb von Siemens, der in Baumustern der DB getestet worden war. Zudem erhielten die Drehgestelle eine neu entwickelte Querkupplung, welche die Spurkranzabnutzung auf den bogenreichen Strecken minderte. Die 110 km/h schnellen Loks waren der Vorgängerin deutlich überlegen. Seit Dezember 2003 sind alle Loks ausgemustert.

Reihe 1142

Bauart: Bo'Bo'
Baujahre: 1995 – 1996
Leistung: 4000 kW
Länge über Puffer: 16.220 mm
Dienstmasse: 82,5 t
Stückzahl: 67

1996 führten die ÖBB im Nahverkehr Wendezüge ein. Um diese zu bespannen, rüstete man die mit Hochleistungswiderstandsbremse ausgestatteten Maschinen der Reihe 1042.5 mit einer Wendezugsteuerung aus. Das 13-polige UIC-Kabel wurde dabei zum Austausch der Daten zwischen Lok und Steuerwagen um zwei Adern erweitert. Außerdem erhielten die Loks Einrichtungen zur Türsteuerung und Zugbeleuchtung sowie Brandmelder und andere Sicherungstechnik. Neben Wendezügen schleppen die bis heute unverzichtbaren Loks Güterzüge in Doppeltraktion.

Reihe 1144

Bauart: Bo'Bo'
Baujahre: 2002 –
Leistung: 5400 kW
Länge über Puffer: 16.060 mm
Dienstmasse: 84 t

Um den Betrieb noch rationeller abwickeln zu können, statteten die ÖBB die Maschinen der zweiten Serie der Reihe 1044 mit einer Wendezugsteuerung sowie einer Funkfernsteuerung aus. Dank Letzterer konnten die Schiebelokomotiven auf den Rampenstrecken somit vom Lokführer der an der Zugspitze fahrenden Maschine gesteuert werden. Die 1144 verträgt sich dabei mit Schwestern sowie mit den 1016 und 1116. Nicht alle Eisenbahnfreunde sehen diese optisch eigenartig anmutende Kombination gern. Noch laufen die Umrüstungsarbeiten.

Reihe 1145 (1170.100)

Für den leichten Reisezugdienst auf der Westbahn orderten die BBÖ eine von der 1045 abgeleitete leistungsstärkere Maschine, deren Zug- und Stoßvorrichtungen statt am Hauptrahmen an den Stirnseiten der kurzgekuppelten Drehgestelle angebracht waren. Die elektrische Ausrüstung blieb nahezu unverändert, doch hob man die stillen Reserven. Bis auf vier Loks, die zeitweise in Attnang-Puchheim beheimatet waren, gehörten alle Loks zeitlebens zur Zugförderungsstelle Innsbruck. 1978 begann die Ausmusterung, die sich bis 1990 hinzog.

Bauart: Bo'Bo'
Baujahre: 1929 – 1931
Leistung: 1308 kW
Länge über Puffer: 11.880 mm
Dienstmasse: 70,6 t
Stückzahl: 15

Reihe 1161 (1070.100)

Technisch entspricht die 1161 der 1061, galt ursprünglich auch als Unterbaureihe. Die erste Serie entstand bis 1932. 1940 beschaffte die Deutsche Reichsbahn sechs Nachzügler mit Gleichstrom- statt Wechselstromschützen. Anfangs rangierten die 1061 und 1161 vornehmlich in Westösterreich. Je weiter der Fahrdraht aber vordrang, desto größer wurde ihr Einsatzgebiet. Auch im Raum Wien sowie in Villach traf man die Loks an. Die 1161 verabschiedete sich 1992.

Bauart: D
Baujahre: 1928 – 1940
Leistung: 750 kW
Länge über Puffer: 10.500 mm
Dienstmasse: 56 t
Stückzahl: 22

Reihe 1163

Bauart: Bo'Bo'
Baujahre: 1994 – 1995
Leistung: 1600 kW
Länge über Puffer: 16.400 mm
Dienstmasse: 80 t
Stückzahl: 20

Als Weiterentwicklung der Reihe 1963, die als Zweifrequenzlok gebaut wurde, erschien ab 1994 die Baureihe 1163. Sie ist jedoch gegenüber dem Vorgängerfahrzeug als Einfrequenzlokomotive ausgelegt und befördert Nahgüterzüge ab Rbf Salzburg Gniegl. Diese Dienste werden bei den ÖBB auch Fahrverschub genannt. Im Fahrverschub kommen die 1163 mit ihren Güterzügen auch auf die Tauernrampe bis Bad Gastein. Darüber hinaus sind sie im traditionellen Rangierdienst tätig. Gegenüber der 1063 besitzt die 1163 eine höhere Maximalgeschwindigkeit (100 km/h). Neben Salzburg ist auch Wien Süd die Heimat der 1163.

Reihe 1180

Um Gewicht zu sparen, erhielt die 1080 keine elektrische Bremse. Das führte bei Talfahrt häufig zu Erwärmungsschäden an den Radreifen. Als die Strecken höhere Achslasten zuließen, beschafften die BBÖ eine zunächst als Unterbaureihe eingestufte Bauart mit Widerstandsbremse und leistungsfähigeren Fahrmotoren. Anfangs schleppten die Maschinen Güterzüge über den Arlberg. Wegen ihrer geringen Höchstgeschwindigkeit wanderten sie dann in den Verschubdienst in Bregenz, Bludenz, Landeck und Feldkirch ab. Am 1. April 1993 strichen die ÖBB die letzte Lok aus den Listen.

Bauart: E
Baujahre: 1927 – 1929
Leistung: 1305 kW
Länge über Puffer: 12.750 mm
Dienstmasse: 81 t
Stückzahl: 10

Reihe 1245
(1170.200)

Bauart: Bo'Bo'
Baujahre: 1934 – 1940
Leistung: 1840 kW
Länge über Puffer: 12.920 mm
Dienstmasse: 83,5 t
Stückzahl: 41

Um die Leistungen der 1145 über-bieten zu können, mussten die Hersteller die elektrische Anlage gründlich überarbeiten. Die acht-poligen Reihenschlussmotoren wi-chen zehnpoligen, die elektro-pneumatische Gleichstromschütz-zensteuerung wies 18 statt 15 respektive 16 Fahrstufen auf. Statt auf der Westbahn, dem vor-gesehenen Einsatzgebiet, fuhren die Loks anfangs vornehmlich auf der Tauernbahn. Nach dem Krieg bewältigten sie gemeinsam mit der 1020 den Großteil des elek-trischen Verkehrs. Zuletzt in untergeordneten Diensten einge-setzt, verabschiedeten sie sich bis 1995.

Reihe 1670

Bauart: (1A)'Bo(A1)'
Baujahre: 1928 – 1932
Leistung: 2350 kW
Länge über Puffer: 14.460 mm
Dienstmasse: 106 t
Stückzahl: 34

Für den Bergdienst eignete sich die 1089 bestens, im Flachland war sie aber zu langsam. Des-wegen beschafften die BBÖ neue Loks, zunächst die 1570, dann die leistungsstärkere 1670. Deren Doppelmotoren wirkten auf ein Ke-gelradgetriebe, welches das Dreh-moment über eine im Hauptrah-men gelagerte Hohlwelle an die Achsen weitergab. Nach kurzer Zeit musste das Fahrwerk über-arbeitet werden, da es den Lasten nicht standhielt. Danach über-zeugten die 1983 ausgemuster-ten Loks aber rundum. Nur einige Lokführer klagten mitunter über die Motorgesänge.

Reihe 1822

Bauart: Bo'Bo'
Baujahre: 1992 – 1996
Leistung: 4400 kW
Länge über Puffer: 19.300 mm
Dienstmasse: 82 t
Stückzahl: 5

Für den Verkehr über den Brenner ließen die ÖBB eine Zweisystemlok entwickeln, die den österreichischen Wechselstrom genauso vertrug wie den italienischen Gleichstrom. Damals rechnete man damit, dass ÖBB, DB und FS zusammen 80 Exemplare beschaffen würden. Wegen der hohen Stückkosten ging die Lok aber nie in Serie. Die Reihe 1822 wird jedoch nach wie vor im Personenverkehr zwischen Nordtirol und Osttirol eingesetzt, der über den Brenner und das Pustertal führt. Bisweilen ist sie auch vor Güterzügen in der Relation Innsbruck – Brenner zu sehen.

Reihe 2016/ER 20

Um den Fuhrpark an Diesellokomotiven zu modernisieren, orderten die ÖBB Maschinen mit elektrischer Kraftübertragung. Modular aufgebaut, wurde eine Reihe Komponenten aus den Reihen 1016 und 1116 übernommen, die ebenfalls bei Siemens entstanden. Die ÖBB verliehen den Loks den Kosenamen „Hercules". Auch im Lokpool bei Siemens laufen einige Maschinen, die als Reihe ER 20 gelistet sind.

Bauart: Bo'Bo'de
Baujahre: 1999 – 2004
Leistung: 2000 kW
Länge über Puffer: 19.275 mm
Dienstmasse: 80 t
Stückzahl: 80/5

Reihe 2043

Bauart: B'B'dh
Baujahre: 1961 – 1977
Leistung: 1104 kW
Länge über Puffer: 14.760 – 15.760 mm
Dienstmasse: 67 – 68 t
Stückzahl: 77

Die 2043.01 der Jenbacher Werke hatte ein Voith-Getriebe, das auf einen im Drehgestell gelagerten BBC-Federantrieb wirkte. Das technisch hochwertige Konzept scheiterte an der schlechten Synchronisation der Wandler, weshalb die Serienloks gewöhnliche Antriebe erhielten. Sie fuhren unter anderem im Korridorverkehr zwischen Tirol und Osttirol über die Brennerstrecke, die in Italien mit Gleichstrom elektrifiziert ist. Die robusten und leistungsstarken Loks meisterten den Bergdienst problemlos. Mit Inbetriebnahme der 2016 sind ihre Tage aber gezählt.

Reihe 2048

Bauart: B'B'
Baujahre: 1961 – 1963/1991 – 1994 (Umbau)
Leistung: 861 kW
Länge über Puffer: 12.100 mm
Dienstmasse: 64 t
Stückzahl: 34

Ab 1985 schieden die Dieselloks der Baureihe 211 der Deutschen Bundesbahn verstärkt aus. Einige dieser Maschinen wurden von den ÖBB übernommen und als Reihe 2048 in den Lokbestand eingegliedert, nachdem die Firma Layritz einen Caterpillar-Motor in die ehemalige V 100 der DB eingebaut und die Hauptwerkstätte St. Pölten noch diverse Umbauten durchgeführt hatte.

Reihe 2050

Bauart: Bo'Bo'
Baujahre: 1958 – 1962
Leistung: 1050 kW
Länge über Puffer: 17.760 mm
Dienstmasse: 74,9 t
Stückzahl: 18

Insbesondere für den Einsatz auf der Franz-Josefs-Bahn ließen die ÖBB dieselelektrische Lokomotiven mit General-Motors-Technik fertigen: Die Loks verfügten über einen 12-Zylinder-Zweitaktmotor, Hauptgenerator und vier Fahrmotoren. Dagegen stammten die Drehgestelle, Bremseinrichtung sowie diverse kleinere Bauteile aus österreichischer Produktion. Die Nummern 015 bis 018 besitzen eine Tandemsteuerung, die 2050.02 erhielt 1969 ein elektrisches Heizaggregat.

Reihe 2067

Die Dieselloks der Reihe 2067 verfügen über einen 12-Zylinder-Viertaktmotor, Zweiwandlergetriebe, Blindwelle und Stangen. In erster Linie erledigen sie den mittleren bis schweren Verschub – und das teilweise auch in Doppeltraktion. Dank ihrer guten Laufeigenschaften kam die Lokomotive bisweilen auch im Streckendienst vor leichten Güter- oder Personenzügen zum Einsatz. Eine dieser Lokomotiven, die 2067.93, wurde mit Funkfernsteuerung ausgerüstet und erhielt die Bezeichnung 2167 093.

Bauart: C
Baujahre: 1959 – 1977
Leistung: 442 kW
Länge über Puffer: 10.350 mm
Dienstmasse: 49 t
Stückzahl: 111

Reihe 2091

Die Reihe 2091 kann auf eine lange Einsatzzeit zurückblicken. Immer wieder wurden Umbauten an den Dieselloks durchgeführt, die dazu geführt haben, dass heute kaum eine Lok der Baureihe einer anderen gleicht. So wurden gegenüber der Ursprungsversion insbesondere Veränderungen am Führerhaus, Gepäckvorbau und Schlusslicht vorgenommen. Hinzu kamen noch die zahlreichen Lackierungsvarianten.

Bauart: 1'Bo1'
Baujahre: 1936/1940
Leistung: 155 kW
Länge über Puffer: 10.800 mm
Dienstmasse: 22,8 t
Stückzahl: 12

Reihe 2095

Im Zusammenhang mit ihrem Verdieselungsprogramm entwickelten die ÖBB auch eine Diesellokomotive für ihre Schmalspurstrecken. Mit den leistungsfähigen Maschinen der Reihe 2095 wurde die Dampftraktion ersetzbar. Die Maschine ist mit einem hydraulischen Voith-Turbogetriebe und einem wassergekühlten SGP-12-Zylinder-Viertaktmotor ausgerüstet. Die Motorkraft wird über Gelenkwellenantriebe auf die Achsen übertragen, die durch Treibstangen miteinander gekuppelt sind.

Bauart: B'B'
Baujahre: 1958 – 1962
Leistung: 438 kW
Länge über Puffer: 10.400 mm
Dienstmasse: 30 t
Stückzahl: 15

Reihe 2143

Eng verwandt mit der 2043 ist die 2143. Erstere fertigten die Jenbacher Werke, Letztere SGP. In den Jenbacher Loks arbeiteten Zwölfzylinder-Zweitaktmotoren, in den SGB-Maschinen geringfügig leistungsstärkere Viertakter mit Abgasturbolader und Ladeluftkühlung. Die für die Zugheizung benötigte Energie stellte in der 2043 der Traktionsdiesel, in der 2143 ein Hilfsdiesel bereit. Die ÖBB vergaben daher unterschiedliche Baureihenbezeichnungen. Beide Loks verrichteten die gleichen Dienste, beiden droht die Ablösung durch die 2016.

Bauart: B'B'dh
Baujahre: 1965 – 1977
Leistung: 1115 kW
Länge über Puffer: 15.760 mm
Dienstmasse: 65 t
Stückzahl: 77

Reihe 4010

Bauart: Bo'Bo' + 2'2' + 2'2' + 2'2' + 2'2' + 2'2'
Baujahre: 1964 – 1978
Leistung: 2500 kW
Länge über Puffer: 149.100 mm
Dienstmasse: 283 t
Stückzahl: 29

Einen komfortablen, sechsteiligen Triebzug beschafften die ÖBB für den Schnellzug „Transalpin" Wien – Basel. Bei den ersten drei Zügen entstanden die eleganten Kopfteile aus Polyester. Die Verbindung zwischen dem Kunststoff und Stahl erwies sich aber damals noch als problematisch, weshalb man für die Serie wieder auf Stahl zurückgriff. In den siebziger Jahren erhielten die im internationalen und Binnenverkehr eingesetzten Züge eine Vielfachsteuerung, um in Doppeltraktion des Fahrgastandrangs Herr zu werden. Auch nach der Jahrtausendwende setzen die ÖBB die Züge ein.

Reihe 4020

Bauart: Bo'Bo' (Triebkopf)
Baujahre: ab 1978
Leistung: 1200 kW
Länge über Puffer: 23.300 mm
Dienstmasse: 62,4 t
Stückzahl: 67

Die ÖBB beschlossen nach dem Erfolg der Reihe 4030, eine weitere, neue Triebwagenbauart für den Nahverkehr zu beschaffen. Ein Nachbau der DB-Triebwagen der Baureihe 420 mit Thyristor war zu aufwändig und damit zu teuer. Daher wurde mit der Reihe 4020 eine Weiterentwicklung des 4030 bestellt. In der Konzeption waren beide Triebzüge gleich. Der 4020 verfügte gegenüber dem 4030 allerdings über eine höhere Leistung sowie die Thyristorsteuerung.

Reihe 4030

Bauart: Bo'Bo' (Triebkopf)
Baujahre: ab 1956
Leistung: 1000 kW
Länge über Puffer: 23.190 mm
Dienstmasse: 65 t
Stückzahl: 22

Ab Mitte der fünfziger Jahre, als der Nahverkehr in Österreich ausgebaut werden sollte, beschafften die ÖBB in größerem Umfang Elektrotriebwagen. Die 100 km/h schnellen Garnituren des 4030.0 bestanden aus Steuer-, Motor- und Zwischenwagen. Mittels Sécheron-Lamellenantrieb erfolgte die Kraftübertragung von den vier Fahrmotoren. Nach dem späteren Einbau einer Vielfachsteuerung und automatischer Türschließanlage lautete die Reihenbezeichnung 4030.3.

Reihe 4041

Bauart: 2'Bo'
Baujahre: ab 1929
Leistung: 212 kW
Länge über Puffer: 20.520 mm
Dienstmasse: 72,7 t
Stückzahl: 8

Die BBD Innsbruck setzte die Triebwagen nach ihrer Auslieferung auf der Salzkammergutstrecke und auf Flachstrecken ein. Die Züge erzielten dabei bis zu 10.000 km monatlicher Laufleistung. Da jedoch die mittlere Laufachse wiederholt Störungen verursacht hatte, entfernte man die Laufachsen, nachdem der zulässige Achsdruck auf der Westbahnhauptstrecke angehoben worden war. Nach 1945 wurden zur Betriebsvereinfachung Steuerwagen für Tandemgarnituren beschafft.

Reihe 4090

Mit den Neubautriebzügen der Reihe 4090 sollte die niederösterreichische Mariazellerbahn einen Innovationsschub erhalten. Die beiden Prototypen umfassten die Konfigurationen BDh4ET/s 4090 + zwei Zwischenwagen BhTlls 7090 + BDh4ET/s 4090 bzw. Triebkopf + Zwischenwagen + Steuerwagen BDhES/s 6090. Der mit Flexicoilfedern abgestützte 4090 besitzt eine Magnetschienenbremse, deren Bauart aus der modernen Straßenbahntechnik stammt.

Bauart: Bo'Bo'
Baujahr: 1994
Leistung: 250 kW
Länge über Puffer: 17.300 mm
Dienstmasse: 36 t
Stückzahl: 2

Reihe 5090

Wenn es in den vergangenen Jahren darum ging, österreichische Schmalspurbahnen unter Fahrdraht wirtschaftlich zu betreiben, so kam die Rede oft auf den 5090. Dieser Triebzug verkehrt auf ÖBB-Strecken oft mit einem Beiwagen. Die Auslieferung erfolgte in mehreren Serien, ausgelöst durch den wachsenden Bedarf infolge von Ausmusterungen. So kam der 5090 z. B. auf der Krimmler- und der Ybbstalbahn zum Einsatz.

Bauart: B'B'
Baujahre: ab 1986
Leistung: 226 kW
Länge über Puffer: 18.300 mm
Dienstmasse: 29 t
Stückzahl: 17

Polen

Die polnische Eisenbahngeschichte ist eng mit der preußischen, österreichischen und russischen verknüpft. Erst 1916 rief Jósef Pilsudski die Unabhängigkeit des Landes aus.

Mit der Westverschiebung Polens 1945 wuchs der Anteil der Strecken mit deutscher Vergangenheit.

Für Fotografen, die alte Wassertürme, Empfangsgebäude und anderes auf Platte bannen wollen, ist Polen ein Paradies. Leider verfällt die Infrastruktur zusehends, da die Regierung nicht ausreichend Geld zum Erhalt der Bahnen bereitstellt.

Reihe EU 07

Bauart: Bo'Bo'
Baujahre: ab 1968
Leistung: 2080 kW
Länge über Puffer: 15.915 mm
Dienstmasse: 80 t

Als EU 07 stellte die PKP die Gattung 4-E von Pafawag in Dienst. In der Ebene schleppt sie 650 t mit ihrer Höchstgeschwindigkeit von 115 km/h. Die Steuerung der Zugkraft erfolgt in mehreren Serien- und Parallel- sowie zusätzlichen Feldschwächungsstufen.

Reihe Ok1-359 (P 8)

Bei dieser Lok handelt es sich um die ex DRG 38 2155. Sie entstand 1917 bei Schwartzkopff in Berlin und gelangte nach dem Zweiten Weltkrieg zur Polnischen Staatsbahn. Während ihres langen Lebens wurde mehrmals der Kessel getauscht, 1945 erhielt sie einen 1922 in Hohenzollern Düsseldorf gebauten. Seit März

1989 dient die Ok1-359 als Museumslok im Dampflok-Bw Wolsztyn.

Bauart: 2C
Baujahr: 1917
Leistung: 1180 kW
Länge über Puffer: 18.590 mm
Dienstmasse: 78,2 t

Reihe Ok22-31

Bauart: 2C
Baujahr: 1929
Leistung: 721 kW
Länge über Puffer: 18.540 mm
Dienstmasse: 78,9 t

Bei der Ok22-31 handelt es sich um einen in Chrzanow, Polen, ge-

fertigten Nachbau der P 8. Während des Zweiten Weltkriegs war diese Dampflok daher auch unter der DRG-Bezeichnung 38 4536 eingereiht. Sie war die letzte betriebsfähige Dampflok dieser Baureihe bei der PKP. Im Jahr 1975 erhielt sie den Kessel der Ok22-78, der in Sosnowiec gefertigt wurde.

Reihe Ol49

Bauart: 1C1
Baujahre: 1949 – 1954
Leistung: 949 kW
Länge über Puffer: 20.675 mm
Dienstmasse: 83,25 t
Stückzahl: 115

Diese polnische Dampflok entstand ebenfalls in der Lokfabrik

Chrzanow, und ist im Dampflok-Bw Wolsztyn anzutreffen. Dort finden sich weitere Loks: Ol49-7, 23, 59, 69 und ihre Schwestern Ol49-60, 81 und 85, die leider schon ausgedient haben. Im Bw Wolsztyn waren früher auch noch weitere Ol49 stationiert. Heute ziehen diese Loks vornehmlich Personenzüge.

Reihe Ty 3-2 (BR 42)

Nach dem Ende des Zweiten Weltkriegs verblieben in Polen drei Stück von der DRG-Baureihe 42, die man in Polen als Ty3 einreihte. Die in Wolsztyn beheimatete Ty3-2 (ex DRG 42 1427) wurde später als Ty43-126 bezeichnet, gemäß dem polnischen Nachbau der BR 42, dessen Reihenbezeichnung Ty43 lautete. Gebaut wurde die Lok 1944 in Schichau. Nach Wolsztyn gelang-te sie im März 1990 nach ihrer Hauptuntersuchung und die Umzeichnung auf die alte Nummer Ty3-2.

Bauart: 1E
Baujahr: 1944
Leistung: 1350 kW
Länge über Puffer: 23.000 mm
Dienstmasse: 96 t
Stückzahl: 3

Reihe Ty43-123

Die im Bw Wolsztyn beheimatete Ty43-123 entstand 1949 in Poznan. Sie trägt die Fabriknummer 1354. Insgesamt wurden nach Ende des Zweiten Weltkriegs 126 Stück von der Ty 43 gefertigt als Nachbau der DRG-Baureihe 42. Die Dampflok war nach ihrer Auslieferung im Bw Zbaszynek, dann in Zielona Gora, Chelm und Gniezno stationiert.

Bauart: 1E
Baujahre: 1945 – 1949/50
Leistung: 1350 kW
Länge über Puffer: 23.000 mm
Dienstmasse: 96 t
Stückzahl: 126

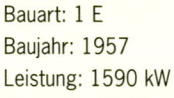

Reihe Ty51-223

Bauart: 1 E
Baujahr: 1957
Leistung: 1590 kW
Länge über Puffer: 23.025 mm
Dienstmasse: 109,9 t

Diese Dampflok stellt den Nachbau einer nordamerikanischen Lok dar. Sie weist die für amerikanische Loks typischen Einrichtungen, wie einen Stoker oder eine vieltönige Dampfsirene auf.

Reihe Ty45-379

Bauart: 1E
Baujahr: 1949
Leistung: 1266 kW
Länge über Puffer: 12.550 mm
Dienstmasse: 97,5 t

Mit der Fabriknummer 1388 verließ im Jahr 1949 die für Tempo 75 ausgelegte Ty45-379 die Lokfabrik Poznan. Ihr Tender entstand bereits 1947 und ist mit einer Stoker-Kohleförderanlage ausgerüstet.

Reihe Pt47-65

Bei dieser Maschine handelt es sich um eine Schnellzuglok, die es auf eine Höchstgeschwindigkeit von rund 110 km/h bringt. Sie entstand in der Lokfabrik Chrzanow. Die PKP führte sie ab dem 5. August 1949 in ihren Bestandslisten. Seit 1990 fährt die Pt47-65 vom Bw Wolsztyn aus Planeinsätze. Am 10. Juli 2003 erhielt sie in Gniezno eine HU.

Bauart: 1D1
Baujahr: 1949
Leistung: 1200 kW
Länge über Puffer: 22.975 mm
Dienstmasse: 103 t

Reihe TKt48-143

Bei der TKt48 handelt es sich um eine im Jahre 1948 konstruierte Dampflok-Baureihe. Sie ist für eine Höchstgeschwindigkeit von 80 km/h ausgelegt und weist einen Treibraddurchmesser von 1450 mm auf.

Bauart: 1D1
Baujahr: 1956
Leistung: 785 kW
Länge über Puffer: 10.400 mm
Dienstmasse: 98 t

Rumänien

Erst relativ spät ging die erste Eisenbahn Rumäniens in Betrieb. Die Strecke führte von Constanta nach Cernavoda, war 66 Kilometer lang und sah am 4. Oktober 1860 den Eröffnungszug. Heute hat das Netz eine Betriebslänge von gut 11.000 Kilometern.

Aus der Geschichte der Rumänischen Eisenbahnen sind ausländische Entwicklungen kaum wegzudenken. Manche Konstruktion stammte aus Deutschland.

Die Geschichte der preußischen P 8 endete beileibe nicht mit den letzten, für die Deutsche Reichsbahn gebauten Maschinen. Vielmehr übernahmen zwei rumänische Werke die Unterlagen und fertigten bis Ende der dreißiger Jahre rund 200 Exemplare.

142

Die 142.001 bis 079 wurden bis 1940 von den Malaxa-Werken in Bukarest und von den Resita-Werken geliefert. Die Reihe entstand nach dem Vorbild der letzten Bauserie der österreichischen Reihe 214. Die Höchstgeschwindigkeit blieb auf 110 km/h beschränkt. Während die 214 in den fünfziger Jahren ausschieden, fuhren die 142 bis Mitte der siebziger Jahre.

Bauart: 1'D2'h2
Einsatz ab 1937
Leistung: 1600 kW
Länge über Puffer: 22.640 mm
Dienstmasse: 191 t
Stückzahl: 79

231

Bei der rumänischen Reihe 231 handelte es sich um Vierzylinder-Verbund-Pazifics. Die Münchener Firma Maffei lieferte im Jahr 1922 die 231.040 bis 060, Henschel in Kassel die 231.061 bis 090 ebenfalls 1922. Die 231 waren mit ihren 1855 mm hohen Kuppelrädern Schnellzugloks für das Hügelland. Während die Fahrzeuge der älteren Lieferung für 126 km/h zugelassen waren, begnügte man sich bei der 231 mit 110 km/h.

Bauart: 2'C1'h4v
Einsatz ab 1922
Leistung: 1615 kW
Länge über Puffer: 21.750 mm
Dienstmasse: 145 t
Stückzahl: 50

Baureihe 43

Bauart: Bo'Bo'
Einsatz ab 1973
Leistung: 3400 kW
Länge über Puffer: 15.470 mm
Dienstmasse: 80 t
Stückzahl: 180

Die Lokomotiven der Baureihe 43 entstanden auf der Basis des schwedischen Typs Rb. Sie entsprechen außerdem der jugoslawischen Reihe 441. Lieferwerk war Rade Koncar in Zagreb, Kroatien. Die Baureihe 43 existiert in mehreren Versionen: mit oder ohne elektrische Bremse für Tempo 120 km/h sowie mit elektrischer Bremse und für 160 km/h. Eine andere Version, die Baureihe 44, erhielt eine Vielfachsteuerung.

Baureihe 060-DA

Die sechsachsigen dieselelektrischen Loks des Typs 060-DA entstanden ab 1959. Die ersten sechs Lokomotiven lieferte das Schweizer Konsortium SLM/BBC/Sulzer. Alle weiteren Fahrzeuge wurden ab 1960 von Craiova in Lizenz gebaut. Die 060-DA verfügen über einen Dieselmotor von Sulzer und eine elektrische Kraftübertragung von BBC. Sie erreichen 100 km/h und werden im Reisezug- und Güterzugdienst eingesetzt.

Bauart: Co'Co'de   Länge über Puffer: 17.000 mm
Einsatz ab 1959   Dienstmasse: 114 t
Leistung: 1545 kW   Stückzahl: ca. 600

Baureihe 060-DA

Mit sechsachsigen Maschinen, die nach Schweizer Lizenz gefertigt wurden, landete Electroputere in Craiova einen großen Erfolg. 2241 Exemplare entstanden von der der schweizerischen Ae 6/6 echt ähnlichen Konstruktion. Die meisten fuhren in Rumänien, Exportloks gingen nach Bulgarien, China und Polen.

Bauart: Co'Co'de
Leistung: 1533 kW
Länge über Puffer: 17.000 mm
Dienstgewicht: 114 t

Russland

Zu den wichtigsten Strecken Russlands gehört die Transsibirische Eisenbahn zwischen Moskau und Wladiwostok. Sie wurde vor rund 100 Jahren eröffnet. Heute ist sie weitgehend elektrifiziert. Russland und Eisenbahninitiativen streben an, sie auf die Weltkulturerbeliste der Unesco zu bringen.

Früh begann das Eisenbahnzeitalter in Russland. Am 30. Oktober 1837 fuhr der erste Zug.

Dass Russland auf die Breitspur setzte, hatte aber nichts mit dem Vormachtstreben zu tun. Vielmehr überzeugten US-Investoren die Regierung, dass die Spurweite von 1524 Millimetern der Regelspur überlegen sei. Ganz Unrecht hatten sie damit nicht – je breiter die Spur, desto sicherer folgt ein Schienenfahrzeug seinem Weg. Bis heute aber leidet der Güteraustausch mit Russland sowie den anderen Nachfolgestaaten der Sowjetunion am notwendigen Spurwechsel.

Baureihe L

Bauart: 1'Eh2
Baujahre: ab 1947
Leistung: 1620 kW
Länge über Puffer: 23.745 mm
Dienstmasse: 103 t (nur Lok)

Die Schlepptenderloks der Baureihe L waren häufig anzutreffende Güterzugmaschinen. Ihre Achsfahrmasse betrug maximal 18 t, sodass sie auch auf schwächerem Oberbau verkehren durften. Die Höchstgeschwindigkeit lag bei 80 km/h. Die Serienloks entstanden ab 1947 aus den Prototypen P-0001 und P-0002 von 1945. Die L waren für die SZD ein Standardtyp, der in großer Stückzahl gebaut wurde. Noch in den achtziger Jahren fuhren einige dieser Fahrzeuge planmäßig.

Baureihe OW

Schon 1875 gelangten D-Loks aus Deutschland nach Russland. Die entwickelte man weiter und verstärkte sie. Die unter der Bezeichnung O zusammengefassten Vierkuppler waren bis 1920 die russischen Standardgüterzugloks. Umgebaut arbeiteten viele Loks noch im Rangierdienst.

Bauart: Dn2v
Baujahre: ab 1889 (O), 1907 (OW)
Leistung: 450 kW
Länge über Puffer: 9672 mm (nur Lok)
Dienstmasse: 53,2 t (nur Lok)
Stückzahl: ca. 9000 (alle O)

Baureihe P 36

Bauart: 2'D2'h2
Baujahre: ab 1954
Leistung: 1840 kW
Dienstmasse: 135 t (nur Lok)
Stückzahl: 251

Die Baureihe P 36 bildete den Abschluss des Dampflokbaus für die SZD. Diese schweren Lokomotiven mit ihren sechsachsigen Schlepptendern waren für den gemischten Dienst konzipiert, wobei die Verwendung im schweren, höherwertigen Reisezugdienst dominierte. Trotz ihrer Größe eigneten sich die für 125 km/h ausgelegten Fahrzeuge auch für Strecken mit leichtem Oberbau und nur 18 t Achsfahrmasse. Die Lok P 36-0251 war 1956 die letzte für die SZD gelieferte Streckendampflok.

Baureihe SU

Bauart: 1'C1'h2
Baujahre: ab 1925
Leistung: 1100 kW
Länge über Puffer: 22.500 mm
Dienstmasse: 86,7 t (nur Lok)

In den zwanziger Jahren entwickelte die Lokomotivfabrik Kolomna eine Schlepptenderlok mit der Bezeichnung SU. Der Buchstabe U deutet auf die gegenüber der S aus der Zarenzeit verstärkte Ausführung hin. Ab 1925 baute man die SU in mehreren Werken in Serie. Es entstanden mehrere Tausend dieser Fahrzeuge. Mit 120 km/h konnten die SU auch vor Schnellzügen eingesetzt werden, wobei sie vor schweren Zügen mit Vorspann fahren mussten.

Baureihe SO

Bauart: 1'E
Baujahre: ab 1948
Leistung: 1648 kW
Länge über Puffer: 23.730 mm

Die russischen Staatseisenbahnen haben noch fünf Exemplare der einstmals in weitaus größeren Stückzahlen vorhandenen Dampfloks der Baureihe SO im Bestand, einige davon in vorzüglichem Erhaltungszustand. Die Maschinen erreichen eine Höchstgeschwindigkeit von 75 km/h und sind in erster Linie für den Güterverkehr entwickelt worden. Ihre Zugkraft beträgt 223 kN.

Baureihe Tsch S 4 T

Die Elektroloks der Reihe Tsch S 4 (T) fahren mit 25 kV/50 Hz Wechselstrom und erreichen eine Höchstgeschwindigkeit von 180 km/h. Sie wurden als moderne Variante der älteren Tsch S 4 von 1965 entwickelt und unterscheiden sich äußerlich durch ein kantigeres Lokgehäuse von ihren Vorgängerinnen. Von den 510 gebauten Exemplaren sind noch 480 in Diensten der RDZ.

Bauart: Co'Co'
Baujahr: 1973
Leistung: 4920 kW
Stückzahl: 510

Baureihe WL 8

Bauart: Bo'Bo'x2
Baujahre: ab 1953
Leistung: 3760 kW
Stückzahl: 1723

Für ihre mit 3000 V Gleichstrom elektrifizierten Strecken baute die Sowjetunion schwere Doppelloks für den Güterverkehr, die über eine Zugkraft von 596 kN verfügen. Einige Varianten werden auch im Personenzugdienst eingesetzt. So beträgt ihre Höchstgeschwindigkeit je nach Getriebeübersetzung 80 bzw. 100 km/h.

Baureihe WL 10

Als gleichstromtaugliche Variante der WL 80, die unter Wechselstrom-Fahrdraht verkehrt, entstand Anfang der sechziger Jahre die Doppellokomotive WL 10. Sie wird im Güterverkehr eingesetzt und besitzt eine Zugkraft von 614 kN.

Bauart: Bo'Bo'x2
Baujahre: ab 1961
Leistung: 4600 kW
Stückzahl: 1902

Baureihe 2 TE 10 L

Auch auf nicht elektrifizierten Strecken setzen die RDZ vor schweren Güterzügen mächtige Doppelloks ein, wie die 2 TE 10 L. Dieselloko-motiven dieser Baureihe fahren maximal 100 km/h schnell und bringen eine Zugkraft von 750 kN auf.

Bauart: Co'Co'x2
Baujahre: ab 1962
Leistung: 4416 kW
Stückzahl: 3533

Baureihe 2 TE 10 M

Bauart: Co'Co'x2
Baujahre: ab 1981
Leistung: 4416 kW
Stückzahl: 2172

Diesellokomotiven der Baureihe 2 TE 10 M werden ebenfalls als Doppeleinheit eingesetzt. Diese Loks stellen die modernisierte Variante der 2 TE 10 V dar, die 1974 ausgeliefert wurde, sich aber vom Leistungsprofil her nicht unterschied. Die 2 TE 10 M verfügen wie die meisten der russischen Dieselloks über einen dieselelektrischen Antrieb. Sie erreichen eine Zugkraft von 798 kN.

Baureihe 2 TE 10 U

Bauart: Co'Co'x2
Baujahr: ab 1989
Leistung: 4412 kW
Stückzahl: 394 +

Die als Doppeleinheit eingesetzten Lokomotiven 2 TE 10 U setzen eine Reihe stets weiterentwickelter Dieselloktypen fort. Diese Baureihe geht auf die 2 TE 10 M zurück und trägt den Beinamen „Udaw". Sie wurde noch in den letzten Jahren weiterproduziert.

Baureihe 2 TE 116

Bauart: Co'Co'x2
Baujahre: ab 1971
Leistung: 4500 kW
Stückzahl: 1700

Als Güterzuglokomotiven kamen 1971 die Doppeleinheiten der Baureihe 2 TE 116 heraus. Sie erreichen eine Zugkraft von 798 kN und ähneln technisch der ehemaligen Reichsbahnlok 132, die nach der Zusammenführung der Bahnen beider deutscher Staaten in den DB-Bestand übernommen wurde.

Baureihe Tsch S 2

Die Tsch S 2 sind für das Gleichstromnetz der SZD bestimmt, in dem die Spannung 3000 V beträgt. Die sechsachsigen Lokomotiven wurden in großer Stückzahl von Skoda in Pilsen gebaut. Die Achslast erreicht 21 t. Die Bauzeit dieser Reisezuglokomotiven erstreckte sich über einen Zeitraum von 15 Jahren.

Bauart: Co'Co'
Baujahre: 1958 – 1973
Leistung: 4200 kW
Länge über Puffer: 18.920 mm
Dienstmasse: 125 t
Stückzahl: 942

Baureihe Tsch S 7

Bauart: Bo'Bo' + Bo'Bo'
Baujahre: ab 1983
Leistung: 3080 + 3080 kW
Länge über Puffer: 17.020 + 17.020 mm
Dienstmasse: 86 + 86 t
Stückzahl: 285

Die Tsch S 7 ist eine moderne Hochgeschwindigkeitslokomotive der SZD. Der Serienbau erfolgte bei Skoda in Pilsen. Jeweils zwei Tsch S 7 bilden eine 6160 kW starke Doppeleinheit. Die Fahrzeuge sind für den hochwertigen Reisezugverkehr bis 180 km/h bestimmt.

Baureihe WL 15

Bei der WL 15 handelt es sich um eine elektrische Doppellok für das Gleichstromnetz der SZD. Die Prototypen stammen aus dem Jahr 1984. Die Maschinen sind für den schweren Güterzugdienst bis 100 km/h bestimmt. Jede Einzellok verfügt über sechs angetriebene Achsen. Die Länge einer Doppellok beträgt 45.000 mm. Zusammen verfügen sie über 9000 kW Leistung. Der Serienbau dieser in Tiflis gefertigten Maschinen begann 1985.

Bauart: Bo'Bo'Bo' + Bo'Bo'Bo'
Baujahre: ab 1984
Leistung: 4500 + 4500 kW
Länge über Puffer: 22500 + 22500 mm
Dienstmasse: 150 + 150 t

Baureihe WL 60

Bauart: Co'Co'
Baujahre: 1962 – 1968
Leistung: 4650 kW
Länge über Puffer: 20.800 mm
Dienstmasse: 138 t
Stückzahl: 2612

Das Lokomotivwerk Nowotscherkassk lieferte von 1962 bis 1968 mehrere tausend Loks des Standardtyps WL 60. Die bis zu 100 km/h schnellen Fahrzeuge wiegen 138 t. Es handelt sich um sechsachsige Lokomotiven, die im Wechselstromnetz der SZD universell einsetzbar sind.

Baureihe WL 80

Jeweils zwei Lokomotiven des Typs WL 80 bilden zusammen eine Doppeleinheit. Die einzelnen Maschinen sind mit vier angetriebenen Achsen ausgestattet. Sie erreichen 110 km/h. Lieferant der von 1963 bis 1986 gebauten Serien war das Werk in Nowotscherkassk. Die Maschinen verkehren im Wechselstromnetz der SZD unter Fahrleitungen mit 25 kV Spannung/50 Hz Frequenz.

Bauart: Bo'Bo' + Bo'Bo'
Baujahre: 1963 – 1986
Leistung: 3160 + 3160 kW
Länge über Puffer: 16.420 + 16.420 mm
Dienstmasse: 92 + 92 t
Stückzahl: 2164

Baureihe Tsch MS 3

Der Prototyp der für die UdSSR bestimmten CME 3 stammt aus dem Jahr 1963. Zur CSD gelangten diese sechsachsigen, dieselelektrischen Lokomotiven als T 669.0. Betrachtet man nur die bis 1989 in die UdSSR gelieferten Fahrzeuge mit den Bezeichnungen Tsch MS 3, Tsch MS 3 M, Tsch MS 3 T und Tsch MS 3 E, so lieferte CKD insgesamt 6888 Fahrzeuge. Die Tsch MS 3/T 669 dürfte die am häufigsten gebaute Lokomotive aller Zeiten sein.

Bauart: Co'Co'de
Baujahre: ab 1963
Leistung: 993 kW
Länge über Puffer: 17.240 mm
Dienstmasse: 114,6 t
Stückzahl: 6888

Schweden

Zu den liebenswürdigsten Strecken Schwedens gehört die Inlandsbahn, die von Östersund nach Kiruna führt. Wer mit ihr fährt, lernt die reizvolle Landschaft Schwedens in ihrer Gesamtheit kennen. Leider fahren auf der Inlandsbahn nur noch Sonderzüge. Der Regelbetrieb ist längst eingestellt.

In Skandinavien war Schweden sozusagen der Spätzünder. Erst 1856 begann das Eisenbahnzeitalter. Um den Willen, an die Moderne anzuschließen, zu unterstreichen, entstanden gleich zwei Strecken zeitgleich. Am 1. September 1856 dampften die Eröffnungszüge von Malmö ins 17 Kilometer entfernte Lund und von Göteborg nach Jonsered.

Die wichtigste Strecke Schwedens ist heute zweifelsohne die Lapplandbahn zwischen Luleå, Kiruna und Narvik. Moderne Loks schleppen Züge mit Eisenerz. Ferner transportieren die Züge Pellets; dabei handelt es sich um für die Weiterverarbeitung vorbereitetes Roheisen. Die Züge werden nicht von den Staatlichen Eisenbahnen auf die Strecke geschickt, sondern von der Bergbaugesellschaft LKAB.

Bt der TGOJ

Die Grängesberg-Oxelösund-Bahn (TGOJ) beschaffte 1954/55 elf Lokomotiven des vierachsigen Drehgestelltyps Bt. Sie konnten universell eingesetzt werden. Die Leistung betrug 2640 kW, die Höchstgeschwindigkeit 105 km/h. Die letzte Bt wurde Anfang der neunziger Jahre außer Dienst gestellt.

Bauart: Bo'Bo'
Baujahre: 1954 – 1955
Leistung: 2640 kW
Länge über Puffer: 14.900 mm
Dienstmasse: 72,6 t
Stückzahl: 11

Dm, Dm 3 der SJ

Die ersten Zweiereinheiten der schwedischen Dm wurden 1953 gebaut. Nach und nach lösten diese 190 t schweren Doppeleinheiten die älteren Lokomotiven auf der Erzbahn Luleå – Narvik ab. Zwischen 1953 und 1971 wurden 2 mal 39 der an einem Ende mit einem Führerstand ausgestatteten Dm gebaut. Von 1960 bis 1970 ging man auf Dreiereinheiten Dm + Dm 3 + Dm über, indem eine führerstandslose, vierachsige Stangenlok Dm 3 eingefügt wurde. Einige dieser Riesenlokomotiven sind heute noch im Einsatz.

Bauart: 1'D + D1'/1'D + D + D1'
Baujahre: 1953 – 1971
Leistung: 4800/7200 kW
Länge über Puffer: 25.100/35.250 mm
Dienstmasse: 190/273 t
Stückzahl: 39 (Doppeleinheiten)

Du 2 SJ

Bauart: 1'C1'
Baujahre: 1925 – 1943 (Umbau 1967)
Leistung: 1840 kW
Länge über Puffer: 13.000 mm
Dienstmasse: 80,4 t
Stückzahl: 161 (Umbau)

Zwischen 1925 und 1943 erhielten die SJ 321 Lokomotiven mit der Achsfolge 1'C1' für ihr ständig wachsendes elektrisches Netz. Zwischen 1967 und 1976 bauten die SJ gut die Hälfte dieser Fahrzeuge in Du 2 um, sodass sie in Doppeltraktion eingesetzt werden konnten. Die Kraftübertragung erfolgte mittels Kuppelstangen. In den achtziger Jahren schieden diese Lokomotiven aus dem Dienst.

Rc 2 SJ

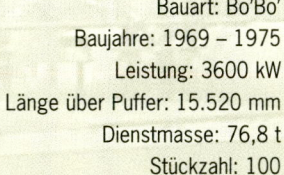

Den ab 1967 gelieferten zwanzig Rc 1 folgten 1969 bis 1975 insgesamt 100 Rc 2. Die Rc stellte in den sechziger Jahren durch ihre moderne Thyristorsteuerung eine Revolution im Elektrolokbau dar. Die Rc 2 dürfen 135 km/h fahren. Der schwedische Hersteller Asea lieferte die Elektrotechnik der Rc in weite Teile der Welt.

Bauart: Bo'Bo'
Baujahre: 1969 – 1975
Leistung: 3600 kW
Länge über Puffer: 15.520 mm
Dienstmasse: 76,8 t
Stückzahl: 100

Rc 4/Rc 6

Bauart: Bo'Bo'
Baujahre: ab 1985
Leistung: 3600 kW
Länge über Puffer: 15.520 mm
Dienstmasse: 78 t
Stückzahl: 63

Mit der Rc 6 schlossen die SJ die Lieferung von Thyristorloks ab. Nach der Rc 2 folgten zehn Rc 3 für 160 km/h, dann die Rc 4 und Rc 5 für 135 km/h. Die Rc 6 erreichen wiederum 160 km/h. Einige Rc 5 wurden aufgrund steigenden Bedarfs an schnellen Lokomotiven in Rc 6 umgebaut.

Ud SJ

Bauart: C
Baujahre: 1955 – 1956
Leistung: 660 kW
Länge über Puffer: 9600 mm
Dienstmasse: 50,4 t
Stückzahl: 25

Von 1930 bis 1950 beschafften die SJ 90 Loks des Typs Ub, von 1955 bis 1956 ferner 25 Ud. Beide Typen wurden als Rangierloks eingesetzt. Streckendienst war auf kürzere Distanzen möglich. Die Ud leisten 660 kW und erreichen durch ein verbessertes Laufwerk 60 km/h, während die Ub nur 45 km/h schnell fahren durften.

X 1 der SJ

Bauart: Bo'Bo' + 2'2'
Baujahre: 1967 – 1975
Leistung: 1120 kW
Länge über Puffer: 49.550 mm
Dienstmasse: 77,4 t
Stückzahl: 104

Die Triebzüge X 1 der SJ wurden von 1967 bis 1975 für den Stockholmer Vorortverkehr, einen S-Bahn-Betrieb, gebaut. Es entstanden 104 Einheiten. Die Züge sind aus den Triebwagen X1-A und den nicht motorisierten Steuerwagen X1-B gebildet. Jeder Wagen ist 24.775 mm lang, der Motorwagen wiegt 48,1 t, der Steuerwagen 29,3 t. Die X 1 sind für 120 km/h zugelassen.

X 15 SJ

1948 erhielten die SJ sechs moderne, dreiteilige elektrische Schnelltriebwagen. Jeder Endwagen war mit 1000 kW motorisiert. Die als X 5 bezeichneten Einheiten erreichten 135 km/h. Im Jahr 1975 bauten die SJ einen dieser Züge für 200 km/h um, tatsächlich erreichte er 238 km/h. Der X 15 wurde in den achtziger Jahren für Testzwecke mit einem Mittelwagen für den schwedischen Hochgeschwindigkeitszug X 2 gekuppelt.

Bauart: Bo'Bo' + 2'2' + Bo'Bo'
Baujahre: ab 1975
Leistung: 2240 kW
Länge über Puffer: 72.200 mm
Dienstmasse: 163,3 t
Stückzahl: 1

X 21 der TGOJ

Die schwedische Privatbahn TGOJ verfügte über zehn Züge des Typs X 21. Bei ihnen handelte es sich um zweiteilige Einheiten, bestehend aus Motor- und Steuerwagen. Jeder Wagen war 16.570 mm lang. 1958/59 lieferten Asea und Hilding Carlsson diese Fahrzeuge.

Bauart: (1A)(A1) + 2'2'
Baujahre: 1958 – 1959
Leistung: 170 kW
Länge über Puffer: 33.140 mm
Dienstmasse: 34,9 t
Stückzahl: 10

T 44 SJ

Für das weitgehend elektrifizierte Netz brauchten die SJ keine Großdiesellok für den Streckendienst. Nur in einigen Aufgabenfeldern war der Einsatz einer leistungsstarken Diesellok sinnvoll. Von 1968 bis 1987 erhielten die SJ insgesamt 123 dieselelektrische T 44, die universell vom schweren Rangierdienst bis zum Streckendienst auf kürzere oder mittlere Distanzen eingesetzt werden können.

Bauart: Bo'Bo'de
Baujahre: 1968 – 1987
Leistung: 1235 kW
Länge über Puffer: 15.400 mm
Dienstmasse: 76 t
Stückzahl: 123

Z 43 SJ

Bauart: Bdh
Baujahre: 1951 – 1953
Leistung: 120 kW
Länge über Puffer: 8800 mm
Dienstmasse: 20 t
Stückzahl: 48

Von 1951 bis 1953 erhielten die SJ 48 Loks des Typs Z 43. Einsatzgebiet war der leichte Rangierdienst. Ein Teil der Fahrzeuge gelangte in den achtziger Jahren an das Unternehmen Banverket, das in Schweden für das Streckennetz zuständig ist. Vorläufer der Z 43 waren die Z 49.

Z 65 SJ

Für den Rangierdienst erhielten die SJ von 1961 bis 1968 insgesamt 102 Lokomotiven des Typs Z 65. Die Fahrzeuge waren mit einem Rolls-Royce-Motor von 265 kW Leistung ausgestattet. Die Motoren wurden zum Teil durch andere Fabrikate ersetzt. Einige dieser Lokomotiven gingen an Banverket über, die staatliche Infrastruktur-

behörde, die nach der schwedischen Bahnreform entstand.

Bauart: B
Baujahre: 1961 – 1968
Leistung: 265 kW
Länge über Puffer: 9360 mm
Dienstmasse: 28 t
Stückzahl: 102

Z 67 SJ

Bauart: B
Baujahre: 1978 – 1980
Leistung: 270 kW
Länge über Puffer: 9300 mm
Dienstmasse: 30 t
Stückzahl: 10

Die Z 67 630 bis 639 der SJ entstanden 1978 bis 1980 durch Umbau aus den 1957/58 gelieferten Z 62 mit den Nummern 367 bis 376. Bei diesem Umbau wurde der 109 kW starke Scania-Motor durch einen 270 kW starken Cummins-Diesel ersetzt.

Y 1 SJ

Die schwedischen Eisenbahnen SJ legten zahlreiche Nebenlinien still, sodass sich das Einsatzfeld für Dieseltriebwagen einengte. Für die verbliebenen Strecken beschaffte die Bahn zwischen 1979 und 1981 aus Italien insgesamt 100 Triebwagen der Typen Y 1 und YF 1. Die Fahrzeuge erreichen 130 km/h.

Bauart: (1A)(A1)dh
Baujahre: 1979 – 1981
Leistung: 320 kW
Länge über Puffer: 24.400 mm
Dienstmasse: 45 t
Stückzahl: 100

Y 6 SJ

Bauart: B'2'dm
Baujahre: ab 1953
Leistung: 145 kW
Länge über Puffer: 17.550 mm
Dienstmasse: 19 t
Stückzahl: 250

Mit den leichten Triebwagen der Gattung Y 6 stellten die SJ in den

fünfziger Jahren den Betrieb auf zahlreichen schwach belasteten Strecken auf Dieseltraktion um. Durch ihre Drehgestellbauweise erreichten die Fahrzeuge Geschwindigkeiten von immerhin 115 km/h, was mit zweiachsigen Schienenbussen nicht möglich gewesen wäre. Die Triebwagen konnten mit Beiwagen gekuppelt werden.

X 2000 der SJ

Im etwas dichter besiedelten Süden von Schweden bieten die Staatsbahnen Schnellverkehr an. Dafür stellten sie einen Triebzug in Dienst, dessen Wagen über die Einrichtungen für die Neigetechnik verfügen. Der Triebkopf legt sich dagegen nicht in die Kurve. Moderne Halbleiterelektronik arbeitet den Strom der Fahrleitung für die Drehstrom-Asynchronmotoren auf.

Die wichtigste Strecke, die der X 2000 bedient, ist die Relation Stockholm – Göteborg.

Bauart: Bo'Bo'
Baujahre: 1990 – 1997
Leistung: 3260 kW
Länge: 17.397 mm
Dienstmasse: 73 t
Stückzahl: 43

Schweiz

Die Schweizerischen Bundesbahnen sind zweifelsfrei die größte und bedeutendste Bahn der Eidgenossenschaft. Als Stachel im Fleisch wirkt aber die Lötschbergbahn, kurz BLS genannt. Oftmals zeigte sich die Berner Staatsbahn in der Vergangenheit innovativer und risikofreudiger als der Großkonzern. Im europäischen Güterverkehrsgeschäft ist sie eine Allianz mit Railion eingegangen. Die Güterverkehrstochter der Deutschen Bahn hält inzwischen auch Anteile an der BLS.

Erst sehr spät, 1847, trat die Schweiz in den Kreis der europäischen Eisenbahnländer. Am 9. August 1947 rollte der erste Zug über die „Spanisch-Brötli-Bahn" von Zürich nach Baden.

Streng genommen aber war die Schweiz schon drei Jahre zuvor zum Eisenbahnland geworden. Am 15. Juni 1844 ging die Strecke von Straßburg nach Basel in Betrieb. Sie kreuzte die Grenze bei St. Louis und endete zunächst im Vorort St. Johann. Exakt 1668 Meter maß der eidgenössische Teil der Strecke, die nur gegen erheblichen Widerstand anderer Kantone und der veröffentlichten Meinung durchzusetzen war. So warnte die „Neue Zürcher zeitung" davor, die Franzosen könnten nach Inbetriebnahme der Strecke schnell und bequem 20.000 Mann nach Basel schicken und so die nordwestlichen Verteidigungslinien der Schweiz überrollen. Weshalb aber die Franzosen dieses Abenteuer wagen sollten, darüber schwiegen die Herren Journalisten besser.

Die ersten Schweizer Lokomotiven kamen aus Baden. Kessler in Karlsruhe fertigte vier Dampfloks. Der technische Direktor der Maschinenfabrik, Nikolaus Riggenbach, schrieb sich später gleich zweimal in das große Buch der Eisenbahngeschichte ein. Zum einen entwickelte er eine Möglichkeit, Dampfloks im Gefälle durch Gegendruck zu bremsen. Die Riggenbach-Bremse wurde bis zum Ende des Dampfzeitalters eingesetzt. Bis in die heutige Zeit fahren Zahnradbahnen auf Zahnstangen nach dem System Riggenbach.

Das Netz wuchs in den ersten Jahren nur langsam. Bis 1872 lag die Eisenbahnhoheit bei den Kantonen, die Lizenzen, gar an Eisenbahngesellschaften in ausländischem Besitz, nur zögerlich vergaben. Mit dem Eisenbahngesetz von 1872 zeichnete der Bund für die genehmigung von Bauten verantwortlich, doch blieb es beim Prinzip, Private mit dem Bau und der Betriebsdurchführung zu beauftragen. Da man weiterhin Angst vor ausländischem Kapital hatte, ging es vor allem in Bereichen vorwärts, in denen höhere Interessen die Bautätigkeit beflügelten, beispielsweise bei der Überquerung des Gotthards. 1898 sprachen sich die Bürger dann in einer Volksabstimmung für den Kauf der wichtigsten Privatbahnen durch den Bund aus, der zum 1. Januar 1902 die Schweizerischen Bundesbahnen in das Leben rief. Bis diese den Erwerb abgeschlossen hatten, schrieb man bereits das Jahr 1909. Zu diesem Zeitpunkt lief die Konzession für die Gotthardbahn aus und der Bund konnte auch diese Linie unter seine Kontrolle bringen. Drei Jahre zuvor war mit der Simplonlinie eine weitere Alpenquerung zwischen vollendet worden.

Der Gotthard

Eine Art Dreiländerbahn entstand in der zweiten Hälfte des 19. Jahrhunderts in der Schweiz. Diese Bezeichnung resultiert nicht daraus, dass sie durch drei Kantone – diese sind in der Schweiz der Staat, während die Föderation als der Bund definiert wird – führt und von kantonalen Gesellschaften betrieben wird. Vielmehr verständigten sich die Schweiz, Deutschland und Italien auf den gemeinsamen Bau der Alpenmagistrale. Besonders engagierte sich Reichskanzler Otto von Bismarck für die Gotthardlinie. Deutschland und Italien trugen denn auch maßgeblich zur Finanzierung der Strecke bei, die beide Länder über neutralen Boden miteinander verband. Dass Deutschland und Österreich beste Beziehungen führten, nützte im Kontakt mit Italien nämlich gar nichts, gab es doch heftige Territorialstreitigkeiten zwischen Österreich-Ungarn und dem Stiefelstaat. Die Linien über den Semmering und den Brenner nützten dem Reich im Spannungsfalle folglich wenig.

Für die technische Ausführung der Gotthardbahn zeichnete Louis Favre verantwortlich. Er versprach, den Tunnel binnen acht Jahren für 56 Millionen Franken zu erbauen. Bereits die Tunnel von Grandvaux und Creusot an der Strecke Lausanne – Freiburg – Bern waren unter seiner Regie entstanden. Für den Bau der Gotthardlinie ließ er die beim Bau des französisch-italienischen Mont-Cenis-Tunnel eingesetzten pneumatischen

Faido, Gotthardsüdrampe, um 1900

Tunnelbohrmaschinen verbessern. Damit glaubte er sich den Anforderungen gewachsen. Doch der Gotthardgranit erwies als härter als gedacht. Zusätzliche Ausmauerungen und versprießungen verzögerten die Bauarbeiten. Wassereinbrüche erschwerten nicht nur den Arbeitern ihr Tagewerk, sondern brachten auch den Zeitplan durcheinander. Der Eröffnungstermin 1. Oktober 1880 ließ sich nicht halten. Die mit der Verzögerung verbundenen Konventionalstrafen trieben Favres Unternehmen in den Ruin. Sein Begründer brauchte dies aber nicht mehr mitzuerleben. Am 19. Juli 1879 erlitt er bei einem Besuch der Baustelle einen tödlichen Schlaganfall. Am 28. Februar 1880 erfolgte der Durchschlag. Dieses Ereignis konnte man in jenem Jahr an einem 29. feiern. Mit Jahresbeginn 1882 konnten dann die ersten Züge den Gotthardtunnel befahren. Der Planbetrieb wurde am 22. Mai 1882 in Anwesenheit deutscher und italienischer Staatsgäste aufgenommen. Im Folgejahr wurde auch das zweite Streckengleis fertiggestellt.

Nicht nur Favre verkalkulierte sich bei den Planungen, auch die Gotthardbahngesellschaft selbst musste mehr Geld aufbringen als ursprünglich vorgesehen war. Allein der Bau der Tessiner Vorlaufstrecke überschritt den Kostenvoranschlag um 130 Prozent. Nun ist der Basistunnel in Arbeit. Ein gigantisches Projekt, das die klassische Gotthardbahn ersetzen wird.

Krokodil, mit Güterzug auf dem Pianotendo-Viadukt

A 3/5

Bauart: 2'Cn4v/2'Ch4v
Baujahre: 1902 – 1909
Länge über Puffer: 18.600 mm
Dienstmasse: 67 t
Stückzahl: 111

Noch zu Zeiten der Jura-Simplon-Bahn standen die ersten de-Glehn-Maschinen der Serie A 3/5 auf den Gleisen. Ihr Schöpfer war Carl Rudolf Weyermann, der schon zuvor mit einer zweifach und einer dreifach gekuppelten Lok Akzente gesetzt hatte. Die Bundesbahnen beschafften die Verbundlokomotive in großer Stückzahl. Zwischen 1913 und 1922 installierten sie in 68 Fahrzeugen einen Überhitzer der Bauart Schmidt. Damit gelang es, die Leistungen um 10 % zu steigern. Bis 1964 blieben die robusten Flachlandrenner im Dienst.

Czm 1/2 31

Als Unikat wurde der Czm 1/2 31 (ganz links im Bild) einst von der Schweizerischen Nordostbahn bestellt, ging dann aber gleich nach Auslieferung an die SBB über, um im Züricher Vorortverkehr eingesetzt zu werden. 1906/07 verkauften ihn die SBB an die Uerikon-Bauma-Bahn.

Bauart: 1A
Baujahr: 1902
Leistung: 73 kW
Stückzahl: 1

B 3/4

Von den Privatbahnen übernahmen die SBB leistungsfähige Verbundmaschinen, die teilweise weiterbeschafft wurden. 1905 entschieden sie aber, einem leichter zu wartenden Zwillingstyp den Vorzug zu geben. Als erste Lok der SBB erhielt die B 3/4 ab Werk einen Überhitzer der Bauart Schmidt. Die Laufachse und die erste Kuppelachse ruhten in einem Helmholtz-Winterthur-Drehgestell. Laufruhig und äußerst leistungsfähig bewältigten die Maschinen den mittleren Personen- und Güterzugdienst anstandslos. 1964 stellten die SBB das letzte Fahrzeug ab.

Bauart: 1'Ch2
Baujahre: 1905 – 1916
Länge über Puffer: 16.275 mm
Dienstmasse: 57 t
Stückzahl: 69

C 5/6

Bauart: 1'Eh4v
Baujahre: 1913 – 1917
Leistung: 994 kW
Länge über Puffer: 19.195 mm
Dienstmasse: 86 t
Stückzahl: 28

Schwere Güterzüge sollte die neue Gotthard-Lokomotive der SBB schleppen, aber auch vor Schnellzügen Tempo 65 erreichen. Ein anspruchsvolles Programm also. Die beiden Baumuster arbeiteten mit einfacher Dampfdehnung und bewährten sich nicht sonderlich. Für die Serie ordneten die SBB daher den Einbau eines Verbundtriebwerks nach System von Borries mit innen liegenden Hochdruckzylindern an. Die in ihrer Schlichtheit formschönen Loks überzeugten, standen trotz guter Liestungen bald im Schatten der elektrischen Traktion. Trotzdem blieben sie bis 1968 im Bestand.

Eb 2/4 5469

Diese Tenderlok der Bauart „American" der Jura-Simplon-Bahn wurde speziell für die Lokalzüge Lausanne – Genf beschafft. Nach der Elektrifizierung 1925 wanderten alle Loks bis auf eine (Eb 2/4 5469) auf den Schrottplatz. Das letzte Exemplar fand noch auf der Nebenlinie Nyon – Crassier-Divonne bis 1947 Verwendung und wurde dann als historisches Fahrzeug aufbewahrt.

Bauart: 2'Bt
Baujahre: 1891
Leistung: 405 kW
Länge über Puffer: –
Dienstmasse: 49 t
Stückzahl: 10

G 4/5 RhB

Mit der Erweiterung ihres Netzes zur Jahrhundertwende benötigte die RhB neue, leistungsstärkere Loks. Insbesondere die Albula-Nordrampe mit bis zu 35 ‰ Neigung forderte Mensch und Material das Äußerste ab. Die G 4/5 ähnelt zwei Schlepptenderloks, die SLM 1901 den Äthiopischen Eisenbahnen geliefert hatte. Im Bündner Meterspurnetz hatten sie auf Probefahrten ihre exzelltente Laufkultur unter Beweis gestellt. Die Forderungen der RhB erfüllten sie spielend. Mit geringen Änderungen übernahm die RhB die Konstruktion und setzte die letzten Loks 1952 ein.

Bauart: 1'Dh2
Baujahre: 1904 – 1915
Leistung: 365 – 585 kW
Länge über Puffer: 13.320 mm
Dienstmasse: 58,9 t
Stückzahl: 29

Ae 3/6

Die Ae 3/6 kann mit Fug und Recht als erste Einheits-E-Lok der Eidgenossenschaft gelten. Sie erhielt als erste Elektrolok einen modernen Einzelachsantrieb der Bauart Buchli. Somit ist sie unsymmetrisch aufgebaut. Wegen der hohen Transformatormasse benötigte sie Laufachsen an beiden Enden. Die Leistungen der zweiten und dritten, 40 und 38 Loks umfassenden Serie lag deutlich höher als der ersten, sodass die Höchstgeschwindigkeit von 100 auf 110 km/h wuchs. Die letzten Loks verschwanden in den neunziger Jahren von der Strecke.

Bauart: 1'Co1'
Baujahre: 1921 – 1929
Leistung: 1450/1600 kW
Länge über Puffer: 14.760 mm
Dienstmasse: 93 t
Stückzahl: 114

Ae 4/4

Bahngeschichte schrieb die BLS mit der Beschaffung der ersten laufachslosen Drehgestell-Schnellzuglok der Welt. SLM und BBC konzipierten eine hochleistungsfähige Maschine mit dem neu entwickelten BBC-Scheibenantrieb. Die Widerstände der elektrischen Bremse fanden auf dem Dach Platz, weshalb die Loks nur einen Stromabnehmer erhielten. Vom ersten Betriebstag an voll einsatzfähig, sind einige Ae 4/4 immer noch im Einsatz. Vier Maschinen wurden in Loks der Serie Ae 8/8 umgebaut.

Bauart: Bo'Bo'
Baujahre: 1944 – 1955
Leistung: 2940 kW
Länge über Puffer: 20.260 mm
Dienstmasse: 80 t
Stückzahl: 8

Ae 4/7

Der einseitig angebrachte Buchli-Antrieb verlieh den Loks der Serie Ae 4/7 ein eigenwilliges Aussehen. Technisch war er zwar kompliziert, aber trotzdem robust. Nur die Radsatzlager bereiteten Probleme, bis die SBB in den sechziger Jahren die Gleit- durch Rollenlager ersetzten. Die Maschinen schleppten Reise- wie Güterzüge. In den sechziger Jahren wanderten sie ins Mittel- und Flachland ab, da moderne und leistungsstärkere Loks bereitstanden. 1964 erhielten die Ae 4/7 eine Vielfachsteuerung, um Güterzüge in Doppeltraktion fördern zu können. Sie blieben bis 1996 im Einsatz.

Bauart: 2'D1'
Baujahre: 1927 – 1933
Leistung: 2300 kW
Länge über Puffer: 16.760 mm
Dienstmasse: 118 – 123 t
Stückzahl: 127

Ae 6/6 Vorserie

Auf den Bergstrecken reichten die Leistungen der Re 4/4 I nicht aus. Deswegen orderten die SBB eine sechsachsige Maschine, die vor allem für den Gotthard vorgesehen war. 650 t schwere Züge sollte die neue Lok mit Tempo 75 über die mit 27 ‰ geneigte Rampe bringen. Diese Anforderungen erfüllten die Baumuster ohne Schwierigkeiten. Allerdings verschlissen Spurkränze und Gleise stark. Deswegen wurden die Drehgestelle vor dem Serienbau überarbeitet. Die Vorserienloks fuhren in gleichen Plänen wie die Serienmaschinen. Anfang 2003 wurden sie abgestellt.

Bauart: Co'Co'
Baujahre: 1952 – 1953
Leistung: 4300 kW
Länge über Puffer: 18.400 mm
Dienstmasse: 124 t
Stückzahl: 2

Ae 6/6 Serienausführung

Bauart: Co'Co'
Baujahre: 1955 – 1966
Leistung: 4300 kW
Länge über Puffer: 18.400 mm
Dienstmasse: 120 t
Stückzahl: 118

Die Serienlokomotiven der Reihe bewältigten dank seitenverschiebbarer äußerer Achsen im Drehgestell die engen Bögen auf den Rampenstrecken ohne Schwierigkeiten. Auch die Masseeinsparung von immerhin vier Tonnen verbesserte das Laufverhalten der Loks. Erhöhte Bogengeschwindigkeiten, wie sie der Re 4/4 I zugestanden wurden, konnte die Ae 6/6 allerdings nicht vorweisen. Zunächst schleppte sie Reise- wie Güterzüge über den Gotthard. Mit Erscheinen der Re 4/4 wanderte die Ae 6/6 in das Mittelland und in den Jura ab, wo sie bis heute tätig ist. Die ersten 25 Loks schmückt ein wie die Schweizer sagen, Schnautz, ein feines Chromzierat.

Ae 6/8 BLS

1913 war die Be 5/7 der BLS die stärkste Lok der Welt. 1920 ging ihr bereits die Puste aus. Zu schwer waren die Züge geworden, 600-t-Kohlezüge über den Berg zu bringen, gelang nur noch in Doppeltraktion. Die BLS beschafften daher leistungsstärkere Maschinen, die dank 75 km/h Höchstgeschwindigkeit auch Schnellzüge schleppen konnten. Sie reizten die von der damaligen Bremstechnik gesetzten Grenzen voll aus. Als die durchgehende Druckluftbremse eingeführt wurde, konnte die Ae 6/8 schwerere Züge schleppen. Bis Ende der neunziger Jahre setzte die BLS die Loks planmäßig ein.

Bauart: 1'Co + Co1'
Baujahre: 1926 – 1943
Leistung: 3308 – 4412 kW
Länge über Puffer: 20.260 mm
Dienstmasse: 140 t
Stückzahl: 8

Ae 8/8 BLS

Aus zwei mach eins – nach diesem Motto verfuhr die BLS, als sie eine leistungsstarke Maschine für den Güterverkehr benötigte. Obwohl längst brauchbare Vielfachsteuerungen am Markt erhältlich waren, stellte die BLS einen Typ in Dienst, der im Prinzip zwei Rücken an Rücken gekuppelten Ae 4/4 entsprach. Der technische Fortschritt ermöglichte zudem eine Steigerung der Motorleistung um etwa 500 kW. Da sich die Loks bewährten, baute die BLS später noch vier Ae 4/4 in weitere zwei Ae 8/8 um. Nach Erscheinen der 465 kamen sie nur mehr vor bestimmten Zügen, wie dem langen D 811 nach Brig zum Einsatz.

Bauart: Bo'Bo' + Bo'Bo'
Baujahre: 1959 – 1966
Leistung: 6480 kW
Länge über Puffer: 30.230 mm
Dienstmasse: 160 t
Stückzahl: 5

Ae 8/14 11801

Statt Einzelloks in Mehrfachtraktion wollten die SBB in den dreißiger Jahren Doppelloks vor Güterzüge spannen. Diese erschienen billiger, mussten doch Einzelloks mangels verfügbarer Vielfachsteuerung jeweils mit Personal besetzt werden. Die erste Lok entsprach technisch zwei Rücken an Rücken gekuppelten Ae 4/7, deren zweiter Führerstand entfernt wurde. Die Laufräder fanden zwischen den Treibradgruppen Platz. Heute gehört die Lok zum Museumsbestand der SBB.

Bauart:
(1'A)A1A(A1') + (1'A)A1A(A1')
Baujahr: 1931
Leistung: 5400 kW
Länge über Puffer: 34.000 mm
Dienstmasse: 246 t
Stückzahl: 1

Ae 8/14 11851/11852

Deutlich leistungsfähiger als die Ae 8/14 11801 waren die technisch weitgehend identischen 11851 und 11852. Die Kraftübertragung von den 16 Doppelmotoren auf die Achsen erfolgte über den SLM-Universalantrieb, den Jakob Buchli entwickelt hatte. Die 11851 ähnelte mit den kleinen Vorbauten der 11801. 1961 erhielt sie das leicht gerundete Führerhaus der Ae 6/6. Die 11852 bekam einen stromlinienförmigen Lokkasten.

Lange Jahre galt sie als stärkste Lok der Welt. Während die 11851 1977 verschrottet wurde, steht die 11852 heute im Verkehrshaus Luzern.

Bauart:
(1'A)A1A(A1') + (1'A)A1A(A1')
Baujahre: 1932/1939
Leistung: 6066/8161 kW
Länge über Puffer: 34.000 mm
Dienstmasse: 244/236 t
Stückzahl: 2

Be 6/8 II

Zwischen 1942 und 1947 rüsteten die SBB 13 Lokomotiven der Serie Ce 6/8 II mit leistungsstärkeren Motoren aus. Somit erreichten die Maschinen 75 anstelle 65 km/h Höchstgeschwindigkeit, weshalb die SBB das „C" in der Bezeichnung durch ein „B" ersetzten. Problemlos schleppten die leistungsstarken Maschinen 450 t schwere Züge mit 35 km/h über die Rampen der Gotthardstrecke. Der Ae 6/6 waren sie aber nicht gewachsen und beförderten daher im Mittelland schwere Kies-, Öl- und Zementzüge. Erst 1982 konnten die SBB das letzte „Renn-Krokodil" abstellen.

Bauart: (1'C)(C1')
Baujahre: 1942 – 1947
Leistung: 2700 kW
Länge über Puffer: 19.460 mm
Dienstmasse: 126 t
Stückzahl: 13

Ce 6/8 II

Anfang 1922 stand der Gotthard auf ganzer Strecke unter Strom. Den schweren Güterzugdienst bewältigten urige Loks mit Antrieb über Blindwelle und Dreieckstange. Wegen ihres Äußeren, aber auch des nickenden Laufs wegen erhielten die Loks bald den Spitznamen „Krokodil" und erlangten eine ungemeine Popularität. Die fest gekuppelten Fahrwerksgruppen ruhten in beweglichen Vorbauten.

Bauart: (1'C)(C1')
Baujahre: 1920 – 1922
Leistung: 1650 kW
Länge über Puffer: 19.460 mm
Dienstmasse: 128 t
Stückzahl: 33

Be/Ce 6/8 III

Bauart: (1'C)(C1')
Baujahre: 1926 – 1927
Leistung: 1800 kW
Länge über Puffer: 20.060 mm
Dienstmasse: 131 t
Stückzahl: 18

Ab 1926 folgten die leistungs-stärkeren Krokodile Ce 6/8 III. Äu-ßerlich unterschieden sie sich durch zusätzliche Lüfter, geän-derte Dachaufbauten und den Schrägstangenantrieb, der den Antrieb mit Dreieckstange und Blindwelle ablöste.

Ce 4/4 BLS

Bauart: B-B
Baujahre: 1954 – 1956
Leistung: 740 kW
Länge über Puffer: 12.340 mm
Dienstmasse: 64 t
Stückzahl: 10

Aus ihren Loks der Reihe Ce 4/6 ließ die BLS durch Umbau die lauf-achslosen Ce 4/4 entstehen, die u. a. über eine verbesserte elek-trische Ausrüstung verfügten. Nach Ersch einen der Re 4/4 wur-den die Ce 4/6 und Ce 4/4 jedoch stetig verdrängt und bis auf ein Exemplar 1973 ausgemustert.

Ee 3/3

Die Rangierlokomotive Ee 3/3 ent-stand in mehreren Serien. Dabei wurde die Höchstgeschwindigkeit und Leistung angehoben. Die letz-te Serie, die in den Jahren 1961 bis 1966 ausgeliefert wurde, ist gegenüber ihren Vorgängerinnen durch eine geänderte Bedien-weise gekennzeichnet. Die Vor-bauten sind glatter und kantiger gestaltet. Zuletzt entstanden auch Zweisystemloks (SNCF/SBB).

Bauart: C
Baujahre: 1923 – 1966
Leistung: 428 kW/508 kW
Länge über Puffer: 9880 mm
Dienstmasse: 45 t
Stückzahl: 136

Re 4/4 BLS

Bauart: Bo'Bo'
Baujahre: 1964 – 1983
Leistung: 4990 kW
Länge über Puffer: 15.100 mm
Dienstmasse: 80 t
Stückzahl: 35

Eine mit moderner Halbleitertechnik arbeitende Steuerung erhielt die Universallok der BLS-Serie Re 4/4. Wellenstrommotoren ersetzten die Reihenschlussmotoren. Auf die in der 261 erprobte stufenlose Thyristorsteuerung verzichtete die BLS bei den Serienmaschinen. Die seitenverschiebbaren Achsen verbesserten die Laufkultur im Bogen, sodass größere Geschwindigkeiten erreichbar waren. Mit 80 km/h brachten die Maschinen 630 t schwere Züge über den Berg. In Doppeltraktion schleppten sie 1300 t. Mehr lassen die Kupplungen auch nicht zu. Bis heute gehören die Re 4/4 zum Bestand der BLS.

Re 4/4 I

Bauart: Bo'Bo'
Baujahre: 1946 – 1951
Leistung: 1850/1900 kW
Länge über Puffer: 14.900 mm
Dienstmasse: 57
Stückzahl: 50

Nachdem die BLS mit der Ae 4/4 Bahngeschichte geschrieben hatte, beschafften auch die SBB eine laufachslose Schnellzugmaschine. Für die Anforderungen genügte eine geringere Motorleistung, die mit der zweiten Serie etwas gesteigert wurde. Das niedrige Gewicht erlaubte, Bögen mit um 10 km/h erhöhter Geschwindigkeit zu durchfahren. Vier Loks der zweiten Serie trugen ab 1972 den bordeauxrot/beigen TEE-Lack, um den „Rheingold" zu bespannen. Zunächst die Re 4/4 II, dann die Re 6/6 machte ihnen das Revier streitig. 1997 musterten die SBB die letzten Loks aus.

Re 4/4 II SBB, 1. Serie

Bauart: Bo'Bo'
Baujahre: 1964 – 1967
Leistung: 4700 kW
Länge über Puffer: 14.800 mm
Dienstmasse: 80 t
Stückzahl: 155

Zu den konventionellen Maschinen zählt die Re 4/4 II. Den Mut, den die BLS mit dem Einsatz moderner Halbleiterelektronik in der Re 4/4 bewiesen hatte, zeigten die SBB nicht. Letztlich wiesen beide Typen annähernd gleiche Leistungen auf. Großen Wert legten die SBB auf die Gestaltung der Drehgestelle, um die neue Lok auf den bogenreichen Strecken problemlos einsetzen zu können. Die Höchstgeschwindigkeit der Maschinen lag für den Einsatz vor Schnellzügen bei 140 km/h. Die Loks sind vielfachsteuerbar und tragen nur einen Stromabnehmer auf dem Dach.

Re 4/4 II, 2. Serie

Ab 1969 erhielten die Loks des Standardtyps der SBB einen um 200 mm längeren Kasten. Auf dem Dach trugen sie nunmehr zwei Einholmstromabnehmer statt eines Scherenpantographen. Neun Loks erhielten für die Bespannung des „Rheingold" ein rot/beiges Kleid, das sie später gegen das SBB-übliche rote tauschen mussten. Die EBT und die Mittelthurgaubahn beschafften bauartgleiche Maschinen.

Bauart: Bo'Bo'
Baujahre: 1969 – 1985
Leistung: 4700 kW
Länge ü. Puffer: 15.410 mm
Dienstmasse: 80 t
Stückzahl: 122

Re 4/4 III

Für den Einsatz auf der Gotthardlinie leiteten die SBB von der Re 4/4 II eine Variante mit geänderter Getriebeübersetzung ab. Die Höchstgeschwindigkeit sank von 140 auf 125 km/h. Dafür stieg die Zugkraft auf 280 kN. Die Re 4/4 III bewältigte 580 t schwere Züge auf der Rampenstrecke, während die Re 4/4 II nur 460 t an den Haken nehmen konnte. Neben den SBB bestellten die SOB und die EBT die

Lok. Die SOB-Loks gelangten 1994 im Tausch gegen Re 4/4 IV in den Bestand der SBB. Sämtliche Bahnen setzen die robusten und leistungsstarken Loks noch ein.

Bauart: Bo'Bo'
Baujahre: 1967 – 1971
Leistung: 4700 kW
Länge über Puffer: 15.410 mm
Dienstmasse: 80 t
Stückzahl: 26

Re 4/4 IV

Bauart: Bo'Bo'
Baujahr: 1982
Leistung: 5050 kW
Länge über Puffer: 15.800 mm
Dienstmasse: 80 t
Stückzahl: 4

Eine stufenlose Thyristorsteuerung, aber auch Wellenstrommotoren arbeiten in der Re 4/4 IV. Damit geriet die Maschine in die Übergangsphase von herkömmlicher Wechselstrom- zu moderner Drehstromtechnik. Statt einer Serie beschafften die SBB die Reihe 460. Trotz guter Leistungen waren die Baumuster bei den SBB ungern gesehen. Deshalb gingen sie gern auf ein Angebot der SOB ein, die Loks gegen vier Re 4/4 III zu tauschen. Bei den SOB ist man mit den robusten, vielfältig einsetzbaren Loks, deren Zugkraft gute 300 kN beträgt, zufrieden.

Re 4/4 KTU

Die erste Schweizer Lok mit modernen kollektorlosen Drehstrom-Asynchronmotoren und abschaltbaren GTO-Thyristoren fuhr bei verschiedenen Kantonal- und Privatbahnen. Die Bezeichnung KTU bedeutet denn auch „Konzessionierte Transport-Unternehmung". Der elektrische Teil stammt von BBC und ist verwandt mit der EI 17 der NSB. Den mechanischen Teil fertigte SLM. Ihre 130 km/h Höchstgeschwindigkeit reichen für die Leistungen der Bahnen vollends.

Bauart: Bo'Bo'
Baujahre: 1987 – 1993
Leistung: 3200 kW
Länge über Puffer: 16.600 mm
Dienstmasse: 69 t
Stückzahl: 14

Re 6/6 Vorserie

Die Ae 6/6 zeigte am Gotthard gute Leistungen, doch hatte sie ein Problem. In den engen Bögen nutzten sich Spurkränze und Gleise schnell ab. Höhere Geschwindigkeiten im Bogen waren somit nicht möglich, weshalb die SBB bei der RhB eine sechsachsige Lok mit drei Drehgestellen abschaute. Zwei der vier Vorserienmaschinen erhielten einen in der Mitte geteilten Lokkasten, den ein horizontal wirkendes Gelenk verband. Damit glaubte man, die Laufkultur der Loks in Neigungswechseln verbessern zu können.

Bauart: Bo'Bo'Bo'
Baujahre: 1972
Leistung: 7900 kW
Länge über Puffer: 19.310 mm
Dienstmasse: 120 t
Stückzahl: 4

Re 6/6 Serienausführung

Nach der erfolgreichen Erprobung der Vorserienmaschinen beschafften die SBB eine Großserie. Auf das in zwei Baumustern erprobte horizontale Gelenk in der Lokkastenmitte verzichtete man aber, da die weichere Abfederung des mittleren Drehgestells für die laufruhige Bewältigung von Neigungswechseln ausreichte. Die leistungsstarken Loks übernahmen den Verkehr am Gotthard, fuhren aber auch im Mittelland. Bis heute stehen sie im Einsatz.

Bauart: Bo'Bo'Bo'
Baujahre: 1972 – 1980
Leistung: 7900 kW
Länge über Puffer: 19.310 mm
Dienstmasse: 120 t
Stückzahl: 87

Re 450 SBB

Bauart: Bo'Bo'
Baujahre: 1989 – 1991
Leistung: 3000 kW
Länge über Puffer: 18.400 mm
Dienstmasse: 74 t
Stückzahl: 95

Eine seltsam anmutende Lok mit nur einem Führerstand stellten die SBB für die Züricher S-Bahn in Dienst. Das eigenwillige Aussehen hat einen einfachen Grund. Da die Loks stets im Wendezugdienst fahren, brauchen sie am hinteren Ende keinen Führerstand. Stattdessen gibt es einen Übergang zum ersten Wagen. Die Höhe der Loks ist den in Zürich eingesetzten Doppelstockwagen angepasst. Trotzdem können sie im ganzen Netz der SBB verkehren. Technisch entsprechen sie den so genannten KTU-Loks.

Re 460 SBB

Bauart: Bo'Bo'
Baujahre: 1991 – 1996
Leistung: 4700 kW
Länge über Puffer: 18.500 mm
Dienstmasse: 80 t
Stückzahl: 119

Bei der 460 verzichteten die SBB auf Baumuster. Stattdessen entstand die Lok vollständig am Computer. Lediglich einzelne Komponenten wurden in vorhandenen Fahrzeugen erprobt. Dank des Einsatzes bereits bewährter Technik ließen sich die Kinderkrankheiten schnell überwinden. Vor allem die Steuersoftware legte die Loks oft lahm. Vor Reisezügen sieht man die für 230 km/h zugelassenen Loks ebenso wie in Mehrfachtraktion vor Güterzügen. Dank radial verschiebbarer Achsen durchfahren die Maschinen auch enge Bögen problemlos. Künftig schleppen sie nur noch Personenzüge.

Re 465 BLS

Bauart: Bo'Bo'
Baujahre: 1994 – 1996
Leistung: 7000 kW
Länge über Puffer: 18.500 mm
Dienstmasse: 82 t
Stückzahl: 18

Von der 460 wurde eine leistungsstärkere Variante für die BLS abgeleitet. Sie erhielt einen echten Einzelachsantrieb mit separat gesteuerten und versorgten Motoren. Bei der 460 speiste ein Stromrichter beide Motoren im Drehgestell. Um Energie zu sparen, wechselt ein Drehgestell der 465 bei geringer Zuglast automatisch in den Ruhezustand. Einen 650-t-Zug beschleunigt die 465 auf der 27‰-Rampe des Lötschberges auf 100 km/h, während die 460 nur 80 km/h erreicht. Die 465 kann mit sämtlichen Loks der BLS in Mehrfachtraktion verkehren.

Re 482 SBB

Nachdem SBB Cargo international neue Loks ausgeschrieben hatte, fiel die Wahl auf die im Produktionsplan von Bombardier stehende DB-Baureihe 185. Diese Lok besaß den Vorteil, dass sie in großen Stückzahlen an die DB ausgeliefert wurde und daher kostengünstig war. Als neue SBB-Güterzuglok Re 482 darf sie ohne Einschränkung in Deutschland verkehren.

Bauart: Bo'Bo'
Baujahre: 2002/2004
Leistung: 5600 kW
Länge über Puffer: 18.900 mm
Dienstmasse: 84 t
Stückzahl: 50

Re 485 BLS

Bauart: Bo'Bo'
Baujahre: 2002/2003
Leistung: 5600 k W
Länge über Puffer: 18.900 mm
Dienstmasse: 80 t
Stückzahl: 20

In bewährter Tradition beschaffte die BLS wieder eine Lok der gleichen Baureihe wie die SBB, diesmal die 485 in Anlehnung an die 482. Die BLS-Lok bespannt Güterzüge im internationalen Langlauf auf der Strecke Mannheim – Offenburg – Lötschberg – Domodossola oder Huckepack-Züge zwischen Freiburg/Breisgau und Novara. Die Beschaffung ermöglicht es, die 465 für den Reisezugverkehr freizustellen.

ES 64 U2/Taurus der Hupac

Bauart: Bo'Bo'
Baujahre: 2000 – 2001
Leistung: 6400 kW
Länge über Puffer: 19.280 mm
Dienstmasse: 86 t
Stückzahl: 3

Die Schweizer Logistikfirma HUPAC hat ihren Schwerpunkt im intermodalen Verkehr. Hierfür hat sie die Siemens-Loks ES 64 U2, auch genannt „Taurus", aus laufender Produktion beschafft. Die HUPAC-Tauri kamen in Kooperation mit der HGK zwischen Köln und Basel zum Einsatz, ziehen z. B. Mineralölzüge zwischen Basel und Karlsruhe/Kork. Sie haben das Schweiz-Paket und werden bald auch auf SBB-Strecken unterwegs sein.

ICN/RABDe 500

Bauart: (1A)'(A1)'+(1A)'(A1)'+ 2'2'+2'2'+2'2'++(1A)'(A1)'+(1A)'(A1)
Baujahre: 1999 – 2005
Leistung: 5200 kW
Länge: (Triebkopf) 26.900 mm
Dienstmasse: 360 t
Stückzahl: 44

Der vom Konsortium ABB, Schindler Waggon und Fiat-SIG gebaute ICN ist ein siebenteiliger Triebzug mit elektrisch betätigter Wagenkastenneigung. Er fährt mit maximal 200 km/h und vermag, die Fahrzeiten auf kurvenreichen Strecken um bis zu 15% zu verkürzen. Den Fahrgästen stehen 480 Sitzplätze zur Verfügung. Davon entfallen 125 auf die 1. und 332 auf die 2. Wagenklasse.

RA(B)e TEE

Die ab 1961 in Dienst gestellten Triebzüge fuhren als TEE Gottardo, Ticino und Cisalpin auf den Strecken Zürich – Milano und Paris – Lausanne – Milano. Ab 1966 wurden die TEE-Züge mit einem Verstärkungswagen ausgerüstet, der das Gesamtgewicht des Zuges erhöhte. Nach Einführung des EC-Konzeptes 1987 wurden die Triebzüge zu zweiklassigen RABe umgebaut. Ein Zug blieb betriebsfähig.

RAm TEE I

Die von NS und SBB gemeinsam entwickelten Triebzüge fuhren im TEE-Verbund vierteilig. Ein Exemplar gelangte 1977 zur kanadischen Ontario Northland Railway. Teile davon kehrten 1998 wieder zurück.

Bauart: (A1A)(A1A)
Baujahr: 1957
Leistung: 1100 kW
Länge über Puffer: 4 x 23.900 mm
Dienstmasse: 228 t
Stückzahl: 2

RBDe 560 (RBDe 4/4) Kolibri

Bauart: Bo'Bo'x2
Baujahre: 1987 – 1990/1993 – 1995
Leistung: 1650 kW
Länge: 2 x 25.000 mm
Dienstmasse: 70 t
Stückzahl: 44

Für den Regionalverkehr beschafften die SBB zweiteilige Triebzüge, die für eine Höchstgeschwindigkeit von 140 km/h ausgelegt sind. Sie werden im gesamten Netz eingesetzt und sind, was die Aufabengebiete anbelangt, in etwa mit den etwas langsameren 4020 der ÖBB vergleichbar. Die Triebzüge wurden in zwei Serien ausgeliefert.

De 6/6 Seetalkrokodil

Um die steigenden Güterlasten auf der Seetallinie Emmenbrücken – Lenzburg zu bewältigen, beschafften die SBB im Jahr 1925 drei laufachslose Gelenklokomotiven. Diese ähnelten den damals modernsten Loks am Gotthard: den Ce 6/8 II . So erhielt die Seetalbahn ein verkleinertes Krokodil.

Bauart: C'C'
Baujahre: 1925
Leistung: 1170 kW
Länge über Puffer: 14.060 mm
Dienstmasse: 73 t
Stückzahl: 3

Die Brünigbahn, einzige Meterspur- und Zahnradstrecke (System Riggenbach) der SBB, wurde 1889 zwischen Luzern und Brienz eröffnet. Seit 1916 existiert auch eine Verbindungslinie nach Interlaken Ost.

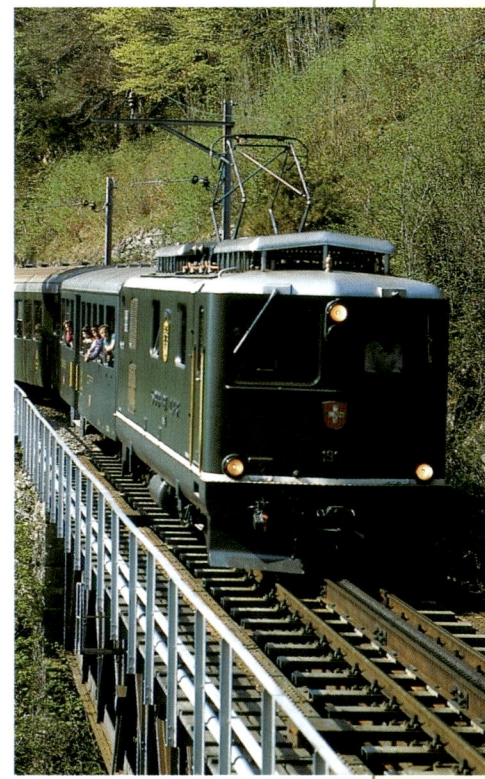

Bereits ausgemustert sind die beiden Loks der Reihe HGe 4/4 I (rechts). Mit 54 t Gewicht und einer Leistung von 1600 kW fuhren die 1954 gebauten Maschinen maximal 50 km/h schnell. Die HGe 4/4 101 (links unten) von 1989/90 mit einer Leistung von 1875 kW und 63 t Gewicht sowie die sechsachsigen Gepäcktriebwagen Deh 4/6 (links oben), die schon seit der Elektrifizierung der Strecke (1941/42) im Einsatz sind, bestimmen heute das Bild der Brünigbahn.

Ge 6/6 RhB

Als „RhB-Krokodile" gelten die von der Konstruktion her an die Gotthard-Reptilien erinnernden Schmalspurloks mit Triebdrehgestell und beweglich montierten Vorbauten. Im Mittelteil fanden Führerstand, Haupttransformator und die Hilfsbetriebe Platz. Die Übertragung der Zugkräfte erfolgte über die Mitte, da SLM auf eine Kupplung der Drehgestelle verzichtete.

Bauart: C'C'
Baujahre: 1921 – 1929
Leistung: 790 kW
Länge über Puffer: 13.300 mm
Dienstmasse: 66 t
Stückzahl: 15

Ge 4/6 353 RhB

Bauart: 1B1
Baujahr: 1914
Leistung: 588 kW
Dienstmasse: 43,6 t

Heute ist nur noch ein Exemplar dieser urigen Elektrolok mit Stangenantrieb erhalten. Als betriebsfähige Museumslok Ge 4/6 353 kommt sie aber nur noch bei besonderen Anlässen, wie dem 100-jährigen Jubiläum der RhB, auf ihrer Stammstrecke, der Albula-Linie, zum Einsatz. Die robusten Lokomotiven der Reihe Ge 4/6 lösten seinerzeit die Dampfloks auf den Strecken der Rhätischen Bahn ab.

Ge 4/4 I RhB

Bauart: B'B'
Baujahre: 1947 – 1953
Leistung: 1176 kW
Länge über Puffer: 12.120 mm
Dienstmasse: 47 t
Stückzahl: 10

Nach dem Zweiten Weltkrieg musste die RhB ihre größtenteils aus der Anfangszeit des elektrischen Betriebes stammenden Fahrzeuge ersetzen. Selbstverständlich bestellte sie moderne Drehgestellloks ohne Laufachsen mit 80 km/h Höchstgeschwindigkeit. Erstmals erhielt eine Lok der RhB eine Rekuperationsbremse. Bis heute sind die Loks – modernisiert – im Einsatz.

Ge 4/4 II RhB

Bauart: Bo'Bo'
Baujahre: 1973 – 1985
Leistung: 1700 kW
Länge über Puffer: 12.960 mm
Dienstmasse: 50 t
Stückzahl: 23

Dank der Fortschritte in der Halbleitertechnik erreichten vierachsige Loks bald schon gleiche Leistungen wie sechsachsige Maschinen. Deshalb beschaffte die RhB die robusten Ge 4/4 II. Im Herbst machten sie sich um die Zuverlässigkeit des Betriebes verdient, da an den Drehgestellen angebrachte Bürsten das Laub von den Schienen fegten.

Ge 6/6 II RhB

Bauart: Bo'Bo'Bo'
Baujahre: 1958 – 1965
Leistung: 1764 kW
Länge über Puffer: 14.500 mm
Dienstmasse: 65 t
Stückzahl: 7

Aus der Ge 4/4 I leitete die RhB eine leistungsstärkere Variante ab. Um das Laufverhalten im Bogen zu optimieren, erhielt die Maschine statt zweier dreiachsiger drei zweiachsige Drehgestelle. Vornehmlich schleppte die Ge 6/6 II schwere Güterzüge.

ABe 4/4 RhB

Der ABe 4/4 der RhB gilt als erster Schweizer Schmalspurtriebwagen für Wechselstrom. Mit 65 statt wie bisher 45 km/h rauschten die neuen Züge über die Bündner Schienen, weshalb sie bald „Fliegende Rhätier" hießen. 1983/84 modernisierte die RhB die in den Nahverkehr abgewanderten Züge und stattete sie mit einer Vielfachsteuerung aus.

Bauart: Bo'Bo'
Baujahr: 1939
Leistung: 440 kW
Länge über Puffer: 18.000 mm
Dienstmasse: 40 t
Stückzahl: 4

Gem 4/4 RhB

Seit der Übernahme der Bernina- und Arosabahn gab es im RhB-Streckennetz drei verschiedene Stromsysteme. Um alle Strecken befahren zu können, wurden Zweikraft-Loks beschafft, die auf der Berninabahn mit Gleichstrom und ansonsten dieselelektrisch fahren.

Bauart: Bo'Bo'
Baujahr: 1968
Leistung: 926 kW
Länge über Puffer: 13.540 mm
Dienstmasse: 50 t
Stückzahl: 2

X rot d RhB 9213

Die Dampfschneeschleuder X rot d 9213 der RhB ist die letzte und dazu auch noch betriebsfähige Vertreterin ihrer Art in Europa. Der Buchstabe X steht für „Dienstfahrzeug", rot bedeutet „Rotationsschneeschleuder" und das Kürzel d weist die Maschine als „dampfgetriebenes" Fahrzeug aus. Ihre spektakulären Einsätze am Bernina locken stets viele Besucher an.

Bauart: C–C
Baujahre: 1910
Leistung: 221 kW (Antrieb)/368 kW (Schneepflug)
Länge: 13.870 mm
Dienstmasse: 64 t

Universallok Ge 4/4 III

Die Ge 4/4 III der RhB (oben) ähnelt technisch der zeitgleich beschafften Serie 460. Ihre moderne Leistungselektronik und die kollektorlosen Drehstrom-Asynchronmotoren überzeugten auch die AB (unten rechts), die BAM und die MOB (unten links) davon, ihrerseits Loks in Auftrag zu geben. Wegen unterschiedlicher Stromsysteme der Bahnen variiert auch die technische Ausrüstung der Loks. Dies bereitete wegen des modularen Aufbaus aber ebenso wenig Schwierigkeiten wie die Ausstattung der BAM-Loks mit Regelspurpuffern für den Rollbockverkehr. Die AB-Maschinen erhielten einen abweichenden Lokkasten.

Bauart: Bo'Bo'
Baujahre: 1993 – 1999
Leistung: 1000 – 2400 kW
Länge über Puffer: 14.850 – 15.560 mm
Dienstmasse: 64 – 72 t
Stückzahl: 12 + 2 + 4 + 1

ABe 4/4 I RhB

Vom ersten Betriebstag an fuhr die Berninabahn mit Gleichstrom mit 750 V Spannung. Den Reisezugdienst bewältigten gelb gespritzte, vierachsige Triebwagen sowie Gepäcktriebwagen. Die RhB, welche die Berninabahn 1943 übernahm, modernisierte die Züge. Fünf Fahrzeuge wurden für den Zweisystembetrieb umgebaut, um auf der Arosabahn fahren zu können.

Bauart: Bo'Bo'
Baujahre: 1908 – 1911
Leistung: 382 – 426 kW
Länge über Puffer: 13.930 – 14.660 mm
Dienstmasse: 30 – 31 t
Stückzahl: 14 + 3

ABe 4/4 II RhB

Bauart: Bo'Bo'
Baujahre: 1964 1972
Leistung: 680 kW
Länge über Puffer:
16.540 – 16.980 mm
Dienstmasse: 41 – 43 t
Stückzahl: 9

Auch auf schmaler Spur muss Reisekomfort kein Fremdwort sein.

Dies bewiesen die Triebwagen der Serie ABe 4/4 II, welche die RhB ab 1964 in Dienst stellte. Der Platz im Innenraum wurde dank Mitteleinstieg gut ausgenutzt. Für die zweite Lieferserie wurde die Drehgestellabfederung verbessert, sodass die Laufruhe weiter stieg. Die Triebwagen schleppen Reise- und Güterzüge am Bernina.

ABe 4/4 III RhB

Bauart: Bo'Bo'
Baujahre: 1988 – 1989
Leistung: 1016 kW
Länge über Puffer: 16.886 mm
Dienstmasse: 48 t
Stückzahl: 7

Als erste Schmalspurbahn Europas setzte die RhB Fahrzeuge mit Drehstrom-Asynchronmotoren ein. Ein mit GTO-Thyristoren ausgestatteter Stromrichter arbeitete den Strom auf. Gegenüber dem ABe 4/4 II gelang auf diese Weise ein Leistungssprung um knapp 50 %. Einzeln bringen die Triebwagen 95 t über den Berg. Sie schleppen in Doppeltraktion die langen Züge des Bernina-Express.

Die 1923 eröffnete Centovallibahn Locarno – Domodossola wird gemeinschaftlich von der schweizerischen FART und der italienischen SSIF betrieben.

Diese internationale, 52 km lange Bahnstrecke verläuft abenteuerlich trassiert durch Schluchten und Täler. Zum Einsatz kommen zweiteilige, 640 kW leistende Niederflurtriebwagen (rechts) vom Typ ABe 4/6 und Ae 4/6 aus dem Jahr 1992. Daneben gehören die Doppelgelenktriebzüge ABe 8/8 (oben) von 1959 sowie deren kürzere Varianten ABe 6/6 (links), beschafft 1963 und 1968, jeweils zum Bestand der Betreiberfirmen FART/SSIF.

HGe 4/4 I BVZ und FO

1927 fasste die Visp-Zermatt-Bahn den Beschluss, die Strecke mit Einphasen-Wechselstrom zu elektrifizieren. Die neuen Zahnradloks durften 46 t Gesamtmasse nicht überschreiten, weshalb sie unter anderem einen mit Luft statt mit Öl gekühlten Transformator erhielten. Im Adhäsionsbetrieb beschleunigten sie 60 t schwere Züge auf 45 km/h, im Zahnradbetrieb bei 125 ‰ Steigung auf 15 km/h. Das Konzept begeisterte auch die Furka-Oberalp-Bahn, die sich der Bestellung anschloss. Beide Bahnen setzten ihre Maschinen bis in die neunziger Jahre hinein ein.

Bauart: Bo'Bo'z
Baujahre: 1929 – 1956
Leistung: 480/680 kW
Länge über Puffer: 14.100 mm
Dienstmasse: 46 t
Stückzahl: 6 + 7

HGe 4/4 II SBB, FO und BVZ

Bauart: Bo'Bo'z
Baujahre: 1985 – 1990
Leistung: 1935 kW
Länge über Puffer: 14.776 mm
Dienstmasse: 64 t
Stückzahl: 5 + 8 + 8

Verschiedene Schweizer Bahnen orderten eine leistungsstarke Zahnradlok mit zwei unterschiedlich großen Stirnfenstern. Die Vereinheitlichung des Fahrzeugparks geschah auf Drängen des Bundesamtes für Verkehr. So schlossen sich die BVZ und die SBB dem Auftrag der FO an, sodass eine kleine Serie entstehen konnte. Technisch ähnelt die HGe 4/4 II der Re 4/4 IV. Noch immer wagte man sich nicht an den Einbau von Asynchronmotoren. Der neue SLM-Differentialantrieb schonte die Zahnstange, indem er die Reibungskraft bis auf das Äußerste ausnutzte.

G 2000 SBB

Bauart: B'B'
Baujahre: 2003
Leistung: 2240 kW
Länge über Puffer: 14.400 mm
Dienstmasse: 87,3 t
Stückzahl: 3

Für ihre Tochterfirma Swiss Rail Cargo Italy beschaffte die SBB Cargo drei Dieselloks vom Typ G 2000 BB bei Vossloh Schienenfahrzeugtechnik GmbH, Kiel. Diese Maschinen sollen vor allem Stahlzüge auf der Strecke Chiasso – Albate – Molteno – Oggione – Lecco befördern. SBB Cargo plant, noch weitere Exemplare der vierachsigen dieselhydraulischen Lokomotive für den Einsatz in Norditalien zu beschaffen.

Am 843 SBB

Bauart: B'B'
Baujahre: 2003 – 2005
Leistung: 1500 kW
Länge über Puffer: 15.200 mm
Dienstmasse: 80 t
Stückzahl: 59

Für den Einsatz im Zustell-, Rangier- und Baudienst bestellten die SBB bei Vossloh Locomotives GmbH, Kiel, vierachsige dieselhydraulische Drehgestellrahmenloks. Moderne Rußpartikelfilter machen diese Maschinen zu den umweltfreundlichsten Dieselloks Europas. Sie verfügen über ein zweigängiges hydrodynamisches Getriebe und das Sicherheitssystem Integra SIGNUM. Die Am 843 lösen die Typen Bm 6/6 und Em 6/6 ab.

Tschechien, Slowakei

Zu den bekanntesten Zügen, die Deutschland und Tschechien verbanden, gehörte der „Vindobona" zwischen Berlin und Prag. Lange Zeit wurde er mit den Dieseltriebzügen der Baureihe 175 der Reichsbahn bedient. Heute fahren EuroCity mit zumeist komfortablen, tschechischen Wagen.

Zahlreiche Loktypen fahren in Tschechien und der Slowakei gleichermaßen. Die 1918 von den Alliierten verordnete Vereinigung beider Länder führte zu einer gemeinsamen Entwicklung der Bahnen.

Im Laufe der Zeit avancierte die Tschechoslowakei zu den Pionieren der Mehrsystemtechnik. Dies lag weniger an den unterschiedlichen Stromsystemen bei den Nachbarn. Vielmehr beschloss die Regierung in den sechziger Jahren, Strecken nicht mehr mit 3000 Volt Gleichstrom, sondern mit Wechselstrom zu elektrifizieren, der 25 KV Spannung führte. Dafür entwickelte die Industrie Loks, die auf dem Weltmarkt mithalten konnten.

Bauart: 2'D1'h2
Baujahre: 1947 – 1951
Leistung: 1480 kW
Länge über Puffer: 24.786 mm
Dienstmasse: 171,6 t
Stückzahl: 147

Die von 1947 bis 1951 gebauten 475.1 waren als Universalloks konzipiert: Sie sollten Schnellgüterzüge befördern und Reisezüge bis 100 km/h. Letztlich dominierten die Einsätze vor zum Teil sogar hochwertigen Reisezügen. Bei den 475.1 nutzte man die Erkenntnisse moderner Dampfloktechnik aus. Sie erhielten deshalb geschweißte Kessel mit Verbrennungskammern und weiteren Einrichtungen, um den Wirkungsgrad der Dampfmaschine zu optimieren.

475.1 CSD

498.1 CSD

Die Dreizylinderlokomotiven der tschechoslowakischen Baureihe 498.1 gehören zu den herausragenden Dampflokkonstruktionen der Zeit nach 1945. Die für schwersten Zugdienst bis 120 km/h bestimmten Fahrzeuge wurden für Hochleistungen ausgelegt. Sie wurden mit der modernsten zur Verfügung stehenden Technik ausgestattet, wie z. B. mit Verbrennungskammern, Thermosyphon, Kylchap-Doppelblasrohren oder eine mechanische Rostbeschickung. Die fünfachsigen Tender vermochten, 20 t Kohle zu fassen.

Bauart: 2'D1'h3
Baujahre: ab 1954
Leistung: 1840 kW
Länge über Puffer: 25.569 mm
Dienstmasse: 203 t
Stückzahl: 15

556.0 CSD

Bauart: 1'Eh2
Baujahre: ab 1951
Leistung: 1500 kW
Länge über Puffer: 23.720 mm
Dienstmasse: 175,8 t
Stückzahl: 510

Mit den während des Baus der deutschen Baureihen 50 und 52 gesammelten Erfahrungen im Gepäck entwickelte Skoda eine leistungsfähige Güterzug-Schlepptender-Dampflok. Die bis dahin gebauten Gattungen genügten den gestiegenen Anforderungen nicht mehr. Mit bis zu 80 km/h Höchstgeschwindigkeit beförderte die 556.0 bis zu 4000 Tonnen schwere Güterzüge, in schwierigem Gelände sogar Schnellzüge.

162 CD, ZSR

Bauart: Bo'Bo'
Baujahre: ab 1988
Leistung: 3480 kW
Länge über Puffer: 16.800 mm
Dienstmasse: 85 t
Stückzahl: 60

Ende der achtziger Jahre wollten die CSD auf ihren Gleichstromstrecken die Fahrzeuge aus den fünfziger Jahren ersetzen. 1988 lieferte Skoda mit der 162 001 erstmals einen modernen Standardtyp für 140 km/h, der ausschließlich für den Betrieb mit 3000 Volt Gleichstrom ausgelegt war. 1999/2000 wurde ein Teil der 162 in die 120 km/h schnelle 163 umgebaut.

163 CD, ZSR

In den achtziger Jahren führten die CSD standardisierte Elektroloks mit Thyristorsteuerung ein. Daraus entstand zunächst 1980 die Zweisystemlok Baureihe 363. Moderne Gleichstromloks ließen sich aus der 363 durch Weglassen des Wechselstromteils ableiten. Die Höchstgeschwindigkeit der 163 beträgt 120 km/h. Ein Teil der 163 entstand durch Umbau aus der Reihe 162 in den Jahren 1999/2000.

Bauart: Bo'Bo'
Baujahre: ab 1984
Leistung: 3480 kW
Länge über Puffer: 16.800 mm
Dienstmasse: 85 t
Stückzahl: 135

754 012-3

182 CD, ZSR

Bauart: Co'Co'
Baujahre: ab 1963
Leistung: 3000 kW
Länge über Puffer: 18.800 mm
Dienstmasse: 120 t
Stückzahl: 168

Die Güterzuglokomotiven entstanden für die mit 3000 Volt Gleichstrom elektrifizierten Linien der CSD. Skoda lieferte 168 Fahrzeuge. Der Gesamtachsstand erreicht 13.000 mm. Die Lokomotiven erreichen eine Höchstgeschwindigkeit von 90 km/h. Abgeliefert wurden die Maschinen als Baureihe E 669.2.

210 CD, ZSR

Bauart: Bo'Bo'
Baujahre: 1973 – 1983
Leistung: 984 kW
Länge über Puffer: 14.400 mm
Dienstmasse: 72 t
Stückzahl: 74

Die heute als Baureihe 210 eingereihten Lokomotiven wurden zwischen 1973 und 1983 als S 458.0 von Skoda gebaut. Die 210 verkehren in dem mit 25 kV/50 Hz elektrifizierten Netz der CD und ZSR. Die Konstruktion basiert auf den 1971 bis 1973 gebauten Gleichstromloks der Baureihe 110 (ehemals E 458.0). Die Fahrzeuge erreichen 80 km/h.

230 CD, ZSR

Bauart: Bo'Bo'
Baujahre: ab 1966
Leistung: 3080 kW
Länge über Puffer: 16.440 mm
Dienstmasse: 85 t
Stückzahl: 110

In den sechziger Jahren elektrifizierte die CSD ihr Streckennetz nicht mehr mit Gleichstrom, sondern mit 25 kV/50 Hz Wechselstrom. Für dieses System waren neue Elektroloks erforderlich. Im Jahr 1966 entstand bei Skoda die neue Gattung S 489.0. Ihre Höchstgeschwindigkeit liegt bei 110 km/h.

240 CD, ZSR

Für die CSD lieferte Skoda 1968/69 die S 499.0001 – 0120, 1970 folgten die S 499 1001 – 1025. Während Erstere für 120 km/h ausgelegt waren, erreichten die S 499.1 130 km/h. Zwischen 1984 und 1986 baute man die schnellere Version um, sodass nunmehr alle Loks 120 km/h fahren dürfen. Seit 1987 werden die Maschinen als Baureihe 240 bezeichnet. Ein Teil der Fahrzeuge kam zur CD, die Mehrzahl zur ZSR. Bemerkenswert ist der Aufbau aus glasfaserverstärktem Kunststoff.

Bauart: Bo'Bo'
Baujahre: 1968 – 1970
Leistung: 3200 kW
Länge über Puffer: 16.440 mm
Dienstmasse: 85 t
Stückzahl: 120

263 CD, ZSR

Bei den von den CD und ZSR eingesetzten Fahrzeugen handelt es sich um Loks für das Wechselstromnetz mit 25 kV/50 Hz. Ursprünglich hießen die 263 S 499.2. Skoda lieferte 1984 zwei Prototypen, die heute zum Bestand der CD gehören. Die Serienloks von 1988 fahren in der Slowakei ab Bratislava auf der Strecke nach Breclav. Die 263 sind für 120 km/h zugelassen.

Bauart: Bo'Bo'
Baujahre: ab 1984
Leistung: 3060 kW
Länge über Puffer: 16.800 mm
Dienstmasse: 85 t
Stückzahl: 12

350 ZSR

Die Lokomotiven wurden bis 1976 gebaut, sind aber heute noch die Paradepferde der slowakischen Eisenbahnen. Die 350 stellt einen Zweisystemtyp dar, der mit 3000 V Gleichstrom oder mit Wechselstrom 25 kV/50 Hz betrieben wird. Die Skoda-Lokomotiven kamen als ES 499.0 zur CSD. Bei Probefahrten erreichten sie 180 km/h, planmäßig 160 km/h. Alle Maschinen stehen in Bratislava. Die Gleich-stromvariante läuft als 150 und 151 bei den CD.

Bauart: Bo'Bo'
Baujahre: 1974 – 1976
Leistung: 4200 kW
Länge über Puffer: 17.240 mm
Dienstmasse: 88 t
Stückzahl: 20

363 CD, ZSR

Bis 1990 lieferte Skoda den ursprünglich ES 499.1 genannten Typ. Es handelt sich um Zweisystemloks für Gleichstrom 3000 V oder Wechselstrom mit 25 kV/50 Hz. Die 363 erreichen 120 km/h. Einige Lokomotiven wurden zwischen 1993 und 2001 in die 140 km/h schnelle 362 umgebaut, von der Skoda 1990 ein Baumuster geliefert hatte. Statt des Neubaus entschied man sich aber für den Umbau der 363, um die schnellere Version zu erhalten.

Bauart: Bo'Bo'
Baujahre: 1980 – 1990
Leistung: 3060 kW
Länge über Puffer: 16.800 mm
Dienstmasse: 87 t
Stückzahl: 181

560 CD, ZSR

Bauart: B'B'
Baujahre: 1966 – 1971
Leistung: 840 kW
Länge über Puffer: 24.500 mm
Dienstmasse: 64 t
Stückzahl: 34

Zwischen 1966 und 1971 erhielt die CSD 34 Triebwagen, 50 Zwischenwagen und zwei Steuer-wagen eines 110 km/h schnellen elektrischen Nahverkehrszuges. Die Züge bestehen gewöhnlich aus zwei Endtriebwagen und drei nicht angetriebenen Mittelwagen und werden im Wechselstromnetz der CD und ZSR verwendet. Die Züge sind insgesamt 122.500 mm lang und wiegen 297 t.

702 CD, ZSR

Bauart: B
Baujahre: 1967 – 1971
Leistung: 147 kW
Länge über Puffer: 7220 mm
Dienstmasse: 24 t
Stückzahl: 383

Die Baureihe 702 gelangte zwischen 1967 und 1971 in den Bestand der CSD. Die bis 1987 als T 212.0 bezeichneten Fahrzeuge entstanden bei TS Martin in der Slowakei, nachdem bei CKD in Prag die Produktion der T 211.0 beendet worden war. Mehrere hundert Loks der Reihe 702 wurden an Industriebetriebe geliefert.

705 CD, JHMD

Bauart: Bo'Bo'de
Baujahre: 1954 – 1958
Leistung: 258 kW
Länge über Puffer: 12.690 mm
Dienstmasse: 32 t
Stückzahl: 21

Die Lokomotiven der Baureihe 705 wurden 1954/55 und 1958 als TU 47.0 an die CSD geliefert. Es handelt sich um Fahrzeuge für 760 mm Schmalspur. Stammstrecke der 705 ist die Bahn Jindrichuv Hradec – Obratan. Ferner waren sie eingesetzt auf den Strecken Frydlant – Hermanice, Tremesna ve Slezsku – Osobloha sowie Ruzomberok - Korytnica kupele.

710 CD, ZSR

Bauart: Cdh
Baujahre: ab 1959
Leistung: 301 kW
Länge über Puffer: 9440 mm
Dienstmasse: 40 t
Stückzahl: 475

Nach dem Bau eines Prototyps 1959 stand die erste T 334.0 im Jahr 1961 bereit. Diese Fahrzeuge sind für den leichten Dienst vorgesehen und verfügen über eine hydrodynamische Kraftübertragung. Die Fertigung erfolgte in Tschechien bei CKD und der Slowakei bei TS. Zahlreiche dieser Maschinen wurden exportiert, so auch in die DDR und nach Indien.

721 CD, ZSR

Die 721 (ex T 458) sind eine Weiterentwicklung der von 1958 bis 1961 gebauten 720 (ex T 435). Die mit einem 551 kW starken Motor ausgestatteten, dieselelektrischen Lokomotiven dürfen mit maximal 80 km/h verkehren. Nicht nur die Staatsbahn CSD, sondern auch mehrere Industriebetriebe erhielten die leistungsfähigen Rangierloks, die CKD bis 1968 baute. 13 Lokomotiven wurden in der Slowakei auf breitspurigen Gleisen eingesetzt.

Bauart: Bo'Bo'de
Baujahre: 1961 – 1968
Leistung: 551 kW
Länge über Puffer: 13.280 mm
Dienstmasse: 74 t
Stückzahl: 283

726 CD, ZSR

Die slowakische Fabrik TS Martin lieferte von 1963 bis 1967 die T 444.1 und T 444.02. Es handelte sich um leichte dieselhydraulische Personenzugloks für Nebenstrecken. 100 Fahrzeuge (ex T 444.1) verfügten über einen Dampferzeuger für die Zugheizung. Die Loks fahren auf der Strecke mit Tempo 70, im Langsamgang bei erhöhter Zugkraft erreichen sie 30 km/h.

Bauart: B'B'dh
Baujahre: 1963 – 1967
Leistung: 515 kW
Länge über Puffer: 13.340 mm
Dienstmasse: 57 t
Stückzahl: 319

735 CD, ZSR

Bauart: Bo'Bo'de
Baujahre: 1971 – 1979
Leistung: 926 kW
Länge über Puffer: 14.180 mm
Dienstmasse: 64 t
Stückzahl: 304

Bei der 735 handelt es sich um eine leichte Drehgestell-Diesellok für den Strecken- und Rangierdienst. Unter der Bezeichnung T 466.0 lieferte TS Martin die Loks von 1971 bis 1979. Der 926 kW starke Dieselmotor von Pielstick treibt den von CKD stammenden Traktionsgenerator an. Die Lokomotiven erreichen 90 km/h und sind für den Einsatz im Rangierdienst mit einer elektrischen Heizeinrichtung ausgerüstet.

742 CD, ZSR

Die dieselelektrischen Universalmaschinen der Baureihe 742 wurden zwischen 1977 und 1986 an die CSD als T 466.2 geliefert. Die Höchstgeschwindigkeit beträgt 90 km/h. CKD baute 494 Fahrzeuge dieses Typs, die heute bei den CD, ZSR und bei verschiedenen Industriebetrieben eingesetzt werden.

Bauart: Bo'Bo'de
Baujahre: 1977 – 1986
Leistung: 883 kW
Länge über Puffer: 13.580 mm
Dienstmasse: 64 t
Stückzahl: 494

754 CD, ZSR

Bauart: Bo'Bo'de
Baujahre: 1975 – 1980
Leistung: 1472 kW
Länge über Puffer: 16.500 mm
Dienstmasse: 74,4 t
Stückzahl: 86

Diese Diesellok der CSD wurde von 1979 bis 1980 mit 84 Exemplaren in Dienst gestellt. Zwei Prototypen stammen aus dem Jahr 1975. Die 100 km/h schnellen Fahrzeuge wiegen 74,4 Tonnen. Die 754 verfügt über eine elektrische Zugheizanlage.

755 001 ZSR

Bauart: Bo'Bo'de
Baujahr: 1997 (Umbau)
Leistung: 1470 kW
Länge über Puffer: 17.070 mm
Dienstmasse: 72 t
Stückzahl: 1

Die 755 001 entstand aus der Ende der sechziger Jahre gebauten 753 055. Statt 1325 kW leistet der neue Pielstick-Motor 1470 kW. Bemerkenswert ist das futuristisch anmutende Design.

781 CD, ZSR

Bauart: Co'Co'de
Baujahre: 1966 – 1975
Leistung: 1470 kW
Länge über Puffer: 17.550 mm
Dienstmasse: 116 t
Stückzahl: 574 + 27

Auch die Tschechoslowakischen Eisenbahnen orderten in Lugansk die Taigatrommel, welche allerdings als „Szergej" bezeichnet wurde. Die Regelspurvariante hieß ursprünglich T 679.1, später 781.1, die Breitspurvariante T 679.5 und 781.8. Einige Loks wechselten nach ihrer Ausmusterung in Tschechien zu deutschen NE-Bahnen.

775, 776 ZSR

Zwischen 1961 und 1965 baute CKD 44 Maschinen der Baureihen T 678.0 und T 679.0. Die Beschaffung der mit elektrischer Kraftübertragung ausgestatteten Fahrzeuge endete vorzeitig, da die Regierung beschloss, aus der UdSSR die T 679.1 (Taigatrommel, neue Bezeichnung 781) zu importieren. Die 775 und 776 waren fast immer in der Slowakei beheimatet. Soweit 1993 noch vorhanden, gingen alle Lokomotiven an die ZSR

über, die sie bis Ende der neunziger Jahre ausmusterte.

Bauart: Co'Co'de
Baujahre: 1961 – 1965
Leistung: 1470 kW
Länge über Puffer: 18.000 mm
Dienstmasse: 114 t
Stückzahl: 44

810 CD, ZSR

Bauart: A'1'dm
Baujahre: 1973 – 1984
Leistung: 155 kW
Länge über Puffer: 13.970 mm
Dienstmasse: 20 t
Stückzahl: 678

Nach der Rekonstruktion zweier Baumuster aus rund zwanzig Jahre alten Triebwagen baute der Vagonka Studenka von 1973 bis 1984 in sieben Serien Leichttriebwagen mit der Bezeichnung M 152 und zwei weitere Serien für Breitspur. Die Triebwagen sind mit einem Unterflurmotor ausgestattet, der nur die Vorderachse antreibt. Die für den Nahverkehr bestimmten Fahrzeuge erreichen 80 km/h.

Türkei

In den siebziger und achtziger Jahren zog es zahlreiche deutsche Dampflokfans in die Türkei. Schließlich gab es dort noch Lokomotiven im Planeinsatz zu bewundern. Zahlreiche Maschinen kamen aus Deutschland.

Nur eine geringe Netzdichte weist die Türkei auf. Die Schienenstränge verbinden vor allem die großen Städte und industriellen Zentren. Fast alle Strecken sind eingleisig ausgeführt, sämtliche in der Regelspur.

So manche Maschine, die in der Türkei zum Einsatz kam, brachte es auf ein Lokleben von mehr als 60 Jahren. Sogar 100-jährige Dampfloks gehörten nicht zu den Raritäten. Allein das beweist schon, dass die Eisenbahner der Türkischen Staatsbahnen ihrem Material beste Pflege gönnten. Leider hat auch in der Türkei die Bahn mit Geldmangel zu kämpfen.

33.01 – 10

Bauart: Cn2t
Baujahr: 1918
Leistung: 431 kW
Länge über Puffer: ca. 9500 mm
Dienstmasse: 44 t
Stückzahl: 10

Genügsam und pflegeleicht machten sich die für das osmanische Militär gelieferten Loks mehr als 60 Jahre lang im Rangierdienst verdient. Die einfachen Nassdampfer stammten von Henschel. Ihre letzten Exemplare bewältigten den Verschub im Hafen von Samsun. Eine Maschine wechselte in das Eigentum eines Bergwerks.

33.501 – 508

Mehr als 100 Jahre dienten den türkischen Bahnen Schlepptenderloks, die bei Hanomag und der Lokfabrik Wiener Neustadt entstanden. Zuerst fuhren sie für die Orientbahn, zuletzt bewältigten sie Rangierdienste für die TCDD. Die robusten Maschinen verfügten über Kuppelachsen von 1400 mm Durchmesser, Außenrahmen, Hall'sche Aufsteckkurbeln und eine Innensteuerung. Die 33.508 bestieg nach Abschluss ihrer Karriere den Denkmalsockel vor dem ehemaligen Aw Sivas.

Bauart: Cn2
Baujahre: 1871 – 1875
Dienstmasse: 36 t
Stückzahl: 54

45.171 – 220

Bauart: 1'Dh2
Baujahre: 1943 – 1944
Leistung: 1040 kW
Länge über Puffer: 18.505 mm
Dienstmasse: 73,7 t
Stückzahl: 50

Als „Klapperschlangen" bezeichneten die türkischen Eisenbahner Lokomotiven US-amerikanischer Herkunft. Die Stangenlager des Typs S 160 des US Transportation Corps neigten zum Schlagen. Weitere konstruktive Mängel machten die Loks nicht gerade beliebter. Äußerlich zeigte sie typische Merkmale des US-amerikanischen Dampflokbaus, waren allerdings dem britischen Lichtraumprofil angepasst. Zuletzt fuhr eine Maschine 1986 als Werklok für die Munitionsfabrik MKE in Kirikkale.

46.051 – 061

Bauart: 1'D1'h2
Baujahr: 1937
Leistung: 1387 kW
Länge über Puffer: 22.860 mm
Dienstmasse: 104,4 t
Stückzahl: 11

Bis zur Verdieselung schleppten Vierkuppler von Henschel die hochwertigen Züge auf der wichtigen Strecke Ankara – Istanbul.

Sie erreichten als einzige türkische Dampflok eine Höchstgeschwindigkeit von 100 km/h. Konzeptionell erinnerten sie an die deutsche 41. Auch das Verhältnis der Rohr- zur Feuerbüchsheizfläche lag mit 13,1 recht ungünstig. Die Vorgängerbaureihe hatte einen besseren Wert von 9,9. Anfang 1985 schieden die letzten Maschinen aus dem Plandienst aus.

46.201 – 253

Bauart:1'D1'h2
Baujahr: 1942
Leistung: 1332 kW
Länge über Puffer: 20.840 mm
Dienstmasse: 90,7 t
Stückzahl: 53

Alco, Baldwin und Lima lieferten dem britischen War Department 200 Mikados für den Einsatz im Nahen Osten. 1943 übernahmen

die TCDD 29 Exemplare des Typs, denen vermutlich um 1946/47 die übrigen folgten. Die robusten Maschinen bewältigten unter anderem den Vorortverkehr von Ankara, bis 1972 der elektrische Betrieb aufgenommen wurde. Der Einsatz vor Reise- und Güterzügen endete 1985. Danach arbeiteten die verbliebenen Maschinen im Rangier- und Arbeitszugdienst.

56.001 – 079

Bei Henschel, Krupp, die BMAG und die ME bestellten die TCDD 96 fünffach gekuppelte Loks. Nicht alle wurden geliefert, einige Loks gelangten als Baureihe 58.28 in den Bestand der Reichsbahn, einige als Baureihe 12 nach Bulgarien. Manche Lok gehörte erst zum Reichsbahn-Bestand und wechselte später in die Türkei. Leistungsfähig und genügsam schleppten die mit Krauss-Helm-

holtz-Vorlaufgestell ausgestatteten Loks auf allen für ihre Achslast zugelassenen Strecken Reise- und Güterzüge.

Bauart:1'Eh2
Baujahre: 1938 – 1941
Leistung: 1387 kW
Länge über Puffer: 22.360 mm
Dienstmasse: 105,1 t
Stückzahl: 79

56.080 – 116

1939 bestellten die Türkischen Staatsbahnen bei den britischen Werken Peacock, Vulcan und Stephenson & Hawthorns 48 mit den deutschen 1'E-Lokomotiven weitgehend identische Fahrzeuge. Vorausgegangen war ein türkisch-britisches Abkommen, das den Türken unter anderem einen Handelskredit beschert hatte. Kriegsbedingt verzögerte sich die Fertigung der Lokomotiven. Auch ver-

ringerte sich ihre Zahl etwas. Sie fuhren im gleichen Einsatzgebiet wie die deutschen Schwestern.

Bauart: 1'Eh2
Baujahr: 1948
Leistung: 1387 kW
Länge über Puffer: 22.360 mm
Dienstmasse: 108,6 t
Stückzahl: 37

56.117 – 166

Bauart: 1'Eh2
Baujahr: 1949
Leistung: 1398
Länge über Puffer: 22.850 mm
Dienstmasse: 106,5 t
Stückzahl: 50

Eine weitere Serie 1'E-Lokomotiven kam aus der Tschoslowakei. Skoda und CKD bauten die Maschinen zwar nach deutschem Muster, statteten sie aber mit einem völlig geschweißten Tender aus, der den Transport größerer Vorräte ermöglichte. Auch die Loks selbst fielen etwas schwerer als die deutschen aus, waren aber leichter als die britischen. Sozusagen als Mittellösung bedienten die Lokomotiven die gleichen Einsatzgebiete wie die übrigen von den TCDD als 56 eingruppierten.

56.301 – 388

Bauart: 1'Eh2
Baujahre: 1947 – 1948
Leistung: 1715 kW
Länge über Puffer: 21.875 mm
Dienstmasse: 110,6 t
Stückzahl: 88

Die größten und leistungsfähigsten Dampfloks der TCDD kamen aus den USA. Sie erhielten ein führendes Bisselgestell sowie nach US-amerikanischen Gepflogenheiten einen in einem Stück gegossenen Rahmen mit Zylindern. Da der 5,37 qm große Rost jeden Heizer überfordert hätte, stattete Vulcan Iron Works die Loks mit einem Stoker aus. Die Loks bedienten vor allem die Montanbahn Irmak – Zonguldak und schleppten dort bis 1984/85 schwere Kohle- und Erzzüge, ehe sie in den Rangierdienst wechselten.

56.501 – 553

Bauart: 1'Eh2
Baujahre: 1943 – 1944
Leistung: 1285 kW
Länge über Puffer: 22.975 mm
Dienstmasse: 85,7 t
Stückzahl: 53

Wegen ihrer geringen Achsfahrmasse von gut 15 t war die deutsche Kriegslok der Baureihe 52 in der Türkei hochwillkommen. Gern nahmen die TCDD daher die Lieferungen an, mit denen das NS-Regime das Land am Bosporus als Alliierten gewinnen wollte. Die türkischen 52 schleppten nicht nur Güter-, sondern auch Reisezüge. Im europäischen Teil der Türkei gehörten die 56.501 – 553 bis zur Verdieselung 1971 zu den wichtigsten Zugpferden vor internationalen Express-Zügen.

Ungarn

Die ungarische Eisenbahngeschichte begann am 15. Juli 1846, als die Strecke zwischen Pest und Vác in Betrieb ging. Sie war 34 Kilometer lang. Aus ihr entwickelte sich ein vergleichsweise dichtes Netz, das große Bedeutung im Transitverkehr zwischen Mittel- und Südosteuropa hat.

Die Strecken entstanden vornehmlich in Regelspur. Daneben wurden einige Bahnen in der so genannten „bosnischen Spur" von 760 Millimetern gebaut.

Neben den Staatsbahnen erlangte die Györ-Sopron-Ebenfurter Eisenbahn (GySEV) einige Bedeutung. Sie war ein ungarisch-österreichisches Gemeinschaftsunternehmen, das selbst den Kalten Krieg unbeschadet überdauerte. Heute fahren Loks der GySEV auf dem Netz der ÖBB bis nach Villach oder Wels.

Baureihe 302 MÁV (Südbahn 109)

Bauart: 2'Ch2
Baujahre: 1910/1927 – 1930
Leistung: 730 kW
Länge über Puffer: 17.550 mm
Dienstmasse: 106,8 t
Stückzahl: 13

Die von der österreichischen Südbahn beschafften Lokomotiven gelangten 1918 zu den MÁV. Die Schnellzug-Schlepptenderloks durften 100 km/h schnell fahren. Die betriebsbereite Lok ohne Tender wog 66,9 Tonnen.

Für die ungarischen Strecken der Südbahngesellschaft entstanden 1910 neun Loks, in den Jahren von 1927 bis 1930 erhielt die Donau-Save-Adria-Bahngesellschaft vier nachgebaute Fahrzeuge zusätzlich.

Baureihe 375 MÁV

Die dreifach gekuppelten Tenderloks waren universell einsetzbare Maschinen für Nebenbahnen. Ihr Kuppelraddurchmesser von nur 1180 mm erlaubte zwar keine höheren Fahrgeschwindigkeiten als 60 km/h, dafür erwiesen sich die Heißdampfloks als sehr zugkräftig. Die Maschinenfabrik der MÁV fertigte die Lokomotiven über den langen Zeitraum von 1907 bis 1959.

Bauart: 1'C1' h2
Baujahre: 1907 – 1959
Leistung: 370 kW
Länge über Puffer: 10.930 mm
Stückzahl: 596

Baureihe V 43 MÁV

Die vierachsigen Elektrolokomotiven der Baureihe V 43 werden vornehmlich im hochwertigen Personenverkehr eingesetzt, sodass sie zum alltäglichen Erscheinungsbild auf den mit 25 kV/50 Hz versorgten elektrifizierten Strecken gehören. Die von Ganz-MÁVAG in Ungarn gebauten Maschinen erreichen eine Höchstgeschwindigkeit von 130 km/h. Ihr Raddurchmesser beträgt 1180 mm.

Bauart: B'B'
Baujahre: 1963 – 1982
Leistung: 2220 kW
Länge über Puffer: 15.700 mm
Dienstmasse: 80 t
Stückzahl: 379

Baureihe V 63 MÁV

Die sechsachsigen Elektroloks V 63 der MÁV wurden zwischen 1974 und 1988 von den Ganz-Elektro-Werken gebaut. Die Lokomotiven sind für das Stromsystem 25 kV/50 Hz ausgelegt. Die Fahrzeuge werden im schweren Reisezug- und Güterzugdienst mit einer Höchstgeschwindigkeit von 130 km/h verwendet. Die Gesamtlänge beträgt 19.596 mm, der Drehzapfenabstand 10.440 mm.

Bauart: Co'Co'
Baujahre: 1974 – 1988
Leistung: 3575 kW
Länge über Puffer: 19.596 mm
Dienstmasse: 116 t
Stückzahl: 56

Baureihe 1047 MÁV

Bauart: Bo'Bo'
Baujahr: 2002
Leistung: 6400 kW
Länge über Puffer: 19.280 mm
Dienstmasse: 86 t
Stückzahl: 10

Die Taurus-Familie eignet sich bestens für den ungarisch-österreichischen Grenzverkehr. Daher beschafften die MÁV bei Siemens die Hochleistungsloks. Sie verfügen auch über Zugsicherungseinrichtungen für Deutschland, können also theoretisch bis Kiel durchfahren. Technisch erreichen sie 230 km/h Höchstgeschwindigkeit. Zugelassen sind sie aber nur für 160 km/h, da die MÁV auf die LZB verzichteten und nur die PZB installierten.

Baureihe 1047 GySEV

Bauart: Bo'Bo'
Baujahr: 2002
Leistung: 7000 kW
Länge über Puffer: 19.280 mm
Dienstmasse: 86 t
Stückzahl: 5

Auch die Raab-Oedenburg-Ebenfurter Eisenbahn, in Ungarn als Györ-Sopron-Ebenfurti Vasut bezeichnet, setzt auf den Taurus. Ihre Variante darf Tempo 230 erreichen, denn sie ist mit LZB ausgestattet. Ansonsten unterscheidet sich die Maschine vom Typ 1047 der MÁV sowie von der österreichischen Reihe 1116 nur durch das farbenfrohe Kleid. Die Hochleistungsloks kommen bis Villach, Wels und Wien.

M 40 MÁV

Ganz-MÁVAG baute für die MÁV insgesamt 82 Lokomotiven der Baureihe M 40. Haupteinsatzgebiet sollte der Reisezugdienst sein. Die Kraftübertragung erfolgt elektrisch. Ein Gleichstromgenerator versorgt vier Fahrmotoren. Für die Zugheizung ist ein ölgefeuerter Dampfkessel vorhanden.

Bauart: Bo'Bo'de
Baujahre: ab 1963
Leistung: 740 kW
Länge über Puffer: 14.250 mm
Dienstmasse: 76 t
Stückzahl: 82

M 47 MÁV

Für den Verschubdienst beschafften die ungarischen Eisenbahnen aus Rumänien Drehgestell-Dieselloks mit hydrodynamischer Kraftübertragung. Von 1974 bis 1979 wurden die Loks als M 43 mit 331 kW Leistung, in den Jahren 1974/75 die M 47.1000 mit 514 kW und schließlich von 1975 bis 1979 die M 47.2000 mit 700 kW geliefert.

Bauart: B'B'
Baujahre: 1974 – 1979
Leistung: 331/514/700 kW
Länge über Puffer: 11.460 mm
Dienstmasse: 48 t
Stückzahl: 113 (nur M 47)

M 41 MÁV

Bauart: B'B'
Baujahre: 1972 – 1984
Leistung: 1325 kW
Länge über Puffer: 15.500 mm
Dienstmasse: 66 t
Stückzahl: 114

Auf nicht elektrifizierten Strecken setzen die Ungarischen Staatsbahnen unter anderem Dieselloks der Reihe M 41 im Personenverkehr ein. Die Lokomotiven können maximal mit einer Geschwindigkeit von 100 km/h unterwegs sein.

Bzmot MÁV

Bauart: A'1'dh
Baujahre: ab 1977
Leistung: 141 kW
Länge über Puffer: 13.970 mm (Motorwagen)
Dienstmasse: 19 t
Stückzahl: 205

In den siebziger Jahren ersetzten die MÁV ihre Triebwagen aus der Zeit vor dem Zweiten Weltkrieg. Ab 1977 beschafften sie von Tatra Studenka in der Tschechoslowakei dreiteilige Triebzüge, die aus einem Triebwagen Bzmot und zwei Beiwagen Bzx bestanden. Im Triebwagen befinden sich 55 Sitzplätze.

Bamot 701 GySEV

Bauart: (1A)(A1)
Baujahre: 1962/1967 (Umbau)
Leistung: 266 kW
Länge über Puffer: 22.700 mm
Dienstmasse: 45 t
Stückzahl: 2

1962 erhielten die MÁV zwei vierachsige Dieseltriebwagen zu Testzwecken. Jeder Triebwagen war mit zwei 110 kW starken Dieselmotoren ausgestattet. Die Kraftübertragung erfolgte mechanisch. Die MÁV übernahmen diese Fahrzeuge nicht. 1967 wurden sie auf hydrodynamische Kraftübertragung umgebaut und erhielten zwei 133 kW starke Motoren. 1968 übernahm die GySEV beide Triebwagen, die über 66 Sitzplätze verfügten und 90 km/h erreichten.

Reihe 424 MÁV

Bauart: 2'Dh2
Baujahre: 1924 – 1958
Leistung: 1040 kW
Länge über Puffer: 21.000 mm
Dienstmasse: 142,6 t
Stückzahl: 365

Die Baureihe 424 der ungarischen Staatsbahnen war die am häufigsten gebaute und überdies die bedeutendste Dampflok dieser Verwaltung in neuerer Zeit. Zwischen 1924 und 1958 verließen 365 Fahrzeuge das Werk. Mit ihrer hohen Zugkraft und einer Höchstgeschwindigkeit von 90 km/h ließen sich die Loks in Ungarn universell einsetzen wie keine andere.

Reihe 328 MÁV

Bauart: 2'Ch2
Baujahr: 1921
Leistung: 750 kW
Länge über Puffer: 17.600 mm
Dienstmasse: 106 t

Als Schnellzuglokomotiven entstanden nach dem Ersten Weltkrieg die 100 km/h schnellen Dampfloks der Reihe 328. Eine dieser eleganten Maschinen, die 328-054, steht heute im Budapester Eisenbahnmuseum. Dort zeigt sie sich ohne Windleitbleche.

Reihe M 61 MÁV

Bauart: Co'Co'de
Baujahre: 1963 – 1964
Leistung: 1433 kW
Länge über Puffer: 19.007 mm
Dienstmasse: 108 t
Stückzahl: 20

Anfang der sechziger Jahre gelang es Nohab, einen außergewöhnlichen Auftrag zu akquirieren. Nachdem die nach US-amerikanischer Lizenz gebauten, dieselelektrischen Loks in Norwegen und Dänemark erfolgreich ihre Bewährungsprobe bestanden hatten, orderte die Ungarische Eisenbahn die Maschine. Somit rollte eine US-Konstruktion hinter den Eisernen Vorhang. Bis in die neunziger Jahre hinein blieben die Nohabs im Einsatz.

Reihe M 62 MÁV

Dass die „Taigatrommel" international unter der Bezeichnung M 62 firmiert, ist der MÁV zu verdanken. Sie reihte die Lugansker Entwicklung hinter den Nohabs ein, mit denen sie unter anderem die Bauart teilt. Wegen der fehlenden Ausstattung mit einer Zugheizvorrichtung konnte die M 62 Reisezüge nur während der warmen Jahreszeit an den Haken nehmen. Die robusten Maschinen sind auch heute noch auf ungarischen Strecken im Einsatz.

Bauart: Co'Co'de
Baujahre: 1965 – 1974
Leistung: 1470 kW
Länge über Puffer: 17.550 mm
Dienstmasse: 116 t
Stückzahl: 288

Nordamerika

Nordamerika

Als die Eisenbahnpioniere im Norden der Rocky Mountains einen Schienenweg planten, erinnerten sie sich an die Aufzeichnungen des Forschers Lewis. Schwarzfußindianer hatten ihm 1805 von einem leicht zu bewältigenden Gebirgsübergang erzählt. Jahrzehnte später wollten sich die Indianer aber nicht mehr an ihn erinnern. Nachdem der 1590 m hohe „Verlorene Pass" (später „Maria Pass") 1889 von dem Eisenbahningenieur John F. Stevens wiederentdeckt wurde, war der Weg für die Great Northern, deren Gleis von Osten her durch die weiten Ebenen führte, zum Pazifik frei.

Die Geschichte der Eisenbahnen auf dem nordamerikanischen Kontinent beginnt 1830 mit der Eröffnung der 13 Meilen langen Strecke der Baltimore & Ohio Railroad und der Entwicklung der ersten amerikanischen Dampflokomotive, genannt „Tom Thumb".

Sein erstes Wettrennen gegen einen Pferdewagen hatte „Tom Thumb" (Däumling) noch verloren. Einer seiner Antriebsriemen war gerissen. Doch diese Niederlage vermochte den Siegeszug der Dampftraktion in Nordamerika nicht zu bremsen. In der Folge entwickelten mehrere Fabriken Lokomotiven für eine Vielzahl privater Bahngesellschaften, die sich in der Zweiten Hälfte des 19. Jahrhunderts daran machten, den Kontinent verkehrstechnisch zu erschließen.

In den vierziger und fünfziger Jahren des 20. Jahrhunderts begannen leistungsstarke Loks mit dieselelektrischem Antrieb selbst die modernsten Dampfloks zu verdrängen. Ihr Erfolg lag in den geringeren Unterhaltskosten und dem billigen texanischen Dieselöl begründet. Aus Sicherheitsgründen wiesen die Dieselloks mehr oder minder prägnant geformte Stirnseiten auf. Zu den bekanntesten zählen die RF-16 „shark nose" (Haifischnase) und die rundnasigen „baby faces" (Babygesichter) der Reihen PA oder F7. Die Maschinen entstanden in zahlreichen Varianten, maßgeschneidert für die einzelnen Bahngesellschaften. Buchstabenkürzel als Bestandteil der Reihenbezeichnung weisen auf den Verwendungszweck der jeweiligen Lokomotive oder ihre Achsfolge hin. So bedeutet beispielsweise der Buchstabe P („Passenger") Personenzuglok, ein T weist auf die Tunneltauglichkeit hin. GP steht für „General Purpose" (Mehrzweck) und die Achsfolge B'B' und SD für „Special Duty" (besondere Aufgabe) und die Achsfolge C'C'. Maschinen, die ein M in der Baureihenbezeichnung haben, besitzen ein Sicherheitsführerhaus. SW steht für „switcher" und bedeutet Rangierlok.

Die Elektrotraktion konnte sich in Nordamerika nur in den Ballungsräumen etablieren, für Fernstrecken war die Fahrdrahtinstallation und -instandhaltung in dem weiten Land einfach zu teuer. Nach vielen Fusionen sind die US- und kanadischen Bahnen zum Großteil in den Händen einiger weniger großer Gesellschaften, wie Union Pacific (UP), Canadian National (CN) oder Burlington Northern Santa Fe (BNSF). Der Personenverkehr spielt nur noch eine untergeordnete Rolle.

Giganten der Schiene

Die größte jemals gebaute Dampflok entstand ab 1940 für die Union Pacific Eisenbahngesellschaft. Auf den 15-‰-Rampen des Sherman Hill zwischen Cheyenne und Laramie schleppten die Giganten schwere Güterzüge im Alleingang über die Rocky Mountains.

„Big Boys" wurden sie genannt, die „großen Jungs". Ein geradezu niedlicher Name für die fast 40 m langen Kolosse, die in Schenectady (Bundesstaat New York) bei der American Locomotive Company (ALCo) entstanden. Die Konstruktion der gewaltigen, als Reihe 4000 bezeichneten Dampfloktype erfolgte 1940 in der Entwicklungsabteilung der Union Pacific (UP), im „Department of Research and Mechanical Standards". Die Ingenieure hatten den Auftrag, eine Dampflokomotive zu entwickeln, die fähig war, einen 3600-t-Zug über die Sherman-Hill-Route zu befördern, sodass keine Schiebelok nötig sein würde. Die Big Boys waren für eine Geschwindigkeit von 128 km/h ausgelegt, auch wenn sie im Betrieb selten so schnell fuhren. So verfügten sie über eine gewisse Leistungsreserve. Anlass für die Neukonstruktion war das zu erwartende steigende Güterverkehrsaufkommen , das

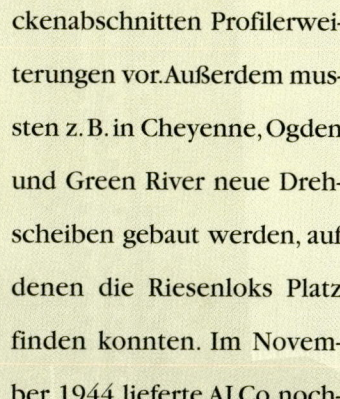

Big Boy in voller Aktion

sich als Auswirkung des Zweiten Weltkriegs abzeichnete. Die Anschaffung der Giganten zwang die UP allerdings zu etlichen Vorkehrungen, ohne die es gar nicht möglich gewesen wäre, die Big Boys auf der Sherman-Hill-Strecke problemlos einzusetzen. Der seitenverschiebbare Kessel erforderte in den Bögen zusätzlichen Raum, der auch vorhanden sein musste. Daher nahm man seitens der UP auf zahlreichen Streckenabschnitten Profilerweiterungen vor. Außerdem mussten z. B. in Cheyenne, Ogden und Green River neue Drehscheiben gebaut werden, auf denen die Riesenloks Platz finden konnten. Im November 1944 lieferte ALCo nochmals 35 Big Boys an die UP. Allen, die als Augen- und Ohrenzeugen eine Vorbeifahrt der gigantischen Kraftpakete erleben durften, sind diese außergewöhnlichen Loks unauslöschlich in Erinnerung geblieben. Ab 1961 mussten die Big Boys dennoch den Weg alten Eisens gehen, verdrängt von Diesel-Kolossen und Gasturbinenloks. Acht Dampfrösser der 4000er Reihe sind, allerdings nicht betriebsfähig, in verschiedenen Museen erhalten geblieben. Obgleich regungslos und stumm, haben sie nichts von ihrer Faszination verloren.

Zwei Big Boys donnern mit ihrem langen Güterzug vorüber

Zahnraddampflok/Mount Washington
(u. a. Manchester Locomotive Works)

Bauart: B
Baujahre: 1866 – 1908
Leistung: 294 kW
Dienstmasse: 25 t
Stückzahl: 17

Die älteste Zahnrad-Bergbahn der Welt befindet sich am Mount Washington. Sie wurde 1869 fertig gestellt. Heute versehen immer noch Dampfloks den Dienst auf der mit 37 ‰ geneigten Trasse. Die Maschinen der Anfangszeit besaßen alle einen aufrecht stehenden Kessel, der später in waagerechte Position gebracht wurde. Einige dieser alten Loks versehen noch heute ihren Dienst, wie die 1874 gebaute Kancamagus (früher „Tip-Top" genannt), die 1878 einen liegenden Kessel erhielt.

Class 10/C 102 No. 507 (BLW)

Zu den Lokfabriken, die sich schon früh einen Namen als Dampflokhersteller errungen hatten, gehörten die Baldwin Locomotive Works mit Sitz in Philadelphia, gegründet 1931 von dem Juwelier und Silberschmied Matthias W. Baldwin. Dieses Unternehmen brachte viele Dampfloktypen hervor, darunter auch eine Vertreterin der Class 10 mit einem Treibraddurchmesser von 1,97 m, die für die Atchison, Topeka & Santa Fe gefertigte No. 507, die als Personenzuglokomotive eingesetzt wurde.

Bauart: 2B1
Baujahr: ca. 1900
Dienstmasse: 88 t

Class 10

Die Baldwin Locomotive Works fertigten eine Vielzahl von Personenzugloks. Eine davon, die Class 10 D 99, ein Dreikuppler mit 1,82 m hohen Treibrädern, entstand für die Chicago Short Line. Diese Eisenbahngesellschaft wurde im Jahr 1900 gegründet und nahm drei Jahre später den Betrieb auf.

Bauart: 2C
Baujahr: ca. 1900
Dienstmasse: 80 t

Challenger Class 800 (ALCo)

Bauart: 2CC2
Baujahre: 1936 – 1943
Länge über Puffer: 34.706 mm (inkl. Tender)
Dienstmasse: 411 t (inkl. Tender)
Stückzahl: 105

Während und nach dem Zweiten Weltkrieg nannte die Union Pacific die modernsten Dampfloks ihr Eigen. Zu diesen legendären Güterzugmaschinen gehörten auch die Challengers, die es in zwei Varianten gab. Die eine diente als Güterzuglok, wie z. B. die Challenger 3985 (links im Bild auf Seite 324 unten), die andere („800-Class"), wurde vor schnellen Personenzügen eingesetzt. Die 1944 gelieferte Challenger 844 fuhr zuletzt auch im Güterverkehr. Heute bespannt sie Sonderzüge.

Daylight (Lima Locomotives)

Bauart: 2D2
Baujahre: 1936 – 1942
Länge über Puffer: 33.490 mm (inkl. Tender)
Dienstmasse: 346 t (inkl. Tender)
Stückzahl: 50

Insgesamt entstanden 50 Daylight-Dampfloks bei den Lima Locomotives Works für die Southern Pacific Railroad. Weitere 16 Loks kamen während des Zweiten Weltkriegs hinzu, sie verfügten jedoch nicht über die seitlichen Fahrwerksblenden. Die heute betriebsfähige Daylight 4449 der Ursprungsversion wurde Anfang der siebziger Jahre anlässlich der 200-Jahrfeier zur Unabhängigkeit der USA restauriert. Danach erhielt sie ihr Originalfarbkleid in Orange, Rot und Schwarz zurück.

323

Big Boy Class 4000 (ALCo)

Bauart: 2DD2
Baujahre: 1940–1942/1943 – 1944
Länge über Puffer: 40.353 mm
(inkl. Tender)
Dienstmasse: ca. 544 t (inkl. Tender)
Stückzahl: 20 + 5

Die Big Boys waren die größten, jemals gebauten Dampfloks der Welt. Sie verfügten über einen siebenachsigen Tender, maßen in der Länge über 40 m und in der Höhe 4,9 m. Die zweite, ab 1943 gebaute Serie verfügte über einen etwas größeren Wasserbe-hälter. Dank Stoker-Automatik ge-langten stündlich 10 bis 12 t Koh-le auf den riesigen Rost der Feu-erbüchse. Das Stahlross war ge-fräßig. Es vermochte aber im Al-leingang, bis zu 3600 t schwere Züge über Bergstrecken zu zie-hen.

PA (ALCo)

Bauart: (A1A)(A1A)
Baujahr: 1946
Leistung: 1470/1655 kW
Länge über Puffer: 19.960 mm
Dienstmasse: 118 t
Stückzahl: 297 (A-/B-units)

Markant reckt sich die fast zwei Meter lange Schnauze der von ALCo gebauten PA nach vorne und unterstreicht damit das aerodynamische Äußere der Diesellok. Nach dem Einbau des stärkeren ALCo-16-Zylinder-Turbomotors 244 stieg die Leistung von 1470 auf 1655 kW. Zuerst hatte man der PA nur den Personenverkehr als Aufgabengebiet zugedacht, später wurden sie aber auch vor Güterzügen eingesetzt. Insgesamt fertigte ALCo 297 Exemplare, drei davon für Brasilien.

AEM7 (ASEA)

Bauart: Bo'Bo'
Baujahre: 1979 – 1990
Leistung: 2250 kW
Länge über Puffer: 15.590 mm
Dienstmasse: 92,5 t
Stückzahl: 47

Als „schwedischen Fleischklops" verspotteten US-amerikanische Eisenbahnfans die zu Probefahrten in den Staaten weilende X 995, eine Rc 4 der SJ. Das Konzept von Asea setzte sich durch und die bei EMD und ABB, der Nachfolgerin von Asea, gebauten Lokomotiven fuhren für verschiedene Gesellschaften auf den elektrifizierten Strecken an der Ostküste der USA. Dabei schleppten sie Reisezüge über längere Distanzen ebenso wie Pendlerzüge in städtischen Ballungsräumen.

CF-7 (EMD)

Gerade regionale Bahngesellschaften oder solche, die nur über ein kleines Streckennetz verfügten, entschlossen sich Anfang der siebziger Jahre dazu, aus Kostengründen keine neuen Güterzugloks zu beschaffen, sondern ältere Baureihen umzubauen und damit aufzufrischen. Auf diese Weise entstand auch die CF-7, ein Umbau aus älteren Maschinen der F-Reihe. Hierbei wurde insbesondere der Lokkasten verändert und dabei ein Führerstand geschaffen mit freier Sicht auf die Strecke.

Bauart: Bo'Bo'
Baujahre: ca. 1970 –
Leistung: 1100 kW
Länge über Puffer: 17.000 mm
Dienstmasse: 120 t

DDA40X (EMD)

Heute gilt die DDA40X immer noch als die stärkste und größte Einrahmen-Diesellok der Welt. Allerdings litt dieser Lokgigant an einem Manko. Das waren die vierachsigen Drehgestelle, die dem Gleiskörper arg zusetzten. Daher war der DDA40X kein langes Leben beschieden. Ein Exemplar dieser außergewöhnlichen Lokomotive kann auf dem Gelände des Kenefick Park in Omaha, Nebraska, bestaunt werden.

Bauart: Do'Do'
Baujahre: ab 1969
Leistung: 2 x 2750 kW
Länge über Puffer: 30.000 mm
Dienstmasse: 247 t

E5 (EMD)

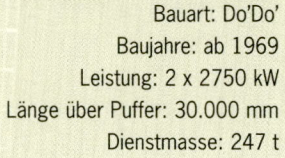

Bauart: 2 x Co'Co'
Baujahre: 1939 – 1942
Leistung: 2 x 736 kW
Länge über Puffer: 15.240 mm
Dienstmasse: 105 t
Stückzahl: 16

Im Illinois Railway Museum befindet sich das bestens gepflegte Exemplar einer Diesellokomotiv-Type, die einst die silberfarbenen „Zephyr"-Züge gezogen hat. Der 1940 gebaute „Silver Pilot" ist einer der 16 Dieselloks, die von der Burlington-Eisenbahngesellschaft speziell für die eleganten Streamliner-Personenzüge beschafft wurden. Die E5 der Burlington Route unterschieden sich von den vergleichbaren E3, E4 und E6 hauptsächlich nur durch ihre spezielle Edelstahl-Verkleidung.

E6 (EMD)

Die E6 wurde als standardisierte Personenzuglokomotive entwickelt. Äußerlich unterschied sie sich nicht von ihren übrigen Schwestern aus der E-Serie (E3 bis E5). Im Laufe der Jahre stockte EMD die Leistung der Lokomotive mit Hilfe stärkerer Motoren bis auf 1765 kW auf. Das große, auf der „Nasenmitte" prangende Spitzensignal stellt ein Relikt aus der Dampflokzeit dar, als es noch vorgeschrieben war, eine weithin sichtbare, lichtstarke Lampe vor der Rauchkammer zu platzieren.

Bauart: (A1A)(A1A)
Baujahre: 1938 – ca. 1959
Leistung: 2 x 736 kW
Länge über Puffer: 15.240 mm
Dienstmasse: 105 t

E9 (EMD)

Als in den USA während der fünfziger Jahre das Fahrgastaufkommen im Schienenpersonenverkehr stark zurückging, sank die Nachfrage für Reisezugloks enorm. Daher fertigte EMD von der E-Serie relativ geringe Stückzahlen. Hinzu kam, dass bei den Loks vom Typ E nur vier der sechs Achsen angetrieben waren, ein Manko, der sie gegenüber den GP- und SD-Serien im Güterverkehr benachteiligte. Daher entstanden bei EMD bis 1963 von der E9A nur noch 100, von der E9B nur 44 Stück.

Bauart: (A1A)(A1A)
Baujahre: – 1963
Leistung: 1765 kW
Länge über Puffer: 21.410 mm
Dienstmasse: 113 t
Stückzahl: 100 (A)/44 (B)

E60-GP (GE)

Nach der Übernahme des Fernreiseverkehrs besaß die halbstaatliche Amtrak nur veraltete Loks. Deshalb ließ sie aus den GE-Güterzugloks der U-Serie sowie einer elektrischen Bauart sechsachsige Maschinen entwickeln. Wegen Entgleisungsgefahr erreichten sie nicht die für den Schnellzugdienst geforderten hohen Geschwindigkeiten. Das zugelassene Tempo sank von anfangs 194 auf 137 km/h. Daher mussten sie bald der leistungsfähigeren AEM 7 weichen und wurden ausgemustert.

Bauart: Co'Co'
Baujahr: 1974 – 1976
Leistung: 4413 kW
Länge über Puffer: 21.280 mm
Dienstmasse: 183 t
Stückzahl: 26

E60-MA (GE)

Um die GG1 zu ersetzen, bestellte Amtrak 26 neue Elektrolokomotiven für den Personenverkehr bei General Electric. Wie die ersten Amtrak-Dieselloks basierten auch die Elektroloks bezüglich ihrer Bauart auf bestehenden Güterzug-Diesellokomotiven. Diese Tradition führte dazu, dass die Loks anfangs ihr Maximaltempo über 201 km/h nicht ausfahren durften, da sie zu entgleisen drohten. Umbauten waren nötig. Die Lokvariante mit klimatisiertem Führerstand wird E60-MA genannt.

Bauart: Co'Co'
Baujahre: 1974 – 1976
Leistung: 4413 kW
Länge über Puffer: 21.280 mm
Dienstmasse: 183 t
Stückzahl: 26

GP30 (EMD)

Bauart: Bo'Bo'
Baujahre: ab 1962
Leistung: 1655 kW
Länge über Puffer: 17.119 mm
Dienstmasse: 115 t
Stückzahl: 948

Auch wenn die EMD GP30 lediglich eine von vielen Typen innerhalb der großen EMD-Lokpalette darstellt, so markiert sie doch eine Wende im Lokomotiv-Design. Bei dieser Reihe wurden sämtliche Lüfter an das hintere Ende der Lokomotive gesetzt und die Luftkühlanlagen für die Motoren zusammengefasst. Das Dach des Führerstandes erhielt seine charakteristische, kappenähnliche Form, der Lokkasten wurde windschnittiger gestaltet. Insgesamt beschafften 27 Bahngesellschaften diese Lok.

GP38 (EMD)

Die GP38 gehört mit 2942 gebauten Exemplaren zu den erfolgreichsten Dieselloks in US-Amerika. Im Jahr 1966 war sie die erste EMD-Lok, die den neuen und stärkeren Zweitakt-Dieselmotor mit 10.570 cm³ Hubraum pro Zylinder erhielt. Derselbe Motor arbeitet auch in der berühmten SD40. Die maximale Achslast der GP38 beträgt 28 t, ihre Höchstgeschwindigkeit wird mit 137 km/h angegeben. GP38 fahren u. a. für die Southern Pacific und die Central Oregon & Pacific, die 13 dieser Loks besitzt.

Bauart: Bo'Bo'
Baujahre: 1966 – 1975
Leistung: 1700 kW
Länge über Puffer: 18.030 mm
Dienstmasse: 111 t
Stückzahl: 2942

GP39 (EMD)

Bauart: Bo'Bo'
Baujahre: 1969/1977
Leistung: 1950 kW
Länge über Puffer: 18.030 mm
Dienstmasse: 126 t
Stückzahl: 373

Die EMD GP39 stellen eine leistungsstärkere Weiterentwicklung der GP38 dar. Die 1977 produzierte GP39-2 verfügt gegenüber der GP39 über eine verbesserte Elektronik. Insgesamt wurden fünf Versionen der GP39 gebaut. Die Mehrzahl dieser universell einsetzbaren Maschinen steht auch heute noch im Dienst. Ihre Höchstgeschwindigkeit beträgt 105 km/h. Als „road switcher" ist die GP39 auch für den Transport von Nahgüterzügen auf Haupt- und Nebenstrecken zuständig.

GP40 (EMD)

Bauart: Bo'Bo'
Baujahre: 1965 – 1978
Leistung: 2500 kW
Länge über Puffer: 18.030 mm
Dienstmasse: 116 t
Stückzahl: 2200

Bei der EMD GP40 handelt es sich um die vierachsige Variante der SD40. Sofern die GP40 mit verbesserter Elektronik ausgestattet oder später nachgerüstet wurde, spricht man von der GP40-2. Die maximal mit Tempo 105 bis 114 km/h fahrenden Maschinen vom Typ GP40 weisen eine Achslast von 29 t auf. Von dieser Baureihe sind, was als Zeichen ihres Erfolgs gewertet werden kann, nicht weniger als 2200 Stück gebaut worden.

GP60 (EMD)

Die GP60 kommt vornehmlich auf Hauptstrecken vor schnellen Containerzügen zum Einsatz. Als das erste Exemplar dieses Typs im Jahr 1985 ausgeliefert wurde, galt die GP60 als stärkste vierachsige Diesellok.

Bauart: Bo'Bo'
Baujahre: ab 1985
Leistung: 3200 kW
Länge über Puffer: 18.200 mm
Dienstmasse: 118 t
Stückzahl: 356

GP60M (EMD)

Ein verändertes Erscheinungsbild zeigen die GP60M gegenüber der Ursprungsbauart. Der Buchstabe M weist auf das Sicherheits-Führerhaus hin, mit dem diese Varianten ausgestattet wurden. In technischer Hinsicht unterscheiden sich die GP60 und GP60M jedoch nicht.

Bauart: Bo'Bo'
Baujahre: ab 1985
Leistung: 3200 kW
Länge über Puffer: 18.200 mm
Dienstmasse: 118 t
Stückzahl: 61

F7 (EMD)

Bauart: Bo'Bo'de
Baujahre: 1949 – 1953
Leistung: 1100 kW
Länge über Puffer: 15.240 – 15.443 mm
Dienstmasse: 105 t
Stückzahl: 3849

Generationen von Freunden US-amerikanischer Eisenbahnen galten sie als die Diesellokomotive schlechthin. Die formschönen Maschinen von GM-EMD trugen maß-geblich zur Verdieselung der Strecken bei und beförderten Züge jeder Gattung. Die einzelnen Einheiten (A- und B-Units) ließen sich zu langen Lokverbänden kuppeln und vom vordersten Führerstand aus steuern. Fünf, sechs F7 vor einem langen Güterzug waren dabei keine Seltenheit. Einige fahren noch bei Museumsbahnen.

F40PH (EMD)

Bauart: Bo'Bo'
Leistung: 2500 kW
Länge über Puffer: 18.030 mm
Dienstmasse: 118 t
Stückzahl: 405

Die 166 km/h schnelle Personenzuglokomotive besitzt geschlossene Aufbauten sowie eine Zugheiz- und Stromversorgungseinrichtung. Von den insgesamt 405 gebauten Exemplaren der Serien F40PH und F40PH-2 wurden über 200 Exemplare an das Verkehrsunternehmen Amtrak geliefert. Dort waren sie über 20 Jahre lang die Stütze des Transkontinentalverkehrs. Die allesamt sehr erfolgreichen Diesellok-Baureihen SP40, SD40 und F40 weisen in technischer Hinsicht große Ähnlichkeiten auf.

F59PHI (EMD)

Als Ersatz für die F40PH ließ Amtrak California 19 Stück der ebenfalls 166 km/h schnellen, eleganten F59PHI fertigen. Diese Loks fahren mit einem auf zwölf Zylinder reduzierten Motor der GP60. Zu ihren Einsatzgebieten zählen die Route Oakland – Sacramento oder die Strecken entlang der Pazifik-Küste. Die Züge, mit denen sie unterwegs sind, heißen z. B. „Metrolink" oder „Capitol". Auch andere Regionalbahnen beschafften die formschönen Personenzuglokomotiven.

Bauart: Bo'Bo'
Baujahre: 1994 – 1995 (Amtrak)
Leistung: 2500 kW
Länge über Puffer: 17.730 mm
Dienstmasse: 122 t
Stückzahl: 19 (Amtrak)

F69PHAC (EMD)

Bauart: Bo'Bo'
Baujahr: 1990
Leistung: 2500 kW
Länge über Puffer: 18.030 mm
Dienstmasse: 120 t
Stückzahl: 2

Die F69PHAC ist das Ergebnis einer Zusammenarbeit zwischen Siemens und EMD. Als erste amerikanische Diesellok verfügt sie über Drehstrom-Fahrmotoren. Auf diese Ausstattung weist die Buchstabenkombination AC hin. Es entstanden allerdings nur zwei Exemplare von dieser Loktype, die zunächst von der Amtrak eingesetzt wurden. 1993 erhielten beide Diesellokomotiven ein ICE-Farbkleid, das ihnen anlässlich der ICE-Präsentation angepasst wurde.

FL9 (EMD)

Bauart: Bo-A1A
Baujahr: 1954
Leistung: 1287 kW
Länge über Puffer: 16.450 mm
Dienstmasse: 105 t
Stückzahl: 60

Die FL9 entstand als letzte Variante der F-Serie, weil die New Haven Railroad und weitere Bahngesellschaften für ihren Personenverkehr Mehrsystemloks wünschten, die sowohl dieselelektrisch als auch rein elektrisch mit Stromschiene zu fahren vermochten. Der Grund lag in den Abgasschutzbestimmungen der Großstädte in den Ballungsräumen. Auf freier Strecke bezog die FL9 ihre Antriebsenergie aus dem Dieselmotor, im Stadtbereich schaltete sie auf die Nutzung der Stromschiene um.

GG1 (Pennsylvania Railroad)

Bauart: 2'Co+Co2'
Baujahre: 1934 – 1943
Leistung: 3375 kW
Länge über Puffer: 23.232 mm
Dienstmasse: 200,7 – 235 t
Stückzahl: 88

Lange Zeit war die GG 1 die einzige bedeutende elektrische Schnellzuglok in den USA. Die für die Pennsylvania Railroad (PRR) entwickelten Maschinen entstanden in den Werkstätten der Gesellschaft selbst und bei GE/Westinghouse. Auf den Strecken der Ostküste schleppten die Loks bekannte Luxus- und schwere Güterzüge. Sie erlebten neben der PRR die Pennsylvania Central und auch die Amtrak mit. Ihre letzten Jahre verbrachten sie im Vorortverkehr bei der New Jersey Transportation.

SD9 (EMD)

Bauart: Co'Co'
Baujahre: ab 1954
Leistung: 1500 kW
Länge über Puffer: 18.500 mm
Dienstmasse: 163 t
Stückzahl: 471

Als sechsachsiges Gegenstück zur Rangierlokomotive GP9 entstand die SD9. Die Buchstaben SD weisen bereits auf ihr Aufgabengebiet hin: „special duty" (= Spezialaufgaben). Aufgrund ihrer sechsachsigen Ausführung ist der Achsdruck relativ gering, sodass die Maschine auch auf Nebenstrecken mit schwächerem Oberbau Güterzüge transportieren kann. Die Lokomotive verfügt wie die GP9 über eine Höchstgeschwindigkeit von 105 km/h.

RF-16 Shark (BLW)

Das auffällige Design der „Sharknose" RF-16 ging aus den Erfahrungen hervor, die aufgrund eines folgenschweren Unfalls bereits 1934 gemacht wurden. Eine Baldwin-Lok war am Bahnübergang mit einem Lastwagen kollidiert. Die offensichtlich mangelnde Stabilität der Lokschnauze bei der beteiligten Maschine führte zu Überlegungen hinsichtlich eines stabileren Führerstandes mit „Nase". Nach

mehreren Versuchsumbauten bei gängigen Loktypen entwickelte Baldwin die „Sharknoses".

Bauart: Bo'Bo'
Baujahre: 1951/1952
Leistung: 1177 kW
Länge über Puffer: 21.500 mm
Dienstmasse: 112 t
Stückzahl: 109 (A- und B-units)

SD38 (EMD)

Bauart: Co'Co'
Baujahre: 1968 – 1979
Leistung: 1700 kW
Länge über Puffer: 20.020 mm
Dienstmasse: 163 t
Stückzahl: 135

Die SD38 wird insbesondere vor Übergabezügen eingesetzt. Sie stellt die sechsachsige Ausführung der GP38 dar und verfügt auch über eine höhere Zugkraft als die vierachsige Variante. Dank ihrer relativ geringen Achslast wurde die SD38 hauptsächlich an Regionalbahnen mit regem Verkehrsaufkommen ausgeliefert. Für Hauptbahnen ist die Lokomotive dagegen wegen ihrer geringen Motorleistung weniger gut geeignet.

SD40-2 (EMD)

Bauart: Co'Co'
Baujahr: 1973 – 1976
Leistung: 2500 kW
Länge über Puffer: 20.980 mm
Dienstmasse: 180 t

Zu den am häufigsten anzutreffenden US-Loktypen zählte in den achtziger Jahren die SD40-2. Sie war die Standardlok schlechthin, bis modernere Typen auf den Plan traten. Von den robusten Maschinen führten die beiden größten Unternehmen, Union Pacific und Burlington Northern, eine Zeit lang über 1000 Maschinen in ihrem Bestand, die sie vor langen Güterzügen, oftmals in Mehrfachtraktion einsetzten.

SD40T-2 (EMD)

Bauart: Co'Co'
Baujahre: 1973 – 1976
Leistung: 2500 kW
Länge über Puffer: 20.980 mm
Dienstmasse: 167 t

Als tunneltaugliche Variante der SD40-2 fertigte EMD die SD40T-2. Sie wurde hauptsächlich von den Bahngesellschaften Southern Pacific und Denver & RioGrande Western beschafft, die mit ihren Loks tunnelreiche Strecken bedienen. Das T in der Baureihenbezeichnung weist die Maschinen als tunneltauglich aus. Bei ihnen sind die Lüfter seitlich angeordnet und nicht im Dachbereich nahe des Auspuffs, sodass die Motoren auch in den Tunnelröhren genügend Luft erhalten können.

SD45 (EMD)

Bauart: Co'Co'
Baujahre: ab 1966
Leistung: 3000 kW
Länge über Puffer: 20.980 mm
Dienstmasse: 178 t
Stückzahl: 1762

Weiterentwicklung der SD40 mit stärkerem Motor. Obwohl der 20-Zylindermotor der SD45 sich als recht störanfällig erwies, enstanden insgesamt 1762 Exemplare, von denen 247 als Tunnel-Lokomotiven mit geänderter Heckform und seitlichen Lüftern ausgeführt waren. Nach und nach tauschte man bei etlichen SD45 den 20-Zylinder- gegen den bewährten 16-Zylindermotor der SD40 aus.

Diese Maschine wurde auch als tunneltaugliche Variante gefertigt (SD45T-2). Die SD45 entstand als

SD60 (EMD)

Bauart: Co'Co'
Baujahre: 1986 – 1995
Leistung: 3200 kW
Länge über Puffer: 21.820 mm
Dienstmasse: 177 t
Stückzahl: ca. 520

Der Bedarf an starken Güterzuglokomotiven versuchte EMD mit der 3800 PS starken SD60 zu befriedigen. Im Fertigungszeitraum 1986 bis 1995 verkaufte die Lokfabrik rund 520 Maschinen dieser Baureihe. Allerdings konnte auch der Konkurrent General Electric Mitte der achtziger Jahre mit leistungsfähigen Dieselloks aufwarten (Dash-8-Serie), sodass sich die Fertigungszahlen der EMD SD60 in Grenzen hielten.

SD75M (EMD)

Bauart: Co'Co'
Baujahre: 1995 –
Leistung: 3600 kW
Länge über Puffer: 22.560 mm
Dienstmasse: 188 t

Der Mitbewerber auf dem Gebiet der Dieseltraktion, General Electric, brachte EMD dazu, eine weitere leistungsstarke Güterzuglokomotive zu entwickeln, um ein Pendent zur erfolgreichen Dash-8-Serie von General Electric zu erhalten. Die SD75M ist sogar noch etwas kraftvoller als die GE C41-8. Wie der Buchstabe M in der Typenbezeichnung ausweist, verfügt die Lokomotive über ein Sicherheits-Führerhaus, genannt „safety cab".

SD90MAC (EMD)

Bauart: Co'Co'
Baujahre: 1995 –
Leistung: 5000 kW
Länge über Puffer: 24.430 mm
Dienstmasse: 193 t

Die hochmodernen Kraftpakete vom Typ SD90MAC verfügen über einen Drehstrom-Motor (AC) und ein Sicherheits-Führerhaus (M). Mit einer Leistung von 5000 kW ist diese Loktype in neue Dimensionen vorgestoßen. Sie ist geeignet, die SD40-2 aus ihren Einsatzgebieten zu verdrängen. Zu den ersten Kunden zählte das Verkehrsunternehmen Union Pacific, das sogleich 200 Exemplare der SD90MAC bestellte. Daher sind etliche dieser Giganten auch im typischen gelben Farbkleid der UP unterwegs.

SW1500 (EMD)

Die Buchstaben SW in der Reihenbezeichnung SW1500 weisen die Lok als Rangierlokomotive („switcher") aus. Zu den erfolgreichsten Rangierlokbaureihen zählen die von EMD gebauten SW1200 und SW1500. Erstere entstanden in 1024 Stücken von 1954 bis 1966, die stärkere Nachfolgerin SW1500, die mitunter auch im Streckendienst eingesetzt wird, wurde ab 1969 ausgeliefert und ist wie die ältere Switcher-Lok auf et-lichen Nebenbahnen noch heute im Einsatz.

Bauart: Bo'Bo'
Baujahre: 1966 – 1974
Leistung: 1100 kW
Länge über Puffer: 13.540 mm
Dienstmasse: 113 t
Stückzahl: 807

B23-7 (GE)

Bauart: Bo'Bo'
Baujahre: ab 1978
Leistung: 1950 kW
Länge über Puffer: 18.590 mm
Dienstmasse: 121 t
Stückzahl: 557

Die B23-7 stellt eine Antwort von General Electric auf die GP39-2 von EMD dar. Bei der ab 1978 gebauten Lokomotive hat GE bereits ein neues Bezeichnungsschema angewandt. Dieses benennt als Erstes die Achsfolge, dann die Motorleistung (2300 PS) und anschließend den verwendeten Motor (GE 7-FL-12). Letztendlich war die B23-7 wesentlich erfolgreicher als die EMD GP39-2, was sich anhand der verkauften Stückzahl nachvollziehen lässt.

B40-8W (GE)

Die B40-8W gehört ebenfalls zu der äußerst erfolgreichen Dash-8-Serie von General Electric. Das W steht für „wide nose" und spielt auf das Sicherheits-Führerhaus an, das bei den EMD-Loks durch den Buchstaben M gekennzeichnet ist. Mit der B40-8W setzte sich GE in Sachen Diesellokomotivbau an die Spitzenposition. Die 112 km/h schnelle Lokomotive ist oftmals in Mehrfachtraktion vor Intermodal-Zügen anzutreffen.

Bauart: Bo'Bo'
Baujahre: 1988 – 1990
Leistung: 3400 kW
Länge über Puffer: 20.220 mm
Dienstmasse: 127 t
Stückzahl: 83

B42-9P (GE)

Diese zur Dash-9-Serie gehörende Lokomotive ist schon seit einigen Jahren die Standardlok beim Personenverkehrsanbieter Amtrak. Sie trägt auch den schönen Beinamen „Genesis", eine Anspielung auf den futuristisch wirkenden, völlig neu konzipierten Aufbau der Diesellokomotive. Einige Komponenten für die Elektrik wurden von der europäischen ADtranz geliefert. Die Antriebskraft wird vom selben Motor angetrieben, wie er auch in den Güterzugloks arbeitet (GE 8-FDL-16).

Bauart: Bo'Bo'
Baujahre: ab 1993
Leistung: 3550 kW
Länge über Puffer: 21.030 mm
Dienstmasse: 128 t
Stückzahl: 43

C30-7 (GE)

Bauart: Co'Co'
Baujahre: 1977 – 1983
Leistung: 2500 kW
Länge über Puffer: 20.500 mm
Dienstmasse: 191 t
Stückzahl: 1156

Mit seinem zuverlässigen Viertakt-Motor 7-FDL-16E16 rüstete General Electric auch die C30-7 aus, die in direkte Konkurrenz zur erfolgreichen SD40 von EMD trat. Innerhalb von wenigen Jahren entstanden 1156 Stück von der C30-7, die in technischer Hinsicht von der stärkeren C36-7 abgelöst wurde. 133 Exemplare der C30-7 waren 1995 zum Beispiel im Bestand der Union Pacific. Amtrak beschaffte ebenfalls etliche Exemplare.

C36-7 (GE)

Um für die bewährte C30-7 eine leistungsstärkere Nachfolgerin zu schaffen, entwickelte General Electric die C36-7. Diese Diesellok-Type markiert den Übergang zur erfolgreichen Dash-8-Serie in Gestalt der C40-8. Mit diesem Schritt konnte sich GE die Spitzenposition in der Diesellokomotivtechnik sichern. Die relativ geringe Anzahl der verkauften C36-7 kann auf die schwache Wirtschaft in den frühen 80er Jahren zurückgeführt werden, weniger auf die Tauglichkeit der Loktype.

Bauart: Co'Co'
Baujahre: 1980 – 1985
Leistung: 3200 kW
Länge über Puffer: 20.500 mm
Dienstmasse: 191 t
Stückzahl: 203

C41-8W (GE)

Bauart: Co'Co'
Baujahre: ab 1988
Leistung: 1900 kW
Länge über Puffer: 21.560 mm
Dienstmasse: 191 t
Stückzahl: ca.
1000 (C40/C41/C42 insgesamt)

Mit der Dash-8-Serie hatte General Electric ein derart erfolgreiches Diesellok-Muster erarbeitet, das sich daraus eine Vielzahl von Varianten entwickeln ließ. So entstand neben der C40-8 eine Spielart mit Sicherheits-Führerkabine (C40-8W). Der Motor in der C40-8W ließ sich optimieren, sodass sich nun auch eine C41-8W sowie C42-8W ableiten ließen. Wie so oft üblich in den USA sind die Maschinen vom Typ C41-8W oft in Mehrfachtraktion vor langen Güterzügen im Einsatz.

C44-9W (GE)

Zu den jüngeren Entwicklungen aus dem Hause General Electric gehört die Dash-9-Serie. Gegenüber der Dash 8 weist die C44-9W einen verlängerten Lokkasten auf. Die Motorleistung wurde ebenfalls gesteigert. Sie beträgt bei der C44-8W 3700 kW (C41-8W: 1900 kW). Das C in der Reihenbezeichnung deutet auf das dreiachsige Drehgestell hin, das W steht wiederum für Sicherheits-Führerhaus („wide nose").

Bauart: Co'Co'
Baujahre: 1993 – 1994
Leistung: 3700 kW
Länge über Puffer: 22.850 mm
Dienstmasse: 191 t

Metroliner-Triebwagen (Budd)

Bauart: Bo'Bo'
Baujahre: 1969
Leistung: 4 x 184 kW (pro Wagen)
Länge über Puffer: 25.840 mm
Stückzahl: 90

Eigentlich sollten die Triebzugeinheiten des Metroliners 256 km/h schnell unterwegs sein. Im täglichen Einsatz zwischen Washington und New York kam er jedoch

über eine Höchstgeschwindigkeit von 200 km/h nie hinaus, was teils am Oberbau, teils an der streikenden Zugtechnik lag. Um die Zuverlässigkeit der Elektrotriebwagen zu verbessern, baute Amtrak die Einheiten daher nach und nach um. Mit Erscheinen der AEM-7 wanderten die Metroliner-Triebzüge auf das Abstellgleis.

South Shore Line No. 803 (GE)

Bauart: 2D+D2
Baujahr: 1949
Leistung: 3766 kW
Länge über Puffer: 27.002 mm
Dienstmasse: 273 t
Stückzahl: 3

Im Jahr 1946 hatte die Sowjetunion bei General Electric Elektrolokomotiven bestellt, die später zu den größten, jemals gebauten Elektrolokomotiven der Welt zählen würden. Ende 1948 untersagte die US-amerikanische Regierung jedoch sämtliche Lieferungen von strategisch relevanten Gütern an die UDSSR. Drei der besagten Loks wurden nun vom US-Eisenbahnunternehmen South Shore Line gekauft. Eine davon, No. 803, erhielt in Anspielung auf Josef Stalin, den Spitznamen „Little Joe".

Turbotrain-Triebkopf (United Aircraft)

Bauart: Bo1
Baujahre: 1966/1968
Leistung: 2059 kW
Länge über Puffer: 22.417 mm
Stückzahl: 8

Neigetechnik, ein futuristisches Design, Leichtbauweise und größtmöglicher Komfort zeichneten die Turbotrains aus, die 1968 der Öffentlichkeit vorgestellt wurden. Das Turbotrain-Projekt wurde seinerzeit vom US-Verkehrsministerium gefördert. Die Antriebskraft erzeugte eine Gasturbine, die aus der Flugzeugindustrie stammte. In Kanada fuhren zehn Turbotrains für die Canadian National Railways. Bei den Nachbarn waren sie etwas erfolgreicher als in den USA, wo man die störanfälligen Züge bis 1980 ausmusterte.

„Rocky" GP40-2

Bauart: Bo'Bo'
Baujahre: 1965 – 1978
Leistung: 2500 kW
Länge über Puffer: 18.030 mm
Dienstmasse: 116 t
Stückzahl: 5

Die von EMD gebauten GP40 mit verbesserter Elektronik (GP40-2) wurden auch von kanadischen Eisenbahngesellschaften besorgt. So fuhren fünf dieser Maschinen beispielsweise für die Canadian National Rail, bevor sie an die Rocky Mountaineer Railtours abgegeben wurden. Dieser Reiseveranstalter ließ die Loks bei Alstom generalüberholen. Seitdem sind sie in blauweißem Kleid, mit dem Schneeziegenemblem auf der Nase, vor Ausflugszügen im Einsatz.

Northlander FP7

Bauart: Bo'Bo'de
Baujahre: 1951 – 1953
Leistung: 2100 kW
Länge über Puffer: 15.440 mm
Dienstmasse: 105 t

Als Inbegriff der Diesellok auf dem nordamerikanischen Kontinent dürften nach wie vor die rundnasigen, von GM-EMD gebauten F/FP7 gelten. In Kanada kamen einige dieser Loks zu besonderen Ehren, als sie ab 1980 sukzessive die berühmten Northlander-Züge übernahmen, die vormals von ehemaligen, Mitte der siebziger Jahre gekauften niederländischen und schweizerischen TransEuropExpress-Garnituren gebildet wurden, die man in Kanada „T-Trains" nannte.

VIA CF40PH-2

Bauart: Bo'Bo'
Baujahre: 1973 – 1976
Leistung: 2500 kW
Länge über Puffer: 18.030 mm
Dienstmasse: 118 t

Geschlossene Aufbauten kennzeichnen die von EMD gefertigte, 166 km/h schnelle Personenzuglok. Sie wird von der Bahngesellschaft VIA Rail Canada, die sich auf den Reiseverkehr spezialisiert hat, unter anderem auf der Relation Toronto – Vancouver vor Personenzügen eingesetzt. Die robusten und zuverlässigen Loks mit der gelben Schnauze haben ihre US-amerikanischen Pendants in den F40PH, die insbesondere bei Amtrak zu den wichtigsten Lokomotiven gehörten, bis sie von der modernen Genesis-Serie abgelöst wurden.

Canadian Pacific SD40-2

Bauart: Co'Co'
Baujahr: 1984
Leistung: 2500 kW
Länge über Puffer: 20.980 mm
Dienstmasse: 180 t

In den achtziger Jahren zählten die sechs-achsigen SD40-2 von EMD nicht nur in den USA zu den am häufigsten eingesetzten Loktypen. Die kanadischen Bahngesell-schaften, die mit dem Gütertransport be-fasst sind, setzen nach wie vor auf die robusten Maschinen. Sie werden meist in Verbänden von drei bis vier Lokomotiven vor schweren Güterzügen eingesetzt. Daher gehören sie beispielsweise auch zum Bestand der Canadian Pacific Rail, die eine größere Anzahl dieser unverwüstlichen Lokomotiven mit den großen Vorbauten und bequemen Lokführeraufstiegen zu ihrem Bestand zählt.

Ontario Northland FP7 (No. 2001)

Bauart: Bo'Bo'de
Baujahre: 1951 – 1953
Leistung: 2100 kW
Länge über Puffer: 15.440 mm
Dienstmasse: 105 t

Die kanadische Bahngesellschaft Ontario Northland (ONR) beschaff-te Anfang der achtziger Jahre einige Maschinen vom Typ FP7 von anderen Bahnen, um sie vor Personenzügen auf der 750 km langen Strecke zwischen Toronto und Cochrane einzusetzen. 1994 bis 1997 spendierte ONR der Lok 2001 eine neue Maschinenanlage und einen modernen Führerstand.

Südamerika

La-Trochita/Baldwin

Die 1922 bei der Firma Baldwin Locomotive Works in Philadelphia gefertigte Dampflok verfügt über Gewichte, die außen an den Treibrädern angebracht sind, als Maßnahme zur Erhöhung der Reibungsmasse. Diese betriebsfähige Dampflok gehört der Museumsbahn La Trochita zwischen El Maitén und Esquel, einem Teilstück der stillgelegten Route des legendären Patagonien-Express.

Bauart: 1D1
Baujahr: 1922
Leistung: 299 kW
Länge über Puffer: 8.220 mm
Dienstmasse: 25,7 t

La-Trochita/Bauart Henschel

Im selben Jahr wie die Baldwin-Lok der La Trochita entstand auch die bei Henschel & Sohn GmbH, Kassel, gebaute Maschine. Sie gehört ebenfalls zum betriebsfähigen Fahrzeugbestand der Museumsbahn und kommt wie die Baldwin-Lok regelmäßig vor Nostalgiezügen auf einem Teilstück der Patagonien-Express-Route zum Einsatz. Im Depot El Maitén sind die Loks zu Hause.

Bauart: 1D1
Baujahr: 1922
Leistung: 300 kW
Länge über Puffer: 8.215 mm
Dienstmasse: 25,6 t

RSD-16 (ALCo)

Die vom US-amerikanischen Loko-
motivhersteller ALCo gefertigte Lokomotive mit dieselelektrischem
Antrieb und 12-Zylindermotor ist
bei mehreren argentinischen Bahngesellschaften im Einsatz. Sie befördert unter anderem die Züge
des Vorortverkehrs von Buenos Aires. Ihre maximale Geschwindigkeit liegt bei 122 km/h.

Bauart: Co-Co
Baujahre: 1957 – 1959
Leistung: 1313 kW
Länge über Puffer: 17.088 mm
Dienstmasse: 108 t
Stückzahl: 130

PA (ALCo/MLW)

Die argentinische PA wurde in Lizenz nach Plänen der entsprechenden ALCo-Lokomotive in Kanada bei MLW gefertigt. Im Süden
von Buenos Aires war die Diesellokomotive mit ihrer prägnanten
„Sicherheitsnase" noch bis 1990
vor Nahverkehrszügen zu sehen.

Bauart: A1A–A1A
Baujahr: 1957
Leistung: 1655 kW
Länge über Puffer: 19.960 mm
Dienstmasse: 118 t

1951 entstand die 200 km lange Koh-
lenbahn Rio Gallegos – Rio Turbio in
Patagonien. Zunächst fuhren Hen-
schel-Loks auf der 750 mm-Strecke.
Da sie zu schwach waren, bestellte
man bei Mitsubishi 20 1'E1'-Dampf-
loks, die 1956/1963 geliefert wurden.

In Argentinien erhielten die Loks eine
„Gas-Producer"-Feuerbüchse, bei der
die untere Luftzufuhr eingeschränkt,
die Oberluftzufuhr dagegen verstärkt
wird. Hierbei treten die gasförmigen
Bestandteile der Kohle aus und ver-
brennen. Diese Neuerung half neben
der Stokerfeuerung die Leistungsfähigkeit der Loks zu steigern. Nach dem
Umbau erbrachten die Maschinen (sie-
he Foto auf den Seiten 346/347) eine
Leistung von 875 kW. Ab 1997, nach
der Privatisierung, erhielt die Bahn fünf
Bo'Bo' Dicselloks. Es sind Henschel-
Nachbauten einer bulgarischen Type.
Die mit Caterpillar-Motoren ausgestatteten Loks erbringen eine Leistung von
736 kW. Vom Dampflokbestand konnte ein Exemplar von Eisenbahnfreunden betriebsfähig erhalten werden.

Das Streckennetz in Chile ist, wie in vielen Ländern Südamerikas, im Niedergang. Viele Bahnlinien sind bereits eingestellt worden.

Die Gesellschaft FEPASA hingegen betreibt noch regen Güterverkehr. Sogar eine Schmalspurstrecke von Los Andes nach Rio Blanco wird noch bedient. Dort schleppen Loks von ALCo mit Kupfer beladene Züge durch eine wildromantische Landschaft. Den Weitertransport ans Meer übernehmen dann normalspurige Loks US-amerikanischer Herkunft (unten rechts). In Santiago ist eine elektrische Nasenlok im Einsatz. Tipp: ein Besuch im Eisenbahnmuseum von Los Andes (unten links).

Asien

Baureihe QJ

Die Güterzuglokomotiven der Reihe QJ gehen auf die sowjetische Standardlok LV zurück. Die chinesischen Konstrukteure verbesserten und modifizierten die einfach und robust gebauten Maschinen. Bei den mit Verbrennungskammer ausgerüsteten Dampfloks kann das Gewicht kurzzeitig von den Laufrädern auf die Treibräder verlagert werden, um die Reibungsmasse zu erhöhen. Sie fahren heute noch am Jingpeng–Pass, was zu einer regelrechten Invasion von Eisenbahnfreunden aus aller Welt führt. Doch die Tage dieses einzigartigen Dampfwunders sind gezählt. Im Winter 2004 tauchten die ersten Diesellokomotiven (unten) am Pass auf.

Bauart: 1E'1
Baujahre: 1956 – 1988
Leistung: 2193 kW
Länge über Puffer: 16.140 mm
Dienstmasse: 133,8 t
Stückzahl: 4700

Baureihe JF (Mikado)

Mikados waren ab 1918 in China im Einsatz und gehörten dort bis in die fünfziger Jahre hinein zu den am meisten verbreiteten Loktypen. Ab 1952 begann man die Maschinen in modernisierter Form nachzubauen. Die nun als Baureihe JF bezeichneten Dampfloks vermochten bei einer Steigung von 6 ‰ eine Zugmasse von 2660 t mit einer Geschwindigkeit von 15 km/h zu schleppen.

Bauart: 1'D1'h2
Baujahre: ca. 1918/1952 –
Länge über Puffer: 13.111 mm
Stückzahl: 1112

Zu den spektakulärsten Bahnen der Welt zählt die Darjeelingbahn in Indien. Seit 1999 zählt sie zu den Welterbestätten der UNESCO. Zum Einsatz kommen hier DHR-Dampflokomotiven.

Die Dampfloks der Darjeeling Himalayan Railway (DHR) verkehren auf der 88 km langen schmalspurigen Bahnstrecke New Jalpaiguri – Darjeeling, die 1999 von der UNESCO zur Welterbestätte erklärt wurde. Heute existieren noch 14 dieser Loks in zwei ähnlichen Baureihen aus britischer Fabrikation. Die Werkstätte Tindharia sorgt dafür, dass stets genügend betriebsbereite Maschinen zur Verfügung stehen.

Bauart: B
Baujahre: 1889 – 1927
Dienstmasse: 12/14 t
Stückzahl: 30

Japan ist das Land des spektakulären Hochgeschwindigkeitsverkehrs. Superzüge, wie der Shinkansen 500, sorgen hier für Furore.

Die Serien-Shinkansen 500 bestehen aus 14 Mittel- und zwei Endwagen. Sämtliche 64 Achsen werden jeweils durch einen eigenen Wechselstrommotor angetrieben. In der ersten Wagenklasse stehen 200, in der zweiten 1124 Sitzplätze zur Verfügung. Die getestete Höchstgeschwindigkeit liegt bei rund 350 km/h, fahrplanmäßig wird maximal mit Tempo 300 gefahren. Eine aktive Federung zwischen Drehgestell und Wagenrahmen steigert den Komfort durch große Laufruhe.

Bauart: Bo'Bo'
Baujahre: 1995 – 1998
Leistung: 17.600 kW

Länge über Puffer: 404.000 mm
Dienstmasse: 688 t
Stückzahl: 10 (9 + 1 Prototyp)

Australien/
Neuseeland

In Neuseeland begann sich die Eisenbahn erst Ende des 19. Jahrhunderts auszubreiten. Heute fahren auf den beiden Inseln neben Diesel- und Elektroloks auch herrliche Dampflokomotiven.

Die Zeit der Dampftraktion endete in diesem Land 1971. Seither bestimmen Dieselloks das Bild, wie beispielsweise die sechsachsigen schweren Zugpferde für die langen Güterzüge auf der Route Christchurch – Picton (oben). Im Hafen von Picton gehen Fähren ab, von denen eine ausschließlich den Güterzügen vorbehalten ist. Elektro-Triebfahrzeuge finden sich dagegen vor allem auf der nördlichen Insel, wie zum Beispiel auf dem Nahverkehrsnetz der Hauptstadt Wellington (unten). Internationale Berühmtheit dürfte der „Kingston-Flyer" genießen. Im Stil der 20er Jahre befördert der Zug pro Jahr bis zu 20.000 Dampflokfreunde. Die Fahrt findet von Oktober bis April in den Südalpen auf einem 14 km langen Reststück der ehemaligen Strecke Invercargill – Queenstown statt. Seit 1971 verkehren täglich zwei Dampfzugpaare. Zugloks sind die beiden Pazifics mit den Nummern 778 und 795. Sie entstanden 1925 bzw. 1927 in Neuseeland.

In Australien war die Eisenbahn einst durch eine Vielfalt an Spurweiten gekennzeichnet. Im Laufe der Zeit kam es größtenteils zu Angleichungen. Es scheiterten jedoch bislang alle Versuche, sämtliche Strecken in einer einzigen staatlichen Bahnverwaltung zu vereinen.

Die Eisenbahn spielt in Australien auf transkontinentalen Linien, ähnlich wie in Nordamerika, insbesondere im Güterverkehr noch eine wichtige Rolle. Personenzüge verkehren im Nahverkehr der Ballungszentren, sie verbinden Städte oder befördern Reisende in Expresszügen auf Fernstrecken. So sind zum Beispiel GM-Loks (S class) der West Coast Railway auf 1600-mm-Spur mit ihren komfortablen Wagen auf der Strecke von Melbourne Spencer Street Station über Geelong nach Warrnambool im Einsatz (oben). Lediglich einmal die Woche verkehrt der „Queenslander" Brisbane – Cairns auf der 1681 km langen Kapspur-Strecke. Für diese Distanz benötigen die 1472 kW starken sechsachsigen Diesellokomotiven der Serie QR 2100 (Mitte), 31,5 Stunden. In dem riesigen Land dominiert die Dieseltraktion.

Afrika

Class GEA

Die südafrikanischen Eisenbahnen beschafften 1946 insgesamt 50 Gelenklokomotiven der Bauart Garratt, die über einen zweiten Tender verfügen. Der hintere Tender führt die Kohle-, der vordere die Wasservorräte mit, die für Fahrten durch Steppengebiet nötig sind. Eine erhaltene Garratt-Lok, die „Vryheid Coronation" (nach einer Kohlenzeche benannt), schleppt regelmäßig Nostalgiezüge.

Bauart: 2D1 + 1D2
Baujahr: 1946
Dienstmasse: 211,1 t
Stückzahl: 50

Class 25

Um auch in der wasserarmen Karoo-Steppe Dampfloks einsetzen zu können, beschaffte die SAR bei Henschel und North British Lokomotiven, die mit einem Kondenstender ausgestattet waren. Dieser verfügte über Kühlrippen und Ventilatoren, zu denen der Abdampf der Lok hingeleitet wurde, um zu Speisewasser zu kondensieren. So wurde eine Wasserersparnis von ca. 60 % erreicht.

Bauart: 2'D2'
Baujahre: 1953 – 1955
Leistung: 2189 kW
Länge über Puffer: 32.760 mm
Dienstmasse: 120 t (Lok) + 114 t (Kondenstender)
Stückzahl: 90

Class 25 NC

Neben den Kondenstenderloks wurden auch solche mit normalem Kohletender beschafft. Von dieser Type entstanden 39 Exemplare bei Henschel, Kassel, und 11 bei der North British Locomotive company. Zu diesen kamen Anfang der siebziger Jahre 87 rückgebaute Loks der Reihe 25 hinzu, die einen herkömmlichen Tender erhielten und deren Kondenseinrichtungen entfernt wurden.

Bauart: 2'D2'
Baujahre: 1953 – 1955
Leistung: 2424 kW
Länge über Puffer: 32.760 mm
Dienstmasse:
117 t (Lok) + 105 t (Tender)
Stückzahl: 50

Class 26

In ihrer Werkstätte Salt River in Kapstadt ließen die SAR eine Vertreterin der Baureihe 25NC zu Testzwecken aufrüsten. Sie erhielt u. a. einen Speisewasservorwärmer und eine modifizierte Feuerbüchse. Die rot lackierte Lok wurde hauptsächlich auf der Strecke Kimberley – Bloemfontein vor schweren Güterzügen eingesetzt und erhielt den Spitznamen „Red Devil" (roter Teufel).

Bauart: 2'D2'
Baujahr: 1981 (Umbau)
Leistung: 3284 kW
Länge über Puffer: 32.760 mm
Dienstmasse:
117 t (Lok) + 105 t (Tender)
Stückzahl: 1

Am Ende der Dampflokzeit machte sich die südafrikanische Eisenbahngesellschaft Transnet mit Hilfe von Eisenbahnfreunden daran, mindestens einen Vertreter einer Dampflok-Klasse zu erhalten.

So verfügt die Transnet heute über eine recht große Anzahl einsatzfähiger Dampflokomotiven. Dieser Umstand macht das Land für Eisenbahnliebhaber sehr attraktiv. Heute setzt sich der Dampflokpark der Transnet aus folgenden Haupttypen zusammen: große Schlepptenderloks der SAR-Klassen 1 bis 26. Den touristischen Wert ihrer Loks und Strecken nutzt die Transnet gewinnbringend durch ihre Nostalgiezüge. Dampflokfreunde bevorzugen dabei die der United Limited Steam Railtours, einer Transnet-Tochter, die neben den Dampfloks originalgetreu restaurierte Wagen der Luxuszüge von 1923 einsetzt.

Register

Bildlegenden

Seite 7: Eine meterspurige Bahn verbindet die Schweiz mit Frankreich (Martigny – St. Gervais), atemberaubende Blicke auf den Monte Blanc inbegriffen. **Foto: Eckert**

Seiten 8/9: Der Eurostar verbindet in den Wintersaison London mit den Skigebieten der französischen Alpen. **Foto: Eckert**

Seite 16/17: Schwerer Erzzug mit zwei Lokomotiven der SNCB-Reihe 23.
Foto: Beckmann

Seite 125: Die DB-Dieselloks der Baureihe V 80 versahen in ihren letzten Betriebsjahren Dienste auf Nebenbahnen. **Foto: Ritz**

Seite 135: Grenzgänger: Zwischen Kempten im Allgäu und Reutte in Tirol fahren noch die

zweiteiligen Triebzüge der Baureihe 628.0.
Foto: Eckert

Seite 143: Sie galten einst als Retter der Nebenbahnen, die Schienenbusse der Deutschen Bundesbahn. **Foto: Hubrich**

Seite 154: Im reizvollen Altmühltal zeigte sich kurz vor ihrer Abstellung im Sommer 2003 die 103 167. **Foto: Eckert**

Seite 168: Die Geislinger Steige ist eine der anspruchsvollsten Streckenabschnitte im Netz der DB. Auch moderne Loks, wie die 152 benötigen ein Schiebelok. **Foto: Eckert**

Seite 182/183: ICE auf der Fahrt von Hamburg nach Wien. **Foto: Eckert**

Seite 260/261: Schlossbachbrücke im Karwendel (ÖBB) mit Güterzug, bespannt mit der Reihe 1116. **Foto: Eckert**

Seite 294: Güterzug mit Re 10/10, eine Kombination aus Re 6/6 und Re 4/4 auf Bergfahrt am Gotthard. **Foto: Eckert**

Seite 318/319: Güterzug in den Rocky Mountains auf einer Museumseisenbahn.
Foto: Schmidt

Seite 342/343: Dampfzug in Patagonien. Heute fahren hier nur noch Museumszüge.
Foto: Schmidt

Seite 350/351: Schwerer Güterzug mit zwei QJ am Jingpeng-Pass in China.
Foto: Hubrich

Achslast Das auf einer Achse ruhende Gewicht eines Fahrzeuges bezeichnet man als A.

Adams-Laufachse Von William Bridge Adams erfundene Laufachse mit bis zu 150 mm Seitenverschiebbarkeit. Die A. dreht sich um einen ideellen Punkt und verbessert die Laufeigenschaften im Bogen.

Asynchron-Fahrmotor Für den Betrieb mit Drehstrom geeigneter, einfach konstruierter elektrischer Motor.

Baukastenprinzip Konstruktion einer Fahrzeugfamilie mit verschiedenen, jederzeit austauschbaren Konponenten, z. B. der Motoren, des Transformators oder der Steuerung.

Blasrohr Durch das B. gelangt der Abdampf aus den Zylindern und durch die Esse ins Freie. Das B. erzeugt einen Unterdruck in der Rauchkammer zur Versorgung der Feuerbüchse mit Frischluft.

Dieselelektrischer Antrieb Verbrennungsmotoren können ihre Kraft nicht direkt an die Räder abgeben. Beim d. A. wirkt der Traktionsdiesel auf einen Generator, der elektrische Fahrmotoren mit Strom versorgt.

Dieselhydraulischer Antrieb Die Kraftübertragung vom Dieselmotor auf die Achsen kann auch über ein Strömungsgetriebe erfolgen. Der Dieselmotor treibt dabei eine Turbine an, die im Getriebe eine Flüssigkeit umwälzt. Eine weitere Turbine im Flüssigkeitskreislauf wirkt auf den Antrieb, der mit den Achsen gekoppelt ist.

Dampftrockner (Bauart Clench) Im vorderen Teil des Kessels eingebauter Überhitzer, der sich wegen Schwierigkeiten bei der Abdichtung nicht durchsetzen konnte.

Drehstromantrieb Drehstrom oder Dreiphasen-Wechselstrom bietet die wirtschaftlichste Möglichkeit, elektrische Lokomotiven zu betreiben. Lange Zeit erforderte der D. eine aufwändige, zweipolige Fahrleitung. Die Halbleiterelektronik ermöglichte die Umwandlung von Einphasen-Wechselstrom in Drehstrom.

Druckluftbremse Bei Fahrzeugen mit D. steht die Bremsleitung unter stetem Druck. Bei Druckabfall tritt die Bremswirkung ein.

Einheitslokomotive In der ersten Hälfte des 20. Jahrhunderts versuchte die Bahn, möglichst viele Teile verschiedener Loks nach einheitlichen Kriterien zu bauen, um den Ersatzteilbedarf zu senken. Die entstandenen Baureihen zählen zur Familie der E.

Flexicoilfederung Die F. ermöglicht eine Verschleiß- und wartungsfreie Federung mit dank senkrecht stehender Schraubenfedern weichen Rückstellkräften. Sie hat keine aufeinander gleitenden Teile.

Franco-Crosti-Dampflok Attilio Franco und Piero Crosti entwickelten eine Dampflok mit einem zweiten, der Vorwärmung des Speisewassers mit Abdampf dienenden Kessel. Wegen Korrosionsanfälligkeit konnte sich die F. nicht durchsetzen.

Funkfernsteuerung Zur Erleichterung des Rangierbetriebes installiert die Bahn in Rangierloks heute die F. Der Rangierlokführer steht am Zug und dirigiert die Lok über ein tragbares Gerät.

Gasturbine Die G. ist leistungsfähiger als der Dieselmotor. Folglich experimentierten verschiedene Bahnen mit ihr zur Steigerung der Leistungen von Triebfahrzeugen. Allerdings arbeitet die G. nur im Vollleistungsbetrieb wirtschaftlich, der im Bahnverkehr selten vorkommt. Auch verbraucht die G. übermäßig viel Kraftstoff, weshalb sie sich nicht durchsetzen konnte.

Gelenkwellenantrieb Die Übertragung der Antriebskräfte vom Getriebe auf die Achsen kann über Stangen, Zahnräder, Ketten oder Gelenkwellen erfolgen.

Getriebeübersetzung Das Verhältnis zwischen Antrieb und Abtrieb bei einem Getriebe definiert man als G.

Giesl-Ejektor Adolph Giesl-Gieslingen erfand eine Blasrohranlage mit etwa 40 % Pumpwirkungsgrad, indem er mehrere bestgeformte Schornsteine fächerförmig aneinander legte und die Zwischenwände entfernte. Loks mit G. fallen durch ihre längliche Esse in das Auge.

GTO-Umrichter Mit Thyristorsteuerung ausgerüstete Lokomotiven können ihre Zugkraft und Geschwindigkeit ruckfrei verändern. Die GTO-Technik stellt eine Weiterentwicklung der Thyristortechnik dar.

Gummiringfederantrieb Flexibler Antrieb für Elektrolokomotiven, bei dem Gummielemente Laufzahldifferenzen zwischen Großrad und Rad ausgleichen.

Hall'sche Kurbeln Joseph Hall erfand eine Kurbelanordnung mit im Lager auf die Achse gestecktem Kurbelhals.

Hardy-Bremse John Hardy entwickelte die Saugluftbremse weiter, bei der die Bremsklötze bei Unterdruck in der Bremsleitung reagieren. Die H. ermöglicht kein automatisches Bremsen bei Zugtrennung.

Heißdampflokomotive Die Überhitzung des Nassdampfes auf etwa 380° Celsius ermöglicht die bessere Ausnutzung der Dampfdehnung und damit Kohle- und Wasserersparnis.

Hilfsdiesel Neben dem Traktionsdiesel verfügen Triebfahrzeuge oftmals über einen H., der beispielsweise die Aggregate der Kühlanlage antreibt.

Hochdruckzylinder Bei Lokomotiven mit doppelter Dampfdehnung entspannt der Dampf zunächst im H. und gelangt dann bereits teilweise entspannt in den Niederdruckzylinder.

Hohlwellen-Gummigelenk-Kardanantrieb Antriebsbauform für elektrische Lokomotiven, bei der die über Gummielemente gedämpfte Antriebskraft von Kardanwellen auf die Achsen übertragen wird.

Hydrodynamische Bremse Mit entsprechend ausgerüsteten Getrieben können Loks mit dieselhydraulischem Antrieb diesen zum verschleißfreien Bremsen nutzen.

Ideeller Drehzapfen Als i. D. bezeichnet man den Punkt, um den sich ein drehzapfenloses Drehgestell bewegt.

Jakobs-Drehgestell Das von Wilhem Jakobs entwickelte Drehgestell trägt die Kästen zweier benachbarter Wagen. Somit existiert an einem Übergang nur ein Fahrwerk anstelle zweier.

Kleinow-Federtopfantrieb Walter Kleinow entwickelte einen robusten Antrieb für Elektrolokomotiven, der hohe Leistungen bei ordentlicher Laufkultur vereinigte.

Klose-Lenkachs-Lokomotive Die von Adolph Klose entwickelte Lok verfügt über seitenbewegliche Kuppelachsen zur Verbesserung des Laufverhaltens im Bogen.

Kondenstender Um Wasser zu sparen, erhielten Dampfloks einen Tender mit Einrichtungen zur Kondensation des Abdampfes.

Krauss-Helmholtz-Gestell Das K.-H.-G. verbindet die parallel verschiebbare Kuppelachse mit einer radial einstellbaren Laufachse zu einem gemeinsamen Gestell mit festem Drehpunkt.

Kuppelachse Dampfloks verfügen über direkt durch die Treibstange und über indirekt mit Kuppelstangen angetriebene Achsen.

Ladeluftkühlung Bei Motoren mit L. gelangt die Verbrennungsluft nach der Verdichtung in einen Kühler, ehe sie in die Zylinder gedrückt wird.

Luftfederung Eine besonders komfortable Möglichkeit der Dämpfung bietet die L. Innerhalb eines Zylinders wird bei Druck auf die Federung Luft komprimiert, die sich wieder entspannt.

Magnetschienenbremse Die M. erzeugt ein starkes Magnetfeld und wirkt auf die Gleise.

Mallet-Lokomotive Die M. verfügt über zwei gekuppelte Triebwerke. Die Radgruppen eines Triebwerkes sind fest im Rahmen gelagert, die Radgruppen des anderen in einem Drehgestell.

Nassdampflokomotive Wird das Kesselspeisewasser einfach zum Sieden gebracht und der Dampf komprimiert, spricht man von N. Deren Wirkungsgrad ist geringer als bei Heißdampflokomotiven.

Niederdruckzylinder In Verbundlokomotiven entspannt sich der Dampf zunächst teilweise im Hoch-, dann endgültig im N.

Normalien, preußische Einen ersten Versuch, die Bauarten und Baugruppen von Eisenbahnfahrzeugen zu normen, starteten die preußischen Staatsbahnen. Deren N. wurden in Zeichnungen und technischen Datenblättern festgelegt.

Rekuperationsbremse Elektrische Bremse mit Rückspeisung der Bremsenergie in das Netz.

Remotorisierung Ausstattung einer Diesellok mit neuem, in der Regel leistungsstärkerem Motor. Heutzutage spielt bei der R. auch der Umweltschutz eine Rolle, wenn Loks abgasoptimierte Motoren erhalten.

Riggenbach-Gegendruckbremse Die von Nikolaus Riggenbach erfundene Bremse nutzt die Dampfkraft zur Verzögerung eines Triebfahrzeuges. Sie wurde vor allem für Steilstreckenloks verwendet, um sie im Gefälle zu bremsen.

Scharfenberg-Kupplung Karl Scharfenberg entwickelte eine automatische Mittelpufferkupplung, die heute sämtliche pneumatischen und elektrischen Leitungen verbinden kann. Die S. wird vor allem bei Personentriebzügen angewandt. Sie ermöglicht ein schnelles Trennen und Kuppeln der Züge.

Sécheron-Lamellenantrieb Antrieb elektrischer Lokomotiven, bei dem der Motor im Gestell gelagert ist. Der Höhenausgleich infolge Federspiels erfolgt über Stahllamellen.

Thyristorlok/-technik Die T. ermöglicht die stufenlose Steuerung der Zugkraft und Geschwindigkeit einer elektrisch angetriebenen Lok. Der Thyristor ist ein Halbleiterbauelement.

Traktionsdiesel Den Dieselmotor, der für den Antrieb eines Dieseltriebfahrzeuges herangezogen wird, bezeichnet man als T.

Treibraddurchmesser Bei Dampflokomotiven spielte der T. eine wichtige Rolle bezüglich des Einsatzes der Lok. Maschinen mit großem T. erreichten hohe Geschwindigkeiten bei geringerer Zugkraft, eigneten sich folglich für den Schnellzugdienst. Loks mit kleinem T. fuhren langsamer und entwickelten große Zugkräfte und schleppten deswegen vorzugsweise schwere Güterzüge.

Verbrennungskammer Die V. ist an die Feuerbüchse angeschlossen und erhöht den Anteil wertvoller Strahlungsheizfläche an der Gesamtheizfläche. Je höher der Anteil der Strahlungsheizfläche ausfällt, desto verdampfungsfreudiger ist der Kessel.

Vielfachsteuerung Um Triebfahrzeuge in Mehrfachtraktion einsetzen zu können, müssen sie über eine V. verfügen. Der Lokführer des ersten Triebfahrzeuges steuert die übrigen, die heute unbesetzt sind.

Vier-Quadranten-Steller Der V. gehört zur Elektronik, welche den Einphasen-Wechselstrom in für den Antrieb der Loks benötigten Drehstrom umwandelt.

Voith-Getriebe Hydrodynamisches Getriebe von Voith, Heidenheim.

Walschaert-Antrieb Egide Walschaert erfand eine funktionale und einfache Steuerung für Dampflokomotiven, welche auch unter der Bezeichnung Heusinger-Steuerung bekannt ist. Sie war weit verbreitet.

Widerstandsbremse Elektrische Bremse, die den erzeugten Strom durch Widerstände leitet und damit die Energie vernichtet.

Zahnradlokomotive Reibungsbetrieb ist nur auf Strecken mit Neigungen von bis zu 70 ‰ möglich. Auf Strecken mit größeren Neigungen wurden Zahnstangen verwendet. Z. verfügen über Antriebe für Reibungs- und Zahnradbetrieb.

Zugkraft Als Z. bezeichnet man die Kraft, welche die Lok zum Schleppen eines Zuges aufbringt. Je höher die Geschwindigkeit ausfällt, desto niedriger wird die Zugkraft.

Zweiwandlergetriebe Hydrodynamisches Getriebe mit zwei Kreisläufen.

Bildautorenverzeichnis

AH-Archiv (175), Beckmann (32), Berndt (12), Bügel/Sammlung Bügel (9), Bünger (2), Campione (3), Deobeli (1), Eckert (229), Eisenmann (1), Fricke (12), Frick (1), Gärditz (2), Geisenfelder (2), Grimm (1), Gutjahr (2), Hehl/Sammlung Hehl (118), Heilmann (9), Heinrich (3), Heisig (6), Hubrich (35), Henschel (1), Hörstel (1), Kampmann (13), Kempf (1), Klein (8), Klonos (17), Küstner (3), Lehmann (5), Lehner (2), Lux (3), Meyer (2), Moll (1), Muth (3), Nelkenbrecher/Archiv EJ (3), Off (1), Osenbrügge (1), Paulitz (1), Peist (1), Räntzsch (38), Ritz (2), Rotthowe (6), SBB (2), Sieger (2), Siemens (2), Schmidt (17), Schuhböck (3), Schumacher (5), Sammlung Schulz (164), Stemmler (36), Tammearu/Eisenbahnmuseum Haapsalu (12), TEE-Classics (1), Tolini (4), Vollmer (2), von Ortloff (2), Vossloh (4), Wirtz (5), Wohlfart (2), Wollny (8), Zellweger (4)

Abkürzungsverzeichnis

AB	Appenzeller Bahnen, Schweiz	**Nohab**	Nydkvist & Holm, Trollhättan
ABB	Asea Brown Boveri	**NREC**	US-amerikanisches Motorenwerk
ALCo	American Locomotive Company	**NS**	Niederländische Eisenbahnen
Asea	Allgemeine Schwedische Elektrizitäts-AG	**NSB**	Norwegische Staatsbahnen
Aw	Ausbesserungswerk	**NWE**	Nordhausen-Wernigeroder Eisenbahn (Harzquerbahn)
BAM	Bière-Apples-Morges-Bahn, Schweiz	**ÖBB**	Österreichische Bundesbahnen (ab 1945)
BBC	Brown-Boveri AG, Wien	**OHE**	Osthannoversche Eisenbahnen
BBD	Bundesbahndirektion	**O & K**	Orenstein & Koppel, Berlin
BBÖ	Bundesbahnen Österreichs (bis 1945)	**OSE**	Griechische Staatsbahnen
BLS	Lötschbergbahn	**PKP**	Polnische Staatsbahn
BLW	Baldwin Locomotive Works	**PZB**	Punktförmige Zugbeeinflussung
BMAG	Berliner Maschinenbau AG (vorm. Schwartzkopff)	**Raw**	Reichsbahn-Ausbesserungswerk
BR	British Railways	**Rbd**	Reichsbahndirektion
Bw	Bahnbetriebswerk	**RDZ**	Russische Eisenbahnen
BVZ	Brig-Visp-Zermatt-Bahn (heute MatterhornGotthardBahn)	**RhB**	Rhätische Bahn
CD	Tschechische Eisenbahn	**RoLa**	Rollende Landstraße
CFL	Luxemburgische Eisenbahnen	**SAR**	South African Railways (heute Transnet)
CKD	Ceskomoravska Kolben Danek, Prag	**SBB**	Schweizerische Bundesbahnen
CSD	Tschechoslowakische Eisenbahn	**SGP**	Simmering-Graz-Pauker
DSB	Dänische Staatsbahnen	**SJ**	Staatliche Eisenbahnen Schwedens
DB	Deutsche Bundesbahn, Deutsche Bahn	**SLM**	Schweizerische Lokomotiv- und Maschinenfabrik, Winterthur
DR	Deutsche Reichsbahn	**SMF**	Sächsische Maschinenfabrik (vorm. Hartmann), Chemnitz
EBT	Emmental-Burgdorf-Thun-Bahn, Schweiz	**SNCB**	Belgische Staatsbahn
EMD	Electric-Motive Division (of General Motors Corporation)	**SNCF**	Französische Staatsbahn
ER	Estnische Eisenbahn	**SOB**	Südostbahn, Schweiz
ETCS	Europäisches Zugsicherungssystem	**SSIF**	Società Subalpina di Imprese Ferroviarie
EVU	Eisenbahnverkehrsunternehmen	**SZD**	Sowjetische Staatsbahnen
FART	Ferrovie Autolinee Regionali Ticinesi	**STB**	Stubaitalbahn
FO	Furka-Oberalp-Bahn	**Tw**	Triebwagen
FS	Staatliche Eisenbahnen Italiens	**VDV**	Verband Deutscher Verkehrsunternehmen, Köln/Berlin
GE	General Electric	**WEG**	Württembergische Eisenbahn-Gesellschaft
GHE	Gernrode-Harzgeroder Eisenbahn (Selketalbahn)	**WLF**	Wiener Lokomotivfabrik
GM	General Motors	**Wumag**	Waggon- und Maschinenbau AG, Görlitz
GM-EMD	Lokomotivsparte von General Motors	**ZB**	Zillertalbahn
GNER	Great North Eastern Railway	**ZOJE**	Zittau-Oybin-Jonsdorfer Eisenbahn
GySEV	Györ-Sopron-Ebenfurti Vasut	**ZSR**	Slowakische Staatsbahn
HBE	Halberstadt-Blankenburger Eisenbahn		
HU	Hauptuntersuchung		
IfS	Institut für Schienenfahrzeuge, Berlin		
JDZ/JZ	Jugoslawische Staatsbahn		
KED	Königliche Eisenbahndirektion der preußischen Staatsbahnen		
KPEV	Königlich Preußische Eisenbahn Verwaltung		
K.k. StB.	Kaiserlich-königliche Staatsbahnen		
LAG	Lokalbahn Aktiengesellschaft		
LEW	Lokomotivbau Elektrische Werke, Hennigsdorf		
LHB	Linke-Hofmann-Busch, Salzgitter		
LNER	London & North Eastern Railway		
LOB	Lokomotivbau Babelsberg		
LZB	Linienzugbeeinflussung		
MaK	Maschinenbau Kiel		
MAN	Maschinenfabrik Augsburg Nürnberg		
MÁV	Magyar Állami Vasutak		
MÁVAG	Ungarische Lokfabrik, Budapest		
ME	Maschinenfabrik Esslingen		
MLW	Montreal Locomotive Works		
MOB	Montreux-Berner Oberland-Bahn, Schweiz		
NÖLB	Niederösterreichische Landesbahnen		

Bauarten

In Deutschland wird die Achsfolge mit einer Ziffern-Buchstaben-Kombination angegeben. Großbuchstaben nennen die Zahl der angetriebenen Achsen, Ziffern die Zahl der Laufachsen. Sind Achsen in einem eigenen Gestell gelagert, wird dies durch ein Apostroph gekennzeichnet. Einzeln angetriebene Achsen erhalten ein nachgestelltes „o". Eine 2'C1-Lokomotive ist beispielsweise eine Maschine mit drei angetriebenen Achsen, einem zweiachsigen Vorlaufdrehgestell und einer fest im Rahmen gelagerten Nachlaufachse. Eine 1'Do1'-Maschine hat vier einzeln angetriebene Achsen und je ein Vor- und Nachlaufgestell.

Kleinbuchstaben und Ziffern hinter der Achsfolge definieren bei Dampf- und Dieselloks die Antriebstechnik. Ein „n" kennzeichnet eine Nassdampf-ein „h" eine Heißdampflok. Die Ziffer markiert die Zahl der Zylinder, ein nachgestelltes „v" eine Verbund-, ein „t" eine Tenderlok. Steht hinter der Achsfolge ein „de", handelt es sich um eine Dieselmaschine mit elektrischer Leistungsübertragung. Diesellokomotiven mit hydraulischem Getriebe erhalten ein „dh", Triebfahrzeuge mit mechanischer Kraftübertragung ein „dm".